废旧高分子材料
回收与利用

欧玉春　主编

化学工业出版社
·北京·

本书从基础理论到方法技术、工艺与实例都做了系统全面的阐述，有理论又有对实践应用的指导，对中国塑料、资源环境事业的引导发展以及新型生态材料学的孵化发展均颇有裨益。

　　该书可供塑料、资源环境工程、材料科学专业及其他相关专业的工程技术人员使用。

图书在版编目（CIP）数据

废旧高分子材料回收与利用/欧玉春主编. —北京：化学工业出版社，2016.5(2019.1重印)
ISBN 978-7-122-26484-8

Ⅰ.①废…　Ⅱ.①欧…　Ⅲ.①高分子材料-废物综合利用　Ⅳ.①X78

中国版本图书馆 CIP 数据核字（2016）第 046913 号

责任编辑：夏叶清　　　　　　　　　文字编辑：向　东
责任校对：宋　夏　　　　　　　　　装帧设计：关　飞

出版发行：化学工业出版社（北京市东城区青年湖南街 13 号　邮政编码 100011）
印　　装：北京七彩京通数码快印有限公司
710mm×1000mm　1/16　印张 21　字数 419 千字　　2019 年 1 月北京第 1 版第 2 次印刷

购书咨询：010-64518888　　　　　　　　售后服务：010-64518899
网　　址：http://www.cip.com.cn
凡购买本书，如有缺损质量问题，本社销售中心负责调换。

定　　价：84.00 元　　　　　　　　　　　　版权所有　违者必究

前　言

随着人类社会的发展，信息化水平的提高，化学工业"废旧高分子材料回收与综合利用"已经成为一个世界范围内的影响环境和人类可持续发展的主要问题之一。

国家的"十二五"规划中，尤其对"废旧高分子材料回收与综合利用"提出：加强综合治理，采取回收利用、降解等防与治相结合的方针。2015年8月21日—23日中国再生资源回收利用协会危险废物专业委员会成立，表示我国对再生资源回收利用更加重视。"废旧高分子材料回收与利用"的意义十分重大，是化学工业的"十三五"规划中支撑国民经济稳定发展的现代化生态环境化建设绿色产业，又是一件对于保护全国老百姓的健康刻不容缓的大事。

当前废旧高分子材料回收利用和开发降解塑料已成为各国防止塑料废弃物污染环境的重要途径。

本书主要是为了更好地、有效地促进化学工业废旧高分子材料回收与综合利用。我国的化学工业废旧高分子材料回收与综合利用工作尚属起步阶段，因此，为了保护环境免受工业废弃物的侵蚀，促进可再生资源的循环利用，从20世纪开始，全国增加了对工业废弃物的管理，致力于使中国成为生产、研究和开发的循环型社会而努力。

本书全面阐述了国内有关废旧高分子材料回收与综合利用新技术、新方法和新思路等。

全书共分九章，参加编写的人员有：欧玉春（第一章、第七章第一节）、张燕叶（第二章、第七章其他章节）、张淑谦（第三章第一、二节、第四章、第九章第三节）、蒋峰（第五章）、孙铁海（第六章）、童忠良（第三章第三、四节，第八章，第九章第一、二节）。欧玉春、童忠良对全书进行了统稿和审核。

《废旧高分子材料回收与利用》从基础理论到方法技术、工艺与实例都做了系统全面的阐述，有理论又有对实践应用的指导，对中国塑料、资源环境事业的引导发展以及新型生态材料学的孵化发展均颇有裨益。

本书通过对多种可选择工艺与技术实例的介绍，有助于人们对化学工业再循环利用工艺与技术清洁生产的重要性有更高层次的认识。本书仅介绍一些普及性的知识，对具体而深入的问题不作详细讨论。由于经济条件和操作规程的复杂与多变，人们只能因地制宜地进行回收与利用，决不能一概而论。

本书得到中国化工学会精细化工专业委员会、中国塑料加工协会、中国再生资源回收利用协会危险废物专业委员会全力支持；本书参阅了国内外的相关书籍、论文、报刊文章等参考资料并得到了刘均科、王华、袁兴中、［美］L.史密斯、J.米兹、E.巴斯等许多同仁的支持与帮助。由于篇幅所限，这里不一一列举，在此谨向本书参考文献的作者致以衷心的感谢。郭爽、丰云、蒋洁、王素丽、刘殿凯、王瑜、王月春、韩文彬、俞俊、周国栋、高巍、周雯、耿鑫、陈羽、朱美玲、方芳、高新等同志为本书的资料收集和编写付出了大量精力，在此一并致谢。

在编撰此书时，时间仓促，再加之编者水平有限，难免会有遗漏或不准确之处，请读者指正并敬请有关人士提出以便于编者在再版时修正。

编者

2015 年 9 月

目 录

第五章　废塑料再生回收成型加工机械设备　/118

第六章 废橡胶的处理与综合利用工艺及技术实例 / 150

第七章　废旧高分子材料回收再生处理方法与工艺实例　/ 184

第八章　塑料废弃物裂解方法与生产工艺及设备 / 216

第九章　废旧高分子材料制造涂料/胶黏剂及配方 / 274

第一章

绪　论

第一节
废旧高分子材料废弃物概述

一、废旧高分子材料废弃物的分类

废旧高分子聚合物成分复杂，主要有聚乙烯（PE）、聚丙烯（PP）、聚苯乙烯（PS）、泡沫聚苯乙烯（PSF）和聚氯乙烯（PVC），其他还有聚对苯二甲酸乙二醇（PET）、聚氨酯（PU）和 ABS 塑料等。除了少数废塑料（如塑料制品加工过程中的过渡料和边角料）是以单一塑料形式存在、可以直接再生利用外，大多数废塑料都以多种塑料混杂的形式存在于固体垃圾中。由于大多数塑料品种是不相容的，由混合塑料制得的产品的力学性能较差，因此，废塑料再生利用前应按塑料品种（化学结构）进行分类。分类可根据不同塑料的用途、性质来进行。例如采用目测、手感、密度、燃烧等简易方法，可以将常用的聚氯乙烯、聚苯乙烯、聚丙烯等塑料进行分类。再如，根据不同塑料之间存在的密度差异，可将不同种类的塑料置于特定的溶液中（如水、饱和食盐溶液、酒精溶液、氯化钙溶液等），根据塑料在该溶液中的沉浮性进行分类和鉴别。又如，利用不同塑料在溶剂中的溶解性差异，可以采用溶解-沉淀法进行分离，其方法是将废塑料碎片加入到特定溶液中，控制不同温度，使各种塑料选择性地溶解并分选。另外，当废料量大、杂物多时，还可以采用风力筛选技术，此法是在重力筛选室将粉碎的废塑料由上方投入，从横向喷入空气，利用塑料的自重和对空气的阻力的不同进行筛选。

二、废旧高分子材料废弃物的来源

目前全球高分子聚合物的产量已超过 3 亿吨，高分子材料在生产、处理、循环、消耗、使用、回收和废弃的过程中也带来了沉重的环境负担。

高分子聚合物废料主要包括：

① 生产废料。生产过程中产生的废料，如废品、边角料等。其特点是干净，易于再生产。

② 商业废料。一次性用于包装物品、电器、机器等包装材料，如泡沫塑料。

③ 用后废料。指聚合物在完成其功用之后形成的废料，这类废料比较复杂，其污染程度与使用过程、场合等有关，相对而言污染比较严重，回收和利用的技术难度高，是材料再循环研究的主要对象。

预计 2020 年，我国城市垃圾日产量为 150 万吨，年产量达 5.6 亿吨，紧随美国之后排在第二位，城市垃圾管理压力日益增大。垃圾中塑料占 8%～9%，产生的白色垃圾亟待治理。我国每年废弃塑料和废旧轮胎占城市固态垃圾重量的 10%、体积的 30%～40%，难以处理，形成所谓"白色污染"（废弃塑料）和黑色污染（废弃轮胎），影响人类生态环境，也影响高分子产业自身的进一步发展。

作为化工产品，合成树脂在生产过程中可能产生的环境影响已随着催化剂效率的提高、工艺的改进、控制技术的进步和装置的大型化得到了比较圆满的解决。但始料不及的是合成树脂的宝贵特性虽然满足了各种塑料制品的需要，却在使用之后给环境带来了意想不到的负面影响。塑料制品的日益广泛应用给人民生活带来极大方便的同时，也带来了大量的白色污染。由于塑料的易老化和易破损的特点，塑料的使用周期非常短，大量的塑料制品特别是包装物在 6～12 个月后便被废弃，40% 的塑料在 1～2 年后转化为废塑料。

在过去几十年中，废塑料一直被作为城市固体废物（MSW）的一部分。据调查，在工业发达国家的 MSW 中废塑料占 4%～10%（质量分数）或 10%～20%（体积分数），主要来源于包装废物、汽车垃圾和加工废料。废塑料中主要品种所占百分比分别为：低密度聚乙烯（LDPE）27%；高密度聚乙烯（HDPE）21%；聚丙烯（PP）18%；聚苯乙烯（PS）16%；聚氯乙烯（PVC）7%。近年来，我国城市生活垃圾中废塑料的含量为 0.4%～1.5%。塑料制品的种类繁多、用途广泛，主要流通使用的渠道为工业领域、农业领域、商业部门、家庭日用等几个方面，其废料也来源于这几个方面。

工业领域的废物主要是塑料材料合成过程中产生的废料和在塑料制品加工制造过程中产生的边角余料和废品。

在农业领域中塑料制品的应用主要在四个方面：①农用地膜和棚膜；②编织袋，如化肥、种子、粮食的包装编织袋等；③农田水利管件，包括硬质和软质排水、输水管道；④塑料绳索和网具。上述塑料制品多为聚乙烯树脂（如地膜和水管、绳索与网具），其次为聚丙烯树脂（如编织袋），还有聚苯乙烯树脂（如排水软管、棚膜）等。我国是一个农业大国，农用塑料占塑料制品的比重较大，现阶段年均塑料制品中仅农用膜就占 15% 左右，这个比例还在逐年上升。

商业部门的塑料制品废弃物来自于两个方面：①经销部门，这类部门使用的塑料制品大都为一次性包装材料，如包装袋、打捆绳、防震泡沫塑料、包装箱、隔层板等，此类塑料制品种类较多，但基本无污染，回收后可做再生处理；②消费部门，这类废弃的塑料制品，如食品盒、塑料瓶、包装袋、盘、碟、容器等塑料杂品，这类制品一般均使用过，存在污染物，它们除分类回收外，还需进一步处理。

日常生活中所用塑料制品占整个塑料制品的比重也较大，而且将越来越大。这些塑料制品可分成三种：第一种是包装材料，如包装袋、包装盒、家用电器的 PS 泡沫塑料减震材料、包装绳等；第二种是一次性塑料制品，如饮料瓶、牛奶袋、罐、杯、盆、容器等；第三种为非一次性用品，如各类器皿、塑料鞋、灯具、文具、炊具、厕具、化妆用具等杂品。日常用塑料制品所用树脂品种多，除四大通用树脂外，还有聚对苯二甲酸乙二醇酯（PET）、丙烯腈-丁二烯-苯乙烯（ABS）、尼龙（nylon）等树脂。

此外，还有交通、家用电器、环境材料等方面使用塑料制品之后形成的废品。

三、废旧高分子材料废弃物的危害

1. 废弃废旧高分子材料引起的环境和社会问题

世界各国每年都不断累积性出现大量废旧塑料，从而给社会带来巨大的环境压力。据报道，在垃圾中塑料所占比例虽不足 10%（按重量计），但由于其不易分解且体积大而不规则，难以处理，从而造成挤占陆地和污染环境，同时也给塑料产品的发展蒙上了一层阴影；此外，许多塑料制品仅使用一次就废弃，也造成资源上的浪费。

中国近几年废旧塑料年产生量约为 650 万吨以上，2014 年进口固体废物 4860.2 万吨，其中废塑料进口 825.4 万吨，同比增长 4.7%，价值 60.3 亿美元，同比降低 0.2%。应用好这些废旧塑料会给企业带来巨大效益，但如存放、运输、加工、应用处置不好，势必会给环境和人类带来危害。

废塑料使用后弃置于环境中主要产生两类危害：一类为对景观环境的污染；另一类为对生态系统的危害。废塑料对景观环境的污染是指废弃塑料对景观的破坏，主要表现在使用过的塑料制品弃置在城市中、旅游区、水体、公路、铁路旁，给人们的视觉带来不良刺激，影响景观的整体美感。其中废弃的浅色塑料膜、塑料袋、塑料包装物等被称为"白色污染"。

废塑料对生态系统的危害主要是对动物、水体和土地系统的危害。

早在 20 世纪 60 年代中期，人们就发现聚氯乙烯塑料中残存的氯乙烯单体能引起使前指骨溶化的所谓"肢端骨溶解症"的怪病。从事聚氯乙烯树脂制造的工人通常会出现手指麻木、刺痛等所谓的百蜡症（雷诺氏综合征）。当人们接触氯乙烯单体后就会发生手指、手腕、面部浮肿、皮肤变厚变僵且失去弹性和不能用力握物的皮肤硬化症，同时还会出现脾大、胃及食道静脉瘤、肝损伤、门静脉压亢进等症状。20 世纪 70 年代后又在一些聚氯乙烯生产厂中，发现有人患有一种极少见的肝癌——肝脏血管肉瘤。此后业主虽然尽量控制聚氯乙烯树脂中单体含量，但并未彻底解决问题，故 1975 年美国首先提出禁止使用聚氯乙烯塑料包装食品和饮料。由于塑料制品在动物体内无法被消化和分解，误食后即能导致胃部不适、行动异常、生育繁殖能力下降，甚至死亡。如我国动物园就发生过动物误食游人丢弃的塑料食品袋致死的不幸事件。

研究表明，废塑料已对海洋生态产生了很大的影响，一些大型海洋动物由于误食废塑料而死亡。1970～1987 年间，人们调查了太平洋海域的 543 头百额鹱等大型海鸟，由于它们分不清塑料与海草，竟在其中 458 头的胃中找到了塑料类制品，连海龟的胃中也有塑料类制品。废弃塑料对海洋的污染已成为国际性问题，海洋漂浮物中泡沫聚苯乙烯占 22%，其他塑料占 23%。这些废塑料不仅会缠住船只的螺旋桨，还会损坏船和机器，引起停驶和事故，给船运造成巨大损失。而每清除 1t 海上垃圾要用清除陆地垃圾 10 倍的费用。

农田里的废农膜、塑料袋等同样会引起牲口误食而导致厌食死亡。此外，它们长期残留于农田后，就会影响土壤透气性，阻碍水分流动和作物根系发育，还会缠绕农机，影响田间作业，长此下去会影响深层土壤，使土壤环境恶化。

热固性塑料同样会严重污染环境。例如由玻璃纤维增强塑料（FRP）制成的中小型船身，它们一旦报废就很难处理。在世界各地每年都有大量的这类废船被丢弃在海岸、河边和湖旁，对环境造成严重污染，这已成为一大公害。

近年来我国因环境污染和生态破坏造成的经济损失，每年高达 2500 亿元，其中生态破坏 1500 亿元，因污染粮食减产 1680 万吨，受农药严重污染的粮食 3500 万吨。据世界银行公布，2010～2015 年 6 月中国每年因污染造成 120 万～150 万人过早死亡，900 万～1000 万人患支气管炎，国家每年花费的医疗费用达 600 多亿元，估计到 2020 年将花费 1040 亿元。我国在"十一五"即 2006～2010 年的五年计划中环保投资占国民生产总值的 0.9%～1.0%，"十一五"期间每年环保投资增加到 6500 亿元，约占国民生产总值的 1.3%，已高于国家对科研开发投入的资金（占国民生产总值的 0.7%～0.8%）。有些发达国家因经济上的压力比较小，环保投入高达 7%，他们认为，对过去破坏了的环境要给予生态补偿。我国城市垃圾无公害处理的比例尚不到 5%，每年包装废弃物总量在 1800 万吨，其中薄膜制品污染相当严重。这些薄膜的主要来源是包装薄膜，其次是农用地膜。塑料制品包括各种塑料薄膜在使用过程中，因老化、破碎，没有得到有效地回收利用，不仅造成资源的巨大浪费，而且对土壤、江河湖海都造成了严重的生态危害，极大地制约了社会与经济的可持续发展。

2. 废弃废旧高分子材料对农业和生物的危害

（1）对土壤、农作物的危害　就目前世界和我国废旧塑料的现状来看，主要影响社会环境的废旧塑料是农用和包装材料。农用废旧塑料以废弃农膜为主，包括地膜、棚膜、果蔬保鲜膜及农灌防渗膜等。覆盖农膜可增温、保温、保肥、保水，控制杂草生长和盐碱地返碱，增产效益显著，因此，近年来我国农膜的产量总体上呈上升的趋势。但是，农用薄膜的使用寿命一般较短，我国现有的棚膜使用寿命通常是1～2年，使用后废弃的农膜进入环境，就成为塑料废品的一个重要组成部分。以废旧塑料材料为例，这些材料的分子量在10^4～10^5之间，分子与分子之间结合得相当牢固，在自然条件下，分解速度极为缓慢。如聚乙烯、聚氯乙烯塑料薄膜，在土壤中300～400年才能完全降解，它们滞留在土壤里就破坏了土壤的透气性能，降低了土壤的蓄水能力，影响了农作物对水分、养分的吸收，阻碍了禾苗根系的生长，从而造成农作物的大幅度减产，使耕地劣化。此外，塑料添加剂中的重金属离子及有毒物质会在土壤中通过扩散、渗透，直接影响地下水质和植物生长。据报道，如果每亩（667m²）地有3.9kg残膜，将减产玉米11％～13％、土豆5.5％～9.0％、蔬菜14.6％～59.2％；也有人做过实验，当每亩农膜残片达6.9kg，小麦减产约9％，当达到25kg时减产26％。当前有些农业部门推广无法回收的0.007mm超薄地膜，从长远看是不妥当的。

（2）对动物的危害　塑料废弃物对海洋生物造成的危害是石油溢漏危害性的4倍，每年仅丢弃在海洋的废弃渔具就在15万吨以上，各种塑料废品在数百万吨以上。废弃塑料对动物的伤害主要表现在被动物误食、划伤食道，造成胃部溃疡等疾患。有毒的塑料添加剂，如抗氧剂三丁基锡，由于生物富集，会使动物降低食欲，降低类固醇激素水平，导致繁殖率降低，甚至死亡。据估计，每年至少有数百万只海洋动物因误食塑料导致丧生。目前已知至少有50种海鸟喜爱吞食塑料球，将其误认为鱼卵或鱼的幼虫，海龟也把一些塑料制品当成水母吞食，而海狗喜欢在废塑料渔网中嬉戏玩耍，常被缠绕至死。在陆地，一些反刍类动物（如牛、羊等牲畜）和鸟类因吞食草地上的塑料薄膜碎片，它们在肠胃中累积，造成肠梗阻乃至死亡的事例已屡见不鲜，如在北京从一只死亡奶牛的胃中清出的塑料薄膜竟有13kg。

四、废旧高分子材料废弃物的处理处置方法

1. 卫生填埋

废旧塑料由于具有大分子结构，故废弃后长期不易分解腐烂，并且质量轻、体积大，暴露在空间可随风飞动或在水中漂浮。因此，人们常利用丘陵凹地或自然凹陷坑池建设填埋场，对其进行卫生填埋。卫生填埋法具有建设投资少、运行费用低和回收沼气等优点，已成为现在世界各国广泛采用的废塑料最终处理方法。在填埋过程中如果合理调度、操作机械化，可大幅度减少处理费用。一般来说，填埋场均铺设防渗层，并用机械压实压平，上面覆盖土层，进行绿化，植草、建公园或自然景观，供人们休息游玩。

但填埋处理同时也存在着严重弊端：塑料废弃物由于密度小、体积大，因此占用空间面积较大，增加了土地资源压力；塑料废弃物难以降解，填埋后将成为永久垃圾，严重妨碍水的渗透和地下水流通；塑料中的添加剂如增塑剂或色料溶出还会造成二次污染。同时该法填埋了大量可利用的废塑料，这与可持续利用背道而驰。

因此，建议填埋时先对废塑料及其包装物进行破碎，填埋已经综合利用和综合处理后的残余物。

2. 焚烧处置

焚烧回收热能是废旧塑料处理的另一主要方法。将废旧塑料进行焚烧的处理方法具有处理数量大、成本低、效率高等优点，其方式主要有3种：

（1）使用专用焚烧炉焚烧废旧塑料回收利用热能，所用的焚烧炉有流动床式燃烧炉、浮游式燃烧炉、转炉式燃烧炉等。

（2）废塑料作为补充燃料与生产蒸汽的其他燃料掺混使用，这是一项可行而又比较先进的能量回收技术，例如热电厂即可使用废塑料作为补充燃料。

（3）通过氢化作用或无氧分解，使废塑料转化成可燃气体或其他形式的可燃物，再通过它们的燃烧回收热能。目前，在日本有焚烧炉近2000座，利用焚烧废塑料回收的热能约占塑料回收总量的38%。德国有废塑料焚烧厂40多家，它们将回收的热能用于火力发电，发电量占火力发电总电量的6%左右。废塑料焚烧的主要产物是二氧化碳和水，但随着塑料品种、焚烧条件的变化，也会产生多环芳香烃化合物、一氧化碳等有害物质，例如PVC会产生HCl，聚丙烯腈会产生HCN，聚氨酯会产生氰化物等。另外，在废塑料中还含有镉、铅等重金属化合物，在焚烧过程中，这些重金属化合物会随烟尘、焚烧残渣一起排放，污染环境。因此，必须安排排放气体的处理设施以防止污染，否则这些物质若直接送入大气，其结果是破坏臭氧层，形成温室效应、酸雨，危及人类身体健康。

3. 废旧高分子材料废弃物的再生及其改性利用

塑料废弃物采用填埋和焚烧处理的方法，虽然起到了一定的作用。但近几年，垃圾资源化的问题得到世界关注，怎样将有害垃圾（废旧塑料）变为有效资源，已成为国际上的热门研究课题。而采用填埋、焚烧这两种处理方法都会造成一定的资源浪费，于是人们又开发了废旧塑料再生利用新技术，以真正做到物尽其用，充分发挥塑料的所有再生利用能力和利用价值。

（1）塑料废弃物的再生利用　再生利用分为简单再生利用和改性再生利用两种。废旧塑料的简单再生利用系指不需进行各类改性，将废旧塑料经过清洗、破碎、塑化，直接加工成型，或与其他物质经简单加工制成有用制品。国内外均对该技术进行了大量研究，且制品已广泛应用于农业、渔业、建筑业、工业和日用品等领域。例如，将废硬聚氨酯泡沫精细磨碎后加到手工调制的清洁糊中，可制成磨蚀剂；将废热固性塑料粉碎、研磨为细料，再以70%、30%的比例作为填充料掺混到新树脂中，则所得制品的物化性能无显著变化；废软聚氨酯泡沫破碎为所要求尺寸碎块，可用作包装的缓冲填料和地毯衬里料；粗糙、磨细的皮塑料用聚氨酯黏合剂黏合，可连续加工成为板材；把废塑料粉碎、造粒后可作为炼铁原料，以代替传统的焦炭，可大幅度减少二氧化碳的排放量。简单再生利用所得制品性能欠佳，一般只能制成档次较低的产品。从 20 世纪 70 年代开始，废塑料的机械回收技术在我国江西、浙江一带乡镇兴起，将塑料粉碎再添加一些新料、熔融、进料、压模，制成塑料容器、厨房用品、拖鞋等制品。但这些产品的质量得不到保证，掺混过废塑料的塑料制品在强度、弹性、韧性、耐用性等任一方面都无法与用纯粹新料做出来的产品相比，而且这种技术会带来严重的二次污染。废旧塑料简单再生利用的主要优点是工艺简单、再生品的成本低廉，其缺点是再生料制品力学性能下降较大、不宜制作高档次的制品。

（2）塑料废弃物的改性利用　改性再生利用是指将再生料通过物理改性（如增韧、增强、并用、复合、填充等）或化学方法改性（如交联、接枝、氯化等）后，再加工成型。这种废塑料改性工艺较复杂，需要特定的机械设备，经过改性的再生塑料制品的性能尤其是力学性能得到改善或提高，可用于制作档次较高的塑料制品。例如，汽巴-嘉基公司生产出一种含抗氧化剂、共稳定剂和其他活性、非活性添加剂的混合助剂，可使回收材料性能基本恢复到原有水平；荷兰的研究者开发了一种新型化学增容剂，能将包含不同聚合物的回收塑料键合在一起；美国采用固体剪切粉碎工艺（solidstateshearpulverization，3SP）进行机械加工，无需加热和熔融便可将树脂进行分子水平剪切，形成互溶的共混物。共混物大部分由 HDPE 和 LLDPE 组成，极限拉伸强度和弯曲模量可与 HDPE 和 LLDPE 纯料相媲美。使用改性再生得到的塑料制品的质量问题与生产过程中的二次污染问题依然存在。为了改善废旧塑料再生料的基本力学性能，满足专用制品的质量需求，研究人员采取了各种改性方法对废旧塑料进行改性，以达到或超过原塑料制品的性能。常用的改性方法有两种：一种是物理改性，另一种是化学改性。

① 物理改性　采用物理方法对废旧塑料进行改性主要包括以下几个方面。

a. 活化无机粒子的填充改性：在废旧热塑性塑料中加入活化无机粒子，既可降低塑料制品的成本，又可提高温度性能，但加入量必须适当，并用性能较好的表面活性剂处理。

b. 废旧塑料的增韧改性：通常使用具有柔性链的弹性体或共混性热塑性弹性体进行增韧改性，如将聚合物与橡胶、热塑性塑料、热固性树脂等进行共混或共聚。近年又出现了采用刚性粒子增韧改性，主要包括刚性有机粒子和刚性无机粒子。常用的刚性有机粒子有聚甲基丙烯酸甲酯（PMMA）、聚苯乙烯（PS）等，常用的刚性无机粒子为硫酸钡、碳酸钡等。

c. 增强改性：使用纤维进行增强改性是高分子复合材料领域中的开发热点，它可将通用型树脂改性成工程塑料和结构材料。回收的热塑性塑料（如 PP、PVC、PE 等）用纤维增强改性后其强度和模量可以超过原来的树脂。纤维增强改性具有较大发展前景，拓宽了再生利用废旧塑料的途径。

d. 回收塑料的合金化：2 种或 2 种以上的聚合物在熔融状态下进行共混，形成的新材料即为聚合物合金，主要有单纯共混、接枝改性、增容、反应性增容、互穿网络聚合等方法。合金化是塑料工业中的热点，是改善聚合物性能的重要途径。

② 化学改性　化学改性指通过接枝、共聚等方法在分子链中引入其他链节和功能基团，或是通过交联剂等进行交联，或是通过成核剂、发泡剂进行改性，使废旧塑料被赋予较高的抗冲击性能、优良的耐热性、抗老化性等，以便进行再生利用。目前国内在这方面已开展了较多的研究工作，用化学改性的方法把废旧塑料转化成高附加值的其他有用的材料，已成为当前废旧塑料回收技术研究的热门领域，并涌现出了越来越多的成果。

4. 废旧高分子材料废弃物的再资源化利用

再资源化技术又称为再生回收技术，可分为能源回收技术和物质回收技术。能源回收利用又称为热能回收利用。由于塑料具有很高的燃烧热值，聚乙烯为 6.63GJ/kg、聚丙烯为 43.95GJ/kg、聚氯乙烯为 18.08GJ/kg、ABS 为 35.26GJ/kg，其热能的回收具有极大潜力。热能回收利用技术在国内外日益受到重视。目前，美国有焚烧炉 500 多座。废塑料热能回收不需要繁杂的预处理，也不需与生活垃圾分离，焚烧后废塑料的质量和体积可分别减少 80% 和 90% 以上，焚烧后的渣滓密度较大，再掩埋处理也很方便。因此，这种集环保、发电于一体的工业技术，正在使废塑料成为一种资源，在国际上已成为新的投资热点。

（1）塑料废弃物的热分解　热分解技术的基本原理是，将废旧塑料制品中原树脂高聚物进行较彻底的大分子链分解，使其回到低摩尔质量状态，而获得使用价值高的产品。不同品种塑料的热分解机理和热分解产物各不相同。PE、PP 的热分解以无规断链形式为主，热分解产物中几乎无相应的单体；PS 的热分解同时伴有解聚和无规断链反应，热分解产物中有部分苯乙烯单体；PVC 的热分解先是脱除氯化氢，再在更高温度下发生断链，形成烃类化合物。废塑料热分解工艺可分为高温分解和催化低温分解，前者一般在 600~900℃ 的高温下进行，后者在低于 450℃ 甚至在 300℃ 的较低温度下进行，两者的分解产物不同。废塑料热分解使用的反应器有：塔式、炉式、槽式、管式炉、流化床和挤出机等。该技术是对废旧塑料较彻底的回收利用技术。高温裂解回收原料油的方法，由于需要在高温下进行反应，设备投资较大，回收成本高，并且在反应过程中有结焦现象，因此限制了它的应用。而催化低温分解由于在相对较低的温度下进行反应，因此研究较活跃，并取得了一定的进展。

（2）塑料废弃物的化学分解　化学分解是指废弃塑料的水解或醇解（乙醇解、甲醇解及乙二醇解等）过程通过分解反应，可使塑料变成其单体或低相对分子质量物质，重新成为高分子合成的原料。化学分解产物均匀，易控制不需进行分离和纯化，生产设备投资少。但由于化学分解技术对废旧塑料预处理的清洁度、品种均匀性和分解时所用试剂有较高要求，因而不适合处理混杂型废旧塑料。目前化学分解主要用于聚氨酯、热塑性聚酯、聚酰胺等极性类废旧塑料。

日本通产省于1993年公布了"21世纪废塑料处理规划及实施方案"，1995年，日本通过焚烧回收热能的废塑料约占总回收量的28%，1997年提高到30%，远高于再生量所占11%的比例。但是，要回收燃烧热，需要专门的焚烧炉，一次性投资较大，有些废塑料燃烧还会产生HCl等二次污染气体。

另外，国外还将废塑料用于高炉喷吹代替煤、油和焦炭，收到了较好的效果。德国不来梅钢铁公司经过1年的实验后，于1995年2月经政府批准正式建设向高炉喷吹$7 \times 10^4 t/a$废塑料粒的装置，每年可代替重油$7 \times 10^4 t$，约2年即可收回投资，此项技术已开始向曼内斯曼和蒂森等大钢铁公司推广。日本NKK公司也于1995年进行了高炉喷吹废塑料粒代煤粉中试，获得成功，日本钢铁联盟已将此纳入2010年节能规划。日本德山水泥厂在高炉喷吹废轮胎的基础上已于1996年进行了回转窑喷吹废塑料试验，将废塑料粉碎为直径＜25mm的小粒，由粉煤燃烧器的上方开孔喷入，为防止氯对熟料的影响，暂不考虑PVC类。

此外，还可用废旧塑料制造燃料，日本已研制成功以塑料为主并混配各种可燃垃圾（含废纸、木屑、果壳和下水污泥）、发热量为20920kJ/kg（5000kcal/kg）粒度均匀的垃圾固形燃料RDF。这种燃料既可以使氯得到稀释以便于提高发热效率，同时也便于贮存、运输和供其他锅炉、工业窑炉燃用代煤。在日本通产省支持下，由伊藤商事和川崎制铁合资的资源再生公司已批量生产垃圾固形燃料，电源开发公司正进行垃圾固形燃料在流化床锅炉燃料和发电的工艺试验，发电效率的目标为35%。

如上所述，焚烧回收是废塑料再资源化的一个重要手段，回收的热能用来发电或取暖，但在我国，城市垃圾焚烧技术刚刚开始发展、规模较小，回收的热能不足以用来发电，大中城市也不具备集中供暖条件。因此，回收的热能没有合适的利用途径，而且处理焚烧炉中的残留物也会增加成本。同时，焚烧过程中会产生一些有毒有害气体与物质，对人体和环境造成危害，因此在我国现阶段，仍不宜推广。

物质回收技术，即将废塑料热裂解或催化裂解，回收燃料油和化工原料。废旧塑料制品中的高分子链在热能作用下发生断裂，得到低相对分子质量的化合物。塑料的热裂解分为三类：单体型裂解、随机型裂解和中间型裂解。聚烯烃类塑料的热裂解为典型的随机型裂解。裂解后，它生成链长、结构无一定规律的低分子化合物；在适当的温度、压力和催化剂条件下，产生的低分子化合物的链长和结构可被限制在一定范围内。利用这一性质，可以生产出高质量的汽油和柴油。废旧塑料裂解技术的主要优点是：①裂解产品的使用价值高。②废旧塑料的反复处理次数理论上不受限制，即废旧塑料裂解成单体，然后聚合成高聚物，其制品废弃后可再进行裂解，如此反复。但是，因为受到力学性能逐次下降的制约，一般再生利用的反复次数会受到限制。③用裂解技术可以处理混杂回收品（如聚丙烯和聚乙烯制品的混杂回收物），但需按含氯制品和非含氯制品分类。裂解技术的主要缺点是投资较高、技术操作要求严格。

除了热裂解外，化学分解也用于处理废塑料，这项技术适用于单一品种并经严格预处理的废塑料。尽管多种塑料都可用化学法分解，但目前主要用于处理聚氨酯、热塑性聚酯和聚酰胺等极性类废塑料。例如利用聚氨酯泡沫塑料水解法制聚酯和二胺，聚氨酯软、硬制品醇解法制多元醇，废旧PET解聚制粗对苯二甲酸和乙二醇等。

物质回收技术中，除了废塑料裂解制取液体燃料外，还有将废塑料热裂解回收单体，将废料气化、加碳液化等很多方法。

5. 降解塑料代替现有塑料

降解塑料是指在一定使用周期内具有与普通塑料同样使用功能，而在完成使用功效后其化学结构可发生重大变化且能迅速降解与环境同化的一类聚合物材料。一般降解塑料称塑料家族中带降解功能的一类新材料，它在用前或使用过程中，与同类普通塑料具有相当或相近的应用性能和卫生性能，而在完成其使用功能后，能在自然环境条件下较快地降解成为易于被环境消纳的碎片或碎末，并随时间的推移进一步降解成为二氧化碳和水，最终回归自然。

目前可降解塑料主要有光降解塑料、生物降解塑料和同时具有可控光降解与生物降解双重降解功能的塑料。从长远来说，完全性可降解塑料是从根本上彻底消除"白色污染"的最好手段，但在目前还面临许多尚未解决的问题。

（1）光降解塑料 国外对可降解塑料研究得较早，其中最先进行的是光降解塑料的研究，其技术也最成熟。光降解塑料是在高分子聚合物中引入光增敏基团或加入光敏性物质，使其在吸收太阳紫外光后引起光化学反应而使大分子链断裂变为低分子质量化合物的一类塑料。根据其制备方法可分为合成型和添加型两种。前者主要是通过共聚反应在高分子主链上引入碳基型光增敏基团而赋予其降解性。其中对PE类光降解聚合物研究较多，这是由于PE降解成为相对分子质量低于500的低聚物后可被土壤中微生物吸收降解，具有较高的环境安全性。后者则是通过将光敏剂添加到通用聚合物中制得。在光的作用下，光敏剂可离解成具有活性的自由基，进而引发聚合物分子链的连锁反应达到降解作用。光降解塑料的降解受紫外线强度、地理环境、季节气候、农作物品种等因素的制约较大，降解速率很难准确控制，使其应用受到一定限制。近年来，国内外对单纯的光降解塑料的研究已经逐渐减少，而将重点转向生物降解塑料和光-生物降解塑料。

（2）生物降解塑料 生物降解塑料是指在一定条件下能被生物侵蚀或代谢而降解的塑料，降解机理是生物物理反应和生物化学反应。生物降解塑料降解后能够更好地符合保护大自然的要求，避免了二次污染，满足了降解塑料的最终目的，因此这类材料备受青睐。生物降解塑料按照其降解特性可分为完全生物降解塑料和生物破坏性塑料；按照其来源则可以分为微生物合成材料、天然高分子材料、化学合成材料、掺混型材料等。微生物合成高分子聚合物是由生物发酵方法制得的一类材料，主要包括微生物聚酯和微生物多糖，其中以前者研究较多。微生物合成型降解材料中最典型的是烃基丁酸和烃基戊酸共聚物（PHBV）。这类产品有较高的生物分解性，且热塑性好，易成型加工，但在耐热和机械强度等性能上还存在问题，而且其成本太高，还未获得良好的应用，现正在尝试改用各种碳源以降低成本。化学合成型材料大多是在分子结构中引入酯基结构的脂肪族聚酯，在自然界中其酯基易被微生物或酶分解。目前已开发的主要产品有聚乳酸（PLA）、聚己内酯（PCL）、聚丁二醇丁二酸酯（PBS）等。对这一类降解塑料而言仍需研究如何通过控制其化学结构，使其完全分解。另外，成本也是不容忽视的问题。天然高分子材料是利用淀粉、纤维素、甲壳质、蛋白质等天然高分子材料而制备的一类生物降解材料。这类物质来源丰富，可完全生物降解，而且产物安全无毒性，因而日益受到重视。但是它的热学、力学性能差，不能满足工程材料的性能要求，因此目前的研究方向是，通过天然高分子改性得到有使用价值的天然高分子降解塑料。

（3）光-生物降解塑料　光-生物降解塑料是利用光降解和生物降解相结合的方法制得的一类塑料，是较理想的降解塑料。这种方法不仅克服了无光或光照不足的不易降解和降解不彻底的缺陷，还克服了生物降解塑料加工复杂、成本太高、不易推广的弊端，因而是近年来应用领域中发展较快的一门技术。其制备方法是采用在通用高分子材料（如 PE）中添加光敏剂、自动氧化剂、抗氧剂和作为微生物培养基的生物降解助剂等的添加型技术途径。光-生物降解塑料可分为淀粉型和非淀粉型两种类型。目前采用淀粉作为生物降解助剂的技术比较普遍。降解塑料的研究开发是治理"白色污染"必要的辅助手段，但在我国，要进行大规模的推广应用还有赖于降解塑料的可焚烧技术和堆肥化技术的完善。因此，在研究降解塑料的同时，必须强调：增加材料的可焚烧性，即降低塑料废弃物焚烧对大气的二次污染；增加高分子材料的可堆肥化；增加降解材料的可回收性。近年来，可降解与可焚烧技术的结合已发展成为实现废旧塑料适应垃圾综合处理的技术方法之一。通过添加30％以上经表面生物活化处理的超细碳酸钙，不仅可促进生物降解，而且可减少光敏剂的用量，降低成本，有利于实现垃圾焚烧及掩埋综合处理的方式，并可达到节省资源的目的。

就目前的技术，不管是光降解还是生物降解都只能是部分降解，但由于降解后其物理化学性能的改变使体积迅速缩小，大大方便了后续处理过程。

但是在目前可降解塑料还是无法广泛推广，主要原因在于它的性能和成本。传统塑料生产，总希望强度越高越好、寿命越长越好。在可降解塑料中，由于添加了可降解成分，势必使塑料本身的某些性能受到影响。如何在保证塑料原有优良性能的同时又在必要的时候让它降解，这本身就是一对矛盾；要做到两者的统一，有很多技术上的难题没有彻底解决。另外可降解塑料的生产成本目前明显高于传统塑料，这是用户难以接受的另一重要原因。

第二节
废旧高分子材料废弃物加工
的环境污染与治理

一、塑料废弃物加工的环境影响与措施

1. 废弃物加工对环境影响

这个问题应从 3 个方面分析：

① 塑料有许多品种和用途，大多数塑料属热塑性塑料，因此相当一部分塑料废弃物可以同纸制品、金属制品一样回收利用。加强这部分废弃物的回收利用，因为仅在经多次使用达到其生命周期终结时，它们才会成为对环境有不良影响的垃圾。

② 当前在塑料总产量中，约有 30％属于使用周期短的一次性包装制品、医疗卫生用品和地膜等，它们在使用后一部分成为城市固体废物进入垃圾处理系统；一部分被随意丢弃成为有碍景观的垃圾。当前西方发达国家和我国沿海主要城市塑料废弃物占城市固体垃圾的质量比已增加到 8％～10％，而体积比则达到 30％以上；由于塑料质轻、体积大，不易降解，不仅增加垃圾处理的难度，又占用许多有限的土地资源，因此对环境造成一定程度的影响。

③ 由于人们环保意识不强，又缺乏有力度的垃圾综合治理对策和措施，致使一部分塑料废弃物散落在自然界中，这部分不仅对陆地、海洋造成景观污染，破坏环境和生态平衡，甚至危及到野生动物的生命。这就是人们习惯称的"白色污染"。

2. 减少对环境影响的措施

当前国外的主要对策是加强综合治理，采取减容、减量、回收利用、降解等防与治相结合的方针，主要措施概括起来为 3R 和 1D：3R 即塑料包装废弃物的减量化（reduce），塑料包装制品的再使用（reuse），塑料包装废弃物的回收利用（recycle）；1D 是开发有利于环境的降解塑料（degradable）。

因此当前回收利用和开发降解塑料已成为各国防止塑料废弃物污染环境的重要途径。

二、废旧高分子材料废弃物加工的污染来源与主要污染类别

1. 有关环境及污染的一般定义

一般由于人类的各种社会活动而引起的环境质量下降，进而有害于人类和其他生物的生存和发展的现象，为环境污染。

环境污染一般可以分为大气污染、水体污染和土壤污染；按污染源的性质可以分为生物污染、化学污染和物理污染；按污染源的形态则可以分为废气污染、废水污染和固体物污染及噪声污染、辐射污染等。

根据实际现状，对于再生塑料业而言，在再生塑料产业的仓储、运输、生产加工过程中，排放的物质影响或破坏了周围自然环境的均衡，生产经营活动影响或破坏了周围群众的生产生活，目前都被视为再生塑料业环境污染。

2. 废旧高分子材料废弃物加工的污染来源与污染类别

再生塑料加工业主要污染源为废塑料上黏附的各类物质。废塑料根据来源主要分为生活消费后和工业消费后废料，根据源产地分为国内废塑料及进口废塑料。任何生产活动都会对各种自然要素形成影响，是否会构成污染，要看对周围自然环境及社会环境有没有可能造成实质性的危害。

废塑料品种及来源比较复杂，污染类别也较多。如根据污染性质可分为：①化学污染，废塑料主要接触或包装过各类化工原料等；②生物污染，废塑料主要来源于一次性医用器材或国内外生活消费后废塑料；③物理污染，如加工过程中的噪声污染；④固体废物污染，废塑料生产加工过程中产生的各类废料。

3. 废旧高分子材料废弃物加工的污染治理工艺与设计

废塑料未收集前，废塑料及废塑料上黏附的各类物质主要被视为环境卫生问题，一次性聚乙烯方便袋及一次性发泡聚苯乙烯餐盒也被媒体广泛称为"白色污染"，再生塑料加工业把社会废塑料收集起来以后，有效解决了原来的环境卫生和"白色污染"，再生塑料加工业同时也就要承担转移过来的相应污染治理。

绝大部分废塑料上黏附的物质主要是无毒害的固体废物及有机物，对环境的危害并不大，治理方法也可以用简单的工艺解决。再生塑料加工业的污染治理原则：因地制宜，简单工艺，控制成本，达标排放。

水污染治理技术不一定要追求如何先进、如何标新立异、对污染物质处理得如何彻底，而要讲究工艺过程简单而便于管理与操作，处理过程经济而有效果。复杂的工艺意味着高的处理成本，在再生塑料业利润越来越低的实际情形下，是很难让高成本的处理工艺正常运行的。

三、废旧高分子材料废弃物加工的主要污染治理工艺

1. 再生塑料加工业大气污染及治理

再生塑料加工业大气污染主要存在于加工过程中的挥发气体及味道，正常情况下，这类污染很少，但有时也有发生。避免再生塑料加工业大气污染方法是：①不宜收购有毒、有刺激性气味的废塑料。②再生塑料加工企业选址非常重要（交通方便但离居民点越远越好）。③人多的地方，风机通风，排气口通入水箱，水箱里面放一些碱性物质，可以有效去除刺激性物质；人少的地方，风机通风，排气口高出

房顶 2m，让有毒有刺激性气体飘离扩散开来，对周围基本没有影响。

2. 废旧高分子材料废弃物加工的固体废物污染与治理

再生塑料加工业固体废物污染主要会造成土壤污染，废料堆放仓储场所如果不能与周围环境有效隔离，废塑料及上面黏附的物质会四处扩散。

避免固体废物污染，要注意以下几点：

① 不宜收购有毒有害、有刺激性气味的废塑料。

② 与地面及周围环境有效隔离。

③ 定期清理积压的垃圾废料。

3. 废旧高分子材料废弃物加工的噪声污染与治理

再生塑料加工业噪声主要出现在生产加工过程中，主要是机械的摩擦、振动、撞击或高速旋转产生的机械性噪声，如粉碎机、造粒机等。

无防护措施的生产性强噪声对操作工和周围居民能产生多种不良影响。噪声会造成听觉位移、噪声聋；头痛、头晕、记忆力减退、睡眠障碍等神经衰弱综合征；改变心率和血压；引起食欲不振、腹胀等胃肠功能紊乱，等等。

目前的经济条件下建议：①工厂选址远离居民区；②改进工艺，改造机械结构，提高精密度；③操作场所空间大一点，门窗多一些；④对室内噪声，也可采用多孔吸声材料（玻璃纤维、矿渣棉、毛毡等），使用得当可降低噪声 5～10dB；⑤使用个人防护用品，如耳塞、耳罩、防噪声头盔，实行噪声作业与非噪声作业轮换制度。

4. 废旧高分子材料废弃物加工的生物污染与治理

再生塑料加工业生物污染主要来源于一次性医疗用塑料制品（输液器、针头、血袋等）及国外未清洗的生活消费后塑料制品（扎装 PET 瓶、未清洗农膜）。

对于微生物污染，可以用微波灭活、紫外线灭活、高温灭活，结合到行业实际，高温蒸汽房处理一次性医疗用塑料制品，蒸汽导入水池处理国外进来的未破碎清洗的扎装瓶、农膜，还是可行的，在原有设施上面进行一些改造就可以了，也可以与一些后续工艺结合起来，不会增加太高的成本。

5. 废旧高分子材料废弃物加工的水污染与治理

水污染是大家最关心的，不少地区禁止在本地区搞废塑料加工就是因为水污染问题。现在有加工厂搞化学方法纸塑分离、铝塑分离、去除印刷油墨，就更加要注意污染问题了。

通常所说的水体遭受污染是指污染物入河量大于水体的允许浓度，引起水质浓度超过规定的标准值，水体功能遭到破坏，不再满足生产和生活的需要。

也就是说，污染物达到排放标准，污染物入河量不大于水体的允许浓度，不引起水质浓度超过规定的标准值，水体功能未遭到破坏就可以了，因为水体及自然界本身就有很强的自净能力。

再生塑料业的水污染主要在粉碎清洗工序阶段，污染物为废塑料上黏附的各类物质。

废塑料品种及来源不同，造成的水污染也不相同，主要有以下几种：

① 悬浮物污染，废塑料主要接触或包装过棉纱、化纤、石英砂、水泥、碳酸钙等。

② 有机物污染，废塑料主要接触或包装过粮食、饲料、饮料等。

③ 油脂污染，废塑料主要接触或包装过油脂类物质。

④ 溶解物污染，废塑料主要接触或包装过氯化钠、纯碱等。

⑤ 颜色污染，废塑料主要接触或包装过染料颜料等。

⑥ pH 值污染，废塑料主要接触或包装过强酸强碱性物质。

⑦ 微生物污染，废塑料主要来源于一次性医用器材或国外生活消费后废塑料。

⑧ 有毒物质污染，废塑料主要接触或包装过有毒有害物质。

废水处理方法主要分为物理处理法、化学处理法和生物处理法三类。

物理处理法：通过物理作用分离、回收废水中不溶解的呈悬浮状态的污染物（包括油膜和油珠）的废水处理法。通常采用沉淀、过滤、离心分离、气浮、蒸发结晶、反渗透等方法。将废水中悬浮物、胶体物和油类等污染物分离出来，从而使废水得到初步净化。

化学处理法：通过化学反应和传质作用来分离、去除废水中呈溶解、胶体状态的污染物或将其转化为无害物质的废水处理法。通常采用方法有：中和、混凝、氧化还原、萃取、汽提、吹脱、吸附、离子交换以及电渗透等方法。

生物处理法：通过微生物的代谢作用，使废水溶液、胶体以及微细悬浮状态的有机物、有毒物等污染物质，转化为稳定、无害的物质的废水处理方法。生物处理法又分为需氧处理和厌氧处理两种方法。需氧处理法目前常用的有活性污泥法、生物滤池和氧化塘等。厌氧处理法，又名生物还原处理法，主要用于处理高浓度有机废水和污泥，使用处理设备主要为消化池等。

实际生产中主要是 1～3 类废塑料，没有有毒有害物质，可以在进行简单处理后排放。简单处理投资很小，主要用物理处理方法。

(1) 隔栅、筛网过滤　有效去除大的悬浮物、纤维等，有时过滤物可以再生利用，不能再生的部分，主要为可燃物，直接取其热能。

(2) 分级沉淀　计算一下每小时的用水量，乘以 2～4h 的沉淀时间，得出沉淀池的总容积，建几个相连的沉淀池，各个沉淀池执行不同功能，区别在于沉淀池出水口的位置及格栅选择。道理很简单。

沉淀池处理工艺可去除大部分的悬浮物、有机物、油脂。如果是连续清洗，初级清洗可以用循环水，污水可以减量排放。

如果要提高循环水使用比例，就要计算基本沉淀时间，相应加大沉淀池的容积。也可用错时沉淀。

（3）气浮法　这种方法处理一些细小的悬浮物及乳状油时效果很好，占地面积小，控制、操作简单，而且气浮后的浮渣含水率低。一般可直接利用锅炉烟道气的余热进一步蒸发浮渣中的水分，使浮渣很快干化而变成垃圾，省去污泥处理工艺。如是可燃物直接取其热能，就更加方便了。

第三节
国内外废旧高分子材料废弃物回收利用与产业近期进展

目前，全球旧塑料已成为日益突出的污染源。据有关资料介绍，近年来，国内外每年就有数百万吨食品袋、矿泉水瓶、废旧雨布、雨鞋等塑料废弃物，这些塑料废弃物约占城市固体废弃物重量的 10％～12％，预测到 2020 年将增加到 18％～20％。由于人类的衣食住行和生产建设都离不开塑料，废旧塑料的数量会越来越多，因此，废旧塑料给环境带来的污染会日趋严重。

这些塑料垃圾既不会吸水腐烂，又不易为土壤微生物消化分解，点火燃烧则会释放出大量有毒物质，污染空气，直接危害人体健康。另外，大量的家用塑料薄膜碎片混入土壤，会阻隔土层的水、气通道，阻断农作物根系的扩展和延伸，逐渐使良田变成死土，造成连年减产。因此，如何再生和利用废旧塑料已成为世界各国普遍重视的主要问题。

一、国外废旧高分子材料废弃物回收利用近期进展

遵循循环经济的理念，塑料包装废弃物的回收利用被认为是最有效治理环境污染及有效利用资源、节约能源的好办法。因此当前世界各国都把塑料废弃物的处理方向转向再生资源和二次资源的开发利用。

据资料报道，美国 20 世纪末塑料废弃物的处理方式发生了很大的变化，填埋处理从 80 年代末的 90％下降为 37％，而循环利用和再生利用由 17％上升至 35％，焚烧回收能源（电能和热能）由 3％上升至 18％。日本 2003 年材料回收利用 16％，能源回收利用 39％（其中固体燃料 11.1％，焚烧发电 56.1％，燃烧回收热能 32.8％），化学回收利用 3％，以上总有效利用率达 58％，而普通焚烧 15.2％，填埋 26.6％，其他 0.2％。欧洲 2007 年回收利用率首次接近 50％，其中材料回收利用 20.4％，能量回收利用 29.2％。

据预测，到 21 世纪 20 年代末，全球塑料废弃物的回收利用率在塑料废弃物处理总量中所占比重将上升到 50％以上，其中循环利用和再生利用占 42％，焚烧回收能源 26％，热解回收化学品燃料油 25％，其他 7％。

近 10 多年来，随着塑料科技的发展，特别是循环经济法的颁布与实施，许多国家对曾经一度困扰社会的塑料废弃物，加强资源化再利用，并正在逐步建立一整套从立法、回收、再利用、检验、销售等回收利用的管理体系，并研发出多种多样的回收利用技术：循环利用技术，材料回收利用技术，能源回收利用技术，化学回收利用技术，油化、气化技术，堆肥化技术，等等。各国根据收集的资源情况，经综合技术经济评估后采用不同的方法处理。如回收的废弃物是经分类回收、成分单一、受污染较轻的，多数作为材料再生利用。目前废弃物的回收利用是技术较成熟、较有实效的首选方法。而对一些污染较严重，多元、多层混杂较难分离的一次性包装废弃物，则采用焚烧发电或制成固体燃料回收热能较为适宜。化学回收利用技术是物质闭环反馈式循环利用的方法，近年来发展十分迅速，特别用于 PET 瓶回收利用，备受关注。以上三种方法是当前较成熟的，也是实用化的主要发展方向。而油化、气化技术较复杂，仍处于实用化进程开发阶段；堆肥化技术则是与生物降解塑料（特别用作垃圾袋）相结合的好方法，但生物降解塑料目前尚处于研发阶段。

在废旧塑料的综合利用方面，国外有很多成功的经验值得借鉴。

美国燃料加工公司环境燃料开发公司（EFD）开发的专利技术可从混合的废塑料中回收清洁的燃料级柴油。废塑料在接近真空条件下被加热至高于 700℃，经催化即可生成柴油和天然气。目前，EFD 公司已在凯尔索建有验证装置，并即将该工艺推向工业化。同时，该公司还向澳大利亚 Ozmotech 公司转让了该技术，Ozmotech 公司已在澳大利亚和新西兰建立了一批小型装置，每套装置所需的费用约为 250 万美元。该工艺可生产含硫量为 1×10^{-6} 的柴油，此含硫量远低于直馏柴油的含硫量，可直接用于现有的柴油机而无需对其改造。据说，该装置每天可从 7t 的废塑料粗料中回收约 7350L 的柴油，其投资偿还期约为 1 年。

目前，日本已建成了多处废弃塑料油化处理设施。以札幌塑料油化处理装置为例，废弃塑料经预处理（破碎、干燥、造粒，使粒径为 6～20mm）后，在 300～350℃下加热熔融，将产生的 HCl 送至焚烧炉，以除去 PVC 中的氯元素。然后在 350～400℃下进行热分解，将热分解后的气体冷却至 100℃就可生成再生原油。据了解，该装置可将 9005t 的废塑料变成 7935t 的再生油原料。

日本昭和电工公司投资 6200 万美元建立了一套用废弃塑料生产合成氨的装置。该套装置的建成标志着宇部工业公司和 Ebara 公司联合开发的二段气化法工艺第一次实现了商业化应用。在该装置中，经粉碎的废弃塑料首先被送入流化床设施中，用氧气和蒸汽在 600～850℃下对其进行部分氧化气化，以产生包括 CO、H_2、CO_2、焦油和炭黑在内的混合物，这是第一次气化。第二次气化是在 1300～1500℃下气化焦油和炭黑。两台气化器均在 0.5～2.0MPa 的压力下操作。随后，将氯以氯化钠的方式洗涤除去，CO 就转化成 CO_2，其余的硫则以二硫化钠的方式被除去。预计该装置生产氢气的费用仅为常规合成氨装置的一半。

日本 Sanix 公司以废弃塑料为燃料，在日本苫小牧建立了工业化发电装置。该发电装置每天可燃烧 704t 的废弃塑料，能够外供发电 74MW。据说，Sanix 公司在日本有 8 套废弃塑料收集设施，来自这些设施的废弃塑料被运往苫小牧，切碎成粒径小于 50mm 的颗粒后，被送入发电装置的循环流化床锅炉。这些塑料粒子在超过 850℃ 的温度下进行燃烧，排出的气体再通过石灰和活性炭以去除氧化硫和其他污染物，飞灰则被收集在袋式过滤器内。中试实验表明，排出的气体中的 NO_x 浓度小于 200×10^{-6}、SO_x 浓度小于 50×10^{-6}、烟尘浓度小于 $0.04mg/m^3$、二噁英浓度小于 $0.1mgTEQ/Nm^3$。该工业化装置的投资约需 8300 万美元，每年外售电力收入则约为 4600 万美元。

日本神户钢铁公司与 Riken 和 Waseda 大学合作开发了一种新工艺，可使混合塑料废物中的聚氯乙烯（PVC）有选择性地去除氯，从而使混合塑料废物可用作高炉中的焦炭替代物，而不致对高炉耐火衬里造成腐蚀性危害。该技术用微波（频率为 2.45GHz）照射塑料废物，由于 PVC 可选择性地吸收微波，使 PVC 在被加热到 300℃ 时，其中的氯开始以 HCl 形式释放出来。HCl 可用水来洗涤回收，并可重复利用，或用石灰中和。若用 1.2kW 微波电力照射 PVC 树脂约 10min，就足以去除其中约 90% 的氯，此时的塑料废物中的氯含量已低于高炉最高允许的 0.5% 氯含量。通常，PVC 树脂必须在高于 1000℃ 下焚烧才能除去氯而不生成二噁英，而这样的焚烧过程需要大规模设备。因此，日本神户钢铁公司已计划在今后 5 年内开发连续化微波处理过程。

目前，废弃聚氯乙烯（PVC）尤其是建筑工业中的废弃 PVC 有望被回收用作混凝土的填充剂。来自意大利的研究表明，利用建筑工业中的废弃 PVC 可生产出轻质混凝土，这种轻质混凝土不但重量相对较轻，而且还具有高度隔热和隔声的特点。

日本东芝公司和东京工业大学研制成功了较以往更好的环氧树脂再生技术，并已投入使用。环氧树脂是广泛应用于变压器、印制电路板等领域的材料，日本每年在这些方面的用量达 20 万吨，并且还在快速增长。该技术是先将废弃的环氧树脂破碎、分解、液化，之后再加入新环氧树脂使其硬化而再生。在分解过程中，由于使用胺化物作为再生树脂的组分，从而省去了以往所必需的去除分解剂的步骤，同时也没有废水产生。此外，该技术不需特殊的装置，处理成本较低。

二、国内废旧高分子材料废弃物回收利用近期进展

我国是世界塑料生产、消费大国，也是塑料、废塑料进口量最大的国家之一。据报道，目前全球塑料消费量达 3 亿多吨。2014 年我国塑料表观消费量 6600 万吨，在全球塑料总消费量中约占 22%。

随着我国国民经济的发展和人民生活水平的提高，废旧塑料造成的城市固体垃圾也越来越多。我国目前每年要消耗聚乙烯 230 万吨、聚丙烯 150 万吨、聚苯乙烯

45 万吨、聚氯乙烯 120 万吨，总计约 545 万吨，其中废弃物约 300 万吨。如果不采取措施解决这一问题，无疑会给我国的环境带来严重的污染。

可喜的是我国在废旧塑料的再生和利用上也开始起步，并且已取得了比较明显的成绩。北京一家公司正在利用废旧塑料生产石油产品，每吨的废旧塑料可提取汽油 350kg、柴油 350kg、炭黑 100kg、气态烃 200kg，几乎 100％变成了有用的产品。这种方法成本较低、收回投资快，如果能将全国 50％的废旧塑料回收起来，那么可增产石油 75 万吨，相当于新建一座年加工原油 100 万吨的炼油厂，产值近 20 亿元，更重要的是消除了污染源。

1. 国内废旧高分子材料产生及回收近期进展

截至 2013 年，我国规模以上企业塑料加工量已达 2800 万吨，2014 年加上中小企业有 3500 万吨，近一半的塑料制品使用两年左右后会成为废塑料，这些废塑料在固体垃圾中约占 10％。按 20％的可回收量计算，一年应回收废弃塑料约 700 万吨，而 2014 年实际回收量只有 300 万吨。

北京市每天的垃圾产生量在 8000 吨左右，每年产生生活垃圾 120 万吨，塑料占 6％～8％。目前我国城市垃圾中约有 1/4～1/3 与塑料有关，其中量大面广的首推塑料袋。

可以回收并得到较高再生利用的废弃塑料物是聚酯瓶（包括饮料瓶、矿泉水瓶、油瓶、桶），绝大部分的聚酯瓶回收后均被降级使用。大量的 EPS 发泡塑料及其他塑料袋、网、盒等得不到回收。

2014 年我国的塑料制品产量（大中型企业）已达到了 2100 万吨，如果算上小型企业，那么保守的估计也要超过 3000 万吨。若按塑料制品中有 20％为可回收塑料计算，则我国可回收塑料废弃物每年有 500～600 万吨，这还不包括企业生产中产生的边角料和没使用过的残次塑料制品的回收。按照我国的《再生资源回收利用"十二五"规划》规定，到 2015 年，国内要达到回收废旧塑料 700～800 万吨的水平，而实际上，我国截至 2015 年 8 月回收的废旧塑料只有约 320 万吨。

尽管我国废旧塑料的回收利用技术还很不完善，但是发展趋势是好的，一方面通过引进国外先进技术，另一方面走自主研发的道路，也出现了一些新技术和新项目。其中，一项名为"废旧塑料油化成套技术及设备"的科研项目已由兰州爱德华实业公司自主研制开发成功。该项目已通过了甘肃省科学技术厅组织的专家组鉴定，所炼制的油品也通过了甘肃省技术监督局的检验，并被多家单位使用。这一新技术的最大特点在于不需对废旧塑料进行分拣处理就能直接生产出高品质的油品。经该技术处理的废旧塑料的出油率很高，不同类型的塑料出油情况略有不同，一般在 70％～90％之间。由于利用了独创的新配方催化剂，生产加工后的残余物全部可作为工业炭黑使用，因此避免了废弃物的排放，从而在生产过程中不会产生任何二次污染。由中国科学院兰州化学物理研究所、兰州大学化学系和兰州理工大学专家组成的鉴定委员会指出，这项利用废旧塑料炼制汽油、柴油的科研项目具有环保和节能价值，生产出的 90 号汽油和 0 号柴油符合国家标准，是可以直接用于生产生活的高品质能源。

深圳绿色环保科技公司在废旧塑料的炼油技术方面也取得了初步突破，以废旧塑料为原料，经过裂解而生产出了 90 号无铅汽油和 0 号柴油。目前该公司已在深圳、兰州等地建成了 17 个生产基地，从而形成了消化废旧塑料 25 万吨，生产汽油、柴油 2 万吨的能力。

中国科学院广州化学研究所通过对废旧泡沫塑料进行化学改性，可将其制成水泥减水剂，从而使水泥砂浆搅拌用水量节约了 20%，并能使混凝土强度增大 38%。据悉，我国水泥混凝土搅拌中减水剂的年需求量高达 200 万吨，因此中科院广州化学所的这一技术拥有相当广阔的产业化前景。目前，中科院广州化学研究所、广州荔湾区生产力促进中心和中国轻工原料广州公司三方已签订了合作生产协议，共同投资组建企业，利用废旧泡沫塑料生产水泥减水剂产品。此外，中国科学院兰州分院也开发成功了与之相似的以废旧塑料制水泥减水剂的技术。经检测，这种水泥减水剂的综合性能优于目前国内市场上销售的密胺型高档减水剂。据介绍，该技术的投资规模大约需要 1000 万元，所需的主要设备均为国内可生产的标准设备。

山西晋中市的范宸天开发的用废旧发泡聚苯乙烯（EPS）生产聚苯乙烯类产品的方法，已获得了国家知识产权局授予的发明专利。该发明采用了汽油加一定比例的苯乙烯制成的溶液使废 EPS 发生溶解。此方法不仅能够完全溶解聚苯乙烯，还可通过改性、蒸馏等工艺生产出抗冲型聚苯乙烯。采用这一技术处理废 EPS 的成本为 2500～3000 元/t，而抗冲型聚苯乙烯的市场价则在万元以上。

广钢集团与美国 MBA 聚合物有限公司共同投资 1200 万美元，于 2004 年 6 月在南沙开发区西部工业区成立了广州广钢 MBA 塑料新技术有限公司。在正式投产后，该公司可年处理 4 万吨废旧塑料和年产 2.6 万吨塑料成品。此合资企业使用的回收技术由美国 MBA 公司提供，可从废旧塑料中分离出金属、非金属、塑料和非塑料，主要的产品是聚丙烯、聚苯乙烯和 ABS。MBA 聚合物公司的塑料回收分离技术处于世界先进地位，整个工艺过程不采用任何有毒化学品或溶剂。该合资企业的第一期目标是使用从日本进口已经清洗破碎的可直接进入生产线的原料来生产合格的塑料原料产品；第二期目标是建立国内废旧塑料回收破碎系统，以回收国内废旧塑料，从而实现国内资源综合利用和环境保护。根据计划，该合资企业 50% 的产品将供给美国通用电气公司，其余的则在国内和国外市场销售。

另外，由山东利丰集团和中国德力西集团共同投资的全国最大的循环经济（再生塑料）产业基地已于 2005 年 3 月在山东省临沂市开工建设。该基地建成后，已形成了集废旧塑料回收、加工和综合利用为一体的，现代化的环保型再生塑料工业园区。再生塑料工业园区开工十年半来取得很大进展。

2. 国内塑料制品行业近期进展

塑料制品行业是我国轻工行业的重要组成部分，包括塑料薄膜、板片型材、塑料管材、泡沫塑料、人造革合成革、包装箱及容器、日用制品等子行业。随着应用领域的不断扩大，国内塑料制品业年均发展速度超过10％，2014年规模以上企业达到2万多家，产量已达到5200万吨，实现工业总产值15000多亿元，约占轻工行业总产值的10％，约占全国工业总产值1.9％，在国民经济中占有重要地位。

塑料行业的快速发展与环境保护之间的矛盾日益突出。由于塑料行业的产业规模不断发展壮大、产品品种和产量不断增多，废弃物的回收处理、再生利用成为全球关注的热点。由于废弃物化学成分结构稳定，很难自然分解消失，如果处理不当就会给环境带来负面影响。随着环境、能源、安全以及人类健康等问题逐渐被重视，绿色塑料越来越受到重视。倡导绿色环保的消费理念、开发新型的生态环境材料、制定相关环保法律法规、规范生产厂商及消费者行为、健全回收体系、依靠科技进步不断提高废塑料资源利用水平，成为发展绿色塑料产业的内容。笔者认为，健全塑料回收体系、提高塑料资源再利用水平、研发新型生态环境材料（即生物降解塑料）是发展的重点。

我国塑料原料十分短缺，进口量大，还有大量的废旧塑料进口。中国已经成为全球最大的废旧塑料市场和再生利用国，同时也是全球废旧塑料进口量最大的国家。

目前，国内塑料制品回收再利用仍处于起步阶段，废旧塑料回收利用率很低，废弃塑料及其包装物回收利用率还不到10％，发展前景广阔。国内除塑料包装制品外，塑料制品的报废高峰期还未到来，但是随着多年消费后塑料的累积，国内废弃塑料量呈快速增长趋势。保守统计，2004年废弃塑料产生量约为787万吨，2005年约为960万吨，2006年达到1384万吨，2007年达到1720万吨，2010年已达到2500万吨。据不完全统计，2015年国内废旧塑料产生量约3200万吨，再加上每年进口600～700万吨，年产生量约3900万吨，市场潜力巨大，而实际上废弃塑料回收率不足10％。

塑料回收再利用产业遇到了前所未有的发展机遇，塑料再生市场规模不断扩大，投资活跃，正发展成为回收加工集群化、市场经营专业化的新型环保型产业。塑料回收、再生行业在我国具有广阔的前景。塑料业是国民经济的重要产业。塑料再生既可节约资源，缓解塑料原料供需矛盾，又保护环境，是塑料业持续发展的必由之路。

三、国内外废旧高分子材料回收产业发展近期进展

塑料已诞生百年，被广泛应用于农业生产、建材、家电、电子电气、汽车、包装等领域，塑料制品早已成为人们日常生活的组成部分。绝大部分塑料材料具有可再生性，是典型的资源节约和环境友好型材料，在节能、节水、发展循环经济中发挥着越来越重要的作用。通过有组织的回收利用以及绿色塑料资源开发利用，实现生产—使用—回收—再利用的循环经济模式，不仅创造了更高的经济价值，而且减

少了资源和环境的压力，是绿色塑料理念的集中体现。

1. 国外废旧高分子材料回收产业发展现状

据世界观察研究所公布的数字显示，全世界每年塑料制品回收再利用率不到10%。欧洲回收率相对较高，《欧洲塑料》发布的年度报告披露，2006年欧洲包括材料循环利用和能量回收在内的塑料回收利用率超过50%，比2005年提高3%。其中，循环利用约占19%，能量回收约占31%。欧洲的7个国家（瑞士、丹麦、德国、瑞典、奥地利、荷兰和比利时）2006年的废旧塑料回收率达到80%，但欧盟成员国中还有一半的回收率仍低于30%。日本的塑料回收利用率也达到了26%。

上述国家不仅塑料回收利用水平相对较高，而且提出了绿色设计的要求，可回收、易回收成为产品原料的首选和产品设计的前提。如最近欧盟实施的EuP指令，要求对进口电子电器产品进行从生产到报废全过程的环保监控，这是继RoHS指令和WEEE指令之后，欧盟发布的第三道针对电子电器产品的环保指令，监控范围更加广泛。EuP指令要求电子电器产品选用无毒、低能耗、无污染或微量少污染的原材料，选用可再生及可回收材料，提高资源利用率，规定电子电器产品只有取得认证后才能进入欧洲市场。EuP指令把"绿色制造"引入产品的整个生命周期，包含"绿色原材料、绿色设计、绿色生产、绿色包装和使用、绿色回收与处理"等各个环节，其中"绿色原材料"及"绿色包装和使用"将对塑料制品行业产生重大影响。

对此，塑料产业界专家建议，面对越来越多、越来越严格的国内外环保法规，国内塑料企业应积极应对，提高塑料原材料及制品的环保标准，抓紧开发新型环保塑料助剂，并加快有毒有害物质的替代进程。

2. 国内废旧高分子材料回收产业发展现状

国内塑料加工工业协会为了管理好废旧塑料的回收与利用问题，成立了废弃塑料再生利用专业委员会。在中国现在已经形成一大批有较大规模的废塑料回收交易市场集散地和加工聚集地，主要分布在广东、浙江、江苏、山东、河北、辽宁、河南等塑料加工业发达的省份。如河北省就有十几个县形成回收市集散地和加工聚集地，每个集散地和加工聚集地的年交易额在几亿到几十亿元人民币。中国各大城市周边也有大量回收点和交易场所。从事废弃塑料回收利用及加工的企业及人员越来越多，采用人工分类、简易非标准化机械的清洗、粉碎、挤出造粒的加工方式进行集群式规模操作，加工出来的废塑料颗粒直接进入市场交易。这种废塑料制的原料品种分类和纯度往往问题较大，加工过程中的废水、废渣对环境往往造成环境污染，生产出的产品没有标准可循、没有质量标准检验，完全靠民间废旧物资交易多年形成的约定和成俗来交易和定价而流入市场。每年中国的废旧塑料应用市场非常火爆，市场价值在1000亿元以上。2009年塑料原料大幅涨价对废旧塑料市场起到了巨大推动作用，废塑料价格也飞涨，回收较为纯净的普通PE、PP价格最高达每吨 8000 多元，几乎达到未涨价前原料的价格。高利润的结果是大城市垃圾中除了一次性塑料袋外几乎找不到塑料制品的影子，这表明废塑料的回收程度很高。

对废塑料应用应该有严格范围，如严禁生产与食品接触的包装物等等。中国在其限制使用方面还有待研究与制定相关规则。

目前中国政府已确定浙江省和青岛市为国家废旧家电及电子产品回收处理体系建设试点的省市。旨在建立规范的废旧家电及电子产品回收处理体系，为制定相关政策法规和标准提供经验，以促进中国的循环经济发展。

3. 国内废旧高分子材料回收产业发展特点

(1) 中国塑料回收再生利用产业现状和特点　中国塑料行业始终把塑料回收再生利用作为解决原料紧缺的重要手段，视其为行业持续发展的重要组成部分，多年来回收利用了大量的废弃塑料，一直保持着建设环境友好型社会的优良传统。进一步加快塑料回收利用行业的发展，促进塑料回收利用率的进一步提高，是我国塑料行业整体健康发展的要求和责任。

① 世界最大的废塑料市场，年消费量 1000 多万吨。依据统计数据分析，2015 年国内塑料实际消费量为 3200 万吨，废弃塑料产生量约为 1200 万吨，排放率 32%～36%。据测算，2016 年国内塑料回收量为 900 万吨左右（对塑料实际消费量的回收率为 22.6%～28%），2016 年消化进口废塑料 720 万吨，废塑料年消费量达 1500 多万吨。

② 塑料再生环保产业渐入佳境，发展势头看好。塑料再生行业经过近几年迅猛发展，一些表观特征发生了变化：再生塑料在原料市场地位和作用日益凸显，市场竞争优势明显；原料价格持续保持高位，是再生料行业强劲发展的动力所在；从业人员继续保持很大的数字，素质明显提高；资本积累加快，采用的技术手段更新加快；规模企业不断增多，竞争进入白热化；行业规模继续增大，进步明显加快；区域加工交易集散网点向集群化方向发展，形成以市场需求和价格驱动为导向的市场化环保产业型经济。

越来越多塑料制品企业、改性塑料厂商大量使用再生塑料；面向全球的中国废塑料采购体系逐渐形成；应用方向及关键技术不断取得突破，比如塑料分选、清洗、改性、特种塑料制品的回收（PVDC，交联聚乙烯）；行业利润逐渐摊薄，竞争加剧，价格回落。2006 年，行业进入转折期，向稳定发展过渡。

塑料再生行业有其特殊性，与原料和制品行业明显不同，由特殊群体组成，是一个相对封闭的圈子，自成体系，由外行成为内行需要一个过程。

③ 环控指标成为事实上市场准入的最明显特征。随着国民经济持续繁荣，环境治理力度加大，行业整体实力的不断提升，塑料再生企业实力增强，环保投入也在增加，显示出行业旺盛的生命力。塑料回收再生利用企业按照国家环境保护有关规定积极采取措施避免在处理废塑料过程中造成二次污染，在各地方政府和环保部门支持的改造监管过程中严格执行环控指标，不符合环控条件的企业将被拉闸断

电、勒令停产直至达标排放。一方面促进竞争力强的企业扩大规模，另一方面淘汰环保不达标的企业，有利于提升行业的整体形象和发展后劲。

④ 塑料再生应用技术水平提升扩大其发展空间。再生塑料改性技术不断提升，使其应用空间不断扩大，从而增加利润空间，为中国制造更具有竞争力提供廉价资源，意义重大。实际上很多塑料改性厂商使用再生料，是塑料再生技术开发应用最有潜力的领域之一。随着市场需求的拉动，独具特色的塑料回收再生利用技术体系日益成熟。再生塑料正在拓展新的应用领域，发挥更大作用，如塑木制品等。

⑤ 塑料包装是再生塑料的主要来源，电子电器废塑料再生利用大有作为。塑料包装消费量 2012 年为 900 万吨，2014 年超过 1000 万吨，据估计至少 80％的塑料包装制品在一年内被废弃，是再生塑料的主要来源。

聚酯（PET）瓶在包装工业中占有重要地位。全球每年用于饮料瓶的 PET 消费量为 1000 多万吨，其产量和消费量以逐年 10％～19％的速度增长。我国瓶用聚酯消费量 2012 年约为 200 万吨，2014 年约为 280 万吨。其中 80％用作饮料瓶，约 240 万吨，据估计其回收率至少在 80％以上。

2012 年中国汽车产量达 900 多万辆，2015 年汽车总需求量将达 1000 万辆。我国汽车塑料平均使用量目前约为 75kg，占车重的 14％～15％，年消费 50 万吨，到 2015 年底，此数字将为 100 多万吨。因此，对报废汽车塑料件的回收、再生利用来说任务将越来越艰巨。

2015 年以来工程塑料在汽车、电子电器领域的应用进一步拓展，年均增长仍保持 40％以上，年消费量达 170 万吨。其中电子电器配套塑料配件用量已达 120 多万吨，随着这类产品逐渐进入大量报废期，也将成为废塑料的一个重要来源。

（2）回收利用产业的地位和作用

① 是缓解资源短缺的有效途径。塑料再生利用是国家解决资源短缺的一个重大战略问题。我国石油资源消费缺口很大，塑料原料大量依赖进口的状况没有根本性改变，再生塑料便成为解决原料紧缺的捷径，而且来源丰富、成本低廉。在每年利用国内再生塑料 1000 万吨基础上，消化进口废塑料约 800 万吨，成为全球废塑料进口量最大的国家。

② 是发展循环经济、保护环境的重要内容。再生资源回收利用是发展循环经济的必然选择，其战略目标是建立环境友好型经济和资源节约型社会。循环经济从概念的提出、理论的建立到实践的发展，都是在探索人与环境、资源的协调、可持续发展之路：就是要建立起一种环境友好型、资源节约型的经济和倡导一个环境友好、资源节约的社会；并且，将这一目标的实现贯彻到经济社会生产、生活的各个方面和各个环节。

③ 是利国利民的环保型朝阳产业。塑料回收再生利用不仅仅有利于地区经济增长，特别是为解决农村富余劳动力提供了重要途径，为城乡居民增加收入和就业提供比较理想的渠道，而且为国家实现资源循环利用、环境保护事业做出了巨大贡

献，成为国民经济可持续发展不可忽视的环保产业。

（3）政策环境

① 国家重视资源循环利用的有关政策对塑料再生行业发展非常有利。我国政府重视环境保护、资源再生，在改变过去以过量消耗能源、资源和以环境为代价的经济增长方式等方面做出积极努力。国家发改委认为加强塑料回收再生利用有利于发展循环经济、建设节约型社会。中国经济的持续快速发展对塑料的需求越来越大，对塑料制品的要求也越来越高。塑料已成为人类生产和生活不可或缺的基础材料。塑料工业要实现可持续发展，必须从两个方面认真考虑：一是设计、生产资源节约型、环境友好型的产品；二是与社会各界合作，共建废弃塑料循环利用的体系和机制。

② 国家环保总局强调继续加强资源回收利用行业的环境监管。加强资源回收利用行业的环境监管，是促进循环经济发展，保证资源回收利用行业健康发展的必要措施。资源回收利用企业在生产经营过程中必须严格遵守环境保护相关法规、规范和标准，严防二次污染。

今后国家环保总局将从以下三方面加强塑料回收利用行业的环境监督管理工作，促进行业发展。

a. 进一步完善塑料回收利用环境保护相关技术规范、标准，对加工利用的方式和技术工艺进行规范，禁止使用粗放式的、低水平的、环境污染大的方式加工利用再生资源。

b. 在再生资源回收利用行业建立严格的环保准入制度，对环保不达标、不能以环境友好方式加工利用再生资源的企业，禁止加工利用再生资源。

c. 会同有关部门制定出台相关优惠支持政策，鼓励资源回收利用行业以环境友好的方式加工利用再生资源，促进行业蓬勃发展。

（4）应注意的几个问题

① 塑料再生行业基础薄弱，相关政策扶持力度不够。近几年，我国重视发展循环经济，在政策研究、资金投入、行业扶持方面做了很多工作，但是整个废弃物回收利用行业基础薄弱的现状并没有得到根本性的改变。多年来，科技投入不足、人员素质偏低、政策扶持不到位等等仍制约行业发展，因此还未形成一个合理完善的回收再利用体系。

② 科技和环保投入不足，二次污染仍然严重。塑料再生行业大部分对先进技术装备投入不足，传统粗放式经营导致的资源浪费和二次污染状况未得到显著改善。据调研，目前我国塑料再生利用企业普遍存在技术水平低、环保措施不到位的情况，存在较大的污染隐患。如果方法不当，塑料回收再生利用过程中也会对环境造成二次污染，这样一方面虽然回收了资源，而另一方面又污染了环境，得不偿失。因此，只有企业以环境友好的方式对再生资源进行回收利用，才能真正促进循环经济的发展。

③ 塑料再生行业呼唤一个可行的技术分类标准体系。据我们测算，目前我国废弃塑料年产生量 1000 万吨左右，再加上进口废塑料近 700 万吨，社会拥有量 1500 万吨左右。应用好这些废旧塑料会给社会和企业带来巨大收益，但在存放、运输、加工应用以及后序处理如果管理不好，势必给环境带来压力。

消费后塑料具有与原塑料差不多的性能，直接回用或者加以改性仍然能够作为原料使用。为了有效地使消费后塑料充分回用，其鉴别和分类是关键，所以塑料制品的原料身份标识显得很重要。建议强制推行塑料回收标志与标识国家标准，加强塑料再生技术管理工作。

同时推进塑料再生行业交易分类体系的建立，为行业标准的推出打下基础，推动产业升级。塑料回收再生利用行业呼唤一个科学的、切实可行的再生塑料分类技术标准和回收再生利用技术规范，促进产业升级。

(5) 废塑料再生回收经济管理与核算问题　废塑料再生回收是利国利民的产业。但目前在政策、管理和技术等方面存在缺漏，影响了我国废塑料回收行业的健康发展。

回收处理 1 万吨废弃塑料瓶，相当于节约石油 5 万吨、减排二氧化碳 3.75 万吨。2014 年，我国塑料消费总量达 6600 万吨，居世界第二位。同年，国内废弃塑料回收量约 990 万吨，回收率约 22％；进口废塑料 800 万吨，回收总量达 1800 万吨。我国已成为全球最大的再生塑料市场。

从废塑料进口的国家和地区分布来看，我国废塑料进口来自 117 个国家和地区。在国内，我国废塑料回收网点已遍布全国各地，形成了一批较大规模的再生塑料回收交易市场和加工集散地。主要分布在广东、浙江、江苏、山东、河北、辽宁等省。再生塑料回收、加工、经营市场规模越来越大，年交易额大都在数亿到几十亿元。

国内从事废塑料回收再生行业的人数已非常庞大。我国最大的网上废料交易市场——中国再生资源交易网负责人陈瑞贵说，目前在这个网站废塑料频道上注册的客户已接近 40 万家。

虽然我国已成为全球最大的废旧塑料市场，但目前塑料制品回收再利用仍处于起步阶段。从行业发展上看，需破政策、管理和技术三道关。

① 政策关。废塑料回收利用可有效减少能源消耗和环境污染，但目前我国在宏观层面还没有对废塑料回收利用行业发展的综合规划，缺乏具体政策扶持，缺乏废塑料分类技术规范，缺乏对采购使用废塑料并达到产品安全要求企业的认定和鼓励。一些政府部门与广大民众将再生塑料制品看作劣质产品，很大程度上制约了废塑料回收再生行业的发展。

② 管理关。据了解，目前废塑料行业由环境保护部、国家发改委、商务部、海关总署和质检总局等共同管理。因为行业归口不明确，致使缺乏行业指导、技术规范。所以应尽早确立归口部门，将生活垃圾分类回收工作与之密切结合，从而建

立起全社会的回收体系。

③ 技术关。国际上，塑料回收再生方法有物理再生、能量回收、化学还原和用作固体燃料等。而目前我国塑料回收主要还是以物理再生为主。中国塑料加工工业协会秘书长马占峰指出，只有少数大中型企业能够重视长期成长，不断加强技术升级和环保设施投入，按照环保部门的要求处理和生产，达到国家环保法规要求。多数小企业的技术投入不够，难以达到环保要求，处理废塑料的技术仍以人工为主，劳动保护投入不够。

这几年国内废塑料行业的发展，很大程度上是规模的发展，由于政策导向不明确，一些企业信心不足，不敢进一步投资，只是人员、厂房、设备等的线性增加，而技术开发投入不大。

比如，塑料再生过程中，清洗是重要环节。"清洗 1t 废塑料如用德国生产的清洗剂需要 70 元，虽然废料清洗干净了，清洗废水也环保，但成本太高。"北京蓝蓝环保科技中心负责人说。国内企业一般都用烧碱来清洗，但碱水排放后会对环境造成污染。而我国现在没有关于清洗剂的标准，没规定不能含碱。专家认为，应该在高校设置专门的学科，进行废塑料回收问题的研究和人才培养，从而使废塑料回收再生产业能更快、更好地发展起来。

4. 国内废旧高分子材料回收产业市场近期进展

随着塑料用量增加，加之人们的环境保护意识增强以及所面临的全球性能源和原材料危机，如何处理与利用好这些废旧塑料将是摆在世人面前的一大难题，对废旧塑料的回收、再生和利用的任务将会十分艰巨。无论是从充分利用地球资源角度，还是从环境保护的立场来看，都必须积极开展废旧塑料的回收利用技术的研究。废弃塑料应用途径很广，除了显著降低塑料制品成本以外，还能加工很多产品，具有很大市场开发前景。例如塑木制品，用于建筑材料、铁道枕木、界桩、隔声板材，下水井盖、农用的简单制品、家具和装潢等。有的塑料还能用作涂料原料，PET 饮料瓶在增韧后还能再用于做食品饮料瓶，在钢铁厂用作还原剂，在日本用来发电，在挪威用来建设高速公路，在美国用来做铁道枕木。总之废弃塑料有很多用途，有待开发利用。据了解，目前我国废弃塑料应用市场非常火爆，市场价值在 1000 亿元以上。这表明废弃塑料的回收程度很高。但是不能否认，一些废弃塑料进入食品包装领域是不合适的，应该严格禁止，这个问题应引起社会各界的高度重视。

5. 国内废旧高分子材料回收产业绿色发展模式与趋势

大力发展塑料回收产业和开发新型生态环境材料（生物降解塑料），是发展绿色塑料产业的两种发展模式。大力发展塑料回收产业，是生产—使用—回收—再利用的循环经济模式；开发新型生态环境材料是生态循环模式。

目前，我国塑料再生产业 1 万多家，回收网点遍布全国各地，已形成一批较大规模的再生塑料回收交易市场和加工集散地。主要分布在广东、浙江、江苏、山东、河北、辽宁等塑料加工业发达省份。再生塑料回收、加工、经营市场规模越来越大，年交易额大都在数亿元到几十亿元。同是，也应该看到，虽然形成了一定的规模，但回收利用技术落后、粗放型的回收利用方式，不仅容易形成二次污染，而且回收利用产生的价值低，严重阻碍了产业的发展。

塑料回收利用需要产业政策的扶持和推进。塑料回收利用率高的发达国家在推进塑料回收利用产业化过程中也得到了来自政府的资金、技术等多方面的支持。借鉴国外成功经验，需要从以下几个方面重点推进：一是要做好产业规划，发展再生塑料回收交易市场，加强产业基地建设，变分散经营为集中经营，进行规模化生产和集中污染处理。二是开展再生塑料利用技术的研究，实现塑料回收利用技术高级化，通过扩大回收利用应用领域和提高产品档次，提高塑料回收利用效果，实现经济上的良性循环。三是有计划地组织国有大型企业参与回收利用体系建设，改变目前的产业成分构成，发挥国有大型企业的主力军的作用，对集中回收利用政策性亏损的企业给予财政补贴，保证正常运行。四是开展塑料回收综合利用示范工程建设，优化资源循环利用模式和技术路线，推广成功的经验。五是协调各生产部门的关系，打破产业垄断造成的封锁，开放下游产品市场。六是大力推广绿色设计、绿色产品，在制定相关标准时明确塑料回收利用指标，开展回收利用率考核评定工作。七是建立废旧塑料回收利用行业准入制度，提高准入门槛，规范行业管理，淘汰家庭作坊的回收和加工方式，避免对环境形成二次污染。八是健全塑料回收分类等级制度，完善标准，提高塑料回收利用效果。

在积极开发塑料回收再利用技术的同时，研究开发生物降解塑料成为当今世界各国塑料加工业的研究热点。目标是开发出一种能在微生物环境中降解、完全进入生态循环的塑料，减少地膜、包装废弃物对环境的污染。同时，这种塑料的生产成本较低，具有相应的经济性，在使用后就可与普通生物垃圾一起堆肥，而不必花费很大代价进行收集、分类和再生处理。在生物降解塑料的研究开发方面，世界各国都投入了大量财力和人力，花费了很大的精力进行研究。塑料加工业普遍认为，生物降解塑料是 21 世纪的新技术材料课题。

总之，塑料行业应秉承绿色理念，贯彻国家关于节能减排、环境保护、循环经济的政策，推广塑料再生制品以及钢、木替代品的应用，提高废塑料资源利用水平，致力于建设环境友好型和谐行业，为生态文明建设做出贡献，走循环经济道路，促进塑料产业可持续健康发展。

6. 国内废旧高分子材料回收产业与环境保护的和谐发展

塑料制品加工相对容易、耗能少，大部分制品可回收再利用，产品优点很多，应用范围广，是值得推广使用的产品。有的产品替代了传统产品，为保护环境做出重大贡献，如合成革/人造革代替真皮革。真皮制革对环境有较大污染，而合成革/人造革生产过程对环境的破坏就相对很小。又如防渗材料，在垃圾场建设防止环境污染上立了大功，塑料制品对减少人类对环境的破坏和降低能源消耗方面做出了贡献。这是社会进步的结果，当然不正当地使用、过度地使用和不科学地应用塑料制品也会对环境造成危害，对此我们应研究并防止其发生，使塑料制品为环境保护和节约能源起到积极作用。目前，废弃塑料回收利用存在的问题主要有：人们环保意识不强；对废旧塑料再生利用认识不足；国家缺乏对废弃塑料回收利用扶持的具体政策；没有充分发挥环保部门和行业协会的作用，尚待制定法律法规和建立市场准入机制。材料回收利用技术工作还应当配合环保法规的制定和废旧材料回收体系的建立，因此也是一项系统工程。

塑料废弃物的处理和回收利用必须坚持四原则，即：减少来源、再使用、循环、回收。目前国外主要采用燃烧热能利用的方法来处理废旧塑料，同时通过清洁装置处理无法利用的废气和废渣。不过日本和欧洲国家近年来分别提出了对汽车废旧塑料的利用要求，还规定了具体年限。政府的高度重视，促进了汽车废旧塑料的利用。美国福特公司目前开始回收汽车塑料，并将这些塑料与细石料混合用放路面铺设，这对各国汽车塑料"废物利用"无疑是一个极好的启示。废旧塑料的回收利用技术，在国外已经渐渐成为热点，并成为产业。有关专家一致认为，废旧塑料回收、再生和利用更应从源头抓起。科学地进行汽车部件新产品的选材，使材料品种趋向集中统一，便于分类回收和整体回收，更能促进塑料的回收和再生利用。国外现在已开始在材料设计和生产实践中倡导材料综合应用的观念，以充分提高材料的应用率。随着中国汽车工业的迅速发展，对废旧塑料等造成的环境污染也应作出相应的对策调整，比如建立研发基地和示范工程，培育大型废旧物资回收企业集团等，避免新技术和新材料的发展对环境造成无法挽回的损害。当今，塑料工业可持续发展围绕着"塑料与环境"这一中心展开，我们有理由相信通过提高人们的环保意识，制定相关政策、法规，加强塑料废弃物的回收利用工作，必将推进塑料行业的科技进步、促进环境保护、提高资源利用率、造福人类的千秋事业。有关部门今后要积极开展推广塑料环境标识和标志、塑料制品环境认证工作，加大力度宣传废弃塑料回收利用和环境保护的重要意义。让我们赖以生存的地球和环境得到保护，使塑料制品生产与环境保护和谐发展。

7. 国内废旧高分子材料回收再用的主要应用

迄今为止，包装工业仍是中国塑料工业最大的应用领域。专家预测，国家"十三五"期间包装用塑料同比将比"十二五"期间增长 15% 以上，达到 800 万吨。与应用量的不断增长相比，中国包装用塑料的回收利用却极不乐观。废塑料回收应用领域狭窄，可谓回收发展的一大障碍。关于废塑料回收再用的几种主要应用如下所述。

（1）燃料　最初，塑料回收大量采用填埋或焚烧，造成大量的资源浪费。因此，国外将废塑料用于高炉喷吹代替煤、油和焦，用于水泥回转窑代替煤烧制水泥，以及制成垃圾固形燃料（RDF）用于发电，效果理想。

RDF 技术最初由美国开发。近年来，日本鉴于垃圾填埋场不足、焚烧炉处理含氯废塑料时 HCl 对锅炉腐蚀严重，而且燃烧过程中会产生二噁英污染环境，利用废塑料发热值高的特点混配各种可燃垃圾制成发热量 20933kJ/kg 和粒度均匀的 RDF 后，既使氯得到稀释，同时又便于贮存、运输和供其他锅炉、工业窑炉代煤燃用。

高炉喷吹废塑料技术也是利用废塑料的高热值，将废塑料作为原料制成适宜粒度喷入高炉，来取代焦炭或煤粉的一项处理废塑料的新方法。国外高炉喷吹废塑料应用表明，废塑料的利用率达 80％，排放量为焚烧量的 0.1％～1.0％，产生的有害气体少，处理费用较低。高炉喷吹废塑料技术为废塑料的综合利用和治理"白色污染"开辟了一条新途径，也为冶金企业节能增效提供了一种新手段。德国、日本在 1995 年就已有成功的应用。

（2）发电　垃圾固形燃料发电最早在美国应用，并已有 RDF 发电站 37 处，占垃圾发电站的 21.6％。日本已经意识到废塑料发电的巨大潜力。日本结合大修已将一些小垃圾焚烧站改为 RDF 生产站，以便集中后进行连续高效规模发电，使垃圾发电站的蒸汽参数由 30012 提高到 45012 左右，发电效率由原来的 15％提高到 20％～25％。

日本环境省正在大力支持以废塑料为主的工业垃圾发电事业，并在 2013 年度的预算中提出 15 亿日元的额度，以着手辅助对 5 处废塑料发电设施的整备工作。计划到 2016 年在日本全国共建 180 个废塑料发电设施，使工业垃圾发电成为新能源的重要一翼。

2015 年日本形成的废塑料总量近 500 万吨，2000～2014 年每年形成的废塑料总量为 360 万～480 万吨。其中 25％作为塑料原料回收循环再用；42％埋掉；6％白白烧掉；只有 3％用来发电。当然如果能 100％回收循环利用最好，但有些废塑料目前尚无法循环再利用。

用废塑料进行发电可以减少煤炭、石油的消耗，以及二氧化碳的排放。日本计划到 2016 年将目前垃圾发电量提高 10 倍，使年垃圾发电量达 700 万千瓦·时以上。

（3）油化　由于塑料是石油化工的产物，从化学结构上看，塑料为高分子碳氢化合物，而汽油、柴油则是低分子碳氢化合物，因此，将废塑料转化为燃油是完全可能的，也是当前研究的重点领域。国内外在这方面均已取得一些可喜的成绩，如日本的富士回收技术公司，利用塑料油化技术，从 1kg 废塑料中回收 0.6L 汽油、0.21L 柴油和 0.21L 煤油。他们还投入 18 亿日元建成再生利用废塑料油化厂，日处理 10t 废塑料，再生出 1 万升燃料油。美国肯塔基大学发明了一种把废塑料转化为燃油的高技术，出油率高达 86％。中国北京、海南、四川等地均有关于塑料转化为燃油研究成果的报道，但尚未看到工业化的实际应用。

（4）建筑应用　各种废塑料都不同程度地粘有污垢，一般须加以清洗，否则会影响产品质量。利用废塑料和粉煤灰制造建筑用瓦对废塑料的清洗要求并不十分严格，有利于工业化应用中的实际操作。向塑料中加入适当的填料可降低成本，降低成型收缩率，提高强度和硬度，提高耐热性和尺寸稳定性。从经济和环境角度综合考虑，选择粉煤灰、石墨和碳酸钙作填料是较好的选择。粉煤炭表面积很大，塑料与其具有良好的结合力，可保证瓦片具有较高的强度和较长的使用寿命。

将消泡后的废聚苯乙烯泡沫塑料加入一定剂量的低沸点液体改性剂、发泡剂、催化剂、稳定剂等，经加热可使聚苯乙烯珠粒预发泡，然后在模具中加热制得具有微细密闭气孔的硬质聚苯乙烯泡沫塑料板，可用作建筑物密封材料，保温性能好。

（5）复合再生　复合再生所用的废塑料是从不同渠道收集到的，杂质较多，具多样化、混杂性、污脏等特点。由于各种塑料的物化特性差异大而且多具有互不相容性，它们的混合物不适合直接加工，在再生之前必须进行不同种类的分离，因此回收再生工艺比较繁杂。国际上已有先进的分离设备可以系统地分选出不同的材料，但设备一次性投资较高。一般来说，复合再生塑料的性质不稳定，易变脆，故常被用来制备较低档次的产品，如建筑填料、垃圾袋、微孔凉鞋、雨鞋等。目前，国内沈阳、青岛、株洲、邯郸、保定、张家口、桂林以及北京、上海等地分别由日本、德国引进 30 多套（台）熔融法再生加工利用废塑料的装置，主要用于生产建材、再生塑料制品、土木材料、涂料、塑料填充剂等。

（6）合成新材料　匈牙利科学家研究出将塑料垃圾转化成为工业原料并进行再利用的新技术，从而改变了以往将这些垃圾随便丢弃或进行焚烧的做法。

据介绍，科学家们使用该项新技术能将塑料垃圾加工成一种新型合成材料。实验表明，这种合成材料与沥青按比例混合后可以用来铺路，增加路面的坚硬程度，减少碾压痕迹的出现，还可以制成隔热材料而广泛用于建筑物上。专家认为，由于该技术是塑料垃圾转化为新的工业原料，不仅在环保方面意义重大，而且还能够减少石油、天然气等初级能源的使用，达到节约能源的效果。

中科院广州化学所科学家经多年研制而成的 SPS 高效减水剂系列产品，可赋予混凝土良好的保塑性能、防水性能及抗冻结性能。SPS 高效减水剂主要由废旧聚苯乙烯塑料构成，根据聚苯乙烯较容易引进离子基团的性质，通过化学反应，将离子基团引入到废旧聚苯乙烯苯环上，使经过改性的废旧聚苯乙烯，具有表面活性剂作用，能使水泥丧失包裹拌合水的能力，达到减水的效果。另外，由于聚苯乙烯是分子量很高的高分子物质，在水泥混凝土凝固过程中，这种改性聚苯乙烯分子可在水泥颗粒表面形成薄膜，提高水泥颗粒间黏合力，从而增强水泥混凝土的强度，因而成为优良的水泥防水、减水剂和增强剂。

（7）制取基本化学原料、单体　混合废塑料经热分解可制得液体碳氢化合物，超高温气化可制得水煤气，都可用作化学原料。德国 Hoechst 公司、Rule 公司、BASF 公司、日本关西电力、三菱重工近几年均开发了利用废塑料超高温气化制合成气，然后制甲醇等化学原料的技术，并已工业化生产。

近年来，废塑料单体回收技术也日益受到重视，并逐渐成为主流方向，其工业应用正在研究中。现时研究水平已达到单体回收率聚烯烃为 90%，聚丙烯酸酯为 97%，氟塑料为 92%，聚苯乙烯为 75%，尼龙、合成橡胶为 80% 等。这些结果的工业应用也在研究中，它对环境及资源利用将会产生巨大效益。

美国 Battelle Memorial 研究所已成功开发出从 LDPE、HDPE、PS、PVC 等混合废塑料中回收乙烯单体技术，回收率 58%（质量分数），成本为 3.3 美元/kg。

（8）人造砂　自从 2004 年起，日本 V-ARC 公司开始将家电以及汽车等产生的废塑料粉碎制成人造砂。废塑料制成的人造砂将应用于地基改良材料以及混凝土二次制品等。将废塑料再利用为人造砂的例子非常罕见。

资料显示，日本国内每年有 800 万吨左右的废塑料不能被再利用，其中大部分不得不采取掩埋以及焚烧的方法处理。V-ARC 打算把这些废塑料粉碎有效利用为人造砂。人造砂的颗粒大小在 1.5～7.0mm 间，能够根据用途自由设定。

与天然沙相比，人造沙的特征是成本低、重量轻（不到天然沙的一半）；颗粒大小均一，不含水等。人造沙可以应用于各种建筑材料、屋顶绿化材料、地基改良材料、瓦片、瓷砖以及外墙材料等。

第四节
废旧高分子材料废弃物回收利用技术与工艺

一、废旧高分子材料回收利用技术

作为变废为宝以及解决生态环境污染的重要途径，废旧塑料的回收利用得到了世界各国的普遍重视。目前国内外的回收利用方法主要包括分类回收、制取单体原材料、生产清洁燃油和用于发电等技术。此外，一些最新的废弃塑料回收利用技术也开发成功并逐步推向应用领域。

材料回收利用是回收利用技术中投资较小、工艺较简单易行的方法，是能源利用率最高的回收方式。但过去其回收料主要用来制备中低档产品或仅作为为降低产品成本与新料共混的填充料使用。近年来，为提高产品的质量和附加值，许多国家在塑料废弃物的分选、分离技术和开发适用改性添加剂及改性技术的研发方面正加大科技投入，并取得了较好的进展。

废旧家电塑料的回收、分离、再生利用三轴心是构筑当今循环经济系统的因素之一。欧盟各国已从过去 80% 的废旧塑料填埋处理方法开始转向汽化回收利用方法。德国是世界上化学再生利用最早的国家，塑料再生利用超过 40%；SVZ 公司从 20 世纪 50 年代起，利用废旧塑料生产甲醇和发电。

1. 废旧高分子材料废弃物的分选、分离技术

塑料的品种较多，它们的生产原料不同，废弃物来源复杂，通常是两种或多种塑料及与其他物质（如金属、橡胶、织物、纸等）的混合物。由于各种塑料及其他材料的物化特性差异及不相容性，使直接回收后的混合物的加工性能受到较大影响。为了提高回收产品的利用价值，一般先将收集的塑料废弃物进行分选，分离，然后根据不同的材料和不同的应用性能要求，采用不同的回收利用技术加以处理。塑料废弃物的分选分离主要集中在 PE、PP、PVC、PS 及 PET 等 5 种主要塑料品种，分选分离技术过去以手工分选为主，以后主要采用红外光谱分选，并逐步开发了比重分离技术、溶剂分离技术、利用润湿性分离技术、磁性分离技术、静电分离技术及计算机分离技术等。

（1）比重分离技术　该技术是目前广泛采用方法之一，是根据塑料相对密度的差异，在溶液介质（水、水-乙醇、水-盐）中进行浮沉分离。日本塑料处理促进协会研发的小悬浮分离装置一次分离效率可达到 99.9% 以上。美国 DOW 化学公司也开发了类似的分离技术，以液态碳氢化合物取代水介质分离混合塑料，已取得较佳效果。该技术的主要问题是分离品种、数量受一定限制，而且易受添加填充物的干扰。

（2）溶剂分离技术　该技术是根据塑料在不同溶剂中的溶解性能进行分离。美国凯洛格公司与伦塞勒综合技术学院联合开发出溶剂法选择性分离技术，即将粉碎的塑料废弃物加入某种溶剂中，在不同的温度下，溶剂能有选择地溶解不同的塑料而将它们分离。该技术的分离效率受溶剂组成、温度影响。

（3）利用润湿性分离技术　塑料一般是疏水性的，但选择性添加表面活性剂可以调整它们的润湿性能，而表面活性剂的润湿作用随不同塑料而不同，该技术就是根据润湿性的差异作为浮选的基础而进行分离的。

（4）电磁分离技术　该技术最先是采用电磁分离器将塑料废弃物混杂物的金属铁分离出去。近年来，日本京都大学成功地开发了将塑料废弃物片置于水槽内施以强磁的高效分选新技术。该技术主要依据不同塑料具不同磁性及不同的浮沉深度而进行分离。另外，最新研发成功的电磁快速加热法可用于将金属塑料复合物或组件进行分离回收利用。

（5）静电分离技术　该技术主要用于 PVC 与铜、铝复合物或 PVC 与 PS 混合料的分离。该法是首先将塑料废弃物粉碎，然后加上高电压使之带电，再通过电极进行筛选分离。目前该法已用于从 PVC 包覆铜线的废弃物中分离出 PVC 和铜，也用于 PVC 与 PET 瓶混合废弃物碎片中将 PVC 与 PET 分离回收利用。

（6）计算机自动分选技术　该技术的主要优点是效率高，并可实现分选过程的连续自动化。瑞士 Bueher 公司在卤素灯作为强光源照射下，经过 4 种过滤器进行识别，通过计算机可从混杂塑料废弃物中分离出 PE、PP、PS、PVC 和 PET，分离能力为 1t/h。

（7）反应性共混分离技术　该技术是近年开发的新技术，能实现对带涂料层的塑料废弃物（如汽车保险杠等）分离回收利用。

2. 废旧高分子材料废弃物回收再生料改性添加剂及改性技术

为了改善塑料废弃物再生料的性能，适应专用制品的质量要求，提高其附加值，近年来对回收料的改性添加剂配方及改性技术的研发愈来愈受到重视。

（1）改性添加剂　目前添加剂在废旧塑料的回收利用中起着重要作用，可以改进回收料的质量、开辟新的应用领域，有效地提高替代新料的系数。研发的改性添加剂主要有聚合物添加剂（冲击改性剂、相容剂），填充增强剂（纤维、木粉、无机粉体材料），功能性添加剂（稳定剂、链增长剂、润滑剂、反应性高分子），其中相容剂和稳定剂是实际应用最广泛的添加剂。

① 相容剂。相容剂的作用是改善共混料的力学性能。不同种类聚合物的热力学上相容性较差，通常不会形成成分均匀的混合物，只以多相体系存在，包括连续相和分散相，连续相之间的黏合力不高，会降低这种非相容混合物的力学性能。而相容剂的作用是可以破坏相间界面，使其产生黏合力，增加界面亲和力，而处于稳定的微相分离状态，从而使其力学性能得到改善。其添加量一般在 5% 左右，就可获得较好效果。

相容剂的使用主要根据回收料的化学结构而定。同时还要考虑到，有些力学性能是互相制约的。例如，相容剂可增大材料的冲击强度，但同时却减弱了弯曲强度和刚性。此外，相容剂的使用会对一些性能带来长期的负面影响，因为有些相容剂的一些基团有热敏和光氧化效应，这些都应在设计配方时予以考虑。用一般方法很难分离 PE/PA 或 PE/PET 之类的层状物料，而相容剂最适合于分层回收料的处理，其活性基团可在此发挥良好的作用。

近年来，荷兰国家矿业公司（DSM）高技术塑料公司开发出一类反应型高分子相容剂"Bennet"，共有两个品种。一种用于聚烯烃，另一种用于工程塑料，该相容剂可使多种塑料增容，为不相容的塑料合金化开辟了新的途径。

② 稳定剂。稳定剂对于改进回收料的质量非常重要。因为回收料中会混入一些氧化物、杂质，都会造成材料的相对分子质量及力学性能下降，并减弱其耐热性和光稳定性。所以在回收料中加入稳定剂是必不可少的。稳定剂的加入量，主要根据材料的用途和质量来确定。近年来，许多公司对回收料专用稳定剂都予以极大关注，如 Ciba Spezalitatenchemie AG 公司以酚醛抗氧化剂、共稳定剂以及受阻类（HALS）为基础，研制了 Rycyclostab 和 Recyclossorb 稳定剂产品系列。并开发了一种复合添加剂，商品名"Recycloblend 660"，其中含有抗氧化剂、共稳定剂和反应添加剂，这些添加剂可以直接作用于塑料回收料，从而提高其相对分子质量，或与其中的杂质反应或螯合，减少其有害影响。已成功用于含填料的聚烯烃回收料等

的回收工艺中。如用回收料制成的垃圾桶就是一个成功的范例。

③ 链增长剂。PET、尼龙和聚碳酸酯等缩聚物的废弃物在回收利用、加工过程中存在发生降解的倾向，从而导致分小量降低，物理性能、特别是熔体强度和加工性能下降。为减少回收 PET 等缩聚物中分子量和物理特性的损失，近年来研发出一种可将回收的 PET 等缩聚物中的主链重新连接起来，恢复它们原有特性的新型助剂，称链增长剂。科莱恩公司研制的"CE-SA-extend"链增长剂（CE）已有商品问世。它是一种由含环氧基苯乙烯/丙烯酸的低聚物为原料，加入各种载体树脂制得的母料。将它添加到发生降解的回收再利用的缩聚物制品中，在挤出加工过程中，链增长剂通过逐步增长的功能与缩聚物端基如胺、酸酐、异氰酸酯、羧基、羟基等发生反应，将断裂的缩聚物主链以线性链节再连接起来。经实验数据表明，添加 0.5%～2% 的链增长剂，可有效地提高或改进回收缩聚物再生料的性能，主要为增强熔体强度和改进加工性能，提高水解稳定性，提高机械特性（无缺口冲击强度和拉伸强度），保持光学特性或透明度。添加 0.25% 均苯四甲酸二酐（PMDA），PET 的特性黏度可以高达 0.94dL/g。

（2）改性技术　塑料废弃物回收料的改性技术包括共混合金化技术、填充增强改性技术和交联改性技术等。

① 共混、合金化技术。该技术主要将一种塑料废弃物回收料与其他塑料共混或合金化，其技术关键在于提高共混物之间的相容性，改善由于各相之间不良的界面黏结力和应力传递而造成的较差的力学性能。下面举几个共混、合金化改性的应用实例：HDPE 奶瓶回收料中加入结晶温度略低于它的均聚 PP 和共聚 PP 进行共混，可提高共混物的抗冲击性能和降低黏度。HDPE 与 PVC 混合回收料中，加入CPE 相容剂后，能大幅度提高共混物的拉伸性能；PP 回收料中，加入 10%～25%（质量分数）的 HDPE 新料进行共混，共混料的冲击强度比 PP 提高 8 倍，且改进了流动性，可用于注塑成型大型容器；PE、PP 回收料中，加入 3%Bennent GR-25相容剂，可成型加工符合应用性能的瓶、容器、排水用波纹管等。

② 填充增强技术。该技术与新料的填充增强改性技术类似，包括添加无机粉体材料、木粉等进行填充改性、添加纤维进行增强改性，添加弹性体进行增韧改性等，可以制得具有与新料性能接近的复合材料。以下是填充、增强改性的几个实例：PP 回收料中，加入橡胶回收料和云母等混合，可制得建筑用墙砖，由于混合物中含有许多易挥发组分，在加热成型中，这些挥发组分会使成型制品形成泡沫结构，使墙砖的密度小、质量轻，并且具有保温和隔声性能。HDPE 回收料（质量分数为 50%）中，加入经预处理的橡胶回收料、玻璃纤维、无机填料等进行共混增强改性，或加入 10%～40% 的新的或回收的玻璃纤维增强改性可制得塑料枕木。它与木制枕木比较，具有防腐性能优异、寿命长、强度高和生产周期短的特点。聚烯烃或 PVC 塑料回收料中，加入经用偶联剂处理过的木纤维增强填充处理后，可大幅度提高其制品的拉伸强度和冲击强度，用于制备塑料丝筒和容器等。

3. 木塑复合材料木塑复合材料（WPC）

木塑复合材料（WPC）是利用木纤维（木粉）或其他天然纤维和热塑性塑料废弃物（如 PVC、PS、PE、PP 等）为主要原料，经高温混熔，再经挤出成型，或挤压成型，或热压成型加工制得的一种廉价新型复合材料，被喻为"合成木材"。它兼具木材和塑料的优点。有类似木材的外观及二次加工性，但比木材尺寸稳定性好，不会产生裂缝和翘曲，不怕虫咬；具有塑料的优良物性、耐用、耐腐蚀，吸水性小，而且具有热塑性塑料的加工性，容易成型，但比塑料硬度高等。已广泛用于建筑模板、护墙板、隔板、楼梯扶手、铁路枕木、户外围栏、包装和物流用组合托盘等。不仅在环保、废弃物资源化再利用方面存在优势，并且作为一种可替代木材、钢材的新型材料备受人们关注。市场潜力和产业化发展前景十分看好。木塑复合材料在 20 世纪 80 年代国外已有研究成果和实际应用，但进入 21 世纪以来，随着资源、环境问题日趋严峻，而且循环经济理念日益深入人心，进一步加速了木塑复合材料的深入研究，特别在木粉（纤维）改性、改善工艺条件和开发先进成型装备等方面已开发出经济效益显著的实用化技术。法国莱芬毫赛尔公司最近推出了用于木塑加工的 Bitruder 直接挤出生产线，该生产线是将反向旋转双螺杆 Bitruder 技术与无齿轮传动装置单螺杆 Relforgue 挤出设备融为一体。还安装了一台气动和两台真空排气单元。可排出多余的水汽和挥发分。生产线的主要特点：工艺中混合、熔融和挤出等步骤一步完成，与原用先混合后挤出工艺相比，在较高加工速度下（24％的木粉），可加工高达 80％（质量分数）的木粉含量；可加工湿度高达 12％的木粉（纤维），且生产速度比同水平的挤出设备高 3 倍。我国开发研究起步较晚，但在 PE、PP 基木塑复合材料方面也取得了可喜的进展，生产木塑复合材料和生产线的主要公司有江苏联冠科技发展有限公司、秦川未来塑料机械有限责任公司等。

二、能源回收利用技术

固体燃料实用化进程备受关注。塑料废弃物发热量高达 33488～37674kJ/kg，比煤高而比重油略低，国外近年来正大力开发将塑料废弃物破碎成粒料用于高炉喷吹代替煤、油和焦炭；用于水泥回转窑代煤以及制成垃圾固态燃料（RDF）发电和烧水泥的技术，已取得了较大的进展。

① 德国利用高炉处理塑料废弃物效果良好，正在推广中。在不来梅钢铁公司首先从 2 号高炉月喷吹塑料废弃物粒料 3kt，经 18 个月试用效果良好。而后又向 1号高炉推广，经过 1 年多的试验后，很快达到年喷吹 70kt 的水平。每年可代重油70kt，另回收和生产塑料废弃物粒料的成本仅为填埋处理费的 1/2，具有较好的节能效果和社会效益。

② 日本 NKK 公司在高炉喷吹塑料废弃物粒料代煤粉中试成功后，投资 16 亿日元在京洪钢铁厂 1 号高炉（年产铁 3000kt 以上），建成 30kt/a 塑料废弃物破碎、造粒装置，并开始进行每吨铁消耗废塑料粒 200kg 的大喷吹量工业试验，希望全

部取代煤粉后并代替部分焦炭。日本环保界和舆论界对该项喷吹技术寄予厚望，声称若达每吨铁消耗废塑料 200kg 的目标，则该高炉年可处理塑料废弃物 600kt，日本全国有 10 台高炉参与则可将其塑料废弃物全部处理，不仅节约填埋用地，节能，同时减排 CO_2 的效果亦很显著。

③ 日本水泥回转窑喷吹塑料废弃物已试验成功。日本水泥工业堪称利废大户，2002 年在年产水泥 90kt 的回转窑中，共消耗塑料、橡胶废弃物 250kt。废旧轮胎除可代替部分燃料外，子午线轮胎的钢丝熔化后还可代替铁矿粉。德山公司水泥厂在长期吃废轮胎的基础上，在塑料废弃物处理促进协会的配合下进行了回转窑喷吹塑料废弃物试验。首先将塑料废弃物粉碎为粒径<25mm 的小粒，然后从粉煤燃烧器的上方孔口喷入。该公司经每批连续焚烧 10～24h 后，结果显示：生产每吨水泥喷入 6kg 塑料废弃物，可代煤 7～8kg，总的热能利用率和全烧煤相当。塑料废弃物喷入量在 1～10t/h 时操作正常，塑料粒径小于 25mm 效果较好。对窑尾排烟的影响不明显，无需采取特殊措施。对回转窑的运行、熟料和水泥质量均无影响。

④ 日本积极推广用塑料废弃物制垃圾固态燃料。在厚生省支持下，伊藤忠商事和川崎制铁合资的资源再生公司，利用塑料废弃物发热值高的特点，混配各种可燃垃圾（含废纸、木屑、果壳和下水污泥等）制成发热量 20930kJ/kg 和粒度均匀的 RDF，已批量生产，使垃圾发电站的蒸汽参数由低于 300℃ 提高到 450℃ 左右，发电效率由原来的 15％ 提高到 20％～25％。日本正结合大修将一些小垃圾焚烧站改为 RDF 生产站，以便于集中后进行连续高效规模发电。在通产省支持下，新能源产业技术综合开发机构正组织用以塑料废弃物为主的汽车废屑和城市垃圾生产 RDF 后供水泥回转窑代煤的开发项目。秩父小野田水泥公司已在回转窑上试烧 RDF 成功，不仅代替了燃煤，而且灰分亦成为水泥的有用组分，其效果比用于发电更好。各水泥厂正积极推广之中。

⑤ 美国宾夕法尼亚大学最近开发并论证了一项把塑料废弃物转化成塑料燃料块的新工艺 Garthe 法。该新工艺是先将塑料废弃物切碎，然后加到一电加热的压模内，使用较温和的温度，其热量足以使塑料的外层熔化，但并不熔解其他剩余的物料。最后形成的蛇形压缩塑料被切断成小块，然后与煤相混合，放在燃烧器、锅炉或水泥窑中和煤一起燃烧。这种燃料能提供足够的能量。

三、化学回收利用技术

PET 瓶废弃物回收利用技术新进展。在塑料包装容器中，PET 瓶是产量大、用途广，且最受关注的产品。全球每年用于 PET 瓶的 PET 树脂消费量达 1000 多万吨，全球目前 PET 瓶产量达 2000 多亿个，我国 PET 瓶产量约 200 亿个，回收利用率较高。PET 瓶的回收利用技术过去主要采用材料（物理机械式）回收利用技术，包括分选、清洗、粉碎、干燥、造粒等工艺，再生料主要用于生产纤维，还有一些用于零部件加工。进入 21 世纪以来，化学回收利用技术获得了迅速发展。

化学回收利用是在材料回收的基础上，将干净的碎片通过醇解、碱解、水解等制得单体，然后再经缩聚合成瓶级 PET 或工程级 PBT 树脂。化学回收利用技术的研究欧美早于日本，但 2003 年日本帝人集团 PET 瓶工厂在集团已有 PET 纤维废弃物化学回收精制成对苯二甲酸二甲酯（DMT）再生成纤维装置的基础上，在 DMT 精制工艺（纯度 99.9％）流程中增加对苯二甲酸乙二醇（TPA）转换工艺的连续化生产技术，已建立年处理能力为 6.2 万吨 PET 瓶废弃物装置，并率先实现年产 5 万吨 PET 瓶用树脂（PAT）的工业化生产，产品性能与新料相近，并已通过日本食品等安全委员会认定，已于 2004 年进入市场。近年来研发 PET 瓶废弃物化学回收利用技术并取得实质性进展的公司还有以下几个。

① 沙伯基础创新塑料公司开发的 PET 废弃瓶回收再生利用树脂"Valox IQ"的专利技术，实现了"从摇篮到摇篮"的可持续发展的资源循环利用线性模式。该工艺过程与新 PET 相比，能耗量低，二氧化碳排放量低 50％～85％。

② 中国北京盈创再生资源有限公司开发的 PET 废弃瓶闭环反馈式再循环利用的先进再生切片生产线，其工艺及产品已取得美国 FDA 和欧洲 ILSI 标准认证。

③ GE 公司成功开发的 PET 废弃瓶化学再生专用工艺，制得的对苯二甲酸再与丁二醇反应制得对苯二甲酸丁二醇酯（PBT），相应可降低能耗和减少二氧化碳排放。

④ Petrobirth 化学公司将 PET 废弃瓶在乙二醇和催化剂存在条件下解聚制得粗单体，粗单体再经蒸馏得高纯度单体，然后重新聚合再生 PET 树脂，可作为原料再用于生产 PET 瓶，能耗仅为新料的 50％。

⑤ 日本最近开发成功用微波炉快速分解 PET 废弃瓶回收再生对苯二甲酸和乙二醇的新方法，能耗仅为传统解聚法的 1/4。

四、废旧高分子材料油化工艺

塑料制品主要以聚丙烯、聚乙烯、聚苯乙烯和聚氯乙烯为原料，这些物质的单体都是从石油中提炼出来的。那么能否将废旧塑料还原为石油呢？科学发明和创造是离不开这种逆向思维的。德国的韦巴（Veba）能源化工集团公司、日本政府工业开发试验室和富士循环利用工业公司研究出了一种新方法，将废旧塑料经过清洗粉碎后，在 300℃下熔融，然后在装有催化剂的两个反应器中进行转化，两个反应器的温度分别是 400～420℃和 200～350℃。废旧塑料即能还原为汽油、煤油、柴油等石油产品。每千克的塑料回收后转化为 0.5L 汽油、0.5L 煤油和柴油。

目前废旧塑料的油化法已有槽式、管式炉、流化床和催化法，它们各自的工艺特点见表 1-1。表中所列 4 种方法的工艺设备可以处理 PVC、PP、aPP、PE、PS、PMMA 等多种废旧塑料，只是不同工艺设备更适于热解某种废旧塑料而已。所得热分解产物皆以油类为主，其次是部分可利用的燃料气、残渣、废气等。

表 1-1　油化工艺中各方法的工艺特点

方法	特点		优点	缺点	产物特征
	熔融	分解			
槽式法	外部加热或不加热	外部加热	技术较简单	加热设备和分解炉大;传热面易结焦;因废旧塑料熔融量大,紧急停车困难	轻质油、气(残渣)
管式炉法	用重质油溶解或分散	外部加热	加热均匀,油回收率高;分解条件易调节	易在管内结焦;需均质原料	油、废气
流化床法	不需要	内部加热(部分燃烧)	不需熔融;分解速度快;热效率高;容易大型化	分解生成物中含有机氧化物,但可回收其中馏分	油、废气
催化法	外部加热	外部加热(用催化剂)	分解温度低,结焦少;气体生成率低	炉与加热设备大;难于处理 PVC 塑料;应控制异物混入	

注:表中操作设备或工艺皆为日本公司的开发实例。

（1）槽式法　其中又有聚合浴法和分解槽法之分,但它们的设计原理则完全相同。槽式法的热分解与蒸馏工艺比较相似,加入槽内的废旧塑料在开始阶段受到急剧的分解,但在蒸发温度达到一定的蒸气压以前,生成物不能从槽内馏出。因此,在达到可以馏出的低分子油分以前先在槽内回流,在馏出口充满挥发组分,待以后排出槽外。然后经冷却、分离工序,将回收的油分送入贮槽,气体则供作燃料用。槽式法的油回收率为 57%～78%。槽式法中应注意部分可燃馏分不得混入空气,严防爆炸。另外,因采用外部加热,加热管表面有炭析出,需定时清除,以防导热性能变差。

（2）管式炉法　又称管式法,所用的反应器有管式蒸馏器、螺旋式炉、空管式炉、填料管式炉等,皆为外加热式,所以需大量加热用燃料。管式法中螺旋式工艺所得油的回收率为 51%～66%,管式法中的蒸馏工艺适于塑料回收品种均一,该法容易回收得到废旧 PS 的苯乙烯单体油、PMMA 的单体油。可以说它比槽式法的操作工艺范围宽,收率较高。在管式法工艺操作中,如果在高温下缩短废旧塑料在反应管内的停留时间,以提高处理量,则塑料的气化和炭化比例将增加,油的收率将降低。以聚烯烃为原料,在 500～550℃分解,可得到 15% 左右的气体;以 PS 为原料,则可得到 1.2% 的挥发组分。但残渣达 14% 之多,这是物料在反应管内停留时间短,热分解反应不充分所致的。

（3）流化床法　该法油的收率较高,燃料消耗少。如将废旧 PS 进行热分解时,因以空气为流化载体而产生部分氧化反应使内部加热,故可不用或少用燃料,油的回收率可达 76%;在热分解 aPP 时,油的回收率则高达 80%,比槽式法或管式法提高 30% 左右。

流化床法的热分解温度较低，如将废旧 PS、PP、PMMA 在 400～500℃进行热分解即可获得较高收率的轻质油。流化床法用途较广，且对废旧塑料混合料进行热分解时又可得到高黏度油质或蜡状物，再经蒸馏即可分出重质油与轻质油。以流化床法处理废旧塑料时往往需要添加热导载体，以改善高熔体黏度物料的输送效果。

（4）催化法　其热分解较槽式、管式和流化床法的明显区别在于：因使用固体催化剂，致使废旧塑料的热分解温度降低，优质油的收率增高，而气化率低，充分显示了此油化工艺的特点。催化法的工艺流程是：固体催化剂为固定床，用泵送入较净质的单一品种的废旧塑料（如 PE 或 PP）；在较低温度下进行热分解。此法对废旧塑料的预处理要求较严格，应尽量除去杂质、水分等。

另外值得注意的是，并不是所有废旧塑料都适合制油，如聚氯乙烯不适合制油，这种废旧塑料热解生成氯化物，腐蚀设备、环境污染，而尼龙裂解制油本身就是一种错误概念。

由于利用废塑料油化不仅可以使原来难于处理的废塑料得到很好的回收，还能使人类资源得到最大限度的利用，所以近年来世界各国对废塑料油化这一研究都非常重视，目前美国、日本、英国、德国、意大利等工业发达国家都在大力开发废塑料油化技术，并使之成为工业化规模生产。

我国在学习研究国外经验技术的基础上也有不少企业已研究开发出了利用废塑料油化的技术与设备，目前已有 20 多家（见表 1-2）。其方法均是热裂解，设备也大同小异，有使用催化剂的和不使用催化剂的，催化剂多是自己研制的。例如，北京大康技术发展公司历时 5 年研制的"DK-2 废塑料转化燃料装置"，已通过专家鉴定并投产。全套装置为全封闭式、连续性生产，出油率达 70％，其中汽油、柴油各占 50％。山西省永济县福利塑化总厂开发的废旧塑料油化工艺流程如图 1-1 所示。先把废塑料除尘后加入熔蒸釜中，使之熔融、裂解。冷凝后进入催化裂解釜中，进一步裂解。冷凝后气、液分离，分别进入贮罐。得到的产品为汽油、煤油、柴油，出油率为 70％。

近年来，国内研究开发了不少回收苯乙烯单体的方法。尽管这些方法比较简单，但实用、有效，而且设备投资均不需很多。据了解，除表 1-2 中的单位外，吉林工学院、华南环境资源研究所、武汉化工研究所、武汉塑料研究所等单位都研究过用废聚苯乙烯塑料回收苯乙烯的方法，其回收工艺大致相同，其过程均是：加热—（反应釜）分解—粗苯乙烯—粗馏—苯乙烯成品，反应温度一般在 300～500℃。反应时加入少量催化剂，因各自的方法不同，最后获得的苯乙烯产率在 70％～90％不等。最后的剩余物可作为防水材料。

湖北省化工研究设计所研究的用废聚苯乙烯泡沫催化裂解回收苯乙烯的方法，工艺流程为：预处理—催化裂解—精馏—产品。工艺简单，回收率高，回收的粗苯乙烯经过精馏纯度可达到 99％。这套回收工艺可实现工业化生产，用该所研究的

表 1-2 我国废旧塑料热分解油化装置与技术

单位	原料类型	年处理量/(t/a)	产品
北京大康技术发展公司	PE,PP,PS	4500	出油率 70%,汽油 50%,柴油 50%
山西省永济县福利塑化总厂	PE,PP,PS	700	出油率 70%,汽油、柴油、煤油
北京市石景山垃圾堆肥厂	PE,PP,PS	1500	出油率 50%,汽油、柴油各占 50%
北京邦凯豪化工有限公司	PE,PP,PS		汽油、柴油、液化气
北京市丰台三路农工商公司			出油率 70%,汽油、柴油、低分子烃
北京丽坤化工厂	PE,PP,PS	4500	汽油、柴油
西安石油学院,西安兴隆化工厂	PE,PP,PS	2000	出油率 70%,汽油、柴油
中科院山西煤炭化学研究所	PE,PP,PS		出油率 70%,汽油 80%,柴油 20%
江西华隆化工有限公司			
湖北汉江化工厂	PSF	50	产率 70%,苯乙烯单体 70%,有机溶剂 30%
湖北省化工研究设计所			
河北轻工业学院	PSF	300	苯乙烯单体、有机溶剂
河北省定兴县京兴化工厂			
浙江省绍兴市塑料厂	PS		苯乙烯单体
山东省胶州市力达钢丝厂	PS	1000	产率 70%,苯乙烯单体 70%,混合苯
北京中大环境技术研究所			产率 20%
河南省开封市科技开发中心与化工试验厂	PS	100	产率 60%,苯乙烯单体
北京邦美科技发展公司	PE,PP,PS	3000	柴油、汽油
四川省蓬安县长风燃化设备厂	PE,PP,PS	3000	燃料油
沈阳富源新型燃料厂	PE,PP,PS	100	汽油、柴油
成都市龙泉驿废弃塑料炼油厂	PE,PP,PS		汽油、柴油
巴陵石油化工公司	PE,PP,PS		产率 70%,其中汽油、柴油各 50%,另有 15%的液化气和 10%的炭黑
佳木斯市群力塑料再生厂	PE,PP,PS	800(kg/d)	300kg/d,汽油、柴油

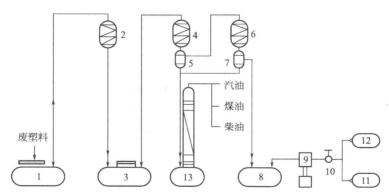

图 1-1 永济县福利塑化总厂废旧塑料油化工艺流程

1—熔蒸釜;2,4,6—蛇管式水冷器;3—裂解釜;5,7—气液分离器;

8—缓冲器;9—烃类压缩机;10—节流阀;11—液化气贮罐;

12—不凝气贮罐;13—分馏塔

技术建立 1 个年处理能力为 100t 废聚苯乙烯泡沫回收车间，设备投资在 2 万～3 万元，可回收苯乙烯约 65t。该所与湖北江汉化工厂应用此技术，建立了年处理 50t 废聚苯乙烯泡沫能力的生产装置，年回收苯乙烯 25t，联产有机溶剂 10t，产品质量符合化工部 HG 2-247-77 一级品及二级品标准。

第五节
废旧高分子材料废弃物处理加工中存在的问题

一、如何经营废旧塑料处理加工厂

目前有很多废料不能直接利用，而需要有技术含量的生产工艺去处理，所以最近几年出现了新的行业，如塑料脱胶、塑料分选、油漆清除、油墨清洗、复合分离、塑料表面颜色清除等。与传统的工艺相比，出料升值高、利润大、不愁销路，但事与愿违，很多人失败了亏了大钱。什么原因呢？北京塑联塑料包装厂研究废塑料技术处理多年，发现两个原因，即技术不成熟和设备不成熟。很多技术在实验室做有效果当拿到实际生产中就出现很多问题产品升值不高。

二、废塑料处理存在的问题

从现有的技术经济评价看，废塑料处理成本中收集成本占有很大比重，废塑料处理的经济性关键是在原料的收集上，应更多地归结为社会问题。一方面政府应提供更多的行政、立法支持；另一方面，应建立有效的废塑料收集体系，以降低收集成本。除收集成本外，由于废塑料炼油的产品主要是液体燃料，其市场竞争力与能源供需状况紧密相关，特别是石油产品的价格往往具有决定作用，因此，制取更高附加值的产品才能具有更强的竞争力。

尽管目前废塑料回收再生利用有政策倾斜，但从长远来看，废塑料处理要有生命力，必须考虑其经济性，要上规模。BASF 公司、维巴公司的关闭行动值得深思。1996 年 BASF 公司关闭了其在路德维希的 1.5 万吨塑料回收中试装置，随后终止了建设工业装置的计划。维巴公司 2000 年末关闭了其位于德国博特罗普的 8 万吨塑料回收装置，原因就是没有成本效益。维巴公司 1998 年处理了 6.4 万吨废聚合物材料，营业额 2900 万美元，但从未盈利，损失达 3200 万美元。

机械法回收废塑料制塑木复合材料因简单易行、投资较低、可使用混合废塑料，从而使成本降低，加上木材资源缺乏，有可能首先走上盈利的道路。

废塑料处理是一个综合性的社会问题，是一项绿色事业，需要政策倾斜、立法行政支持才能蓬勃发展，只有各种关系理顺了，政策、法规健全了，才会有经济效益。目前更注重的是其社会效益和环境效益。

当今各国政府相继通过经济、行政和立法等手段扶持废塑料回收事业，如资助经费、对产品减税或免税。美国 1992 年已有 42 个州制定了废塑料回收再资源化的"再循环条例"，由于法律的出台，使美国回收料价格和收益都有显著的提高，所以也刺激了对回收料的需求；日本政府在 1991 年 4 月公布了"关于再生资源促进利用的法律"；德国法律强令于 1995 年前 64％的塑料包装物必须回收利用。为了便于废弃塑料制品的回收利用，美国、欧洲、澳大利亚、日本等要求厂家对塑料制品做出标记，注明所用材料。

通过以上分析可以看出，一方面，针对目前物理法、化学法并存的现状，尽管化学方法很有诱惑，但其技术难度较高，短时间内难以大规模工业化，有些方面还处于小试研究阶段；另一方面，其经济性令人怀疑，维巴公司的关停教训值得深思。因此，结合我国目前保护森林资源和生态环境、封山禁伐的现实情况，现阶段废塑料物理回收方法——机械法回收废塑料制塑木复合材料是现实可行、具有经济性的项目，短时间内即可实施，同时可节约国家森林资源，是一项绿色环保工程。因此，可在该领域参与竞争开发，尽快解决目前废塑料污染的难题。

三、国内浙江台州路桥废旧塑料整治疏堵结合举例

2015 年初，由台州路桥区新桥镇牵头、多个部门组成的联合执法组，全面开展废旧塑料经营第三阶段清查整顿。这是该镇实现"建设田园式生态家园、打造绿色文明幸福小镇"战略目标的重要举措。

塑模行业是路桥区五大支柱产业之一，对再生塑料需求量很大。至今，新桥有废旧塑料个体企业 700 多家，从业人员 4000 多人，年交易额约 3 亿元。这些企业大多存在低、小、散、乱等现象。

从 2015 年初开始，新桥镇对辖区废旧塑料经营户数量、经营范围及规模、分布等情况进行登记造册，并通过会议、横幅、宣传车等形式，对整顿工作进行宣传发动。目前该镇已先后整治、取缔不符合规范的废塑料回收加工家庭作坊 150 家，可年减少污染物 COD 排放 50t，节电约 1000 万千瓦·时。第三阶段到将完成全部整治工作。

新桥镇将全面整顿废旧塑料回收再利用行业作为转变经济发展方式的重要抓手。镇里制定了详细的整治方案，按照重点突出、疏堵结合、提升产业、节约集约、环境改善的原则，一方面全面取缔耕地上的废旧塑料经营行为，另一方面对领取"纯废旧塑料加工经营证"者的经营活动进行规范和整合。

正在建设的一个规划面积为 200 亩的再生塑料产业园区，一期开发建设 80 亩，

总投资 7000 多万元，项目包括分拣、加工、仓储、销售为一体，目前，大部分企业与园区达成协约。

目前，全国如浙江台州路桥废旧再生塑料产业园区约五十多家，尤其在广东、江苏、浙江、上海、天津、山东、安徽、四川等省市。因此废塑料处理是一个综合性的社会问题，值得全社会极大重视与深思。

第二章
废旧高分子材料的鉴别和分选与分离方法

一般对于不同种类的废旧高分子材料回收时，可采用直观鉴别、燃烧鉴别、比重鉴别、溶剂分离、风力筛选、静电分选、低温粉碎等方法对它们先加以区分，然后才能进行加工和利用。

第一节
废旧高分子材料的鉴别方法

一、回收废旧高分子材料的区分

一般可以根据用途来区分，方法如下。

① 聚乙烯（PE）。常见制品：手提袋、水管、油桶、饮料瓶（钙奶瓶）、日常用品等。高压与线性聚乙烯经常用于膜类，像工业膜、农业膜、方便袋等；而低压聚乙烯可以用于包装，注塑、中空等。

② 聚丙烯（PP）。常见制品：盆、桶、家具、薄膜、编织袋、瓶盖、汽车保险杠、无纺布等。用于拉丝、注塑、吹桶较多。

③ 聚苯乙烯（PS）。常见制品：文具、杯子、玩具、食品容器、家电外壳、发泡方面的包装材料、电器配件等。主要用途是注塑、发泡、吸塑等。

④ 聚氯乙烯（PVC）。常见制品：板材、管材、鞋底、玩具、门窗、电线外皮、文具、医疗用品等。用于摩托车配件，注塑产品较多。

⑤ 聚对苯二甲酸乙二醇酯（PET）。常见制品：瓶类制品如可乐、矿泉水瓶等，主要用于化纤、注塑等。

二、常规废旧高分子材料的鉴别方法

废旧塑料品种很多，花样形式也很多，其来源于不同的行业。塑料按其结构、

性能可分为热塑性和热固性两大类。目前我国能回收利用的则大都是热塑性塑料，因为它是可熔、可塑的。

废旧塑料的来源不同造成废塑料的利用程度不同，价格也不同。首先是颜色，颜色越浅（甚至无色透明），则利用范围越广，如白色，既可调成多种其他颜色，也可做回白色产品，同样价也高。其次是因为产品的需要，在原料加入了各种成分。

目前从国内市场上看，主要是 $CaCO_3$（石粉）含量决定废塑料的利用价值，$CaCO_3$ 含量越多、价越低。从肉眼上看，产品不鲜艳、无光泽（哑光除外），则 $CaCO_3$ 含量便多，从手感上也会感觉到重，用火烧，则烧的部分会发红熄后成灰。另外还要注意增强（指玻纤）产品，目前能利用的增强产品仅 PA、PBT、PP 等几种，价格都不高。还有各种合金料，目前国内有销路仅 ABS＋PC 一种，其他的都不行。再根据原料的比重（密度）来判断该互混的料能否回用，目前问题最多的是 ABS 和 PS 互混、PC 和 PMMA 互混、PVC 片料（瓶料）和 PET 片料互混、PE 和 PP 各半互混，这几种料互混后，因密度差不多，很难用常用方法分离，所以，互混的料不能是粉碎料，否则价格会很低，甚至无人要。

一般鉴别废塑料有以下几个步骤：①看颜色；②看光亮度（透明料此步可去掉）；③手感（感重量、感光滑度）；④点燃（观火焰颜色是否冒烟，是否含离火燃烧或根本不燃）；⑤闻气味（各种塑料味都不相同，包括阻燃剂等）；⑥拉丝（$CaCO_3$ 多的拉丝肯定不好，增强的也拉不出丝）。

三、常见废塑料的感官及燃烧鉴别方法

（1）LDPE（低密度高压聚乙烯）

感官鉴别：手感柔软、白色透明，但透明度一般，常有胶带及印刷字。（注：胶带和印刷字是不可避免的，但一定要控制其含量，因这些会影响在市场上的价格）

燃烧鉴别：燃烧火焰上黄下蓝；燃烧时无烟，有石蜡的气味，熔融滴落，易拉丝。

（2）EVA（聚乙烯-乙酸乙烯酯）

感官鉴别：表面柔软；伸拉韧性强于 LDPE，手感发黏（但表面无胶）；白色透明，透明度高，感观和手感与 PVC 膜很相似应注意区分。

燃烧鉴别：燃烧时与 LDPE 相同有石蜡的气味略带酸味；燃烧火焰上黄下蓝；燃烧时无烟。熔融滴落，易拉丝。注：本品为 PE 种类中的一种，价格同与 LDPE，可用于再生造粒，质量要求与 PE 相同。

（3）PP（聚丙烯）

感官鉴别：本品为白色透明与 LDPE 相比透明度较高，揉搓时有声响。

燃烧鉴别：燃烧时火焰上黄下蓝，气味似石油，熔融滴落，燃烧时无黑烟。

（4）PET 膜（聚氨酯）

感官鉴别：本品为白色透明，手感较硬，揉搓时有声响。外观似 PP。

燃烧鉴别：燃烧时有黑烟，火焰有跳火现象，燃烧后材料表面黑色炭化，手指揉搓燃烧后的黑色碳化物，炭化物呈粉末状。

（5）PVC 膜（聚氯乙烯）

感官鉴别：外观极似 EVA 但有弹性。

燃烧鉴别：燃烧时冒黑烟，离火即灭，燃烧表面呈黑色，无熔融滴落现象。

（6）尼龙共聚料（LDPE＋尼龙）

感官鉴别：本品感观与 LDPE 极为相似。

燃烧鉴别：燃烧火焰上黄下蓝，燃烧时无烟，有石蜡的气味，熔融滴落，易拉丝但与 LDPE 不同的是燃烧时有毛发燃烧的气味，燃烧后呈淡黄色。

注意：尼龙共聚料中不可用于再生造粒，要与 LDPE 严格区分还要严格控制在大件中的含量。

（7）PE＋PP 共聚料

感官鉴别：本品与 LDPE 相比较，透明度远远高于 LDPE，手感与 LDPE 无差异，撕裂试验极像 PP 膜，才质为透明纯白色。

燃烧鉴别：本品燃烧时火焰为金黄色，熔融滴落，无黑烟，气味似石油。

（8）PP＋PET 共聚料

感官鉴别：外观似 PP，透明度极高，揉搓时声响大于 PP。

燃烧鉴别：燃烧时有黑烟，火焰有跳火现象，燃烧表面呈黑色炭化。

（9）PE＋PET 复合膜

感官鉴别：材料表面一面光滑、一面不光滑，白色透明。

燃烧鉴别：燃烧时似 PET，无熔融滴落现象，燃烧表面黑色炭化，有黑烟，有跳火现象，带有 PE 的石蜡气味。

四、快速鉴别进口废塑料技巧

一般目前我国进口废塑料都是热塑性塑料，因为它是可熔、可塑的。而热固性塑料是禁止进口的。下面介绍两种实用的快速鉴别废塑料的方法。

（1）目测法　通过塑料的颜色、光亮度和形状目测出 PE、PP、PVC 等。如 PE 为手感柔软，白色透明，但透明度一般；PP 为白色透明与 PE 相比透明度较高，揉搓时有声响；PVC 为表面柔软，手感发黏有弹性，白色透明，透明度高；ABS 为表面亮度好，韧性好，硬度较高。如目测看不出来可以通过燃烧方法进一步鉴别。

（2）燃烧法　用火焰燃烧，看火焰的颜色、燃烧过程和闻燃烧后的气味，这是很有效的简易方法。在燃烧的时候，如果能燃却不容易点着，那就是聚丙乙烯（PP），如果容易点着，就要通过燃烧的特点和现象来观察。如燃烧后软化能够拉出丝就是聚氯乙烯（PVC）；如果是少量的黑烟，火焰有亮光，软化起泡的是聚苯乙烯（PS）；燃烧时不起泡，燃烧后会有密密麻麻的孔，火焰没有亮光，燃烧过程中慢慢软化，黑烟大的是 ABS；还有聚丙乙烯（PP）燃烧没有烟，聚苯乙烯（PS）燃烧有黑烟等。再进一步闻气味判断，有强烈刺鼻的辛辣味就是 PVC，芳香味的是 PS，有淡淡甜味的是 ABS，像蜡烛气味的是 PE，石油味的就是 PP。

五、生活中典型的新旧塑料制品辨别方法

① 闻气味。再生塑料有一股难闻的气味。

② 看颜色。新的塑料颜色是纯的，纯度高，而旧塑料以深色居多，颜色不正。简单地说，是一般原料透明，回收材料是不透明的，很多的颜色混在一起，主要是黑色的。

③ 看韧性。原材料韧性好，制成的椅子好、脸盆耐用，再生材料的韧性较差，较脆，易折断。特别是经过反复的废旧塑料的回收利用，更容易老化。

④ 看重量。大小相同的塑料制品，一般是新塑料轻、废塑料重。

第二节
废旧高分子材料废弃物的分选

废旧高分子材料废弃物的回收包括 3 个阶段：收集、分选、加工或再生等步骤。只有清洁的废旧塑料才能生产高质量的产品，这需要有效的塑料分选方法，如光选、电选、风力分选、密度分选、浮选等。一般浮选在废旧塑料分选方面具备独特优势。虽然塑料废弃物仅仅占城市垃圾中的很小一部分（占总量的 4％～10％），但其绝对数量是相当可观的。现在大多数分选工厂采用使废弃物的尺寸变小后，再进行分选的工艺。

一、尺寸的变小

主要采用压碎机、磨碎机、剪切机、切碎机、粉碎机、搅拌机和锤磨机等，将塑料废弃物的尺寸减小。

二、分选方法

固体废物的分选可按其物理性能的差异进行。

（1）密度法　按照不同材料密度不同的原理进行分选。此法适用于含有铝箔的塑料或密度差较大的废料。这种方法易受粒径、形状、表面污浊程度及改性填充等因素的影响。密度分选设备常包括震动台、冲击分选器及用于除去沙砾或其他密度

比塑料大的固体物的倾斜式输送器和流化床分选器。密度分选是利用不同塑料具有不同密度这一性质进行分选的方法，通常有溶液分选、水力分选和离心密度分选法等。

（2）浮选法　浮选是在固废物与水调制的料浆中加入浮选药剂，并通入空气形成无数细气泡，使欲选物质黏附在气泡上，随气泡上浮于料面成为泡沫层，然后刮出回收；不浮的颗粒仍留在料浆中，通过适当处理后废弃。浮选设备有很多，我国使用最多的是机械搅拌式浮选机。

实际上这也是一种利用塑料的密度差异，按需要调整液体介质的体积密度分选塑料的方法。从理论上讲，此法不受形状和大小的影响，尤其适用于分选粉碎不匀的塑料。在用水作分选液时，因塑料是疏水的，形状又多种多样，有时浮在液面上，会影响分选效果，为避免这种情况，需事先用表面活性剂预处理，使之充分润湿。浮选工艺流程见图 2-1。

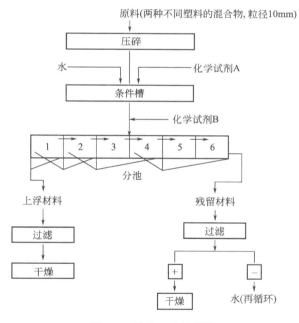

图 2-1　浮选工艺流程图

浮选法适用于分选密度差较小的塑料，利用不同的密度，可将混合物分选。浮选法应用实例见图 2-2，采用几种溶液介质分选［通常情况下聚烯烃（PO）的密度为 $0.90 \sim 0.96 \text{g/cm}^3$，聚氯乙烯的密度为 $1.22 \sim 1.38 \text{g/cm}^3$，聚苯乙烯密度为 $1.05 \sim 1.06 \text{g/cm}^3$；溶液介质密度（$\text{g/cm}^3$），如水 1.0，水-乙醇混合物 0.93，盐-水溶液 1.20］。

图 2-3 所示为用水作分选介质的一种水力分选器。水力分选常用水力分选器，为提高分选效率，常需先对废旧塑料进行清洗，后溶液分选，用水作分选介质的一

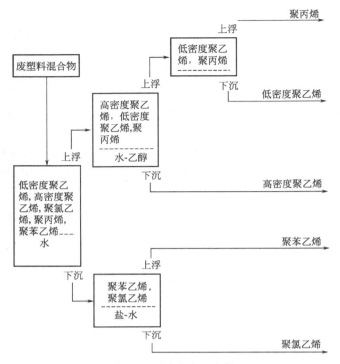

图 2-2 浮选法应用实例

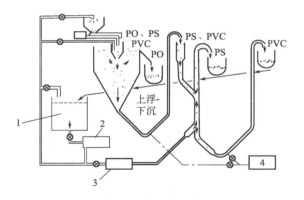

图 2-3 水力分选器

1—蓄水池；2—水泵；3—流量计；4—空气源

种分选器。一般而离心密度分离采用离心密度分离机进行分选。

（3）空气分选法 一般空气分选适用于密度有明显差异的物质。分选装置有立式和卧式两种，流动空气作用于分选的物料，不同的物质按其密度的大小，分别降落在处于不同位置的装有锯齿形隔板的矩形箱内。空气分选的效果与混合物的形状大小是否均匀有密切关系。空气分选是使用最广泛的固体废料分选方法。空气分选装置如图 2-4 所示。

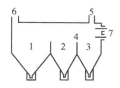

图 2-4　空气分选装置示意图

1—第 1 料斗；2—第 2 料斗；3—第 3 料斗；4—隔板；5—投料口；6—排气口；7—空气吹入口

(4) 磁分选法　固体废物的磁力分选是借助磁选机产生的磁场使铁磁物质组分分离的一种方法。在固体废物的处理系统中，磁选主要用做回收或富集黑色金属，或是在某些工艺中排除物料中的铁质物质。固体废物按磁性可分为强磁性、中磁性、弱磁性和非磁性等组分。这些不同磁性的组分通过磁场时，磁性较强的颗粒（通常为黑色金属），会被吸附到磁选设备上，而磁性弱的或非磁性颗粒就会被输送设备带走或受自身重力或离心力的作用掉落到预定的区域，从而完成分选过程。目前的磁选设备已经发展到较为完善的阶段，在固体废物的处理中所采用的磁选设备没有矿业部门中所用的设备复杂。目前在废物处理系统中最常用的磁选设备是悬挂带式磁选机和滚筒式磁选机。

一般用于除去金属铁的系统。通常采用具有磁性的带轮或交叉型带进行分选。

(5) 静电分选法　静电分选是利用各种塑料不同的静电性能来进行分选的方法。利用静电进行分选，对于多种混杂在一起的废旧塑料需通过多次分选。静电分选法特别适用于带极性的聚氯乙烯，分离纯度可达 99%。物料经馈料系统均匀散布在接地转动电极光滑表面上，荷电的物料与接地转辊电极交换，两种不同静电性能不同的物料有差异。然后荷电的物料进入分选区，在静电力、重力、离心力等的合力下落。完成两种不同电性物料的分离。还有一种方法是将粉碎的塑料废弃物加上高电压使之带电，再使其通过电极之间的电场进行分选。由于湿度对筛选效果有影响，所以需要干燥工序。实际静电分选的关键是使不同种类的塑料携带极性相反的电荷。

(6) 光学分选法　利用 X 射线探知聚氯乙烯中的氯原子以分辨是否有聚氯乙烯材料；利用不同材料对近红外线的吸收率的差别区分其类别。

(7) 手工分选法　这是最古老的方法，在发达国家和现代化分选工厂中已不采用。表 2-1、表 2-2 和图 2-5 是手工分选时常用的鉴别方法。

表 2-1　外观鉴别法

塑料种类	外　观　性　状
聚乙烯	塑料在未染色前呈乳白色半透明蜡状。用手摸制品有滑腻的感觉，柔而韧，稍能伸长，一般高压法聚乙烯较软，低压法聚乙烯较硬，染色前呈乳白色不透明
聚丙烯	塑料在未染色前呈白色半透明蜡状，但比聚乙烯轻，透明度也较好，透气性也低，比高压聚乙烯硬

塑料种类	外 观 性 状
聚苯乙烯	塑料在未染色前无色透明,无延展性,似玻璃状材料,制品落地或敲打具有金属的"叮当"清脆声,光泽与透明度都胜于其他塑料,性脆易断裂。改性聚苯乙烯不透明
聚氯乙烯	本色为微黄色透明状,透明度胜于聚乙烯、聚丙烯,差于聚苯乙烯,柔而韧,随助剂用量不同,分为软、硬聚氯乙烯,有光泽

表 2-2 简易燃烧鉴别法

种类	燃烧的难易	离火后是否熄灭	火焰的特点	燃烧时的现象	气味
聚乙烯	容易	继续燃烧	底部蓝色,顶部黄色	无烟,熔化淌滴	与燃烧蜡烛的气味相似
聚丙烯	容易	继续燃烧	底部蓝色,顶部黄色	有少量黑烟,熔化淌滴	石油味
聚氯乙烯	难	熄灭	黄色,底部绿色,喷溅绿色和黄色火焰,冒白烟	软化,能拉出丝	有刺鼻辛辣味(氯味)
聚苯乙烯	容易	继续燃烧	橙黄色,冒浓黑烟,空中飞扬炭末	软化,起泡	芳香气味(苯乙烯气味)
聚酰胺	中等	缓慢熄灭	蓝色,顶部黄色	熔化淌滴,起泡沫	特殊的似羊毛、指甲烧焦气味
硝化纤维素	极易	继续燃烧	黄色,极猛	很快地全部烧完	燃烧太快,难于闻到气味
天然橡胶	容易	继续燃烧	深黄色,冒黑烟	软化,不能拉出丝	特殊的气味
玻璃纸	容易	继续燃烧	黄色	与纸一样烧成灰	

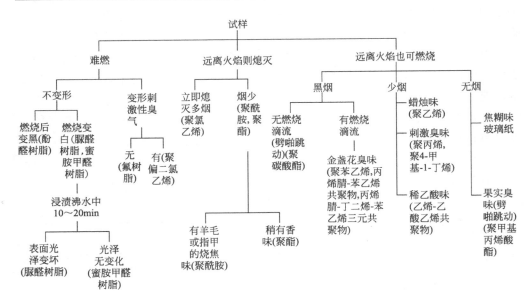

图 2-5 燃烧试验法识别塑料

简易燃烧鉴别法：用镊子取一小块塑料，置于酒精灯、火柴、打火机上燃烧，然后将塑料取出，离开火源，根据表2-2所列的燃烧性状进行鉴别。

（8）低温分选法　塑料在低温下发生脆化而容易粉碎，利用各种塑料脆化温度不同的特点，分阶段改变其温度，就可以有选择地粉碎，同时达到分选的目的。以分选聚氯乙烯和聚乙烯为例，将混合料投入预冷器后，冷却到−50℃，聚氯乙烯（脆化温度为−41℃）即可在粉碎机内粉碎，因聚乙烯的脆化温度为−100℃以下，故不能粉碎，因而可分选聚乙烯和聚氯乙烯。低温粉碎装置如图2-6所示。

（9）旋液分选法　旋液分选一般其将粉碎后的塑料粉末倒入旋液分选器的蓄水池中，然后进行搅动，使形成均匀的悬浮液。通常旋转分选器的外形为圆台形，沿其切线方向将悬浮液（含有塑料粉末）送入旋液分选器中（见图2-7），在旋液分选器高速转动时产生的离心力作用下，较重的粒子移向分选器的内壁，而较轻的粒子则移到旋液分选器的中心。伴随重粒子的涡流（称之为初级涡流）运动而成为底流，与重粒子一起从旋液分选器底部排出。伴随轻粒子的涡流（称之为二次涡流）形成溢流，从旋液分选器上部与大多数水分一起排出。这样可将密度不同的粉末塑料分选开来。

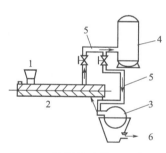

图 2-6　低温粉碎装置示意图

1—塑料投料口；2—螺杆预冷器；3—粉碎机；
4—液氮贮罐；5—液氮；6—氮气放出口

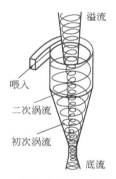

图 2-7　旋液分选器工作原理图

第三节
废旧高分子材料的分离方法

一、塑料和纸的分离

从城市固体废物中回收塑料，常常会遇到将塑料与纸分离的问题，困难在于塑料薄膜和纸具有许多相似性。

一般纸与塑料的分离方法有热分离、湿分离和电动分离3种。

1. 热分离

利用加热后改变塑料性状实现纸塑分离的方法。

利用加热方法减少塑料薄膜的表面积，然后利用空气分离器将纸和热塑性塑料分离。加热法分离原理见图2-8。

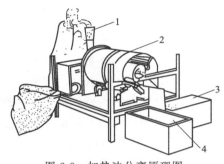

图2-8　加热法分离原理图

1—料斗；2—加热分离器；3,4—分离物贮存箱

（1）热筒法　分离装置由电加热镀铬料筒与内装的带刮刀的空心筒（转鼓）组成，刮刀与加热筒壁相接，二者逆向旋转，筒底部连接一料槽。材料从投料加入，其中的塑料成分与热筒一旦接触开始熔融，附着在筒壁上，用刮刀刮下，落入料槽中。此法可将90％以上的塑料与纸分开，已分离的塑料含纸量很小，可控制在1％以下。

（2）热气流法　利用塑料薄膜遇热收缩，减小比面积的原理实现塑性薄膜与纸的分离。将薄膜与纸的混合物送至加热区，加热箱可以是一台农用谷物干燥机，呈颗粒状，从而使其表面积减小，再将它与纸的混合物送入空气分离器，空气流将混合物中的纸带走，而热塑性塑料颗粒便落在分离器的底部。此法几乎可以把塑料与纸完全分开。

一般分离设备主要由可进行电加热的镀铬料筒组成。料筒内装有一个带叶片的空心圆筒，料筒和圆筒的转动方向相反。混合物加入料筒熔融后出料，输送到分离机中，分离机中的空气流将纸带走，热塑性塑料留在分离机底部。

2. 湿分离

将从干分法分离设备得到的轻质材料送入搅碎机，被搅碎的纸浆从分选板上的小孔中流出，留下的塑料则从一分离出口排出，然后送入脱水机脱水，再送入空气分离器中进行分离。

主要用于分离与塑料混合的纸。由运输机将废料送入干燥式撕碎机中，撕碎后进入空气分选机，将轻质部分（约含80％的纸、20％的塑料）送入搅碎机中，加入适量的水进行搅碎，搅碎过程中产生的纸浆通过泄放口排出，剩下的塑料混合物通过分离出口输送到脱水分选装置，最后进入空气分选机对各种塑料进行分选。湿浆法工艺流程见图2-9。

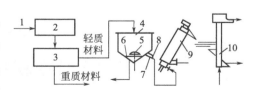

图2-9　湿浆法工艺流程图

1—输送机；2—干燥式撕碎机；3—空气分选机；4—搅碎机；5—旋转体；6—挡板；7—分离出口；8—阀门；9—脱水器；10—空气分离机

3. 电动分离

将纸与塑料的混合物由一台振动喂料器送入分离机圆筒中，落入旋转的碾碎鼓，然后送到由电线电极与碾碎之间形成的电晕区，纸被吸向电极，而塑料仍然贴在圆筒转鼓上，随着圆筒鼓的转动塑料落到它的底部收集起来。采用此法时湿度对分离结果有很大影响，混合物湿度为15％时，虽可使纸和塑料分离，但塑料仍会被大量的纸污染，当湿度提高至50％以上时，便可使塑性和纸完全分离。上述一般圆筒的转动，使塑料落在圆筒底部，达到分离目的。电动分离器的原理见图2-10。

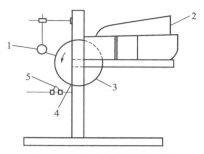

图2-10 电动分离器原理图

1—电极；2—振动料器；3—转动筒；
4—场转子；5—可调整出料量的分离机

二、从涂布塑料的织物上分离塑料

大量涂布树脂的织物上的废料是可以回收的。以聚氯乙烯人造革为例，回收聚氯乙烯树脂的工艺流程如图2-11所示。收集到废料后，将其切割成合适的尺寸，按颜色分类，干燥，并装入带夹套的反应釜中；将其封闭，通入惰性气体，釜中灌入溶剂如四氢呋喃，搅拌并加热混合物（加热温度应稍低于溶剂的沸点）。树脂在溶剂中溶解，将溶液送至贮罐中，洗涤3次，以达到全萃取的目的；用热氮驱除织

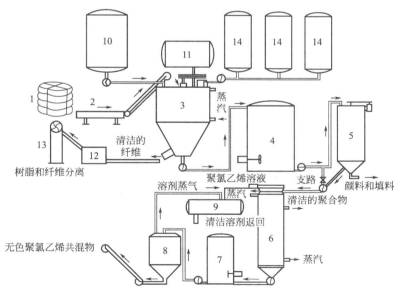

图2-11 从涂布树脂的织物上回收聚氯乙烯的工艺流程图

1—聚氯乙烯边角料；2—分拣台；3—反应釜；4—聚合物贮罐；5—过滤器；
6—主蒸发器；7—缓冲罐；8—树脂干燥器；9—冷凝器；10—溶剂贮罐；
11—氮气贮罐；12—干燥器；13—打包机；14—洗涤槽和旋转槽

物中残留的溶剂。然后将干织物卷捆，装运。

聚合物溶液应过滤，以除去颜料、填料及其他物质，然后送入预浓缩器中（通常为一种垂直型的膜蒸发器），分离出的聚氯乙烯的固体含量可达 30%～40%。使用膜蒸发器或喷雾状干燥器，在真空条件下进行干燥，得到的是一种无色的粒状聚氯乙烯树脂或原始组分的混合物。溶剂冷凝后回到流程中。

回收树脂的性能与新树脂的性能相同。由于加热温度不太高，避免了分离时树脂可能发生的降解。

三、其他分离方法

常用的其他分离方法还有化学分离法、打浆分离法、加热分离法以及生物分离法等。

在化学分离法中，对于叠层材料，例如药品包装材料、车辆壳体以及电线外包装材料等塑料与金属的复合体，通常将复合体用化学溶剂浸渍，把金属溶解而将塑料分离出来。

打浆分离法是利用浆料的亲水性和不同物质间的密度差将塑料与其他纸类或织物分离。

利用热膨胀、热收缩和软化温度之差将塑料与其他物质分离的方法称为加热分离法。

生物分离法是利用微生物的繁殖和分解作用，将塑料与厨房垃圾等分离的方法。

第四节
混合废旧高分子废弃物的分选与分离方法

当塑料废弃物被混合，被其他物质污染，或老化很严重，回收利用就很困难。但是，即使这样的塑料废弃物，如果其主要成分的数量可观且质量尚可，也是可以回收利用的，但是必须对其混合废旧高分子废弃物的分选与分离。

尽管塑料种类很多，但高密度聚乙烯、低密度聚乙烯、聚氯乙烯、聚丙烯、聚苯乙烯、聚氨酯、聚酯及酚醛塑料占绝大多数。回收的努力方向一直集中在废热塑性塑料如高密度聚乙烯、低密度聚乙烯、聚丙烯、聚苯乙烯、聚氯乙烯和聚酯上，因为当温度上升时热塑性塑料可以重复软化，当温度下降时又变硬。热塑性塑料以量大价廉而具特色，因此，也是回收的重点。

使用混合塑料成型型材或者塑料仿木材料已有比较成熟的技术和设备，引起了人们很大的关注。因为混合废塑料的分选比较困难，生产这种产品可使分选工作量减少到最低程度。

尽管不经过分选，利用混合废塑料生产塑料木材作为处理混合废塑料的途径有很大的潜力，但是，也存在相应的问题。主要是市场价格，必须使生产者有利可获。运输费用对回收工作的经济性有很大的冲击。分选塑料以使最终的木材制品达到期望的颜色或外观，或者获得一种具有合理质量标准的产品是必需的。混合废塑料混合物有可能是深棕色、黑色或灰色，如果不使用分选的干净的白色的高密度聚乙烯/低密度聚乙烯，欲得到浅色如蓝色、黄色或浅灰色是不可能的。造粒成型时，若低密度聚乙烯比例较大时，生产的制品较脆。因此，造粒材料的混合显得十分重要，它取决于所生产的制品。

一、混合废塑料的来源

混合废塑料的来源主要有以下几个方面：

① 家庭生活产生的废塑料。这类材料绝大多数是包装材料。因此，它们基本上是由高密度聚乙烯、低密度聚乙烯、聚苯乙烯、聚丙烯、聚氯乙烯及聚酯等塑料组成的。这些塑料在相当大的程度上被其他物质污染，与溶剂接触局部污染，另一方面，包装材料都是具有良好加工性能的材料。

② 由塑料复合材料组成的废塑料。这些材料的主要形式是复合薄膜及片材、多层管材、异型材及模塑制品。

③ 塑料加工中产生的废料。这类材料容易回收利用。因为知道其种类和填充程度，材料的清洁、纯度比较好。

④ 来自工程材料混合物的废塑料。这类材料产生于家用电器、机械设备的维修部门。由于规格不统一，成分不一致，回收利用困难较多，费用较高。

⑤ 电缆绝缘材料。这类材料可能具有多层结构，或者是加工时产生的未分类废料的混合物，或者是边角料。在电缆生产中，估计大约有3%的边角余料，在使用部门约有20%的破碎电缆。

二、混合废塑料回收利用的途径

混合废塑料的回收利用有以下几种途径。

① 回收一种或多种成分时，有目的地从混合料中分离价值较高的回用料或从混合料中剔出不需要的成分。

② 对混合材料进行热塑性加工，将其不能塑化的成分用作填料、增强材料或者对使用性能有某种积极影响的综合促进剂。

③ 热分解或者化学分解混合料中的有机成分，用于生产燃油、燃气或化学原材料。

④ 作为能源回收利用。

回收的材料不可避免地含有其他杂质，因此一般不能用于生产与原材料特性一致的高质量的制品。一般要求杂质含量应低于 2%，尤其是聚烯烃和聚苯乙烯成分中的聚氯乙烯的含量更应限制。

用传统的方法，如用双螺杆挤出机、短螺杆塑化装置或捏合机对混合废塑料进行加工处理，可以获得较为满意的回收产品。

用热塑性塑料回收及二次加工方法处理混合废塑料时，一般会遇到一种多相结构。极性塑料聚氯乙烯、聚甲基丙烯酸甲酯和聚酯与聚烯烃塑料和聚苯乙烯类塑料混合后受热可相容。

加工处理的混合废塑料，性能数据分散，强度较低，伸长率降低，大大限制了其使用范围。所得到的产品可以替代木质产品及混凝土产品。混合废塑料性能下降的原因是不相热容，熔点及黏度上存在差异，分散不适当，含有其他杂质。可以从表 2-3 中三个方面改进混合废塑料的性能。

表 2-3　改进混合废塑料性能的概念和机理

概念	机理	结构及形态改进
分散及扩散	细磨	扩大相界面
	高度全面剪切	扩大分子渗透区 减少扩散途径，降低内应力
	用骤冷高度全面剪切	扩大分子渗透区 减少扩散途径，降低内应力 控制不平衡
	高度局部剪切	产生局部摩擦化学或化学活化条件
活化中间层	自由基形成物	通过中间层交联
	引发自由基形成物	各组分交联
	两性低相对分子质量物	改进分子间的相互作用 改变温度 精细粒料
母料改进	弹性体相	形成母料，促进填料及增强剂的吸附力
	填充及增强	改变母料性能
	发泡	配制母料

综合使用这些方法将会大大提高改性效果，特别是用相容性促进剂形成活化中心层对于分散不连续相非常有利。

三、国外对其混合废旧高分子废弃物的分选与分离举例

比利时的先进回收技术公司生产了一种型号为 ET-1 型的回收设备，可接纳任何形式的使用过的塑料。硬质塑料容器需要研磨成屑或片，薄膜或薄片材必须压实成小粒以维持挤出机内的摩擦。在粉碎和粒料混合时，加入添加剂和色母粒。除了消费后塑料作为原料的来源外，包装废料、汽车及电气产品的废料都可作为原料的

潜在来源。

ET-1 型机由一台挤出机、成型装置、制品取出和控制单元组成。机器的设计面向整个混合材料的开发，通过提供短时间的熔融过程，避免热敏塑料的降解。挤出机工作通过外冷却、转速或机筒间隙调节温度。熔融点较高的塑料如聚酯、聚碳酸酯或杂质如铝、铜等变成了已熔融树脂的填料。制品取出装置采用气动方式。混合塑料仿木材料的力学性能见表 2-4。据称，未清洗的混合物生产的产品的力学性能也具有明显的一致性。该机器的生产能力为 $150\sim250$ kg/h。

表 2-4　混合塑料仿木材料的力学性能[①]

仿木材料组成	密度/(g/cm³)	压缩模量/MPa	屈服应力(2%补偿)/MPa	压缩强度(10%应变)/MPa
100%渣滓[②]	0.931	630.0	19.0	22.3
聚乙烯/重增塑聚氯乙烯/电缆废料	1.12	256	4.7	10.5
50%牛奶瓶和50%压实的聚苯乙烯	0.806	1153	28.8	28.9

① 本表数据 Rutv 大学塑料回收中心测试。

② 分选了高密度聚乙烯和聚酯后剩下的各种塑料的混合体。

对于混合塑料，下述结论在回收利用方面具有指导意义：

① 低密度聚乙烯或者线型低密度聚乙烯，属于回收工艺中的好材料。低密度聚乙烯相对较软，低密度聚乙烯含量太高的产品其硬度不能适应一些应用场合的要求，尤其是在薄壁部分。它应该与高密度聚乙烯或聚丙烯那样的硬质材料混合。

② 高密度聚乙烯，属于回收工艺中的好材料。高密度聚乙烯相对较硬，高密度聚乙烯与低密度聚乙烯混合可满足大多数产品的硬度要求。市场上大多数高密度聚乙烯是共混材料。对回收而言，其性能类似于均聚物的性能。

③ 聚丙烯，属于回收工艺中的好材料。聚丙烯相对较硬，它与低密度聚乙烯混合能满足大多数有硬度要求的应用场合。但是，不管怎样，均聚聚丙烯的使用在质量上不应超过整体质量的 30% 以上，因为它在低温下比较脆。

④ 聚氯乙烯，应当精细研磨，它能与大约 50% 的热塑性塑料混合。消费后塑料一般都含有 5% 或不到 5% 的聚氯乙烯。

⑤ 聚苯乙烯，一般质量高达 40%（含有聚苯乙烯整体），能与热塑性塑料混合。冲击级聚苯乙烯能增加坚韧性。非冲击级聚苯乙烯会引起表面光洁问题；发泡级聚苯乙烯应该避免再发泡，因为其整体密度低。使用 10%～40% 的压实发泡聚苯乙烯，试验表明明显地改善了强度。

⑥ ABS，属于回收工艺中的好材料。ABS 系列塑料结合了橡胶和塑料的特点，极其坚韧，但 ABS 的产量较小，应用不够广泛。

使用混合废塑料生产木材是否能长期作为消费后塑料回收利用的有效途径还需探讨，但是这一技术的优点也是显而易见的，即可就近回收利用，节省了运费。

第三章
废旧高分子材料的回收与利用技术实例

第一节
塑料包装废弃物的回收处理工艺与技术

随着经济的发展，包装也越来越受到人们的重视，现在产品的包装已成为商品不可缺少的一部分。塑料有良好的物理、化学性能，还具有较好的力学性能、可随意造型、良好的印刷性等优点，成为包装商品的首选。目前，全球每年的塑料产量超过 3 亿吨，包装占到了整个市场的 30％以上。

塑料包装之所以发展迅速，关键是它在材料的性能比上超过了现今的所有材料，但商品使用后，包装即被废弃，从其回收处理的角度来说，这种材料不易回收利用，且不易分解，大量的废弃塑料会造成社会环境的严重污染，也会由此引发众多严重的社会问题。塑料包装废弃物已占到废弃塑料中的 85％以上，因此，回收处理与再生利用技术也越来越受到社会的关注。

塑料制品大类品种有塑料薄膜（包括塑料包装袋和农膜）、塑料丝及编织品、泡沫塑料制品、塑料包装箱及容器、电缆包覆料，以及各种日用杂品、文体娱乐、卫生保健等日用塑料制品，其中薄膜、泡沫、包装箱及容器、编织、片材等塑料制品主要用于包装。此外还有一些其他塑料包装制品（如塑料托盘）、农用塑料制品（如农用塑料节水器材）、装饰装修用塑料制品的报废率也较高。

塑料包装消费量 2010 年为 1000 万吨，2015 年超过 1500 万吨，至少 80％在一年内被废弃，是再生塑料的主要来源。此外还有一些回收价值不大或者回收成本高、处置难度较大的如塑料复合、超薄包装材料、包装地膜、一次性塑料包装制品等对环境的影响也不容忽视。

一、塑料包装废弃物的处理方法

塑料包装废弃物的处理方法很多，基本上可分为填埋、焚烧及回收再生利用。

1. 填埋

填埋方法简单，不需要投资，不需要任何设备，深埋后也不会对地表产生污染或危害地表植被，能以最快的速度解决这种材料对环境的污染。但这种方法久之会占用大量土地，被深埋后，由于隔绝空气、阳光，塑料不易被风化分解，多了会造成地下水的污染，阻碍地下水流动的下渗。在进行填埋前，可将这些废弃物粉碎为小碎片以加速其在地下分解风化的速度。现今所谓的环保型塑料包装也是利用这个原理，将一些易分解材料融入塑料材料中，以易于其在地下的分解。

2. 焚烧

焚烧法可将不能再次利用的混杂塑料纸在焚烧炉中焚化，由其产生的大量热量而再次充分利用。焚烧后塑料的体积可减少到以前的 10% 以下，且易于分解。但应注意的是，焚烧的过程中会产生大量的有害气体，对环境及人体造成危害，所以对于废气及残渣的处理应符合一定的标准。

3. 回收再生利用

"回收再生利用"是一种最积极的促进材料再循环使用的方式，是保护资源、保护生态环境的最有效处理方法。

（1）回收可循环使用（复用）　这种方法主要针对硬质、光滑、干净且易清洗的大型容器，包括大容量的液体瓶、塑料桶等。

其工艺大致如下：

分裂筛选→水洗→亚硫酸氢钠浸泡→水洗→蒸馏水洗→50℃烘干→相应的卫生检验→循环再用。

（2）再生技术（二次利用）　处理再生利用：包括了直接再生利用及改性再生利用。

直接再生利用原理简单，但筛选工艺较为复杂。其中分为"闭合"及"非闭合"两种。所谓"闭合"（如 HD 牛奶瓶回收后经加工重新做回牛奶瓶），即在再生加工时加入大量新鲜同类树脂，约 90%，通过这种方法生产的产品在用途和运行特征中与新鲜树脂制品没有明显的区别，再生性能优良。

"非闭合"（如用 HD 牛奶瓶回收后做成洗衣店用的 HD 洗涤剂瓶，然后再次回收后又做成粒料），即直接加工清洗，不用或少用新鲜树脂，在混合的工程中加入一些配合剂用以调节树脂的物理化学性能，由于材料在上次使用过程中老化以及在再加工过程中老化，故此种再生料的力学性能相比新鲜树脂较低。

直接再生利用又分为三种方法。

① 不必分拣、清洗等处理，直接破碎后塑化成型。这种方法适用于一些虽经

使用，但十分干净，没有任何污染的塑料容器。

② 要经过分离清洗、干燥、破碎等处理。对于没有污染的容器，经清洗以防破坏仪器。这种方法的对象一般为来自商品流通消费后由不同渠道收集的包装废弃物，各种途径和各种形状的包装容器、薄膜等。

③ 要经过特别的预处理。如 PS 塑料缓冲材料，事先要进行脱泡减容的处理，再输入机器进行处理。

改性再生利用是为了提高再生料的基本力学性能，以满足再生专用制品质量的需要。改性再生主要分为两类，物理改性和化学改性。

物理改性借助混炼工艺，在塑料废弃物活化后加入一定量的无机填料，同时还应配以较好的表面活性剂，以增加填料与材料之间的亲和性。但在加工过程中，填料表面与树脂表面易形成界面层，对再生材料性能影响很大，可对填料进行活化处理后再进行复合。

再生后存在一大问题，即力学性能较差，在加工的同时可对再生材料进行增韧改性，即加入弹性体或共混热塑弹性体，在通过共混来提高材料的韧性。也可利用增强改性以增强其力学性能，这类增强往往使用纤维来增强塑料，再生后的材料各方面的性能将大大提高，强度、模量均会超过原来的值。其耐热性、抗蠕变性、抗疲劳性均有提高，但制品脆性会有所增大，即其拉断力增大，而断裂伸长率会大大减小。

在回收再生的过程中，可将几种聚合物在相溶剂的作用下混合，使其结构和分子间力发生变化，使其合金化，此种方法可使再生材料兼很多优良的性能。在加工过程中有目的地加入某种有特性的主要再生材料，可达到预期的力学效果。如用 25％的再生粒料共混，经吹塑成地膜，厚度会比一般的地膜减少 33％，其拉伸强度会增大 45％以上，直角撕裂强度也会提高 50％以上。这样可大大延长膜的使用寿命，减少使用量，降低成本。

对塑料包装废弃物的化学改性，就是通过化学反应的手段对材料进行改性，使其在分子结构上发生变化，从而获得更优良的特殊性能。

化学改性的方法很多，但其本质都是在旧的大分子链上或链间起到化学反应，依靠分子链或链端的反应性基团进行再次反应，在链上接上某种特性基团或接上一个特征支链，或在大分子链间反应基团进行反应，形成交联结构，从而导致材料性能的改变。

交联改性有化学交联和辐射交联两种，化学交联通常在材料的软化点之上使材料充分塑化，然后加入过氧化物类的交联剂，使材料分子交联。辐射交联即应用辐射源的各种高能射线，将加有交联剂的材料辐射交联。

再生产应用中可以将物理、化学改性同时运用于同一材料上，在特定的螺杆中，使多种材料一边进行物理改性，一边进行化学改性，然后将两者共混，这种技术方式既可以缩短改进过程的时间和生产周期，生产连续化，也能得到较好的改性效果。

二、塑料包装废弃物的化学处理再生

化学处理再生，是直接将包装废弃塑料经过热解或化学试剂的作用进行分解，其产物可得到单体、不同聚体的小分子、化合物、燃料等化工产品。这种回收处理的方式可以使自然资源的使用形成一个"封闭"的循环。此种处理再生有着显著的优点，分解生成的化工产品在质量上与新的不分上下，可以与新材料等同使用。

化学处理再生利用：主要有热分解和化学分解两类。

（1）热分解　热分解以所得的产物（油、气、固体或混合体）的不同以及工艺的不同可分为油化工艺、气化工艺及炭化工艺。

热分解油化工艺的特点是分解产物产物主要是油类物质，另外还有一些可利用的气体和残渣。此种工艺可以处理多种塑料废弃物，如 PE、PS、PVC 等。

热分解气化工艺主要是用于城市内混有塑料包装废弃物的垃圾及一些多种混杂的垃圾。这种工艺程序简单，对要处理的废旧塑料，不需要预先处理，不需要分选筛拣，只要将混杂垃圾置入加热分解炉中，经过分解反应，就可以得到分解产品。

热分解炭化工艺在废旧塑料进行分解处理的过程中会产生一定的炭化物质，或在更高的温度下进行分解以得到某种特定的炭化物质。这些炭化物质可以当作固体燃料。

（2）化学分解　化学分解即通过化学的方法把废弃塑料分解成小分子单体。这种工艺设备简单，分解产物标准、均匀、易控制，且产物不需要分离和纯化，但只能用于单一品种的塑料，而且必须是经过预处理的废旧塑料。

化学分解可用于多种废旧塑料，但目前只用于热塑性聚酯类、聚氨酯类等具有极性的材料。其分解方法也有多种，主要有催化分解法和试剂分解法。

催化分解法是在复合的作用下，在常温常压下进行分解反应。分解产物为废旧聚合物的原单体。此种分解方法工艺简单，但对于催化剂的选用，装载比较精细。处理聚酯所需的复合催化剂为醋酸锂、醋酸钙、醋酸锌。

试剂分解法中醇解应用最为广泛，将废旧塑料进行清洁干燥等预处理，破碎后送入反应器中。分解后可获得多元醇类产品。水解反应也是一种较为方便的回收手段，是缩合反应的逆反应，所以水解的对象也多为缩聚物。由于这些分子中具有羟基形成的众多氢键，分子间作用力强，故可作为塑料材料，但也由于它的基团具有亲水性或易水解性，其最终产物为葡萄糖。

三、瓶类的再生塑料回收

回收的各种瓶类一般先经人工分拣，然后再按不同的材料进行回收，目前，已有不少技术和设备用于各种瓶类的回收再生。

1. PET 瓶的回收

PET 瓶大量用于可口可乐、百事可乐、雪碧等碳酸饮料，目前大部分是由 PET 瓶和 HDPE 瓶底组成，瓶盖材料为 HDPE，商标为双向拉伸聚丙烯（BOPP）薄膜，采用 EVA 型粘接剂黏附于瓶身，聚酯瓶回收后再利用的途径有再生造粒、醇解和其他等方法。不管采用何种方法，首先要将聚酯瓶与其他瓶分离，也需将聚酯瓶身与瓶底分离。

① 分离。混合的加收瓶经传送带进入粉碎机粉碎，再经密度分离。

② 再生造粒。再生造粒可用挤出机。经分离的 PET 碎料经挤出机挤出造粒制成粒料，为避免挤出时吸水使物性黏度下降，在挤出前应进行干燥。

PET 粒料的用途如下：a. 重新制造 PET 瓶，再生粒料不能用于与食品直接接触场合，但可用于三层 PET 瓶的中间层，再制成碳酸饮料瓶。b. 纺丝制造纤维，再生 PET 粒料可用来纺丝制成纤维，用作枕芯、褥子、睡袋、毡等。c. 玻纤增强材料，经玻纤增强的再生 PET 具有较好的耐热性和力学强度，可用来制作汽车零部件，如耐热汽车车轮罩，其热畸变温度可达 $240\,℃$。弯曲弹性模量 9500MPa，弯曲强度 214MPa，冲击强度 15kgf/m^2（$1\text{kgf/m}^2 = 9.8066\text{Pa}$）。d. 共混改性，再生 PET 料料可与其他聚合物共混，制得各种改性料，如与 PE 共混，可得到冲击性能改善的 PET 共混料，PE：PET 为 $(10\sim50):(90\sim50)$，如再加入少量聚丙烯，共混物的尺寸稳定性可获明显改进。由于 PE 和 PET 的极性相差较大，所以，在共混时需进行相容处理，一般通过聚烯烃的接枝改性来改进相容性。

③ 醇解。PET 废料在碱性催化剂存在下进行醇解，再加入二元酸酐等缩聚，得到酸值大于 12 的产物，经稀释、过滤、加入适量催化剂，可制得醇酸树脂漆。反应温度 $80\sim85\,℃$，反应 $4\sim5\text{h}$。

2. PVC 瓶的回收

PVC 瓶的回收工序如下：清洗→分选→粉碎→细粉碎。再生品经水和碱液清洗并除去商标，再用机械和人工进行分选，经分选后的 PVC 瓶进行二次粉碎，最后得细度 $500\sim1200\mu\text{m}$ 的粉状再生品，纯度可达 99.98%。

3. PE 瓶的回收

用作瓶料的 PE 以 HDPE 为主，有奶制品瓶、食品瓶、化妆品瓶等，经分选、清洗后的 HDPE 回收瓶可经粉碎选料，加工时但必须加入适当偶联剂或用活化木纤维。

用途如下：①用于着色可乐瓶底座；②用于管材共挤出中间芯层；③填充滑石粉或玻纤制造花茶杯或注塑制品；④制造碎石粒状，将 HDPE 瓶粉碎成细片或粒状，然后，在表面粘上沙、金属等制成碎石状，再与混凝土或沥青混合用于土木建筑材料。

四、塑料包装废弃物的应用

PP：回收后进行破碎清洗，除去上面附着的灰尘及尘埃杂质，晾干，在加热熔融的塑炼后，直接造粒，形成能再次加工的半成品。在半成品中可加入适当的偶联剂或用活化木纤维。经过注塑工艺可制成各种、容器、零配件、板材等。

将等量的回收 PP 与新的 PP 混合，再与 10% 左右的 PE 相混合，可拉成丝制成集装袋等，在使用中，各方面的性能与新鲜树脂制成的同类产品无明显差别。

PS：回收后的 PS 缓冲材料经清洗后，粉碎为粒或末，包装后运送至塑料加工厂。也可对其进行脱泡处理，收缩后加工再用。将新鲜的 PS 加入到处理后的 PS 中，加入一定量的偶联剂或用活化木纤维，加热熔融混炼后可制成各种塑料制品。

PET：再造后不能用于食品包装。回收处理后只能用于包装农药、机油、器具、模型等。加工方法也如同其他塑料材料。在适宜的环境和工艺下，可制成聚酯纤维和服装材料，还可加入醇、酚等原料制成涂料。

以上简单介绍了几种常用的塑料废弃物的回收再生工艺，以及废弃材料的应用。这些方法已在很多较发达国家应用多年，我国在塑料废弃物的回收再生利用方面相对比较薄弱，但近些年，随着我国经济的快速发展，塑料废弃物的日益增多，由这些废弃物引起的环境污染问题也日益严重，越来越多的人开始关注塑料材料的再生问题。将这些曾经污染环境的废弃物回收处理，形成原材料，在保护环境的同时也节省了大量的自然资源。将废弃塑料重新做回商品，循环使用。

五、塑料包装废弃物的回收处理工艺

1. 塑料包装废弃物的热解炭化工艺

塑料的热解主要是气化工艺和油化工艺，但对于聚氯乙烯、聚乙烯醇、聚丙烯腈及部分热固性树脂等的塑料包装废弃物，则最好能够回收炭化物质。虽然有些气化、油化工艺中也产生部分炭化物质，在多数情况下它们是副产物。炭化物质可用在转炉、立式炉、双塔循环、Pyrox 系列或急骤干馏法中作加热燃料，为热解提供必要的热量。以炭化为主的热解系统有单塔流化床、转炉、移动床和急骤干馏工艺等。

一般说来，废料在加热分馏时，其热解产物与温度有关，分解温度低则油分和炭化物生成量就多。生成物中气、油和炭化物的比例受原料组分的影响甚大。原料中纸和纤维素类的含量多，炭化物的生成量就增加，甚至可能比气和油的产量更大。这些炭化物的发热量在 $16744 \sim 20930 kJ/kg$ 之间，可用作固体燃料。正因为其密度低，而灰分和重金属含量高，所以，需要采用高效且无污染的燃烧方法。

2. 塑料包装废弃物的炭化制取活性炭的方法

除废旧轮胎和聚氯乙烯外，还有其他塑料和一些热固性树脂可以进行热解炭化，并进一步制取活性炭。例如将酚醛树脂废制品在 600℃ 下炭化，用盐酸处理后灰分被溶出，再在850℃时经蒸汽活化，制得比表面积大的高性能活性炭。此外，将聚丙烯腈在空气中加热，270℃下4h缩合，得到耐热、耐火性强的碳纤维，再将此纤维在600～900℃下用蒸汽活化，即可制取活性炭。它加工后可制成纤维状、毡状、薄膜状或颗粒状产品（见表3-1）。

表 3-1　几种塑料制取活性炭的方法

原料	生产方法	收率/%	比表面积/(m²/g)
聚偏二氯乙烯	石英管中800℃急剧炭化	24	751
酚醛树脂	①炭化：600℃,30min ②活化：水蒸气,1000℃	12	1900
脲醛树脂		5.2	1300
蜜胺树脂		2.6	750
聚碳酸酯	①炭化：Cl₂气流中500℃ ②活化：水蒸气900℃	19	950
聚酯		20	700
聚苯乙烯		18	2050
聚乙烯		0.1	840
聚丙烯腈	①炭化：270℃,4h ②活化：水蒸气,600～900℃	—	1150

3. 塑料包装废弃物的单纯再生

塑料包装废弃物的机械再生按其来源的不同又分为单纯再生和复合再生。

单纯再生使用由树脂厂、二次加工厂中产生的边角料、下脚料、残次品等较为清洁的同种废料，经粉碎或造粒直接生产出性能较好的制品或掺入新料中回用，通常由加工厂自己消化，部分出售给其他加工厂利用，这就是所谓的"一级回收"。

单纯再生通常采用开炼法和挤出法。一般热塑性塑料常用挤出法，并要求在挤出机头前端加装0.06～0.125mm的滤网，用以除去杂质。开炼法则主要用于聚氯乙烯的再生。此外，人造革采用酸处理法再生。

（1）开炼法　开炼法工艺流程见图3-1。

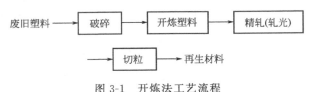

图 3-1　开炼法工艺流程

工艺条件（指加工温度）见表3-2。

表 3-2　开炼法加工温度

工序	软 PVC/℃	硬 PVC/℃
开炼塑化	150	150～160
精轧(轧光)	100	110～120

（2）挤出法　挤出法工艺流程见图3-2。

图 3-2　挤出法加工流程

工艺条件（指加工温度）见表3-3。

表 3-3　挤出法加工温度

材料	加料口/℃	机筒/℃	机头/℃
PVC(硬)	145~150	155~175	160~180
HDPE	170~180	220~230	200
LDPE	170~180	240~270	250
PP	270	250	200
PS	180	200	220

六、塑料包装原料型再生塑料利用的工艺流程

塑料包装原料型回收利用工艺路线为：粗洗→破碎→精洗→干燥→塑化→均化→造粒。塑化工艺就是将废旧塑料放于塑料混炼机或塑料挤出机内，经机内螺旋辊的旋转挤压，同时加温使之成为熔融坯料，经过一段时间废旧塑料有均匀的塑性。塑化是得到新的再生制品的前提。塑化的目的其一是制备再生粒料，其二是经塑化后直接成型。直接成型可在塑化后在塑料混炼机上完成，省去了造粒工序，这是一种废塑料直接制得包装制品（容器）的工艺。均化工艺是将废旧包装塑料与各种助剂或改性剂（增塑剂、润滑剂、稳定剂、抗老化剂等）实施混炼使之均匀混合的一种塑化。均化有两种方式：一是混炼与塑化同步完成，也即将破碎的废塑料与各种助剂（增塑剂等）经捏合、实施均化后直接成型得到各种制品（容器等）；另一种是均化后造粒，均化造粒可使各物料混合得十分均匀。这也是回收利用中提高原料质量的关键。造粒是将废塑料经熔化挤出时用快速运动的刀具将其切成均匀的细小颗粒。造粒工艺有冷切造粒与热切造粒两种。冷切是挤出的熔体经过冷水槽冷却后由切粒机切成粒。热切是熔体挤出后直接被旋切刀切粒，同时用喷水雾的方式加以冷却，以防颗粒之间相互黏结而影响质量。造粒可分别在成粒机或切粒机上完成。成粒机粒化得到的物料颗粒大小很不均匀，而切粒机是将片状塑料炼成物粒化设备，它通过纵切和横切将片状挤出物粒化成矩形或六面体。造粒得到的塑料粒子就是利用废弃塑料包装回收利用技术所得到的、用作再生产塑料包装的原料。在用它制造塑料包装时可全部用这种粒子料或部分使用（与原生料按比例加入）。如果全部使用这种料子粒所制得的塑料包装质量会有所降低。塑料包装原料型回收利用技术完全可利用现有塑料成型加工工艺与设备，主要包括如下工艺及设备：

①挤出成型工艺及设备；②注塑成型工艺及设备；③压延成型工艺及设备；

④吹塑成型工艺及设备；⑤模压成型工艺及设备；⑥热压成型工艺及设备；⑦发泡成型工艺及设备；⑧浇铸成型工艺及设备。

第二节
废聚烯烃塑料的回收技术

一、薄膜的回收技术

聚烯烃薄膜主要包括聚乙烯和聚丙烯薄膜，通常用于农业和包装领域。主要有高密度聚乙烯、低密度聚乙烯和线型低密度聚乙烯及各种聚丙烯薄膜（BOPP、OPP、CPP）。

1. 薄膜的回收工艺

薄膜的回收工艺过程：粉碎→清洗→脱水→烘干→造粒。

对于在生产过程中产生的边角料或试车时产生的废膜，因为不含杂质，可以直接粉碎、造粒，进行回收利用。图 3-3 所示为一种聚乙烯膜回收造粒设备。

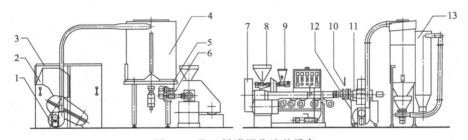

图 3-3　聚乙烯膜回收造粒设备

1—鼓风机；2—切断研磨机；3—传送器；4—混合室；5—排出装置；
6—进料与进料螺杆；7—挤出机；8—漏斗；9—添加剂加料装置；
10—过滤器交换装置；11—空气热切造粒机；12—气流输送装置；
13—可产生旋风和装袋的冷却装置

包装薄膜和农用薄膜的回收，难点是分选和除去杂质及附着在薄膜表面的其他物质（灰尘、油渍、颜料等）。

（1）粉碎　收集到的大片的或成捆的薄膜需要剪切或研磨粉碎成易处理的碎片。粉碎设备有干式和湿式之分。干式粉碎机可直接对收集到的薄膜进行粉碎；湿式粉碎机则需要对收集到的薄膜在进行预清洗后再粉碎。前者结构简单，投资小，但由于所粉碎的薄膜含有较多的杂质，刀具磨损较大；后者虽然增加了一道工序，但刀具磨损小、噪声低。

（2）清洗　清洗的目的是除去附着在薄膜表面的其他物质，使最终的回收料具有较高的纯度和较好的性能。通常用清水清洗，用搅拌的方法使附着在薄膜表面的其他物质脱落。对于附着力较强的油渍、油墨、颜料等，可用热水清洗或使用洗涤剂清洗。

清洗设备按工作方式分类有连续式和间歇式；按结构分类有敞开式和封闭式。不论何种方式都有一个产生很强洗涤作用的拨轮或滚筒。拨轮或滚筒的高速转动，使薄膜碎片受到较强的离心力作用。而使附着物脱落。由于薄膜与附着物的密度不同，脱落的附着物最终沉淀，薄膜碎片浮于水面。为了取得更好的清洗效果，薄膜碎片用水清洗后，可送入摩擦清洗机继续进行清洗。在摩擦清洗机内，薄膜碎片表面受到较大的摩擦作用而使附着物脱落。

（3）脱水 经清洗后的薄膜碎片含有大量的水分，为了进一步加工处理，必须脱水。目前，脱水方式主要有筛网脱水和离心过滤脱水。筛网脱水是将清洗后的薄膜碎片送到有一定目数要求的筛网上，使水与薄膜碎片分选。筛网的放置形式既可平放，也可倾斜。带有振动器的筛网脱水效果更佳。离心脱水机是以高速旋转的甩干筒产生的强离心力使薄膜碎片脱水的。

（4）烘干 经脱水处理后的薄膜碎片仍含有一定的水分，为了使水分的含量减少到 0.5% 以下，必须进行烘干处理。烘干通常使用热风干燥器或加热器进行，为了节约能源，降低成本，干燥器或加热器产生的热风应该循环使用。

（5）造粒 经过清洗烘干的薄膜碎片可送入挤出造粒机进行造粒。为了防止轻质大容积（50g/L）的薄膜碎片出现"架桥"现象，需要采用喂料螺杆进行预压缩，使物料压实，喂料螺杆的速度应与挤出机的相匹配，以防止机器过载。通过计量设备加入适量的助剂，以改善回收料的性能。

造粒既可使用单螺杆挤出机，亦可使用双螺杆挤出机。用于回收薄膜的单螺杆挤出机的长径比（L/D）一般都在 30 以上。使用单螺杆挤出机的优点在于设备投资小，缺点是混炼效果不如双螺杆挤出机。使用双螺杆挤出机造粒，对螺杆的转向无特殊要求，其转向既可为同向旋转也可为异向旋转。在双螺杆挤出机内，物料的混炼机理不同于单螺杆挤出机，因此可多处进料和开设排气孔。使用双螺杆挤出机时，物料混炼所需的剪切力不是靠螺杆与机筒的摩擦产生，而是由两个螺杆之间的捏合产生，大大提高了混炼效果，降低了能耗。双螺杆挤出机的螺杆自洁性也优于单螺杆挤出机。对于专门从事薄膜回收的厂家而言，采用双螺杆挤出机比较合理。

在薄膜碎片的熔融挤出过程中，常有水蒸气、单体分解物气体产生，为了使生产出的粒料不含气泡，应当采取排气措施。此外，为了得到高质量的回收料，对回收料的熔体进行过滤也是很有必要的。通过熔体过滤可将清洗后滞留的杂质滤掉。熔体的过滤可使用间歇式或连续式过滤网装置。间歇式过滤网会造成熔体流动的中断，每次调整过滤网后需要重新调整工艺条件。连续式过滤网的更换则不会中断熔体的流动。

切粒方式采用冷却或热切工艺都是可行的。在冷切工艺中，挤出的物料呈线形或条形状，经过水槽冷却，进入相应的切粒装置完成切粒。在热切工艺中，挤出的呈线形或条形状的物料刚一出机头的模口，立即被旋转切刀切下，同时，冷却水喷嘴向挤出料粒喷洒冷却水，料粒表面很快冷却，料粒不粘连。料粒落入水槽彻底冷却后，再进行烘干处理，最后送入料仓。

2. 薄膜的粉碎和清洗

农用塑料薄膜一般指用于农业的棚膜或地膜，其回收时的主要问题是泥沙的清洗。一般情况下，农膜表面附着的泥沙含量与单位质量农膜的表面积成正比。据有关资料介绍，厚度为 10mm 的薄膜所含泥沙量约占其总质量的 70%，厚度为 150mm 的薄膜所含泥沙量约占其总质量的 30%。农膜的清洗比较费时费力。如果清洗不彻底，容易磨损回收加工设备。常用的干式粉碎（切碎）设备不大适用于处理农膜。一般采用湿式粉碎设备，粉碎（切碎）刀的使用寿命也长。由于粉碎清洗后薄膜碎片常常还会夹杂着少量的泥沙杂质，因此有必要配备进一步分选泥沙的装置，通常使用水力旋流器将膜片与泥沙分离。图 3-4 为粉碎和清洗塑料碎片的简易设备示意图。

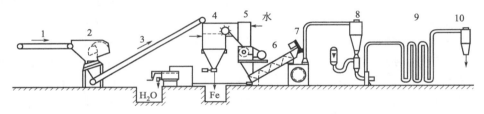

图 3-4　粉碎和清洗塑料碎片的简易设备示意图

1—加料器；2—撕碎机；3—传送带至顶磨碎机磨碎；4—材料的粗略分离；
5—湿式磨碎机；6—螺旋脱水机；7—机械干燥器；8—旋网分离器；
9—热空气干燥部分；10—包装

3. 典型的回收工艺及设备

图 3-5 为一常见的薄膜回收生产线总体工艺流程图。零散的农膜被送至粉碎用圆筒碾磨机 1，然后到预洗涤装置 2，农膜中夹杂的固体杂质如石子、沙或金属被分选出来。塑料组分输送到湿法切割磨碎机 3，在水中被滚动着的排料辊粉碎，然后送至湿料贮仓 4。另外，捆好的薄膜直接送至切割磨碎机 5，在传送带上装有金属检测装置，被粉碎的薄膜送至撕碎的薄膜贮料仓 6，与来自湿料贮仓的碎膜一起计量加入到带搅拌的容器。来自贮料仓的碎料在搅拌器的搅动下形成水、泥土、碎料混合物。由于较强的湍流和机械力作用，黏附在塑料上的杂质松动，粉碎的原料得到充分的清洗，并由循环泵将混合物送至水力旋流器 8。作为预分离器或称为旋流分离器，水力旋流器必须与分离的产品完全匹配，旋流器的效率受圆筒长度的限制和圆锥面的角度、溢流与排出水流之比的影响，其结构尺寸要针对分离介质的要求进行专门设计。泥土在溢流部分排出，作为回收加工中的废料收集处理。水和

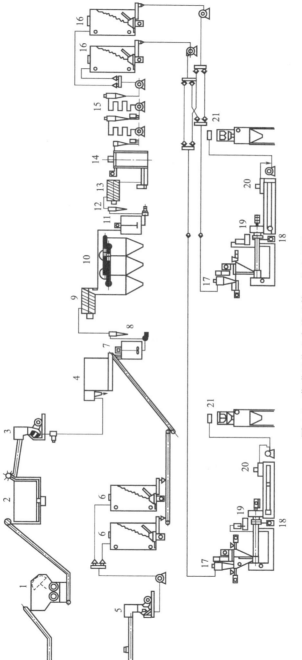

图 3-5　薄膜回收生产线总体工艺流程图

1—粉碎用圆筒碾磨机；2—预洗涤装置；3—湿法切割磨碎机；4—混料贮料仓；5—切割磨碎机；
6—撕碎的薄膜贮料仓；7—带搅拌器的容器；8—水力旋流器；9—摩擦分离器；10—旋转/沉降槽；
11—带搅拌器的容器；12—水力旋流器；13—摩擦分离器；14—机械干燥器；
15—热干燥器；16—清洁的撕碎薄膜的中间缓冲料仓；17—挤出机的料斗；
18—过滤捣更换器；19—切料装置；20—离心干燥机；21—再造粒料贮料仓

塑料组分进入摩擦分离器 9，分离出纸、纤维和类似的其他物质，再进入旋转/沉降槽 10，使细小的残留的杂质进一步得到分离。下一个阶段是进入带搅拌器的容器 11，通过水力旋流器 12 进入到摩擦分离器 13 分离出细小的剩余杂质，然后输送到离心式机械干燥器 14，水与纯净的原料分离，剩余的水分在材料进入热干燥器 15 中彻底干燥。水分和空气一起被旋转分离器排出，干净的回收料送到清洁的料仓 16，采用搅拌器使料仓中的物料保持运动状态，以防物料间的粘连。

该装置的主要特点是采用密闭圆筒形卧式清洗装置。圆筒内壁装有许多固定叶片，中心搅拌轴上也装有叶片，叶片上有许多小孔，搅拌轴转速为 300r/min，电机功率 7.5kW。全部物料经管道输送。

4. 聚乙烯薄膜回收生产线示例

日本制钢所废农膜回收流程见图 3-6，回收装置见图 3-7。

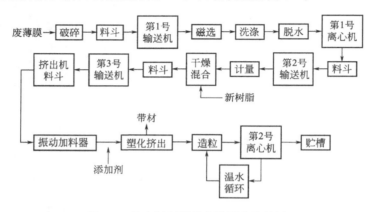

图 3-6　日本制钢所废农膜回收流程图

日立造船株式会社废农膜回收装置流程见图 3-8。该装置的主要特点是整个系统无加热装置。破碎后的碎片经多次脱水，然后在粉碎机中粉碎和干燥。粉碎机形似高速捏合机，内装有刀片，利用粉碎时产生的摩擦热使水分蒸发。AKW 聚乙烯回收装置见图 3-9，每年可处理 3～4kt 聚乙烯类塑料。

二、容器的回收技术

容器包括各种饮料瓶、冷饮盒、医药瓶、洗发香波瓶、洗涤剂工艺的挤出瓶、化妆品瓶、各种盛装液体或粉末状物质的桶、用塑料成型的汽车油箱、蓄电池外壳等等，其容积从几十毫升到 200 多升不等。这些容器如不回收，只能与生活垃圾一起填埋或焚烧。

目前，回收利用所面临的主要问题是分类。我国已明确规定通用的几大类塑料所成型的制品要有类别标记，以方便分类回收。

容器类塑料一经收集后，即发往中间处理工厂（亦称为材料回收厂）去分选。

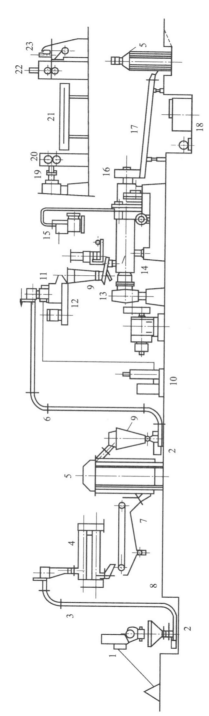

图 3-7　日本制钢所废农膜回收装置图

1—破碎机；2—输送机；3—磁选板；4—洗净机；5—干燥器；6—翼状容器检料装置；
7—网状传送带；8—水排放口；9—料斗；10—增塑剂供应装置；11—添加剂供给装置；
12—混合干燥；13—定量给料装置；14—定量给料装置；15—真空泵；16—热切；
17—粒料制造装置；18—循环箱；19—片材成型机头；20—辊；
21—片材成型装置料槽；22—片材成型装置冷却水槽；23—切断装置

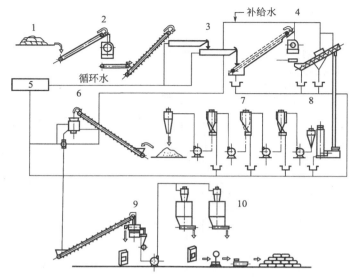

图 3-8　日立造船株式会社废农膜回收装置流程图

1—塑料；2——次破碎；3——次/二次洗净；4—二次破碎；5—废水处理装置；

6—粉碎；7—干燥；8—三次洗净；9—分类；10—包装

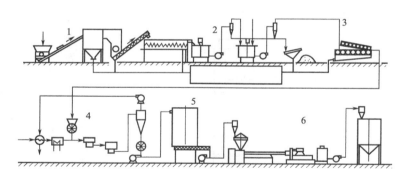

图 3-9　AKW聚乙烯回收装置

1—喂料、撕碎、预洗涤；2—洗涤和分离阶段；3—脱水；

4—热干燥；5—贮料仓；6—再切料的挤出

要求按树脂种类将其分类。

分选的目的是使回收的塑料在性能上具有一致性，进而保证掺混大量回收树脂生产的新产品最终的使用价值。

在材料回收厂中接收、检验、称量所收集的容器，并将其输送到分选工艺。第一道处理设备是破捆机。此装置接收成捆的原料，除去全部捆扎带并取出料捆，均匀地将容器送入多孔筛板或筛选机中。

筛选机进一步从已压实的瓶体分选回收物中的异物，除去原料中的尘土和其他松散碎片，包括碎玻璃、石子、铝护层、残液和其他污染物。离开筛选机后，将回收物传送通过磁铁分选器除去金属铁。

人工分选时，材料处理人员需在传送机的预定位置，分选所要回收的容器。所有附在容器上的保护层和密封件，由处理工在分选前或分选过程中用手工除去。

采用人工分选存在下列问题：

① 成本高，效率低。

② 作业人员处于存在残留化学品或有害物质的环境中。

③ 难于分选外观相似的树脂，例如聚氯乙烯和聚酯树脂。

④ 由人工分选造成的材料分类误差较大。

许多容器回收加工厂尤其关心后两点对最终产品的影响。造粒是回收加工中的重要环节，因为只有这样加工的材料才能获得较高的市场价值。造粒也有严格的质量控制标准，因为一经造粒后，许多小碎片再不能进行分选。

造粒的成本、效率是开发自动化分选机的一个主要原因，自动分选机可以解决与人工分选相关的许多问题。

目前，国外已有商业化的自动化的容器类分选系统。有些分选系统的设计是针对某一种容器，如外观很相似的容器，按树脂种类级色分选。例如，聚氯乙烯瓶和聚酯瓶两者都是非常容易回收的容器，然而，当这两类瓶混合在一起回收时，由于这两种树脂之间的流变性能不相容，会影响整体质量。这也是聚酯瓶回收厂特别关心的问题，因为当聚酯加热至加工温度时，微量聚氯乙烯能引起所回收聚酯树脂的性能下降，因而在回收利用之前，必须以各种办法分选和除去聚氯乙烯树脂。

第三节
废聚苯乙烯塑料回收利用技术

一、混合废塑料的分离

废塑料的利用，首先要将其中所含的各种垃圾分离出去，然后再进行分类、清洗、破碎、加工。垃圾中的废聚苯乙烯制品主要是各种快餐盒、盘、饮料杯、罐及食品托盘，还有各种家用电器的泡沫包装垫块等。其中有些是纯聚苯乙烯板、片制造的，有发泡与不发泡的，还有的是与其他材料复合在一起的，复合料回收难度要大得多。

废聚苯乙烯塑料的回收利用与其他废塑料的回收利用既有其相同处也有不同的一面，尤其是聚苯乙烯发泡制品废弃物的回收，较其他废塑料的回收要相对困难一些。

混合废塑料的分拣，目前一般是将混合废塑料统一送往回收工厂，由工厂分拣处理。对于表面黏附的剩余食品可以用水及洗涤剂清洗。塑料与其他物质的分离，目前国外已经研究了不少方法。例如，纸与塑料混合在一起的，回收时可以先通过80～100℃的温度处理，使塑料收缩结团，再通过空气分离器或旋风分离器，使纸与塑料分离。再一种方法是利用纸张与塑料的吸水性不同，把混合废塑料放入水中，纸张吸水后撕裂强度降低，在高速摩擦与切削中与塑料分离，再利用纸、塑料的密度不同将其分离。挪威 Sintof 公司开发了一种废塑料分离机，其特点是将废塑料多次分离后利用空气筛分，再洗涤、脱水、干燥，原理也是利用纸张吸水后密度增加，将其与不吸水的塑料分开，吸水的纸下沉，不吸水的塑料浮在上层，就可以分别回收。要求高的可以再进一步利用塑料的密度不同，在水中沉降，把包括聚苯乙烯在内的聚烯烃类塑料与其他塑料分开。瑞士 Rehsif SZ 公司研制了一种专门回收聚苯乙烯泡沫的 Re-Pro 设备，它能够处理混有 20％的纸或铝箔的废聚苯乙烯。德国也研制了一种借用成熟的选矿方法来分离废塑料的方法，即利用选矿工艺中的浮选法来分选。试验已证明可以利用水力旋流器来有效地分选各类塑料。方法是先把废塑料破碎成 20～30mm 见方的碎片，再用水力旋流器利用分离力不同而使之分

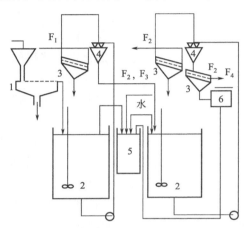

图 3-10　混杂塑料分离工艺流程图

1—加料槽；2—贮料仓；3—排出筛；

4—水力旋流器；5—水槽；6—沙盘；

F_1～F_4—分离物

离。现已在德国建有一座实验工厂，其工艺流程图见图 3-10。另外，还可以用氯化钠溶液将装乳制品的聚苯乙烯塑料杯和上面的铝箔分开，分别得到纯度为 99％的聚苯乙烯和纯度为 97％的铝箔。此法非常成功，每小时能处理 1t 混合废塑料，分离的塑料纯度可达 99％，其成本为每吨聚苯乙烯 50 马克。德国还研究了一种干法分选，即破碎→筛选→空气分离，此法可得到纯度为 90％的废塑料片。

日本近两年研究了近红外线分选废塑料的技术，近红外线具有辨认有机材料的功能，用近红外技术，通用塑料中的聚乙烯、聚丙烯、聚苯乙烯、聚氯乙烯、聚酯可被准确地区分出来。经过破碎的混合废塑料碎片通过近红外光谱分析仪时，装置能自动分离出上述 5 种塑料，速度为 20～30 片/min，还有待提高。

总结国外目前所采用的分选废塑料的技术，均不外乎如下流程：粗分选→粗破碎→细破碎→细分选→清洗→干燥→造粒或以碎片形式供应再加工。其中分选包括磁选、气动分选、水力分选及其他介质分选。清洗也是要经过多次，而且要用洗涤剂，水一般采用循环水。有的回收料还需要加入一些改性助剂以提高其性能。如英国 Phillips Petroleum 公司就在回收的聚苯乙烯料中添加一种热塑性弹性体，以提

高再生制品的韧性。对于有些与纸复合在一起的废塑料，也可以不用上面这些方法。有些公司对收集来的废塑料索性不分离就将其细粉碎直接造粒，把纸作为填料，再加上一定的改性剂，可以生产出性能类似木材的板材、垫板等产品。

二、回收工艺及设备

脱泡回收聚苯乙烯粒料，通常采用机械回收方法。将废聚苯乙烯泡沫块先加热使之缩小体积和脆化，再送入破碎机中破碎成小块，后经过挤出机熔融、排气、挤出造粒。对于聚苯乙烯泡沫片材，有的则直接送入专门设计的回收机中，这种回收机通常进料口很大，以便将尺寸较大的板片直接投入，内设有转动的切（铰）刀，能将较软的聚苯乙烯泡沫板片切（撕）碎压缩并加热，使之熔融再挤出具有一定密度的料条。有的则直接与排气式挤出机相连，直接挤出造粒，得到聚苯乙烯回收粒料。

1. 横滨废聚苯乙烯泡沫鱼箱回收工艺

回收工艺（图3-11）如下：先把除掉污物的废聚苯乙烯泡沫大块投入破碎机内，破碎成60mm×60mm的碎块，经过风力分选机除掉重质异物，由管道送到分离机内进一步除去杂质，只留下较轻的聚苯乙烯泡沫碎块由压缩空气吹入圆形筒仓（贮留排出机）。然后将此泡沫块定量供给下一道工序的清洗机，废聚苯乙烯泡沫块在清洗机内用喷射水清洗干净后离心脱水，再经过空气干燥，送入粉碎机粉碎成20mm左右的碎块并经过热风干燥进一步降低水分，仍由管道送入中间贮留槽以供下面的挤出机使用。挤出机机筒温度分三段控制，第一段（170～230℃）是除残余的水分，第二段（200～230℃）使聚苯乙烯泡沫部分熔融，第三段（200～230℃）全部熔融。挤出机设有2个排气孔，废聚苯乙烯泡沫块在挤出机中逐渐加热熔融，随着螺杆转动产生的剪切作用，使气泡破裂，气体由排气孔排出。最后从模头挤出密实的料条，经造粒冷却，得到质量较好的聚苯乙烯回收粒料。

主要设备有：

① 卧式旋转破碎机，能力200kg/h；

② 风力分选机，立式圆筒形（配有观察玻璃窗），能力200kg/h；

③ 旋风分离机，能力250kg/h；

④ 气缸驱动式层挡板，排出能力250kg/h；

⑤ 贮留排出机（圆锥形筒仓），容量100m³，能力250kg/h；

⑥ 鼓风机，风量50m³/min；

⑦ 除尘机，圆筒管式，风量50m³/min，过滤面积25m²，出口粉尘量30mg/m³（标准状态）；

⑧ 离心脱水式清洗机，能力250kg/h；

⑨ 空气干燥机，三段旋风分离式，能力250kg/h；

⑩ 冲击式粉碎机，能力250kg/h；

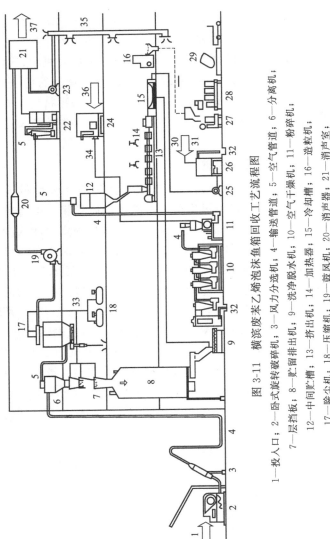

图 3-11 横滨废苯乙烯泡沫鱼箱回收工艺流程图

1—投入口；2—卧式旋转破碎机；3—风力分选机；4—输送管道；5—空气管道；6—分离机；
7—层挡板；8—贮留排出机；9—洗净脱水机；10—空气管道；11—粉碎机；
12—中间贮槽；13—挤出机；14—加热器；15—冷却槽；16—造粒机；
17—除尘机；18—压缩机；19—鼓风机；20—消声室；21—消声室；
22—简易集尘机；23—换气扇；24—换气扇；25—供水泵；26—水槽；
27—台秤；28—缝纫机；29—制品；30—热风机；31—上水；32—排水；
33—高压空气管道；34—室内空气；35—通风管道；
36—室内空气；37—室外排气

⑪ 除湿热风机，加热功率 30kW；

⑫ 单螺杆挤出机，压缩比 1:3，能力 250kg/h；

⑬ 排气式挤出机，能力 250kg/h；

⑭ 对流式冷却槽，能力 250kg/h；

⑮ 旋刀式切粒机，能力 250kg/h。

此工艺的优点是：

① 由于采用了清洗机、挤出机、造粒机等设备并组成生产线，它可以连续地回收工作；

② 由于采用了风力分选机，它能够有效地除去异物，加上与清洗机的并用，使得再生料的质量较好，采用了排气式挤出机使得再生料的密度接近新料；

③ 由于能够及时在场内处理，减少了污染的机会，全封闭的自动化操作系统减少了对车间及环境的污染。

车间生产的特点是，在各工序之间全部采用管道气流输送物料，保证了操作人员不直接接触废塑料，避免了对人体的危害。最后排放的气体也是经过除尘净化的，不会对环境造成再次污染。采用该工艺的生产线的日处理量为 1500kg。生产出来的聚苯乙烯回收料经过造粒，成为长 3~5mm、直径 2~5mm 的粒料，密度为 $0.7~1.0g/cm^3$，色泽为茶褐色。这种聚苯乙烯回收料可用来生产小型箱盒类制品，主要用于工业生产线上的小型周转箱与家庭园艺、花卉的栽培，育苗的盆、盒、罐等类制品。回收料制品的物理化学性能见表 3-4。

表 3-4 回收料制品的物理化学性能

项　　目	测定方法	指　　标			
		A	B	C	D
外观	目视	深色	透明	浅色	浅色
熔体流动指数/(g/10min)	JIS-K-7210(200℃,5kg)	5.66	5.73	5.85	6.15
密度/(g/cm³)	JIS-K-7112	1.05	1.049	1.049	1.048
拉伸强度/MPa	JIS-K-7113	50.9	50.7	50.6	45.6
伸长率/%	JIS-K-7113	2.4	2.2	2.1	1.8
悬臂梁冲击强度/(J/m)	JIS-K-7110	23.6	21.7	21.9	22.2
透光率/%	JIS-K-6117	46.4	47.2	55.5	61.6
黄变度					
ΔY	JIS-K-7103	54.37	54.77	56.59	44.47
Y		54.05	54.45	56.27	44.16
不溶组分/%	二甲苯	0.17	0.14	0.16	0.08

该工艺只适合能够大量集中回收的场合，而且造价也很昂贵，占地面积也大，如不具备大量集中回收的条件，建设这样一个工厂或生产车间，会造成设备能力利用率不高，以致影响回收成本。这一工艺目前在我国难以采用，但从发展的角度来看，当我国废聚苯乙烯泡沫制品量达到一定数量时，应当建设这种高要求的回收生产线。

2. 名古屋农机制造所废聚苯乙烯泡沫回收工艺

名古屋农机制造所还研制了一种较小型的回收设备，外形及主要结构如图 3-12 所示。

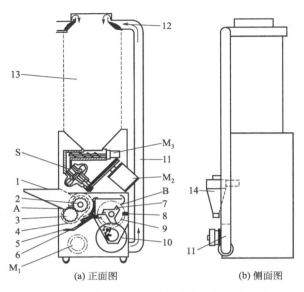

图 3-12 名古屋农机制造所废聚苯乙烯泡沫回收机

1—料斗；2,3—旋转切刀；4—筛网；5—磁石；6—弯曲折板；7—转刀；8—固定刀；9—细筛网；
10—接料斗；11—输送管道；12—顶部贮料槽；13—贮料罐；14—排料口；
A—粗粉碎装置；B—细粉碎装置；S—再生处理装置；$M_1 \sim M_3$—电动机

回收步骤如下：把料斗 1 的盖子打开，将整块的废聚苯乙烯泡沫投入，进入粗粉碎器 A。大块泡沫在旋转切刀 2、3 的作用下被粉碎成 30～50mm 大小的料块，透过筛网 4 落在底部，底部设有一磁石 5 将钉子、铁片等铁类物质吸住。经过筛分的轻质废聚苯乙烯泡沫粗粉碎物由鼓风机吹过弯曲折板 6，进入细粉碎装置 B 内，质量较重的沙石就被留在底部。经过转刀 7 和固定刀 8 使废聚苯乙烯泡沫进一步粉碎，通过细筛网 9 落入接料斗 10（粒径均在 10mm 以下）。然后进入输送管道 11，由压缩空气送到顶部贮料槽 12，料斗设计成进料口低出料口高的形状。在气流的作用下，质轻的聚苯乙烯泡沫粒子越过槽壁溢入贮料罐 13，被细粉碎的聚苯乙烯泡沫中的沙粒经过管道输送时又被筛落一部分，最后混入顶部料斗的沙粒，也因压缩空气离心力的作用沉降在供料沟边壁的凹槽部。经过这几个步骤几乎可以完全除掉异物杂质。在贮料罐内的细粉碎物料积蓄到一定量时，驱动电动机 M_z 就开始工作，驱动料斗底部的螺旋输送器把细粉碎物料送到再生处理装置 S 内。S 是由特殊设计的边缘有楞槽的转盘和固定盘组成，细粉碎物料在 S 内受到转盘高速旋转产生的离心力作用，被挤向固定盘的边缘，被特殊设计的楞槽挤压、摩擦，体积被压缩，成为密实的小颗粒——聚苯乙烯回收料，最后从漏斗 14 放出。该设备可以连续生产，体积也不大，可以小范围地移动。

3. 废聚苯乙烯泡沫小型回收工艺

对于不容易大量集中回收的废聚苯乙烯泡沫块可采用另一种较简单的小型回收设备，主要结构如图 3-13 所示。生产时，先把废聚苯乙烯泡沫破碎成 20mm×20mm 的碎块投入料斗。在料斗的下端还设有 1 个添加防熔融剂的小螺杆料筒，它的头部有 1 个螺旋桨，当添加防熔融剂时螺旋桨就旋转。防熔融剂一般是滑石粉、碳酸钙、黏土等无机物或高级脂肪酸盐如硬脂酸钙等，添加量为树脂的 0.4%～0.5%。防熔融剂黏附于泡沫块表面一同被送往加热器，控制加热器的温度使之逐渐升高，大料筒的温度在 200℃左右。废聚苯乙烯泡沫块体积被压缩后送入小料筒，其温度较低，只有 100℃左右。温度过高会使树脂熔融，所以必须严格控制温度。最后从小料筒里排出的是发泡倍数只有 1～4 倍的、外形为 0.2～2mm 见方的粒子。这种设备相当简单，料筒用内径 100mm、长 1m 或内径 60mm、长 1m 的钢管制成，螺杆螺距大的为 60mm，小的是 40mm。加热用镍铬合金丝，处理量每小时 7～9t，回收的粒子可作为低发泡挤出制品的原料。这种回收方法简单，设备结构也非常简单，特别是一些乡镇企业的小工厂也可以制造，成本也不高，设备的能力比较适合回收散落于社会的废聚苯乙烯泡沫块。不方便之处是泡沫必须先用人工切碎，或用其他设备破碎，但对于技术能力不高的小工厂或有富裕闲散劳力的地方来说，生产这种设备或采用这种方法回收废聚苯乙烯泡沫块，倒也是一种投资少、见效快而且有一定社会效益的方法。

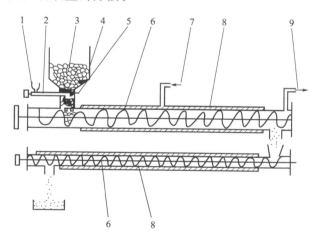

图 3-13　废聚苯乙烯泡沫小型回收机

1—添加防熔融剂的小料筒；2—螺杆；3—废聚苯乙烯泡沫块；4—料斗；
5—防止架桥的螺旋桨；6—螺杆；7—惰性气体入口；8—料筒；9—排气口

4. 熔融回收炉回收工艺

日本某公司在回收废塑料中研制了一种熔融回收炉，主要适用于回收体积松散庞大而质量又轻的废塑料，通过这种熔融回收炉可有效地压缩体积、提高密度以方便运输和集中回收处理。经过熔融回收炉处理回收的塑料为棒状，密度很高，可根据需要再破碎或加工成粒料供使用。熔融回收炉的结构如图 3-14 所示。

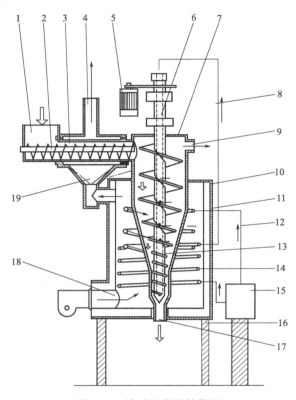

图 3-14　熔融回收炉结构图

1—加料口；2—小螺杆；3—小料筒；4—排气口；5—电机；6—熔融螺杆；

7—熔融炉；8—热空气管；9—排气孔；10—加热炉；11—第二空气流通管；

12—空气压缩机供气管；13—热空气吹出管；14—第一空气流通管；

15—空气压缩机；16—喷嘴；17—台架；18—加热口；19—加热槽

熔融炉 7 的外形近似圆锥形，分为三段，上部为圆形，中部为圆锥形，下部也是圆形，但直径要比上部小得多，主要是为了加大压缩比，端部为喷嘴 16。在熔融炉的中央设一管状中空的大螺杆 6，螺杆上叶片间距逐渐变小，在中下部的叶片根部还开有小孔与螺杆的内部贯通，以供通入高温高压气体。整个熔融炉安装在加热炉 10 上。在加热炉内，熔融炉外的空间，围绕着熔融炉有两组螺旋状管，下端一组管子是第一空气流通管 14，端管的一端接空气压缩机，另一端接到管状螺杆的上端。由空气压缩机来的高压气体经过螺旋状管在加热炉内被加热后再送入空心螺杆的尾部，使之进入熔融炉内二第二组螺旋状管（第二空气流通管）11，一端连接空气压缩机，另一端则穿过熔融炉壁把经过加热的高压气体送入熔融炉内。在加热炉的下端一侧设有加热口 18（也叫点火口），上端一侧设有一热空气通道以供加热设在熔融炉上端一侧的供料小螺杆 2、小料筒 3。工作时先在点火口处点火或通入热空气，使加热炉 10 的空间充满热空气，再驱动空气压缩机 15 给管 11、14 供压缩空气。而管 11、14 处于充满热空气的加热炉中，因此被加热，在管道内的高压气体又成为高温气体，由管 11、14 分别经过料筒壁和中空螺杆的尾部，再从螺杆中下部的小孔排到熔融炉内。废塑料从加料口 1 投入，此时加料口处的小料筒 3 已被热空气加热到一定温度，随着小螺杆的转动，废塑料有一部分软化并被压缩连续不断地送往熔融炉 7 内。熔融炉内由外部的热空气从炉壁处加热，同时还有从中空螺杆与熔融炉壁上设置的小孔送出的高温高压气体对废塑料进行直接加热，使之熔融排出气体。因为螺杆上的叶片间距是逐渐变小的，而且料筒的下部空间也在变小，所以废塑料在熔融炉内由于加热和螺杆转动使其不断压缩，逐渐变软、熔融，排出气体，并被压缩成高密度的物料，从喷嘴 16 挤出棒状回收塑料。这种熔融回收炉的优点是可以连续生产、操作简单、效率高，而且装置本身比较简单，装置运转时还可以不使用电加热，所以加工成本和运转成本均较低。工作时废塑料不是被直接加热的，而是由高温高压空气间接加热，因此不仅热效率高而且不会分解，不会产生有毒气体。运转时，如果温度过高，可以在管 11、14 中通入冷却水使炉内快速降温，故安全性很好。这种熔融回收炉还适用于多种废塑料的回收。

第四节
废丙烯酸系塑料的回收利用技术

一、化学回收

废丙烯酸系塑料的化学回收的独特之处在于丙烯酸系塑料可以得到几乎 100％ 的原单体。这种性能只有几种聚合物材料才具有，包括聚 α-甲基苯乙烯和聚四氟乙烯。为了进一步说明这一点，表 3-5 列出了几种聚合物在无氧条件下热分解的单体产率。

表 3-5　聚合物热分解的单体产率

聚合物	单体产率/％	聚合物	单体产率/％
聚四氟乙烯	97～100	聚三氟氯乙烯	28
聚甲基丙烯酸甲酯	95～100	聚异戊二烯	12
聚 α-甲基苯乙烯	95～100	聚丁二烯	2
聚甲基丙烯腈	85～100	聚丙烯	0.2～2
聚苯乙烯	42	聚乙烯	＜1
聚异丁烯	32		

1. 工业废料的回收

在 300～400℃下通过自由基链反应，PMMA 就会热分解。自由基激发分子链断裂：

$$\text{—CH}_2\text{—C} \begin{array}{c} \text{CH}_3 \\ | \\ | \\ \text{COOCH}_3 \end{array} \text{CH}_2\text{—C} \begin{array}{c} \text{CH}_3 \\ | \\ | \\ \text{COOCH}_3 \end{array} \text{CH}_2\text{—C} \begin{array}{c} \text{CH}_3 \\ | \\ | \\ \text{COOCH}_3 \end{array} \longrightarrow \text{—CH}_2\text{—C} \begin{array}{c} \text{CH}_3 \\ | \\ | \\ \text{COOCH}_3 \end{array}\cdot + \text{CH}_2\text{=C} \begin{array}{c} \text{CH}_3 \\ | \\ | \\ \text{COOCH}_3 \end{array}$$

PMMA 的热分解由 Du Pont 公司于 1953 年发明并申请了专利，包括 PMMA 的干蒸馏和单体 MMA 的收集。另外也可用超高压蒸汽、熔融金属和熔融金属盐来提高分解效率。在过去 10 年中，分解丙烯酸系塑料回收单体 MMA 的最普遍的方法是使用熔融金属浴，但最近美国政府禁止使用这一技术，主要问题是不符合政府有关污染和安全法规的要求。

（1）干蒸馏法　PMMA 热分解的干蒸馏技术是将废 PMMA 料置于一常用的蒸馏瓶中，在大气压力下在开放的火焰中将废料加热至聚合物的分解温度以上。分解得到的单体蒸气有两种处理方法：一种是将单体蒸气浓缩，进一步蒸馏，得到高纯度单体；另一种是将单体蒸气直接与其他单体反应形成新的丙烯酸系聚合物。干蒸馏也可以在低压下进行，但是，不论在什么温度下，温度都必须超过聚合物的分解温度，这样单体才能脱出。

干蒸馏可以回收各种废丙烯酸系塑料，但是这一技术的热效率低。火焰加热或电加热，蒸馏瓶中的废丙烯酸系塑料受热并不均匀，瓶壁处的废丙烯酸系塑料的受热程度和温度均高于瓶中心处的物料。由于瓶壁处的温度高，因此在蒸馏瓶壁处有降解残留物。残留物难以清除，影响了连续反应过程的进行。

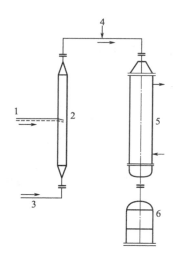

图 3-15　PMMA 超高压蒸汽
分解工艺流程图

1—研磨的 PMMA 与氮气的
混合物注入管；2—分解筒体；
3—蒸汽入口；4—稳定剂入口；
5—冷凝器；6—收集器

（2）超高压蒸汽加热分解法　超高压蒸汽分解是用氮气或惰性气体作传热介质。氮气流动方向与蒸汽流动方向相反，能够在蒸汽加热的筒体内形成风筛作用，如图 3-15 所示。工艺流程如下：将 PMMA 废料研磨至小于 6mm 的颗粒。小颗粒由惰性气体带入分解筒体中。对于 PMMA 混合颗粒，初始分解的大丙烯酸塑料颗粒位于筒体底部，温度较高，为 550～790℃；而分解的小丙烯酸塑料颗粒位于筒体上部，温度为 400～550℃。在分解的单体蒸气中加入一种阻聚剂，防止回收的单体再聚合，然后将得到的单体冷凝，将冷凝物蒸馏，可得到纯度高达 99.4%～99.7% 的单体。需要指出的是，在分解反应中，会形成有机残留物，但并不明显。

（3）金属浴加热分解法　熔融金属或金属盐是 PMMA 分解的一种十分有效的传热介质。在 PMMA 分解过程中所用的金属有铅、铋、镉、锡等，其中最常用的是铅。将金属加热以使 PMMA 分解，但不会产生金属蒸气。上述金属的合金也可以作传热介质。

工艺流程如下：将 PMMA 废料置于一多孔箱中，然后将多孔箱部分浸在熔融金属浴中，如图 3-16 所示。PMMA 与熔融金属接触后，即开始分解，释放出的单体蒸气被冷凝后收集。这一工艺现仅限于批处理，因为分解后需取出多孔箱再添料，然后再浸入金属浴中，还没有办法对多孔箱连续加料。这种方法回收的单体纯度可高达 98%。

最近开发了一种液体作传热介质的连续回收工艺，即将废丙烯酸系塑料直接加到传热介质表面上，分解中产生的残留物漂浮在熔融金属表面，当残留物达到预定高度后同介质一起排出。传热介质由一种或多种金属盐组成，不会使废丙烯酸系塑料变为熔化物，也不会与废丙烯酸系塑料反应，所用的金属盐有硝酸钠、氯化钾、氯化钠、氯化锂或上述金属化合物的混合物，工艺流程如图 3-17 所示。

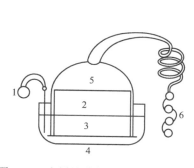

图 3-16　金属浴分解 PMMA 装置简图

1—液体浴温度控制器；2—多孔箱；3—多孔底板；
4—液体浴；5—单体蒸气收集器；6—冷凝器

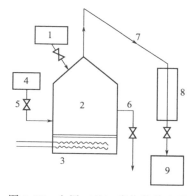

图 3-17　金属（盐）液作传热介质
连续分解 PMMA 工艺流程图

1—废树脂；2—筒形加热容器；
3—加热装置；4—料斗；5—传热介质入口；
6—传热介质出口；7—分解气体出口；
8—冷凝器；9—收集器

熔融金属也可作液体传热介质，介质的熔点一般低于 450℃，熔融金属或金属盐的相对密度为 2.0～3.0 时与废料表面接触良好。如用 42% 的氯化锂和 58% 的氯化钾的混合物作传热介质，在 400～450℃分解 PMMA，PMMA（5～10mm）的加料速度为 1kg/min 时，得到的 MMA 单体纯度达 98%，产量达 0.92kg/min。

（4）蒸馏塔法　由于用熔融金属浴分解 PMMA 时，介质中的固体和分解残留物需要不断清理，所以人们又开发出用蒸馏塔代替传热介质，塔中设有一系列"U"形管（如图 3-18 所示），用天然气、油或相似的燃料加热。"L"形管延伸至

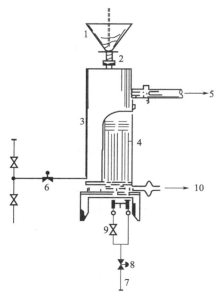

图 3-18　直接接触分解 PMMA
工艺流程图

1—料斗；2—惰性气体入口；3—反应炉；
4—热交换管；5—裂解蒸气出口；
6—清除残留物用蒸汽/空气入口；
7—燃料加入管；8—燃烧用空气入口；
9—燃烧器；10—排气道

废丙烯酸系塑料床底部，当废料与加热的"U"形管接触时，立即热分解。分解蒸气用一直接接触的冷凝器冷却，冷凝产物中MMA单体含量高达90%～95%，进一步蒸馏纯度可达99%～100%。

但分解过程中，有机分解产物和无机填料、颜料及其他助剂等残留物堆积在管和反应器的内壁上，因此反应一定时间后需中止反应，用空气和蒸汽冲刷反应器内壁，使残留物变为颗粒状灰粉，然后真空吸出或用空气吹出反应器。最好使用2台蒸馏塔，这样一台清洗时，另一台仍然可以运转，达到连续分解的目的。

（5）流化床法　流化床技术是用向上的惰性气体流使固体流动，最近该技术成功地用于废丙烯酸系塑料的回收。装置中有一铝土流化床，用氮气作流化介质，将流化床加热至510℃，废丙烯酸系塑料直接加到铝土流化床表面，一旦与之接触，立即分解。用冷凝器收集分解的蒸气。反应中堆积的有机和无机残留物，分散在铝土中，在装置中流通，成为传热介质的一部分，不会影响分解能力。但其量超过许可值后，就要更换铝土。

（6）挤出回收　单螺杆挤出机和双螺杆挤出机均可用于热分解 PMMA，热分解 PMMA 用单螺杆挤出机如图 3-19 所示。

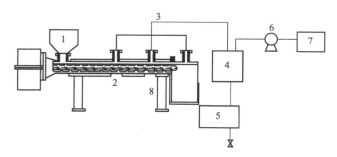

图 3-19　热分解 PMMA 用单螺杆挤出机

1—料斗；2—挤出机；3—分解蒸气出口；4—冷凝器；
5—容器；6—真空泵；7—未冷凝的
残留物箱；8—残留物箱

挤出机熔融区温度为250℃，分解区温度为500～600℃，机筒内通恒定的氮气流，以防止分解蒸气发生反应。在排气口处收集、冷凝分解蒸气。另外，还可以使用多级蒸馏塔冷凝分解蒸气，可同时收集和纯化MMA单体。

在PMMA分解中，废料中的填料、颜料、助剂产生的有机和无机残留物是许多分解装置难以克服的一个难题，而在挤出机分解PMMA中，螺杆长出机筒，延伸至一个回收分解副产物的容器中。螺杆螺纹的特殊设计，保证了机筒内壁残留物不粘连。在分解区通入一股空气以防止炭残留物与机筒内壁粘连。如果反应中出现残留物堆积现象，就停止加料，强制空气通过机筒，清除堆积的残留物，使炭残留物氧化，放出二氧化碳。螺杆挤出机分解不含填料的PMMA时液体物产率为99.6%，其中95%为MMA单体。

双螺杆挤出机分解废丙烯酸系塑料与单螺杆挤出机相似，但挤出机需用浇铸的铜作加热器加热。机头处一单螺杆将未分解的聚合物和残留物排出。得到的单体的纯度与液体传热介质法分解得到的单体纯度相当。将得到的冷凝物蒸馏后可得到纯度更高的MMA单体。

2. 消费后 PMMA 的回收

目前，消费后PMMA的回收是回收汽车残留物（ASR）中的PMMA，PMMA占汽车残留物中的非金属部分的30%左右，量很大。从汽车残留物中回收MMA的工艺流程如下：

除采用上述萃取/热解法回收汽车残留物中的PMMA外，还可将含有混合塑料的汽车残留物用作集聚体生产聚合物混凝土。工艺如下：用原料级MMA单体或PMMA分解的MMA单体作黏合剂，用量视集聚体总量定，从40%～70%不等。模塑制品表面质量优良，但汽车残留物量增大时，聚合物混凝土的压缩强度下降。

另外，也可以将汽车残留物磨碎，压缩模塑建筑板材。不需使用原料级黏胶树脂，模塑板的硬度很好，强度和耐冲击性能适中，但加入一些辅助材料如原料级聚乙烯、聚丙烯、聚苯乙烯和丙烯酸系塑料后，模塑产品的冲击强度就可与原料级聚苯乙烯和丙烯酸系塑料的性能相比。

一般PMMA研磨料的酯作去漆的喷砂介质，研磨颗粒的粒度为20～60目，用这种混合物作喷沙介质也不会损害金属表面，且去漆速度快。

PMMA研磨料还可以清除仪表板和塑料模塑板材、电路板和其他非金属表面上的涂料，效果比溶剂或喷沙介质好，而且这种技术不会产生污染问题。

3. 边角料再造粒和再模塑技术

将汽车尾灯生产时的残次品，如未充满模腔的、有飞边的、有裂纹的或安装过程中被损害的尾灯等粉碎、造粒，模塑成反光镜、建筑等上用的反光系统等。

这种技术提高了 PMMA 回收料的附加值，为 PMMA 回收料开辟了新的应用市场。

二、塑料回收处理新技术

在塑料回收的加工过程中，新的技术手段不断涌现。如从回收料中"嗅"出有害化学污染物质的"电子鼻"、用废旧车用塑料和地毯制成的长纤维成型件等；还有由美国开发、德国绿点计划首先商业化的无水回收处理系统以及可以改进回收料中的 MMA 与 PET 质量的新型添加剂等。

可以确定和量化空气中的分子成分的"电子鼻"（图 3-20）在 20 世纪 80 年代就开始采用了，但直到最近才开始在回收加工中使用。虽然不及犬鼻甚至人类嗅觉那么灵敏，但"电子鼻"装置的工作质量稳定、客观，可以免遭任何所检测的有害化学物质的损害。

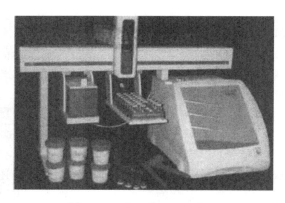

图 3-20 "电子鼻"一嗅便知

这种"电子鼻"在塑料回收中的第一次应用由 MEGO 咨询公司的 Eric Koester 咨询顾问展示，MEGO 代表了许多供应商、网站和基础技术。全球有 20 多个供应商拥有电子鼻技术，尽管其中有一些是大学的研究部门，另外一些还没有商业化的仪器可供应。电子鼻可以用于探测一种或两种特定的化学物质，而非所有化学有害物质。它们可以判断出回收容器是否曾盛过汽油或其他在回收塑料中不希望看到的特种化学物质。

大多数电子鼻都用在安全行业，以探知炸药、毒品或炭疽。医院用它们从呼吸样品中诊断出结核病菌，食品和化妆品行业用它们来检测鲜艳度和香味。树脂生产商采用电子鼻来检验聚合物粒料的配混比和可能存在的污染。其他塑料方面的用途还包括检测阻隔性，如包装对香味的阻隔效果。

至少有三家电子鼻生产商具有该产品在塑料行业的应用经验，价格为 5000 美元的手提装置可检测上千个部件的气体，价格 10 万美元的为可处理上百万只元件的气体的、用于工业化规模的实验室系统。

在法国的 Alpha.M.O.S. 制造了大量的用于在线分析的实验室系统、模块系统和手提装置。塑料粒料或碎片试样在一个罐子内加热，传感器嗅出头部上方空气中的成分。Alpha.M.O.S. 在美国有十多个塑料应用案例，包括树脂生产商和包装塑料回收生产商的质量检验。

Cyrano Scicmes 的手动电子鼻装置的商业化生产已有两年，它有四个塑料应用的实例，包括新瓶 PET 和瓶用 HDPE 的质量检测。

Illumina Inc 正在开发可以检测塑料中化学物质的光线 "bead array"。该公司与陶氏化学和雪佛龙·菲利普一起合作，但还没有用于塑料的商业化产品。

1. 长纤维增强 ASR

长纤维可以促进回收聚合物掺混料的性能。比利时工程公司 Salyp NV，为汽车粉碎残渣专利回收技术的公司，展示了它在美国第一次成型试验中使用其 "ASR-PP" 的数据。密歇根州 Sterling Heights 的 Mayco 塑料公司是戴姆勒·克莱斯勒的一线供应商，使用回收的 PP 来制作 3lb（1lb＝0.453kg）重的汽车电池托架。Mayco 使用其专利长纤维配混料和成型工艺，加入了占总重量 40% 的 0.5in（1in＝0.0254m）长玻璃纤维。

Salyp 及相关产品公司预计从 ASR 中回收 PP 的成本为每磅 15～20 欧元，具体取决于生产规模。该价格是目前 PP 价的 50% 甚至更低。

ASR-PP 是许多汽车、家电和其他耐用消费品中各种不同级别 PP 的集成。最终的掺混料的 MFP 为 10.4g/10min，相对密度 0.94、拉伸强度为 2350psi（1psi＝6894.76Pa）、弯曲模量为 80578psi。在加入长玻纤后，Mayco 的测试件的密度为 1.15g/mL、拉伸强度为 20300psi、弯曲模量为 108.7×10^{5}psi。

Salyp 的 PP 回收系统的起始部位是通过两个上下放置的大滚筒筛来分拣 ASR 初料并以 19800lb/h 的速度将 ASR 分拣成 4 种不同尺寸：小于 6mm、6～16mm、16～38mm 以及大于 38mm。尺寸最小的两种含有铁屑、玻璃、织物和有机物质。在金属被拣出来后，剩余的部分就可以用作加工钢铁或水泥的燃料了。

尺寸最大的部分含有塑料块和 Urethane 泡沫。这两者是采用 peria Ⅲ 的中央材料处理系统（central material handling）制造的挤出辊分开的。泡沫被挤碎，从挤压辊下出来时，弹回、其弹起的高度足以离开传送带，从而实现以 3300lb/h 的分拣速度，从固体塑料中分开。

固体塑料则与 16～38mm 的那一类物质一起进入连续的三步分拣工序。第一步是将塑料、金属和木头与纤维和织物分开。第二步是将塑料、金属和木屑以 4400lb/h 的速度粉碎成 16～25mm 的碎片。第三步则是用光学仪器确定非金属和木屑，并以 6600lb/h 的速度与塑料分开。然后用细菌清洁剂洗涤。淤泥则从水池中抽出，进入再循环。

接下来的一步是 Salyp 的核心工序：以树脂类型（PP、PE、ABS、PS、PC）

热分，切片在下面装有红外加热器的振动台上预热，然后在传送带上铺开一层，通过另外的红外线通道。这些红外线通道将切片加热到所有树脂中温度最低的维卡温度（vicat）软化点，树脂再进入有槽口的滚筒。此时，只有那些变软的粒料留下来，并由毛刷刷去。

剩下的切片则加热至下一个 Vicat 温度次低的树脂软化点，并由有凹槽的滚轴取走，依此类推。Salyp 在比利时的全系列实验生产线每年可以回收 ASR 6600 万磅。其中，产生的树脂占 20%。金属污染物同样也被去除。Salyp 希望能向美、欧、日、中的汽车废旧塑料处理商出售设备。

同时亚特兰大乔治亚科技学院的研究人员也报告了另一种从用过的地毯中回收的混合聚合物的试验结果。这些混合物主要由表面纤维中的尼龙 6、地毯底布中的 PP、黏结剂中的碳酸钙填充 SBR 胶乳以及大量的污染物。该学院进行了用苯乙烯嵌段共聚物使掺混料中不同的聚合物相容以及用长玻纤提高强力和韧度的研究。

试验材料主要来自新泽西 Shrewsbury 的 Wellman 公司。该公司将不同纤维从使用过的地毯中分离出来，并粉碎地毯以剔除胶乳、碳酸钙和脏物，剩余的纤维则打成包，最后将这些纤维在一个特别设计有透气孔的带有摄像喂入装置和在线粉碎机的单螺杆挤出机上造粒。

这种型号为 NGR A-Class 55 VSP 型的设备由奥地利的下一代回收设备公司（Next Generation Recyclingmaschine GmbH）提供。料筒喂料口的温度设定为 397℉ $\left[t/℃=\dfrac{5}{9}\ (t/℉-32)\right]$，另一端的温度设为 500℉，以使 PP 和尼龙 5 均能熔融，经由 20 孔的筛网过滤后，粒化的化合物中 64% 是尼龙 6、11% 为 PP、2% 为尼龙 66、23% 为碳酸钙。

接下来，粒子经干燥制成测试板，其拉伸强度为 5970psi，弯曲强度为 9460psi，弯曲模量为 324000psi，断裂伸长率为 3.3%，粒子被轧成粉末，与 30% 的长玻璃毡一起混制成 1in^2 的测试板。这些试样的弯曲强力为 16000psi，弯曲模量为 560000psi，屈服伸长率为 5.9%。

2. 干洗塑料

一个管理回收包装废物的"绿点"计划的政府机构——德国杜勒斯系统，专门建立了一个名为 Systec 的分支机构来销售其专有技术。目前，它正向美国输出其无水机械净化装置。这种装置是在 1997 年被首次投入正式应用的。

Systec 已售出了 23 套装置，主要是在德国和亚洲，用于清洁使用过的塑料袋和农用薄膜。一台在 Alberta Calgary 的机器主要用于从 PET 瓶片中去除标签和液体残留，随后还是需要用水洗以清洁胶乳。

Systec 没有透露其无水净化装置的内在机理，只是说它采用了快速旋转离心机，将冲击力和加速度与强大的液压气流结合在一起。一台装置的产量为 2000～4500lb/h，具体取决于不同树脂。可使用的产量依污染程度不同，严重的要少

10%～20%。无水净化装置的成本约为 133000 美元，Systec 同样也出售其 NIR 分拣技术，以根据聚合物的类型确定不同的容器。它已出售了三台这种装置。

3. 改善 MMA 与 PET

科莱恩母料推出新系列的反应性添加剂，不需在反应器内固化就可以提高回收 MMA 与 PET（RPET）的固有黏度，这种叫做 CESA-Extend 的扩链剂在不影响机械或热学性能或结晶度的情况下，将分子量恢复到原有水平甚至更高。

传统的扩链剂要求预热的 PET 在一个固化反应器的高度真空状态下加热几个小时，它在没有控制的链支化过程中产生凝胶。CESA-Extend 不要求预先干燥 PET 或真空，可以在传统的双螺杆挤出机上加工，产生的凝胶也少。

科莱恩表示，其新的添加剂还可以在以后的配混中改善 RPET 与其他聚酯、PC、尼龙的掺混。

反应成分是威斯康星州 Sturtevant 的 Johnson Polymer LLC 专有的功能性聚丙烯低聚物。该公司与科莱恩共同享有某些专利技术。

上述活性添加剂可以与任何缩聚树脂，包括 PC、尼龙、乙缩醛、TPU、PBT 以及上述物质的掺混物，但在 PET 中的效果更好，尼龙则差些。它与极性基团如胺、异氰酸盐（酯）、羟基等反应。

该添加剂极大改善了熔融强度，以至于可以挤坯吹塑 PET，甚至将其加工成吹胀膜。

第四章
废旧高分子工程塑料的回收与利用技术实例

工程塑料是指被用做工业零件或外壳材料的工业用塑料，是强度、耐冲击性、耐热性、硬度及抗老化性均优的塑料。工程塑料有聚酰胺（PA 或尼龙）、聚碳酸酯（PC）、聚甲醛（POM）、聚对苯二甲酸丁二醇酯（PBT）、聚苯醚等。有机玻璃是聚甲基丙烯酸甲酯，英文简称 PMMA。

一般消费后高分子工程塑料的回收与利用技术包括以下几个方面：一是收集、拆卸、分类；二是清洗、干燥；三是加工处理技术；四是利用技术。

工程塑料的收集主要集中在某些特定产品的回收，如废汽车上的塑料件等。这些塑料件收集时的一个主要问题是如何拆卸。现在人们正在从塑料件的设计出发，采取措施，方便其拆卸。另一个问题是其分类，不过现在人们已达成共识，即在塑料件及有关产品上标明塑料件所用材料，这样就可以方便地对其进行分类。

回收件清洗的难易与工艺取决于消费后塑料件的污染程度。对于汽车上一些工程塑料件，如受污染的水箱、齿轮等的清洗就是其回收利用的关键。而像保险杠、高密度唱盘等塑料上涂料的清除，则成为其再生制品性能好坏的关键。

清洗、干燥后的塑料件的加工技术主要有机械回收（包括破碎、造粒）和化学回收（如水解、醇解、裂解等）。机械回收成本低，相对来说比较容易；而化学回收的设备和工艺复杂，成本高，但是再生制品的附加值高。

工程塑料回收利用的主要问题是回收料的热性能和力学性能大大被削弱。大多数结晶型工程塑料与其他树脂不相容，回收的混合物中存在着大量的弱的分子缺陷。在混合物中加入相容剂，可以减少分子间缺陷，加强混合物间的物理和化学连接，提高混合物的性能。例如，在聚酯/高密度聚乙烯混合物中加入功能性的苯乙烯-乙烯/丁二烯-乙烯弹性体，可以大幅度提高聚酯/高密度聚乙烯混合物的冲击性能。再如，将回收的尼龙 6（PA6）与马来酸酐改性的三元乙丙橡胶（EPDM）混合，当 EPDM 含量达 20％时，回收 PA6 的冲击强度和注射后耐剥离的能力大大改善。

除了相容剂能够改善混合物的性能外，采用适当的机械设备也可以在一定程度上改善混合物的性能。如同向旋转双螺杆挤出机能够对不相容的树脂进行很好的混合，但要求树脂间要有相近的熔点。

消费后的 ABS 主要来自办公用品、电子、电器、工业零件等，其中办公用品、电子、电器产品所用的 ABS 大部分都采用有机溴化物等作阻燃剂。燃烧时，有机溴化物如溴化联苯醚（PBDE）会放出有毒的溴化二噁烷和溴化呋喃。

因此，人们关心其回收过程中溴化二噁烷和溴化呋喃的含量。国内废旧电器外壳用 ABS 塑料的回收利用实验表明，PBDE 阻燃的 ABS 回收料中含有大量的溴化二噁烷和溴化呋喃，因此生产 ABS 制品时应尽量采用无溴阻燃剂和其他代用品。

第一节
废ABS工程塑料的回收利用技术

一、ABS 工程塑料概况

ABS 工程塑料即 PC＋ABS（工程塑料合金），在化工业的中文名字叫塑料合金，之所以命名为 PC＋ABS，是因为这种材料既具有 PC 树脂优良的耐热耐候性、尺寸稳定性和耐冲击性能，又具有 ABS 树脂优良的加工流动性。所以应用在薄壁及复杂形状制品，能保持其优异的性能，以及保持塑料与另一种酯组成的材料的成型性。

ABS 工程塑料最大的缺点就是质量重、导热性能欠佳。它的成型温度取于两者，一般是 $240\sim265℃$，温度太高 ABS 会分解、太低 PC 料的流动性不良。

二、回收过程中 ABS 壳体材料性能变化

另外，回收过程中还需注意 ABS 性能的变化。如将 ABS 壳体破碎、清洗和干燥后，发现其熔体流动指数由 $17.61g/10min$ 增加到 $30.57g/10min$，线性膨胀系数增加了 8%，玻璃化转变温度下降，这说明使用过程中 ABS 老化，加工过程中 ABS 降解，使其中的小分子物质增多，相对分子质量下降。但透射电子显微镜分析表明，ABS 的结构并没有发生变化，说明降解程度很低。图 4-1～图 4-3 表明降解和杂质使回收料的韧性下降，但强度并未变化。

办公用品、电子、电器壳体等在使用中一般不承受冲击载荷，所以回收料仍可作壳体材料使用。

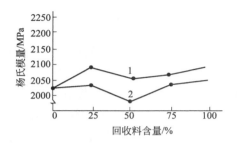

图 4-1　回收料含量与杨氏模量的关系
1—干净的 ABS；2—不干净的 ABS

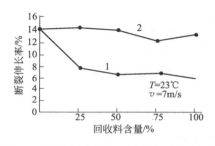

图 4-2　回收料含量与断裂伸长率的关系
1—干净的 ABS；2—不干净的 ABS

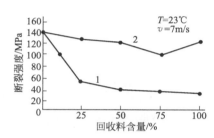

图 4-3　回收料含量与断裂强度的关系
1—干净的 ABS；2—不干净的 ABS

三、国内废旧电器外壳用 ABS 塑料的回收利用技术概况

近年来，各种电器产品的数量逐年增加，其外壳塑料的消耗量也大幅增加。当电器报废后将会产生大量的塑料垃圾，对环境造成严重污染，因此废旧电器外壳塑料的回收利用受到了广泛关注。电器外壳塑料主要是 ABS 塑料。

废旧电器外壳用 ABS 塑料的降解机理是从分子链修复的角度利用扩链剂对废旧 ABS（rABS）塑料进行改性。一般 rABS 与 ABS 新料（vABS）的性能差异，国内研究表明选取 2,2′-(1,3-亚苯基)-二噁唑啉（PBO）和多官能团环氧树脂（EP）为扩链剂，对 rABS 进行熔融扩链，国内分析了每种扩链剂的含量对 rABS 的相对分子质量、力学性能、热性能、断面形貌特征、动态力学性能和动态流变性能的影响。

国内废旧电器外壳用 ABS 塑料的回收利用实践证明，ABS 的降解主要发生在 1,4-丁二烯链段，具体表现为分子链的断裂，相界面出现明显的界限，游离出基体（SAN）的橡胶相（PB）粒子的数量增加，冲击断面变得光滑，这些结果最终导致力学性能的下降。当扩链剂 PBO 和 EP 分别加入后：rABS 的相对分子质量大幅提高，力学性能也随之升高，并且两种扩链剂的含量分别在 0.7%（质量分数）时达到最优的综合力学性能；rABS 两相的界面变得模糊，游离出 SAN 的 PB 粒子减少，冲击断面变得凹凸不平，表明 rABS 两相的结合力增强；rABS 的储能模量和损耗模量均增加，表明材料的弹性和黏性均得到提高。

国内一般从分子链修复的角度入手，采用添加扩链剂这种低成本的方法，利用工艺流程简单的双螺杆挤出机对 rABS 进行熔融扩链，提高了 rABS 的性能，这对经济与环保都具有重要意义。

ABS 工业废料如边角料、残次品等的回收相对比较简单，一般在生产车间粉碎后直接加到原料中使用，对制品的性能影响较小。

四、ABS 金属与塑料的回收技术

金属与塑料的复合使其具有许多特性而被广泛应用，特别是 ABS 塑料电镀件，我国的年产量约 5 万吨，加上大量的进口，年消耗量大约在 10 万吨以上，因此对其废品的回收利用与无害化处理就显得很重要。本文将对目前国内 ABS 塑料电镀件的回收方法进行介绍。

五、ABS 塑料电镀件回收的理论基础

1. 金属与塑料的分离方法

金属与塑料的分离方法主要有以下几种。

① 金属捕集器。将粉碎的废弃物经管道输送，在传送过程中使用金属捕集器将直径为 $0.75 \sim 1.2 mm$ 的金属碎屑分离出来。

② 静电分离器。将混杂料粉碎，投入静电分离器，利用金属与塑料的不同带电特性，可分离出铜、铝等金属。此法适用于金属填充复合材料、电缆料和镀金属塑料的处理。

③ 溶解分离。将涂有塑料涂层的金属制件浸入含二氯甲烷、非离子型表面活性剂、石蜡和水的悬浮液中，使塑料涂层溶解分离。

④ 脆化分离。使金属与塑料的混杂废料冷却至塑料的脆化温度，然后粉碎，再用风筛分离法使金属与塑料分离。

2. 塑料回收的常见方法

常见的废旧塑料的回收有浮选分离法、静电分离法、密度分离法、去除涂漆法。

3. 金属镀层退除的方法

金属镀层的退除主要分为化学法和电化学法，通常根据镀层和基体的化学性质而优选，选择镀层退除方法必须注意下列几个条件：

① 被退除的金属比基体金属更为活泼。

② 可使用一种对被退除金属的配位能力比对基体金属更强的配位剂或螯合剂，这样就可降低被退除金属离子的活性。

③ 退镀液中可加入缓蚀剂。这种缓蚀剂能化学或物理地吸附在基体上，能阻

滞或完全抑制基体金属在电解质中的腐蚀。

④ 在脱解过程中，要控制水分的含量，控制氧化剂的离解度。一般加入有机物质，如甘油、糖、醇类或其他水溶性有机物质。

⑤ 为了提高退镀速率，还必须含有适当的促进剂或催化剂，使得退镀在规定时间内完成。ABS 塑料电镀件回收中，既要从退镀液中回收金属，又要回收 ABS 塑料，因此在 ABS 塑料电镀件的退镀工艺中，尽量不损伤 ABS 塑料。

六、国内回收废电镀件中的 ABS 塑料和铜、镍金属研究进展

一般 ABS 塑料电镀件镀层退除主要分为化学法和电化学法，通常根据镀层和基体的化学性质而优选，选择镀层退除方法必须注意下列几个条件：

① 被退除的金属比基体金属更为活泼。

② 可使用一种对被退除金属的配位能力比对基体金属更强的配位剂或螯合剂，这样就可降低被退除金属离子的活性。

③ 退镀液中可加入缓蚀剂。这种缓蚀剂能化学或物理地吸附在基体上，能阻滞或完全抑制基体金属在电解质中的腐蚀。

④ 在脱解过程中，要控制水分的含量，控制氧化剂的离解度。一般加入有机物质，如甘油、糖、醇类或其他水溶性有机物质。

⑤ 为了提高退镀速率，还必须含有适当的促进剂或催化剂，使得退镀在规定时间内完成。ABS 塑料电镀件回收中，既要从退镀液中回收金属，又要回收 ABS 塑料，因此在 ABS 塑料电镀件的退镀工艺中，尽量不损伤 ABS 塑料。

国内代表性的专利：将可发性聚苯乙烯废塑料破碎，加入交联接枝改性剂后的混合料，制成 ABS 树脂或其制品。利用一种能氧化金属的氧化剂与一种能溶解氧化产物的试剂交替作用，即可达到退除镀层金属的目的。基于这种交替作用，根据不同的金属镀层选择具有不同氧化能力的氧化剂，及相应的溶解氧化产物的酸、碱、盐，依据实际情况确定适宜的浓度、温度、搅拌等工艺条件，可以控制反应速度和退除质量。

另外以分离废旧丙烯腈-丁二烯-苯乙烯共聚物/聚苯乙烯（ABS/PS）为目标，白洋等人在实验室特制的溶气浮选柱中考察了润湿剂、起泡剂、调整时间、浮选时间等因素对废旧塑料浮选行为的影响，获得了最佳浮选分离工艺条件。实现废旧ABS 和 PS 塑料的浮选分离，上浮产物 PS 的纯度达到 90.12%，回收率 97.45%；下沉产物 ABS 的纯度 97.24%，回收率 89.38%。

我国还有一些企业是和国外公司的合资从事 ABS 的回收，最具代表的如广州塑料再生研究中心针对 ABS 及 PC＋ABS 合金表面上的铜、镍、铬镀层退除环保回收开发了"塑料表面金属环保退镀剂"。这种退镀剂不但能快速完整剥落表面镀层，而且对基材能进行全面保护，具有脱镀后能充分保持原色，后续的造粒及注塑

工艺过程不变色、不变脆、基材物化指标不变等优势。无需浓硫酸或硝酸，作业过程无黄烟、无味、无毒；退镀速度快，也可根据生产进度而定；不改变基材技术指标，洗后应用不变色、不发脆；废液回收提炼金属或硫酸盐等制品的工艺成本较低；回收处理过程无人身安全危害，不产生有毒气体，环保。该工艺技术可适用于各种 ABS、ABS＋PC 合金表面镀铜、镍、铬的退除。

北京工业大学去除手机外壳上金属导线及黄铜嵌件，采用喷砂的方法，去除表面涂层及胶黏剂，采用破碎机及筛分装置进行破碎筛分，再利用重力分选法实现金属和非金属的有效分离，金属单独回收。

南通纵横化工有限公司发明了利用混酸空气催化分离塑料镀层的方法，并申请了专利。具体分离镀层的方法为：将 ABS 镀层塑料浸入混酸中，并通入空气反应，然后，取出已退镀的塑料，取出已退镀的塑料后的溶液再用氨调 pH 至 2～3，过滤，滤液用氨调 pH 至 4.5～5.5，过滤洗涤，得滤渣碱式硫酸铜，滤液中通硫化氢，再过滤除去硫化铜，滤液用氨水调整 pH 至 7～7.5，再加入烧碱，并加热至 80～90℃，放出氨气（严重污染空气）并调 pH 至 9～12，过滤得到氢氧化镍（洗水用量大），分离氢氧化镍后的母液加硫酸调 pH 至中性，经冷却结晶析出十水硫酸钠。该法可生产市场畅销的硫酸铜、氯化镍产品及去镀层 ABS 塑料，并能有效回收用于洗涤剂的十水硫酸钠，分离成本较低，但酸碱用量较大且有少许废气排放。

普雷马克 RWP 控股公司从粉碎塑料中分离出金属和非所需塑料以得到单独塑料，分析该单独塑料的材质组成，然后将该单独塑料共混得到所需的回收塑料。

七、回收 ABS 塑料评价

ABS 塑料电镀件回收利用前景很广，未来几年，我国 ABS 产能和需求都将呈现迅猛增长态势，再生塑料和有价金属的回收利用，将成为弥补国内资源不足的重要途径之一。

目前，国内 ABS 电镀件的回收工艺主要存在的问题如下：

① 工艺较复杂，操作较烦琐，且成本较高，经济效果欠佳。

② 污染问题。处理过程中加入了大量的酸碱与化学试剂，原料消耗多，母液不能很好回收循环使用，而且生产过程中有一定的废物产生，造成二次污染。

③ 回收质量问题。ABS 塑料产品质量不高，易夹杂金属；塑料分子被破坏，只能用作三级回料。退镀中有几处夹带，产生损失，达不到很高的处理回收率。

因此在今后的研究中需对传统的工艺进行改进，简化工艺流程；合理利用退镀液，减少二次污染；从工艺源头改进、提高产品的质量、降低能耗等将是今后研究和改进的主要趋势。

第二节
废聚碳酸酯工程塑料的回收利用技术

一、聚碳酸酯工程塑料回收利用概况

聚碳酸酯（简称PC）是分子链中含有碳酸酯基的高分子聚合物，根据酯基的结构可分为脂肪族、芳香族、脂肪族-芳香族等多种类型。其中由于脂肪族和脂肪族-芳香族聚碳酸酯的力学性能较低，从而限制了其在工程塑料方面的应用。目前仅有芳香族聚碳酸酯获得了工业化生产。由于聚碳酸酯结构上的特殊性，现已成为五大工程塑料中增长速度最快的通用工程塑料。

聚碳酸酯工程塑料由于具有特别好的抗冲击强度、热稳定性、光泽度、抑制细菌特性、阻燃特性以及抗污染性等优点，被广泛应用于电子电气、建材、光学介质、汽车工业和包装等多个领域，每年会产生数万吨的PC废弃料。以光盘行业为例，每年报废的PC塑胶原料5万吨以上，占全球光盘用聚碳酸酯供应量的5%，如何利用这些资源也是社会关注的焦点。

一般回收的聚碳酸酯工程塑料经改性重新造粒后使用。回收的PC层压板改性后广泛用于银行、使馆、拘留所和公共场所的防护窗，用于飞机舱罩，照明设备、工业安全挡板和防弹玻璃。

回收的PC板改性后可做各种标牌，如汽油泵表盘、汽车仪表板、货栈及露天商业标牌、点式滑动指示器，回收的PC树脂用于汽车照明系统，仪表盘系统和内装饰系统，用作前灯罩、带加强筋汽车前后挡板、反光镜框、门框套、操作杆护套、阻流板；回收的PC改性重新造粒后，被用作接线盒、插座、插头及套管、垫片、电视转换装置、电话线路支架下通信电缆的连接件、电闸盒、电话总机、配电盘元件、继电器外壳、家用电器马达、真空吸尘器、洗头器、咖啡机、烤面包机、动力工具的手柄，各种齿轮、蜗轮、轴套、导规、冰箱内搁架。

回收的PC改性重新造粒后是光盘储存介质理想的材料。回收的PC改性重新造粒后PC瓶（容器）透明、重量轻、抗冲性好，耐一定的高温和腐蚀溶液洗涤，可作为瓶或容器。

二、怎样回收利用聚碳酸酯塑胶原料

在我们的生活中随处可见聚碳酸酯塑胶的身影，PC塑料在日常生活的使用范围越来越广泛，比如PC塑胶原料在给人们带来便利的同时也产生了环境污染问题。不过PC塑胶原料是一种再生资源，如果能对PC再生料进行合理回收和利用，不仅可以再次转换成为塑料原材料等，同时减少了对环境的危害。

一般回收的废料大都是来汽车配件、碟片、电信器材、照相器材，来自纺织业配件等。要利用聚碳酸酯PC的废料，要做到以下几步骤：

① 首先把收购来PC塑胶原料按颜色和性能进行挑选归类，透明与不透明及蓝、红、绿、黑色必须分开；也有改性和未改性的，如纺织配件大部分是改性的；如碟片、灯头都是镀膜的。

② 清洗各色PC，然后晒干、归类，送挤出机生产。

③ 黄色的可以生产瓷白；透明的仍然生产透明产品；其他色可以添加着色剂和材料助剂。

④ 专用挤出机造粒，但PC本身易老化所以不能多次回料，造粒一定慎重，切粒包装。

三、CD盘聚碳酸酯的回收技术

1. 聚碳酸酯在光盘复制加工中的地位

聚碳酸酯作为一种工程塑料，具有低吸水性、高透光率、高耐热性和高强度的性能，有着广泛的应用。聚碳酸酯原来分为压延级和注塑级，作为一种高分子塑料，压延级的聚合度最高，因此分子量也最高，用于生产板材、管材等压延加工的产品，如阳光板就是其中之一；注塑级的聚合度中等，因此分子量的大小也是中等，用于注塑加工各种机械和电气零件。

1982年德国宝利金（Polygram）唱片公司和日本索尼（Sony）唱片公司率先使用低分子量的聚碳酸酯生产CD光盘，从此有了新的光盘级聚碳酸酯塑料，专门用于光盘复制加工。以前曾经用于LP反射式电视唱片的有机玻璃（PMMA）以及硬质PVC塑料等其他透明塑料，均不被考虑用于CD光盘复制加工。光盘级聚碳酸酯的低吸水性、高透光率、高耐热性等高性能，可以满足光盘成型时的高精度和双折射要求，良好的流动性不仅保证了高精度的复制，而且缩短了生产周期，提高了生产效率。

从光盘的几何结构上看，整张片光盘至少93%以上是聚碳酸酯材料。按照标准，光盘厚度是1.2mm，以CD为例，反射层铝的厚度只有0.00055mm，保护胶厚度0.010mm左右，即使最厚的5层丝网印刷厚度约0.05mm，此外，在CD光盘的外沿和中心凹下去的一小圈有保护胶。有的CD光盘厚度接近1.1mm。DVD光盘与CD光盘相比少了一层保护胶约0.010mm，但增加的黏合层和反射层的厚度小于0.010mm，而DVD两片片基的厚度比较严格地在0.6mm左右。

2. 报废光盘回收利用的现状

全球光盘复制工厂一年加工250亿张光盘成品，产生报废光盘10亿张以上，按照每张15g计算就达到1.5万吨，加上250亿个注塑口（按照0.4g/个计）和少量聚碳酸酯块料约1万吨，所以光盘行业每年报废的聚碳酸酯在2.5万吨以上，占全球光盘用聚碳酸酯供应量的 5%。这还不包括软件商和音像制品出版发行商报废的光盘，政府抓获的盗版光盘，以及正常使用后报废的光盘数量。

光盘复制工厂的注塑口和少量聚碳酸酯块料，在清洗得非常干净以后原则上可以回收利用，一般是重新造粒后使用。也有不少光盘复制工厂在光盘注塑机上安装注塑口粉碎回收装置，由于没有受到污染，直接混入新料再生产光盘片基；这种设备价格较贵，在生产 CD-R 光盘生产线上应用较多一些；目前光盘用聚碳酸酯价格上涨幅度很大，这也不失为可考虑的方法之一。

CD 盘的制造精度高、制造工艺复杂，生产中将近 10% 的产品不合格。CD 盘本身的性质决定了其不易回收。如图 4-4 所示，CD 盘是一种多层复合产品，其中一层是热塑性塑料（PC），另外两层为涂层。涂层主要是涂料、漆和印刷物，仅占整个光盘的很小一部分，镀铝层仅有 15～70nm 厚，漆和印刷物占总厚度的 20%，回收前必须将涂层清除，这样回收的 PC 料才能具有好的性能。

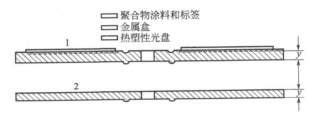

图 4-4　处理前后的 CD 盘结构
1—加工前的多层光盘；2—加工后的光盘

清除涂层的方法有三种：一是化学回收，二是熔体过滤，三是机械分离。

化学回收是利用粒料、采用化学品将涂层清除掉，但化学回收的缺点多于优点，因为 PC 和化学品之间可能会发生作用，降低最终产品的性能，而且可能会对环境带来不利影响。

熔体过滤可以回收 PC 粉碎料。但熔体过滤有一缺点，即过滤中 PC 要经受高温加热，而 PC 的热稳定性又差，过滤后的聚合物相对分子质量低，力学性能和热稳定性差，回收料不会有足够的光学和力学性能保证其回收价值。另外，因粉碎料颗粒尺寸大小不一，熔体过滤并不能清除光盘上的全部杂质。

机械分离是一种安全、有效、简单的方法，生产厂家自身就可以采用这种方法进行回收，但机械分离只能分离方形、圆形等形状简单的 PC 产品，而不能分离多组分、形状复杂的制品如计算机外壳等。CD 盘机械分离设备如图 4-5 所示，这种分离设备有一转动刷来清除涂料，一运输带带动光盘连续运动。刷子清除掉的涂料被一特制的过滤器回收其中的铝。在清除涂料过程中，光盘夹持架处保持真空以保持运动的稳定性，同时光盘表面要用压缩空气、惰性气体或水蒸气冷却，以防止 PC 因摩擦生热熔融。涂料清除干净后，将光盘清洗、干燥，然后将其切成 5mm 大小的颗粒。表 4-1 和表 4-2 为回收料的性能。从表 4-1 可以看出，未清除涂料的

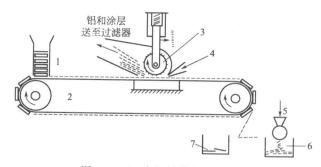

图 4-5　CD 盘机械分离设备简图

1—待处理光盘；2—真空夹持架；3—电子轮；4—空气、惰性气体或蒸气入口；

5—造粒机；6—粒料；7—处理后的光盘

CD 盘的平均熔体流动指数较低，而已清除涂料的较高。据估计这是由未处理的 CD 盘上的铝和漆难熔所致。另外，由于杂质的存在，未处理的 CD 盘的密度略高于处理过的 CD 盘。从表 4-2 可以看出，在给定剪切速率下，处理过的 CD 盘料的黏度较低。从图 4-6 可以看出，在给定波长范围内，未处理的 CD 盘料的透光率为 42%～46%，而处理过的为 82%～88%，远高于前者，这是因为未处理的料中含有铝。在 780nm 处

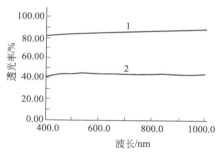

图 4-6　CD 盘回收料的透光率

1—处理过的 CD 盘料；2—未处理的 CD 盘料

的透光率很重要，因为这是二极管读取 CD 盘上的信息的波段。未处理的料在 780nm 处的透光率仅为处理过的一半，处理过的为 88%，与原料级 PC 的透光率（90%）接近。

表 4-1　机械分离回收的 CD 盘料的性能

性能	未处理的 CD 盘料		处理过的 CD 盘料	
	271.1℃	293.3℃	271.1℃	293.3℃
密度/(g/cm³)	1.07	0.996	1.04	0.963
熔体流动指数/(g/10min)	50	83	55	91

表 4-2　CD 盘回收料的表观黏度值（211℃）

$\lg\gamma/s^{-1}$	未处理的 CD 盘料的 $\lg\eta_a/Pa\cdot s$	处理过的 CD 盘料的 $\lg\eta_a/Pa\cdot s$
3.000	2.186	2.176
2.699	2.217	2.206
2.301	2.238	2.227
2.000	2.264	2.244
1.699	2.312	2.294

从上述分析看，机械分离法回收的 PC 料质量较高，可用于多种产品的生产。

不过，由于 PC 盘对 PC 树脂的性能有特殊要求，回收料还不能用于生产 CD 盘，但可以将其与其他材料共混，生产其他制品。从表 4-3 和图 4-7 可以看出，100％的 CD 盘回收料是一种硬且脆的材料，应变低，没有屈服点。加入玻璃纤维后虽然可以提高回收料的刚度和强度，但屈服应力下降得更多。而吹塑级 PC 回收料和 ABS 可以提高 CD 盘回收料的韧性。50％CD 盘回收料/50％ABS 和 50％CD 盘回收料/50％吹塑级 PC 混合物性能最佳，可用于注塑件的生产。

表 4-3　CD 盘回收料与其他树脂的混合物的性能

混合物种类	σ_b/MPa	ε_b/(m/m)	Izod 冲击强度/(J/m^2)
100％CD 回收料	46.3	0.041	13.2
50％CD 回收料/50％PC 矿泉水瓶回收料	48.1	0.123	53.4
80％CD 回收料/20％玻璃纤维（CE）	50.0	0.026	28.2
20％CD 回收料/80％ABS	37.5	0.058	53.8
50％CD 回收料/50％ABS	40.5	0.129	121.0
80％CD 回收料/20％ABS	45.5	0.103	107.0

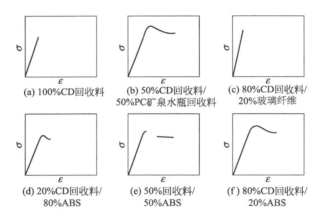

图 4-7　CD 盘回收料混合物的应力-应变曲线

　　光盘复制工厂接受的预录光盘订单的版权属于出版商所有，报废的光盘实际上相当大的部分仍然可以重放。为了保护客户的知识产权，通常将报废光盘粉碎后再出售（有的客户甚至要求在生产区域内粉碎到每片多少碎块后才能送到废品仓库），或者委托厂方完全可信任的单位销毁信息，保证客户的知识产权不会流失。粉碎了的光盘碎片，已经失去整片光盘的形态，难以采用机械的方法除去非聚碳酸酯材料层（反射层、保护胶层和印刷层）。化学方法处理报废光盘几乎成了唯一的选择。

　　所谓的化学方法，是利用反射层与碱或酸的反应，使反射层的反应生成物溶入溶液，同时将保护胶层（或黏结层）和印刷层剥离下来。例如，用烧碱（NaOH）与铝反应生成偏铝酸钠溶于水，使 CD 上的保护胶层和印刷层剥离下来；用硝酸与银反应生成硝酸银溶于水，使 CD-R 上的保护胶层和印刷层剥离下来；也有使用一定温度下的烧碱溶液与 DVD 光盘反应，将印刷层等剥离下来。

四、报废计算机外壳回收利用技术

计算机外壳是 PC/ABS 混合物，但为了屏蔽，表面镀铜。有效地清除镀铜是回收计算机外壳的关键。方法之一是熔体过滤。从表 4-4 可以看出，过滤后，PC/ABS 回收料的性能低于原料级 PC/ABS 的性能，甚至低于未过滤的 PC/ABS 回收料。这是在注射成型和熔体过滤中，混合物中的部分聚合物降解所致。未过滤的 PC/ABS 回收料的屈服强度和弯曲强度高于原料级 PC/ABS，是因为其中的铜起到增强填充剂的作用；但其冲击强度和断裂伸长率低于原料级 PC/ABS，是因为铜破坏了基体材料的韧性。

尽管过滤后 PC/ABS 回收料的性能低于未过滤的回收料，但为了开发 PC/ABS 回收料的用途，如与其他树脂共混，利用前必须将镀铜层清除，以防止镀铜对共混材料性能带来不利影响。

表 4-4　熔体过滤后 PC/ABS 回收料的性能

性能	测试方法	原料级 PC/ABS	未过滤铜的 PC/ABS 回收料	已过滤铜的 PC/ABS 回收料
屈服强度/MPa	ASTM D638	69.7	71.7	65.3
断裂伸长率/%	ASTM D638	6.53	6.2	4.4
断裂强度/MPa	ASTM D638	56.4	56.0	50.0
弯曲强度/MPa	ASTM D790	95.9	98.7	83.0
Izod 冲击强度/(kJ/m^2)	ASTM D265	0.46	0.46	0.097
热变形温度/℃	ASTM D648	112		
0.462MPa		105	109	103
1.848MPa			100	93

第三节
废聚甲醛塑料的回收利用技术

1. POM 工程塑料概况

聚甲醛（POM）塑料，合成树脂中的一种，是一种高密度、高结晶性的线型聚合物。POM 无侧链，按其分子链中化学结构的不同，可分为均聚甲醛和共聚甲醛两种。

2. POM 工程塑料应用

主要应用于齿轮、轴承、汽车零部件、机床、仪表内件等起骨架作用的产品。可代替大部分有色金属用作仪表内件、紧固件、弹簧片、管道、运输带配件、电水煲、泵壳、沥水器、水龙头等。

3. POM 常用的回收方法

POM 常用的回收方法有两种，一种是再熔融造粒，另一种是化学回收。但在熔融造粒过程中聚合物会发生显著的降解，性能受到破坏，这从图 4-8 中体积流动指数（MVI）的变化即可看出。MVI 是测量聚合物相对分子质量损失的一种方法。随着 MVI 的增加，POM 的热性能下降。与原料级相比，在热应力作用下，随着加工次数的增加，质量损失更多（见图 4-9）。

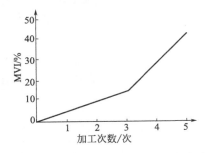

图 4-8　POM 加工次数与 MVI 的关系

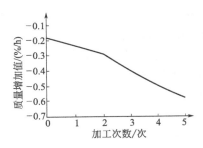

图 4-9　POM 在热应力作用下质量损失与加工次数的关系

当然，回收过程应该避免这种破坏发生，否则难以保证 POM 的其他性能不发生变化。而采用化学法回收就可以避免上述破坏发生。我们知道，POM 是甲醛的均聚物或甲醛与三氧杂环和环醚的共聚物，POM 主链上几乎全部是 CH_2O 单元，如下式所示。

POM 在所有通用溶剂中都非常稳定，但与一定的酸接触后就会完全分解。人们正是利用 POM 的这一特性进行化学回收，在一定条件下可以得到三氧杂环己烷和甲醛单体，然后将单体合成 POM，反应式如下：

上述反应中得到的甲醛在一闭环系统中转化为三氧杂环己烷，可以得到充分利用。此外，这种工艺还得到了环己缩醛，可合成 POM 共聚物的共聚单体。酸解反应得到的所有产品又都可以进入材料循环中，如图 4-10 所示。

POM 的酸解只需要一定量的酸作催化剂，所以反应中仅残留少量的酸，不需要有机溶剂将其清除。这种方法可以回收各种 POM 废材料。

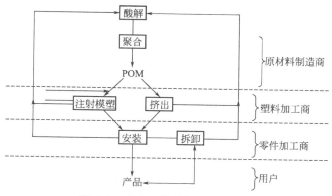

图 4-10　POM 的酸解回收循环图

第四节
废聚酰胺塑料的回收利用技术

一、聚酰胺工程塑料概况

聚酰胺是指大分子链上含有许多重复酰胺基团的高分子聚合物。可通过二元胺和二元酸缩聚反应制成，也可以是一种内酰胺分子通过自聚制成。一般都称其为尼龙，缩写代号是 PA。

二、怎样识别聚酰胺塑料制品

聚酰胺 PA6 是一种半透明的乳白色结晶聚合物；PA66 是一种半透明或不透明的乳白色坚韧固体；PA610 的性能与 PA66 相似，制品尺寸的稳定好、耐强碱、容易溶于甲酸中、成型加工容易；PA1010 是一种半透明、无毒、轻而硬的结晶型聚合物，吸水率比 PA6、PA66 低，热分解温度大于 350℃。

外观及辨别方法：制品半透明或呈乳白色不透明，在火中慢燃，离火源自熄。火焰上端为黄色，下端为蓝色制品白色半透明。

三、PA 产品的回收技术

PA 的种类繁多，应用领域相当广泛，这里仅介绍几种 PA 产品的回收技术。

1. 机械回收

（1）玻璃纤维增强 PA66 注塑件的回收　玻璃纤维增强 PA66 是汽车发动机中

常用的材料，如散热器端盖、涡轮冷却器和空气吸入管等。一方面，在加工和回收过程中，PA 的降解使其性能大幅度下降；另一方面，在加工和使用过程中，不同助剂如稳定剂等的消耗严重影响了材料的热性能和力学性能。

玻璃纤维增强 PA66 在回收中性能的下降，除了上述两个原因外，另一个原因是随着加工次数的增加，玻璃纤维不断变短，如表 4-5 所示。注塑在几个关键过程中使纤维进一步缩短，如在螺杆预塑区，纤维与固/熔态聚合物表面黏结；在流动过程中纤维与纤维间的相互作用；在压缩、固化阶段的熔体破裂等致使注射后纤维长度下降 29%。纤维断裂主要发生在挤出和第一次注射后，回收料中纤维长度的变化较小。从表 4-6 可以看出，回收料的断裂伸长率增加约 15%，而拉伸强度下降 10%，这是由纤维的断裂所致。另外，杂质和材料的降解也会影响材料的力学性能。

表 4-5 加工过程对纤维平均长度的影响

加工过程	纤维平均长度/μm	纤维长度>230μm 的纤维的体积分数/%
纤维原长	432	74
注射后	309	68
注射后粉碎	257	53
粉碎后再注射	248	48

表 4-6 回收料的性能

材料	拉伸强度/MPa	断裂伸长率/%
注塑件	'136.5	5.5
回收料	122.8	6.3

从图 4-11 和图 4-12 可知，回收料的氧化诱导期短，氧化起始温度低，因此回收料的热氧化稳定性差，这是回收过程中聚合物的降解和稳定剂的消耗所致。

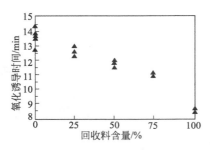

图 4-11 氧化诱导期与回收料含量间的关系

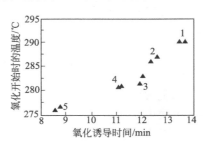

图 4-12 氧化起始温度与氧化诱导期间的关系

回收含量：1 为 0%；2 为 25%；3 为 50%；4 为 75%；5 为 100%

（2）多层复合薄膜的回收 为了提高塑料对不同物质的阻隔性，多层或多种聚合物如 PE/PA 复合材料广泛用于农药、化学品和工业品等的包装。这种复合薄膜不能用传统的方法分离。

对 HDPE/PA6 离子聚合物（组成比为 80/20），熔体流动指数分别为 1.1g/10min，32.5g/10min，5.0g/10min 的三层复合薄膜的回收实验表明（见表 4-7 和表 4-8），由于加工过程中的氧化，随着加工次数的增加，挤出物的颜色由白色变成黄色，挤出物表面的粗糙程度也越来越严重。而且随着加工次数的增加，双螺杆挤出机消耗的电流量减小，熔体流动指数增加，黏度下降（见图 4-13），力学性能下降，这说明每加工 1 次，大分子就会降解 1 次。

表 4-7　不同加工过程中工艺参数和熔体流动指数的变化情况

挤出次数	电流消耗变化值/%	熔体温度/℃	熔体压力/MPa	熔体流动指数/(g/10min)
1	18	284	11	2.69
2	16	280	9.7	3.14
3	15	265	9.4	3.33
4	15	260	9.2	4.97
5	14	260	9.1	5.88

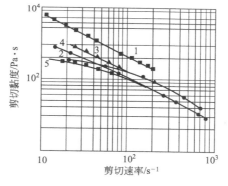

图 4-13　剪切黏度和剪切速率与加工过程的关系
1—高密度聚乙烯；2—PA6；3——次加工；4—三次加工；5—五次加工

但 DSC 分析表明，加工过程中热性能几乎不变（见表 4-9），但混合物中的 PA6 的熔融热比纯 PA6 低 30% 还多，其结晶度低于纯 PA6。这说明混合物中的 PA6 的结晶度受到其他组分如高密度聚乙烯的影响，但加工过程中混合物的结构并没有发生变化。不过，加工 4 次后出现附聚现象，这说明混合物的相容性下降，这可能是由离子聚合物的降解所致。

表 4-8　混合物的力学性能随着加工过程的变化

挤出次数	1	2	3	4	5
屈服强度/MPa	27.9	25.9	25.7	24.5	24.0
断裂强度/MPa	24.3	23.4	23.3	22.9	22.4
屈服伸长率/%	18.0	16.4	13.2	8.2	7.1
断裂伸长率/%	24.9	20.6	17.8	8.5	7.2
弹性模量/MPa	1074	1047	1048	1084	1057
Izod 缺口冲击强度/(kJ/m²)	11.0	9.5	7.4	2.2	2.0

上述分析表明，聚乙烯/聚酰胺/离子聚合物至少可以挤出回收 2 次，当然要正确选择工艺参数和改性措施，保证回收达到再生制品的使用要求。

表 4-9　混合物的热性能随加工过程的变化情况

挤出次数	混合物中的高密度聚乙烯		混合物中的 PA6	
	熔融热/(J/g)	结晶温度/℃	熔融热/(J/g)	结晶点/℃
1	153.5	129.8	61.5	219.4
2	156.8	129.7	63.0	219.5
3	150.3	130.0	60.5	219.6
4	156.6	129.9	64.5	219.4
5	163.0	129.8	66.5	219.5

（3）废渔网的回收　在各种海洋塑料残留物中，废弃渔网是对海洋生物造成不利影响的主要污染物。可以不同方式处理由废弃渔具造成的海上污染问题，如采用可降解的塑料渔具代替现有渔具，建立激励机制促进回收等。但现在大多数渔具所用塑料仍然是不可降解的，因此应大力提倡回收。

渔网所用材料有高密度聚乙烯、PA6 和 PA66，其回收可采取再熔融工艺。

分类：分两步进行。首先，将三种渔网用溶剂分辨出 PA6 和 PA66。由于 PA66 仅溶于 30％盐酸，而 PA6 溶于 14％盐酸，因此可以首先将高密度聚乙烯和 PA6 及 PA66 分开。然后，利用近红外光谱将高密度聚乙烯和以鉴别出来。

尺寸减小：首先是人工将大块的渔网切成小块，然后在切碎机中将其切成碎片，密度在 40～50kg/m³。

清洗：在挤出之前还需将其中的沙石和杂质清洗。小批量生产时可用压缩空气和振动筛清除。大规模回收时，首先需在高速搅拌机中处理，然后在挤出机上熔体过滤，滤网目数为 100 目或更细。如碎片潮湿，在挤出前需将其干燥。

加密：PA66 和 PA6 碎片可以在同向旋转双螺杆挤出机上加密。工艺如下：将少量加工过的粒料加到料斗中，在螺杆长的处用振动筛加入碎片，这样可以防止沙土在熔融段处对挤出机的破坏。挤出工艺参数如表 4-10 所示。

表 4-10　不同渔网在双螺杆挤出机中的挤出工艺参数

网料	T_1(加料段)/℃	T_2/℃	T_3/℃	T_4/℃	T_5/℃	T_6(机头处)/℃
HDPE HDPE-g-MAH HDPE＋GF	100	150	180	190	190	210
PA6 PA6＋冲击改性剂	210	235	235	235	240	240
PA66 PA66＋冲击改性剂 PA66＋GF	220	270	275	275	275	275
TPU TPU＋PA6 TPU＋PA66	120	125	140	160	170	180

高密度聚乙烯渔网可以用一直径 152mm 的单螺杆挤出机加密。螺杆长径比为 30：1，机筒温度为 180～205℃，经过 60 目的筛网过滤后造粒。

回收的 PA6、PA66 和高密度聚乙烯料还需进行改性，常用的改性剂有丙烯酸芯/壳增韧剂（简称 LM-1）、马来酸酐接枝的三元乙丙橡胶（简称 LM-2）和马来酸酐接枝的 SBS（简称 IM-3）。利用聚酰胺中的活性基团通过界面反应在聚酰胺基体和自由分散的改性剂间形成一更强的黏着力。大批量生产中一般用作改性剂。另外，在加工后，HDPE 用马来酸酐接枝后，与 PA66、PA6 原料级和回收料在双螺杆挤出机上共混。马来酸酐的引入提高了非极性高密度聚乙烯与极性较大的 PA 和玻璃纤维的黏着力，提高了混合物的性能（见图 4-14 和图 4-15）。

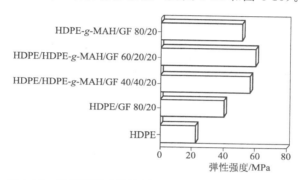

图 4-14　高密度聚乙烯渔网回收料和改性料的弹性强度

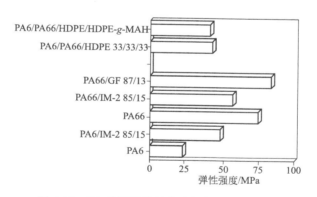

图 4-15　PA 渔网回收料和改性料的弹性强度

从图 4-16 和图 4-17 中可以看出，经冲击改性剂 IM-2 改性后，PA66 回收料的脆性大大降低，而且制品表面光泽和光滑度提高了，PA6 的弹性模量也提高了，这可能是发生了一些反应和链增长。IM-2 的加入也提高了 PA 混合物的冲击强度，而未改性的回收料的缺口相当敏感。改性后回收料的力学性能可与原料级共混物相比。

渔网的另一种回收利用途径是用渔网作熔点低于 PA 的塑料的增强材料，提高塑料的刚度和强度。例如，将 PA6 和 PA66 纤维切成 50mm 长的小段后，将其加

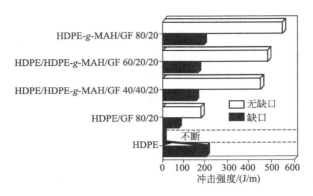

图 4-16　高密度聚乙烯渔网回收料和改性料的冲击强度

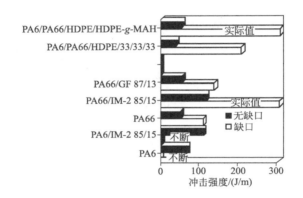

图 4-17　PA 渔网回收料和改性料的冲击强度

入具有高应变、低应力功能的啮合型三段式双螺杆挤出机中，增强热塑性聚氨酯。螺杆挤出机可以保证纤维均匀分布于基体材料中而不会发生熔融。PA6 和 PA66 的熔点分别为 220℃和 265℃，因此加工温度设置在 200℃以下。加工工艺如下：将经过预干燥的颗粒加入挤出机的第一段，在第二段处将切碎的干燥 PA 人工计量加入，在第三段熔体脱气，机筒温度为 160～180℃，PA6 和 PA66 纤维的加入量分别为 11％和 10％，得到的复合材料的性能如表 4-11 所示。

表 4-11　渔网纤维增强的 TPU 的性能

性能	TPU	TPU＋11％PA6	TPU＋10％PA66
拉伸模量/MPa	6.1	22.3	29.3
断裂伸长率/％	1850	390	390
弹性模量/MPa	24.5	106.9	72.5
耐磨性/[(m・s)/kg]	9.5×10^{-5}	6.6×10^{-5}	8.3×10^{-5}

混合物的电镜照片表明，基材中没有空隙、没有纤维束，这说明纤维和基体材

料间的黏着良好，纤维分散均匀。增强后的，TPU 的模量和耐磨性也大幅度提高。

2. 化学回收

聚酰胺的合成反应是可逆的，即在一定条件下解聚成其合成单体。用 PA6 废料常压连续解聚生产己内酰胺单体已实现工业化。

与 PET 的化学回收一样，PA 的化学回收也是利用机械法回收料，解聚需要一定的反应釜，投资大，成本高，推广应用受到一定限制。但化学回收后合成的PA 的性能与原树脂一样，可以作为原料级树脂使用。

第五节
废聚对苯二甲酸丁二酯、聚苯醚
及其他废塑料的回收利用技术

一、聚对苯二甲酸丁二酯、聚苯醚及其他工程塑料概况

1. 聚对苯二甲酸丁二酯

聚对苯二甲酸丁二酯（PBT）是由二甲基对苯二甲酸与 1,4-丁二醇合成的，广泛用于汽车和电子工业，如作分流器盖、计算机键盘等。PBT 废料有的是单一组分的 PBT，有的是合金。

PBT 结晶速度快，最适宜加工方法为注塑，其他方法还有挤出、吹塑、涂覆和各种二次加工成型，成型前需预干燥，水分含量要降至 0.02%。

PBT（增强、改性 PBT）主要用于汽车、电子电气、工业机械和聚合物合金、特混工业。如作为汽车中的分配器、车挡部件、点火器线圈骨架、绝缘盖、排气系统零部件、摩托车点火器。电子电气工业中如电视机的偏转线圈、显像管和电位器支架，伴音输出变压器骨架，适配器骨架，开关接插件，电风扇、电冰箱、洗衣机电机端盖、轴套。另外还有运输机械零件，缝纫机和纺织机械零件、钟表外壳、镜筒、电熨斗罩、水银灯罩、烘烤炉部件、电动工具零件、屏蔽套等。

目前还没有商业性回收 PBT 的行动。实验室中已成功地对 PBT 进行了甲醇醇解，回收的对苯二甲酸可用于 PBT 的合成中。

2. 聚苯醚

聚苯醚是 2,6-二甲基苯酚的聚合物，改性聚苯醚一般是聚苯醚用苯乙烯系树脂共混或接枝共聚而成的。

再生聚苯醚料和改性聚苯醚的力学性能也可与聚碳酸酯媲美，再生聚苯醚料和改性聚苯醚广泛用于汽车工业（作内、外部件，如轴承、仪表板等）、机械电子工业（作机器罩、键盘等）、通信业和商业机械等。

一般 PPO 无毒、透明、相对密度小，具有优良的机械强度、耐应力松弛、抗蠕变性、耐热性、耐水性、耐水蒸气性、尺寸稳定性，在很宽温度、频率范围内电性能好；主要缺点是熔融流动性差、加工成型困难。实际应用大部分为 MPPO（PPO 共混物或合金），如用 PS 改性 PPO，可大大改善加工性能，改进耐应力开裂性和冲击性能，降低成本，只是耐热性和光泽略有降低。改性聚合物有 PS（包括 HIPS）、PA、PTFE、PBT、PPS 和各种弹性体。聚硅氧烷，PS 改性 PPO 历史长，产品量大，MPPO 是用量最大的通用工程塑料合金品种。比较大的 MPPO 品种有 PPO/PS、PPO/PA/弹性体和 PPO/PBT/弹性体合金。PPO 和 MPPO 可以采用注塑、挤出、吹塑、模压、发泡和电镀、真空镀膜、印刷机加工等各种加工方法，因熔体黏度大，加工温度较高。

PPO 和 MPPO 主要用于电子电气、汽车、家用电器、办公室设备和工业机械等方面。利用 MPPO 耐热性、耐冲击性、尺寸稳定性、耐擦伤、耐剥落、可涂性和电气性能，用于做汽车仪表板、散热器格子、扬声器格栅、控制台、保险盒、继电器箱、连接器、轮罩；电子电气工业上广泛用于制造连接器、线圈绕线轴、开关继电器、调谐设备、大型电子显示器、可变电容器、蓄电池配件、话筒等零部件。家用电器上用于电视机、摄影机、录像带、录音机、空调机、加温器、电饭煲等零部件。可作复印机、计算机系统、打印机、传真机等外装件和组件。另外可做照相机、计时器、水泵、鼓风机的外壳和零部件、无声齿轮、管道、阀体、外科手术器具、消毒器等医疗器具零部件。大型吹塑成型可做汽车大型部件如阻流板、保险杠。低发泡成型适宜制作高刚性、尺寸稳定性、优良吸声性、内部结构复杂的大型制品，如各种机器外壳、底座、内部支架，设计自由度大，制品轻量化。

3. 其他工程塑料

聚芳酯、聚四氟乙烯、聚亚苯基硫醚、聚砜等工程塑料，大部分零件体积小、质量轻，应用分散，常见于汽车、电子和航空工业，难以收集、分类。另外，这些塑料的加工温度极高，目前还未对其进行大规模的回收。但这类工程塑料的热/水解稳定性极高，可以再熔融多次而力学性能不发生明显的变化，其模塑废料如浇道料等可以在模塑中直接利用，目前仅限于边角料的回收。

二、怎样识别废聚对苯二甲酸丁二酯、聚苯醚

一般 PBT 普遍耐热 200℃左右，PPO 普遍耐热 100℃左右，而普通环氧树脂胶黏剂耐热不到 100℃时强度即严重下降，因此可以在 100℃左右加热（烘箱或水浴），很轻易可以把胶层破坏，二者分开，然后同样操作，将残余胶层除掉即可。

PBT 燃烧鉴别：不易燃烧，燃烧时无液体流下，离开火焰后在 5s 内熄灭（相似于 PC）。

三、聚对苯二甲酸丁二酯、聚苯醚产品的回收技术

（一）聚对苯二甲酸丁二酯回收产品的加工技术

1. 废PBT原料加工工艺

一般废再生料与新料混合使用：再生料所占比例一般在25%～75%。

废PBT也是一种热塑性聚酯塑料，为适用于不同加工业者使用，一般必须加入添加剂，或与其他塑料掺混，随着添加物比例不同，可制造不同规格的产品。由于废PBT耐热性、耐候性、耐药品性、电气特性佳，吸水性小、光泽良好，一般广泛应用于电子电气、汽车零件、机械、家用品等。

废PBT的聚合工艺成熟、成本较低，成型加工容易。一般未改性废PBT性能不佳，实际应用要对废PBT进行改性，其中，玻璃纤维增强改性牌号占废PBT的70%以上。

2. 废PBT的工艺特性

废PBT具有明显的熔点，熔点为225～235℃，是结晶型材料，结晶度可达40%。

废PBT熔体的黏度受温度的影响不如剪切应力那么大，因此，在注塑中，注射压力对PBT熔体流动性影响是明显的。

废PBT在熔融状态下流动性好，黏度低，仅次于尼龙，在成型易发生"流延"现象。

废PBT成型制品各向异性。PBT在高温下遇水易降解。

3. 废PBT原料加工用注塑机

选用螺杆式注塑机时应考虑如下几点。

① 废PBT制品的用料量应控制在注塑机额定最大注射量的30%～80%。不宜用大注塑机生产小制品。

② 应选用渐变型三段螺杆，长径比为15～20，压缩比为2.5～3.0。

③ 应选用自锁式喷嘴，并带有加热控温装置。

④ 在成型阻燃级PBT时，注塑机的有关部件应经防腐处理。

4. 废PBT原料制品与模具设计

① 制品的厚度不宜太厚，废PBT对缺口很敏感，因此，废PBT制品的直角等过渡处应采用圆弧连接。

② 未改性废PBT的成型收缩率较大，在2.2%～2.5%，模具要有一定的脱模斜度。

③ 模具需要设排气孔或排气槽。

④ 浇口的口径要大。

⑤ 模具需设置控温装置。模具最高温度不能超过100℃。

⑥ 阻燃级废PBT成型，模具表面要镀铬，以防腐。

5. 废PBT原料准备

注塑前要进行干燥、要将水分含量控制在0.02%以下。采用热风循环干燥时，当温度为105℃、120℃或140℃时，所对应的时间不超过6h、4h、2h。料层厚度低于30mm。

6. 废PBT注塑工艺参数

① 注射温度。废PBT的分解温度为260～275℃，所以实际生产中一般控制在240～260℃之间。

② 注射压力。注射压力一般为50～100MPa。

③ 注射速率。废PBT冷却速度快，因此要采用较快的注射速率。

④ 螺杆转速和背压。成型PBT的螺杆转速不宜超过80r/min，一般在25～60r/min之间。背压一般为注射压力的10%～15%。

⑤ 模具温度。一般控制在70～80℃，各部位的温度差不超过10℃。

⑥ 成型周期。一般情况下为15～60s。

7. 废PBT加工注意问题

① 废PBT脱模剂的使用。一般情况下不使用脱模剂，必要时可采用有机硅脱模剂。

② 停机处理。PBT的停机时间在30min以内，可将温度降到200℃时停机。长期停机后再生产时，要将料筒内的料排空，再加入新料才能进行正常生产。

③ 制品的后处理。一般情况下不需要进行处理，必要时在120℃时处理1～2h。

(二) 聚苯醚回收产品的加工技术

1. 回收的聚苯醚原料

一般情况下，含有聚丁烯或有机硅氧烷混合物的经过冲击改性和增容的聚苯醚-聚酰胺组合物，与没有添加有机硅氧烷混合物或聚丁烯的组混物比较，前者组合物赋予模塑制品良好的表面外观、在高剪切速率下好的流动性和好的低温冲击强度。

2. 回收的聚苯醚和乙烯基芳香族化合物制造的可发泡聚合物及其制备方法和应用技术

由聚苯醚和乙烯基芳香族化合物制备的耐热泡沫材料的制备方法是在聚苯醚存在下，将乙烯基芳香族化合物聚合。然后，加工成共混聚合物，造粒，在挤出机中加入发泡剂发泡。

这种方法复杂并昂贵。一般情况下是用一步法制备可发泡聚合物的方法，即在聚合过程中加入发泡剂。此外，用特定的方法加入离析物防止在反应器壁上有烘烤沉积物，从而提高了产率。然后进行发泡。由该发泡聚合物制备的泡沫材料较好地用于热绝缘材料。

第六节
废混合工程塑料和聚合物合金的回收利用技术

一、混合工程塑料概况

1. 混合工程塑料

工程塑料一般用于永久性消费品上，因此城市固体垃圾中消费后的工程塑料较少。混合工程塑料常见于汽车残留物中。

汽车残留物处理方法有四种。第一种方法是选择一种可与各种组分相容的相容剂，将近似相容的混合塑料共混。如含氯量为 36%～40% 的氯化聚乙烯（CPE）与聚氯乙烯、聚乙烯、聚丙烯、聚苯乙烯、ABS、EVA 等都有良好的相容性，可作为这些废塑料的相容剂。另外，还可以采用改性剂提高共混物的性能。例如，马来酸酐接枝的三元乙丙橡胶改性 HDPE/PA 可提高共混物的性能；在 PET/HDPE 混合物中加入功能性的苯乙烯-乙烯/丁二烯-乙烯弹性体作相容剂，可以大幅度提高 PET/HDPE 共混物的冲击性能。

第二种方法是用其生产塑料木材，即用木粉填充聚乙烯、聚丙烯、聚氯乙烯、ABS 等的复合材料，用挤出、压制和注塑等方法生产各种木塑制品。这种木塑制品质感接近木材，力学性能提高，加工方便，还可进行二次加工，可代替木材作护栏、支架、活动房屋用材等。

第三种方法是焚烧处理。由于与燃料油（热值为 48846kJ/kg）相比，汽车残留物的热值相对很高（23260～41868kJ/kg），因此在欧洲人们称其为"白色的煤"。日本废汽车塑料的 65% 是焚烧处理，用于发电。

第四种方法是填埋。但是，随着环境保护要求的严格和可供填埋的土地越来越少，填埋将受到更多的限制。

2. 聚合物合金

聚合物合金是指两种或两种以上的聚合物通过机械或化学方法混合形成的共混物。聚合物合金的经济可行的回收方法是将其机械熔融。因为聚合物合金大多是完全相容性聚合物合金和微相分离型聚合物合金，合金成分间存在着相当强的亲和力，形成热力学稳定系统，因此机械分离法实际上是不可行的。而机械熔融是不分离聚合物合金各组分，直接加工成粒料使用如 PC/ABS、PA/PE、PA/ABS、PA/PP、PET/ABS 等合金。采用这种方法回收，再生制品附加值高，且经济可行。例如，PA6/ABS 合金的再生制品价格比 ABS 树脂约高 20％，而比 PC/ABS 合金低 20％左右。另外一个例子是车门内衬组合构件的芯材使用的 PET/ABS 合金，与 PET 织物相容性好，其混合物再生制品可重新用作芯材，回收制品的性能与原料级性能几乎相同（见表 4-12），因此机械熔融法是聚合物合金回收的有效途径。

表 4-12　PET/ABS 合金再生制品性能

性能	原料级 PET/ABS	PET/ABS 再生制品(含 10％PET 织物)
维卡软化点/℃	95	97
挠性模量/MPa	2000	2030
冲击实验(−40℃)	不破坏	不破坏

另外，还可以采用化学法回收聚合物合金。例如，热解回收烯烃系合金，解聚回收解聚型聚合物如 PET、PA6、PA66、POM 等的合金。但是，不能用于解聚型聚合物与非解聚型聚合物的合金，如 PET/ABS、PA/ABS、PA/PE 等的回收。因此，其应用受到一定的限制。

从全球的回收行动看，目前还没有经济性动力促使人们回收耐久性消费品中的工程塑料。客观地讲，目前工程塑料的回收还没有什么压力，因为政府和公众尚未认识到大量的废工程塑料正有待于填埋或焚烧处理。回收工程塑料的主要动力当然不是政府的支持和大众的要求，而是聚合物本身的价值。工程塑料的价格高于通用塑料，如果能够采取适当的收集措施，开发出回收设备，工程塑料的回收将是有价值的，回收商也会有积极性。

二、怎样识别废混合工程塑料和聚合物合金

现代科学技术的发展要求聚合物材料具有多方面的综合性能，将已有的聚合物材料进行共混制备。聚合物合金可使不同聚合物的特性优化组合于一体，从而明显改进原聚合物材料性能或赋予其崭新性能，现已成为聚合物材料开发和利用的主要方向之一。聚合物之间的相容性是决定聚合物合金性能的主要因素。

叶佳佳等人介绍了混合熔变原则和溶解度参数原则等预测聚合物合金相容性的方法，以及表征聚合物合金相容性的方法，如共同溶剂法、玻璃化转变温度法、稀溶液黏度法、显微镜法、红外光谱法、超声波技术和小角中子散射法等，指出多种表征方法的综合应用识别可使聚合物合金相容性的评价结果更加准确可靠。

三、混合工程塑料产品的回收技术

塑料制品在我们的生活中几乎是无处不有的，目前尽管已经提出要分类加以回收再利用，但绝大多数的使用者不具备分辨塑料制品种类的能力，所以，除工厂的废塑料制品和大量单一使用某种塑料制品的用户外，回收的废旧混合工程塑料有相

当一部分是混杂的。这些种类各异、相互混杂的塑料垃圾如果单纯凭借肉眼识别、人工分拣,劳动强度和分拣难度相当大,且不可能大规模生产。

在废旧塑料回收利用中,虽然希望获得单一品种的废旧混合工程塑料,但是还有近10%～30%的其他品种塑料混杂在其中,而且这部分混杂塑料也不大容易分离干净,这势必会影响塑料的加工性能和力学性能,因此,在该体系中加入相应的相容剂来改善这种情况,利用相容剂在聚合物与聚合物之间起交联作用,降低两相或多相间的界面张力,或产生化学键及物理键,达到多元体系相容的目的。

随着高新技术的发展,聚合物材料应用范围的扩大,对聚合物材料提出了功能化、高性能化的要求。单一聚合物材料已无法满足需要,而开发一种全新的合成材料投资大、周期长,性能又未必理想,因此世界各国利用现有聚合物制造聚合物合金,作为开发高性能高分子材料的途径。近年来,聚合物合金开发工作相当活跃,产品种类繁多,应用广泛,可使用现有设备,使其达到研制开发周期短、投资省、见效快。据估计,将有一半以上的工程塑料成为合金得到广泛应用。已广泛应用于汽车、电子电气、机械工业和尖端技术等领域。

但由于大多数聚合物为互不相容的分离体系,因此聚合物共混的关键是使非相容体系尽量接近相容体系。相容技术的核心之一,是在不相容的聚合物体系中加入相容剂。由于相容剂技术是制造聚合物合金技术的核心,因此,相容剂的开发和应用就成为多组分混杂塑料开发应用的首要任务。

第五章
废塑料再生回收成型加工机械设备

第一节
废塑料再生回收机械设备概述

一、废塑料再生回收的机械设备

资源的回收利用，一直是社会不断追求的目标，这就要求企业生产相应的机械设备。

中国的 PET 清洗设备产销量已位居世界前茅。

但是塑料机械产品的结构亟待调整。虽然经过不断的调整与发展，中国 PET 清洗流水线的制造和配套水平在不断提高，但我们与国外先进水平相比，仍存在较大差距，尤其是高端产品仍无法满足需要。这就对国内的塑料机械企业提出来了更高的要求。

1. 简单的回收机械设备

（1）普通粉碎设备 各种类型的粉碎机都可以使用，取决于所需要的生产量、造粒用碎片的大小和塑料废料（薄膜、管材、片材、注道残料）的物理形状。各种切粒机都有料斗、切断室（带有转动的刀片）、过滤网和传动装置。料斗的形状设计成能装各种形状的料，如适用于薄膜的螺旋供料机或反转辊。大多数料斗有弯道、隔板或盖以防止塑料碎片的回飞。切粒在切断室中进行。常见的几种进料口的几何形状如图 5-1 所示，螺杆型供料料斗如图 5-2 所示。

在这种"直线下来"的装置中，废料被转子和刀片的下降行程截住，缺点是受到上行程的碰撞并转回料斗。通过修整供料入口的朝向，问题得到基本解决。在垂直转动的设计中，转子的轴是垂直的，从顶部送料，以便切割完全。转动的撕裂刀帮助撕破的材料进入料箱。刀的放置有两种方式，即径向和切向。切向装置一般适

直线下来

切线供料

垂直转动

图 5-1　进料口的几何形状

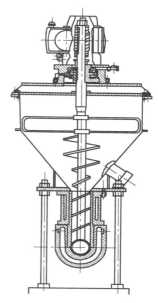

图 5-2　螺杆型供料料斗

用于废料量轻的切割，特别适于较软的材料，减少了热量的产生。径向装置的结果是撕裂而不是切断。图 5-3 表示最普通的刀片设计。图 5-4 表示增加刀片数量的转子设计，更多的刀片可增加产量，但也降低了造粒机的"啮尺寸"的效率。最普通的是使用 2～3 把刀片。通常采用 2 片刀和 4 片刀的切碎机，见图 5-5。刀片安装的相对位置是非常重要的设计参数，见图 5-6。

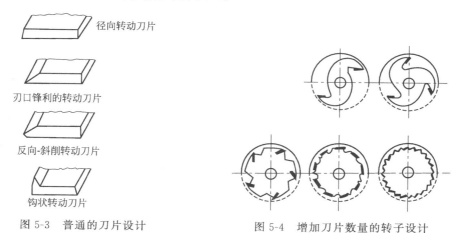

径向转动刀片

刀口锋利的转动刀片

反向-斜削转动刀片

钩状转动刀片

图 5-3　普通的刀片设计

图 5-4　增加刀片数量的转子设计

　　切断动作由倾斜的旋转刀来完成，也有其他的设计，如装有两个反向转动体的磨碎机，在这种设计中，不采用固定刀片的方法。此外还设计了一种两级喂料区。

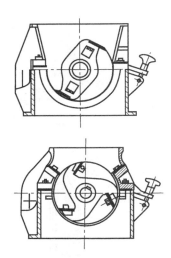

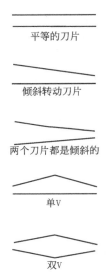

平等的刀片

倾斜转动刀片

两个刀片都是倾斜的

单V

双V

图 5-5　具有 2 片刀和 4 片刀的切碎机　　　图 5-6　各种刀片安装的相对位置

喂料区破碎大的碎片，然后进入切断箱以便最后磨碎。造粒机造粒的产量受过滤网的面积和装料口尺寸（直径范围 6.35～9.53mm）的影响。转动体可以直接由电动机或 V 带来驱动。

（2）用于特殊材料的粉碎　有些塑料用标准的切粒机是很难切碎的，由于它们的物理性能（如橡胶状的或低熔点的材料）特殊或因为体积密度小（如泡沫塑料、薄膜、纤维），必须采用特殊的技术来切粒。

① 低温磨碎　由于塑料的韧性如在常温下磨碎势必产生足够的热而出现熔融和塑化，因此采用在低温下进行磨碎，即在控制发热的同时，于脆化温度以下进行磨碎，这种技术适于将废塑料磨碎至 30 目或更细。在磨碎之前，冷却材料采用三种方法即液氮、液体和固体二氧化碳。已经采用液体和固体二氧化碳的方法，但是和液氮相比还有局限性。液氮系统的控制比二氧化碳系统更好，改善热传导效率并减少磨碎费用。

可以采用直接注射将液氮通入磨碎箱中，在料斗中预先冷却材料和在专门的运输机上冷却材料。把液氮直接喷射到塑料上进行磨碎。从塑料上吸收的热很快散发掉，将氮补充喷入磨碎箱中，以消除在磨碎过程中产生的热。

美国联合碳化物公司、空气产品和化学公司均已开发了这种系统，分别见图 5-7、图 5-8。在联合碳化物公司系统中，注射液氮入预冷却器中，氮气向前进，阻止了材料的移动，在预冷器上，桨叶转动使材料易于和冷却剂混合，还将液氮注射到磨碎机中。空气产品和化学公司系统采用氮气的顺流和逆流，同时专门设计了输送螺杆以达到混合的目的，氮气从输送机进入磨碎机并促使热量散发。表 5-1 列出各种废塑料的典型的冷冻磨碎数据。一般情况下，磨碎 1kg 材料需用 1kg 的液氮。

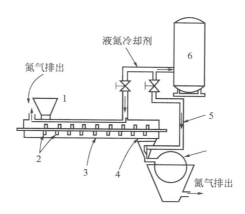

图 5-7　联合碳化物公司的冷冻磨碎系统

1—供料斗；2—转动叶片；3—预冷器；4—转动气闸；5—磨碎机；6—液氮罐

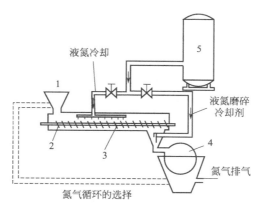

图 5-8　空气产品和化学公司的冷冻磨碎系统

1—料斗；2—推进加料器；3—冷却的传送装置；4—磨碎机；5—液氮槽

表 5-1　各种废塑料的冷冻磨碎数据

塑　　料	磨碎温度 /℃	液态氮消耗量 /(kg/kg)	生产率 /(kg/h)	筛/目
硬聚氯乙烯	−45.6～10.0	0.6～1.2	6.8～20.4	−20～−50
软聚氯乙烯	−51.1～−17.8	0.9～1.6	11.3～13.6	−30～−60
凝聚的聚氯乙烯	10.0～21.1	0.2～0.5	11.3～13.6	−40～−50
聚乙烯（薄膜,其他）	−118～−62.2	1.2～2.9	4.1～8.2	−20～−40
聚氨酯	−129～−34.4	1.5～4.0	4.1～14.1	−30

②　体积密度小的塑料废料的再加工　一般废塑料制品破碎后物料的体积密度较小，尤其是废薄膜和纤维的破碎料，为了保证这种物料能准确地喂料且对熔融区和造粒机头供料充足，可采用加大加料段尺寸的设计形式，如体积密度小的塑料废料如薄膜、纤维或泡沫塑料可以采用磨碎来再加工，随之用特殊设计的螺杆挤出或用压实器供料，或者利用磨碎热熔融和聚集微粒。标准的加工设备通常用来加工塑

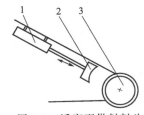

图 5-9 活塞型供料料斗
1—液压柱；2—活塞；
3—挤出机螺杆

料粒料，一般不用来加工粉料，而体积密度小的材料在这样的设备上是不能有效地加工的，只有采用供料料斗才能解决这个问题。供料料斗有两种类型，即活塞（通常气动的）型（见图5-9）和螺杆型（见图5-2）。两种类型的供料料斗都是将供应的材料压实，使其体积密度能适用于挤塑机的有效挤塑。

低密度材料的压实也可以在挤塑机的供料段完成。这种挤塑机供料段的直径比螺杆其余部分的直径要大。如果没有螺杆供料器，体积密度小的废塑料可以通过一个特别大的进料口进入大的第一段压实螺杆，然后材料被压缩进入直径较小的塑化螺杆，这种直径不同的螺杆组合对体积密度小的边角料产生的合适压缩比，使其有效地熔融材料并输送到造粒机或其他后续设备。

2. 全在线自动回收系统

在线全自动回收系统，现在多用于中速机边粉碎机、静音慢速粉碎机配套，与机械手搭配形成一套全自动的智能化装置。在线全自动回收系统有四大功能。

① 省时，30s内立即回收，不必等待集中粉碎，确保清洁，干净；

② 提高品质，水口料在高温取出后会遭受氧化、湿化（吸收水分）而破坏物性，30s内立即回收可减少物性强度，颜色光泽的破坏；

③ 省钱，因时间的缩短可避免污染混料所造成的不良率，可减少塑料人工、管理、仓储、购料资金的浪费与损耗；

④ 配有大功率风机及旋风分离器，能把料和粉末完全分离，保证所成型产品质量。

一般如图5-10所示为典型的在线回收系统的流程。加工设备如挤塑机、注塑机生产产品的同时也出现一些废料（注道残料和修边料等）。从产品中分选出的废料被输送到粉碎机中。如果必要，粉碎的材料要压实。为保证供料均匀，可装置贮料仓。把贮料仓中的材料运送到计量和混合设备中，和新树脂按预定的配比掺混，然后将掺混物喂入加工设备。

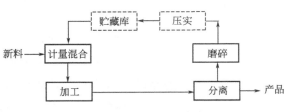

图 5-10 在线回收系统流程

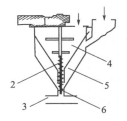

图 5-11 自动回收系统的供料机
1—传送系统；2—推进加料器/连接破碎机；
3—挤出机；4—落地边角料分隔段；
5—原料分隔段；6—混合和喂料段

美国加工中心公司（Process Control Cor-poration）制造的自动化边角料回收系统（ASR）是自动化在线回收系统的一个好例子，适用于体积密度小的材料，经常用于回收修整边角料和滚筒边角料。从薄膜生产线上连续拉下来的边角料用压缩空气输送到磨碎机中。滚筒边角料卷在简单的卷筒上，用滚筒式送料机将它输送到磨碎机中。从磨碎机经过送风机的落地边角料通过旋转分离被送入双格供料机中。落地边角料安排在双格供料机的上格，新料放在下格，见图5-11。推进加料机按设计速度计量落地边角料。新料靠自身重量通过推进加料器的翼和下部筒壁之间的间隙并和下部筒中的边角料混合。推进加料机将混合料输入挤塑机中。推进加料机的翼和下部筒壁之间的间隙很大，足以使新料以自身的重量在挤出量最大的速度下进料。如果再磨碎的料停止，新料将自动装满整个挤出机所需要的量。因此，在连续挤出中可不考虑再磨碎量的变化。

二、废塑料成套再生回收设备

废塑料再生回收处理的一般流程如图5-12所示。

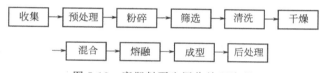

图 5-12　废塑料再生回收处理流程

各种来源的废塑料均认为是回收的潜在原料。从加工观点来看，这些废料可以分为4种情况：①从城市垃圾中回收使用过的塑料废料，这类废料含有普通的塑料混合物和大量的非塑料组成；②从可以回收的包装材料回收使用过的塑料废料，其中有牛奶容器和软饮料瓶，这种材料通常由一种类型的塑料组成，仅有少量的非塑料污物；③混合的工业塑料废料，获得这种原料一般采用从许多工业源中挑选出塑料废料，非塑料材料的量极少，其组成随再生次数而变化；④含有一种类型塑料的工业废料，通常塑料废料非常脏，带有非塑料材料或者在简单再生中已经降解了的废塑料。

1. 对废塑料再加工设备的要求

塑料废料的机械再加工是利用热塑性塑料废料的加工性能和专门设计的加工设备制造出新产品。在很多情况下，原料包含有各种塑料和非塑料的混合物。再加工机器必须能够使塑料混合物在高温时承受高剪切速度以缩短周期时间。为了分散得好，必须采用高剪切加工，掺混料的全部组分必须在熔融状态。当混合时，需要熔融高熔点组分的温度将使低熔点的组分降解，因此必须缩短滞留时间。另外，要求耗能低；原料的组成必须相当稳定以保证产品的性能；生产量要大，采用废料回收的经济性和用新料制造产品是完全不同的，对于回收产品来说，材料价格较低，而其他方面例如机器的使用寿命、辅助操作等管理费用是相当高的，高生产率可以使它的费用减至最小。

产品的选择是必要的，混合塑料的力学性能较差，生产出的厚壁产品要能被接受。这类制件的外观很差（灰色、颜色不均匀、表面粗糙）。用混合塑料废料制成的产品不能和塑料工业部门制造的正规产品相竞争。

2. 再加工混合塑料工业设备

再加工混合塑料，更具体说是家用废品中的混合塑料再加工的方法和设备。按照图 5-13 再加工混合塑料工业设备示意图再加工的方法，待再加工的物料在破碎阶段中破碎，在成团器中成团的同时用抽吸设备将挥发物吸走，而成团的物料在干燥通道上干燥。为了除掉妨碍物，如纸和灰分、细颗粒部分，特别是成团塑料中的细颗粒则被筛掉。再加工后的干燥方法，能够不用高能耗的湿加工步骤而制成适于工业再利用的高质量的塑料团块。

图 5-13　再加工混合塑料工业设备示意图

(1) 英国再加工制机　英国 Regal Packaging 公司研究的再加工制机：一般这种加工方法可回收混合的和带有达 50% 的纸、木屑、灰尘等被污染的热塑性废塑料。将粉碎的废料送入造粒机，制成均匀的粒料。气动系统将粒料送到再制机中，粒料经过钢带上的加热箱，在加热箱中熔融和熔合在一起，然后材料经过滚筒装置将其压实。在速度达 1m/min 时，可连续生产出宽 1.32m、厚 2~20mm 的板。这种热的和仍然软的薄板转移至液压机上，最终产品在冷模板之间形成。板的性能取决于材料，可以从硬到软变化。也可以成型成一种夹层结构（新树脂/废塑料/新树脂）产品，这种产品防水，能用来作栅栏、箱、廉价的制模板等。

(2) 日本三菱油化公司再加工回收机　日本三菱油化公司设计的特种挤塑机，是目前使用最广泛的，这种回收机一般是适用于脏的混合废热塑性塑料，如聚氯乙烯、聚乙烯和聚酰胺以及使用过的瓶和桶。可以加工弄脏的碎片料，例如剥离的含有铜屑的电线、带有标签纸的瓶，甚至砂石、碎玻璃以及其他杂物。在混合原料的组成方面限定：聚苯乙烯的含量必须少于 20%，以保持良好的韧性；硬聚氯乙烯的含量必须少于50%，以防止分解；聚氨酯可以和除硬聚氯乙烯之外的任何塑料混合，含量可达50%。原料应可以扩大到用50%的填料（如砂、金属屑、碳酸钙、纸、玻璃纤维等）。

该机的工艺基本上包括材料的准备、挤塑和成型。将废塑料在破碎机中磨碎并用压缩空气送到贮存室中，材料在此处进行干燥，使其湿度降至5%以下。用输送带将材料从贮存室送入回收机中，这种回收机包括一台装有90kW电动机的大挤塑机，螺杆直径25cm，长径比为3.75。在螺杆的计量端是一个直径约43cm的槽面锥形段（见图5-14），由于材料在锥形头部和机筒之间剪切而产生快速的熔融和均化。剪切速度可以用三个摩擦环来调整以改变筒壁和锥形头部之间的间隙。因为快速熔融，分解最少，熔体被输送至有脱气装置的贮料缸中除去挥发成分。一种立式螺杆活塞把材料卸到模具中。当模塑时，从挤塑机出来的材料是连续流动的，在更换模具时，转动系统只存贮材料，在比主螺杆输送速度快的情况下，将材料卸到模具中。最终产品可以通过挤料模塑、压塑和挤塑成型。挤料模塑是使用最广泛的方法，因为采用很低的压力，所以可用金属板或铝制成的价廉模具，装完料之后，将模具放入喷水槽中冷却，取出产品。空模具返回到回收机以便再装料。通常用20个模具。利用这种技术已生产出质量达45kg的非常大的制件。假如产品具有大的投影面积，或者需要优良的表面光洁度，可以采用压塑，将装好料的模具放在液压机上，熔体在受压下冷却。这种回收机借助挤出机还能生产连续型材，也适用于在速度450kg/h时挤塑实心的和管状的型材。回收系统的产量取决于原料的流动性能和磨细后的粒径以及产品的尺寸，这种方法的平均产量为每天4～6t（两班轮换）或每天加工7～11t（三班轮换）。最适合于回收机加工的产品是大而重的型材，可以代替木质或混凝土构件，且具有优良的耐气候和抗霉菌性，售价稍高于木制品的价格。回收机加工成的产品有电缆卷绕辊、农牧场栅栏、立柱、横栏杆、农业用桩、排水沟、铺路板、排水管、货物导轨等。

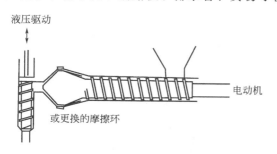

图 5-14　回收机的断面图

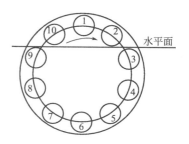

图 5-15　模架示意图

1—装料，由压缩空气闭合模具；

2—由压缩空气闭合模具；

3～9—冷却，由弹簧闭合模具；10—顶出

（3）荷兰再加工回收机　荷兰 Lankhorst Touwfabrieken 公司 Klobbie 设计发

明的，这种回收机一般是可以加工各种塑料废料，有时含有体积密度小的废塑料。装备有一个填塞供料器的料斗，将混合好的材料强制送入螺杆的进料段，通过高速（约 350r/min）的绝热挤塑机将材料均化和塑化。挤塑机不需外部加热，因螺杆的剪切作用已产生足够的热量，螺杆转速快导致良好的混合和缩短滞留时间。挤塑机将熔融塑料注入模具中，通常用 10 个模具，放在水平传动轴的模架上，为了减少模具的制造费用，采用外部水冷却。模具的顺序见模架示意图（图 5-15）。

该机模具装满料之后，从模具端部气孔处露出的材料触到微型开关，停止挤塑机螺杆转动，解除锁模压力，转动模架 360°驱动模具的锁模装置，启动挤塑机螺杆转动，首先到达装料位置，从模具中气动顶出模制件。自动的模具顺序使 Klobbie 回收机一次能操纵 10 个不同的模具，虽然可以模塑不同的制件，但所有的模具应具有相同的尺寸。Klobbie 回收机制造的产品有海港用桩、河床和海岸的防腐装置、电气护栏、通用栏栅、公路和停车场的标志杆。这类产品可以用一般的木加工工具来加工，而且具有防腐、防虫和防止海水侵蚀的性能。

（4）意大利 Revive 回收系统　Revive 回收系统由意大利 Cadauta 公司制造，适于回收家用和工业用废塑料。在紧接挤塑机出料下方的一个圆盘传送带上模具中，挤料模塑简单的制件；挤塑机也可装 1 个造粒模头进行造粒，供注塑、挤塑和压塑用料。可成型杆、管、包装箱和其他容器。

（5）德国 Flita 系统　该系统由德国 Flita GmbH 公司设计，采用一台偏心地安装在圆柱形混合箱中的滚筒式混合机。借助外部加热使材料熔融，通过剪切作用使材料均化，产品在隔板式压机上压塑而成。

（6）德国 Kleindient 公司 Remaker 再加工回收机　这种回收机由德国 Kleindient 公司制造，是一种适用于回收比较清洁的工业废塑料的挤料模塑机，包括一种特殊设计的塑化螺杆，已经用硬的或软的聚乙烯、聚丙烯、ABS 和聚苯乙烯制造成商业产品。混合的各种类型的装饰瓶已经通过这台机器成功地回收。因为在热滚筒中的滞留时间长，在加工含有聚氯乙烯的混合物时会遇到问题。

因为使用低压，只需要价廉的铝模，质量在 1～2kg 的较大制件可以在 Remaker 回收机上生产，对于截面积大、质量大而壁厚的制件以及不要求精确尺寸公差的制件效果最佳。用回收的聚氯乙烯或含有聚氯乙烯塑料的废料，在 Remaker 回收机上制成的产品有鞋底、空吸泵、隔离层、自行车座、自行车踏板、草坪割草机轮、门栓、自动制件等。

（7）国际有限公司再加工回收机　这种机器由 Reclamat 国际有限公司开发。Reclamat Tufbord 再加工回收机和 Regal 再制机相似，采用废薄膜和硬废塑料两种材料供料。将废薄膜磨碎并压实形成小的碎片，将碎片和炭黑在装有造粒模头的挤塑机中混合。粒料积附在加热的钢带上（粒料在钢带上熔融）。第二次供给的材料也是经造粒并积附在热的钢带上，两种材料复合成层状材料，表皮由回收薄膜制成，芯由回收的硬塑料制成。在连接钢带的 1800t 液压机上，各层相互连在一起，在钢带停止时，进行压制，可以生产宽 1.2m、厚 9～12mm 的连续片材。对于这种片材很容易熔合，用普通工具可以攻丝，或用热的气枪和 PE 焊条可使相互焊接。产品具有优良的抗冲击性和不吸水性。黑色的表面提供均匀的外观并且保护产品免受紫外线的作用。应用的产品有覆盖层、隔板、栅栏和镶板。

（8）日本制钢公司 Nikko 废塑料回收生产线　日本制钢公司开发（见图 5-16）。Nikko 废塑料回收生产线一般是一种实验性的塑料回收装置，每星期可以加工约 l0t 的废塑料。废塑料由住户挑选，用卡车运送到回收厂。垃圾袋中的废料是自动卸料的，由运输机送入破碎机，废料被切成段。为了保护破碎机不受到大的金属片的损害，每个装有废塑料的袋均自动称量，超过 0.9kg 的袋被拒收。

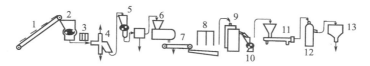

图 5-16　Nikko 废塑料回收生产线工艺流程图

1—自动化袋的供料机；2—破碎机；3—初步洗涤机；4—风选机；5—磨碎机；6—转动洗涤机；
7—滤网转换机；8—喷射漂洗；9，12—离心干燥机；10—挤出机；11—制粒机；13—粒料料斗

一般该公司提供的粉碎了的废料预先经过洗涤，然后送入空气分选机中，在二次粉碎机中将废塑料再次粉碎至很小的粒子，经风选、磁选除去金属铁。将在水中和去污溶液中洗涤并干燥的料送入涡轮磨中研磨，把磨得更细的料送到挤塑机中造粒。这种粒料含有 40% 低密度聚乙烯、10% 高密度聚乙烯、10% 聚丙烯、15% 聚苯乙烯、15% 聚氯乙烯和 8% 的热固性塑料，余下的 2% 是非塑料材料。这种混合物的力学性能很差，其拉伸强度只有 0.245MPa。采用注塑方法制成花盆。

（9）比利时 ET-1 回收装置　该装置由比利时先进回收技术公司开发，适用于杂质含量在 50% 以下的混合塑料。如废塑料中含有大量磨损性物质或塑料含量太低，则原料需清洗。设备的造价比较低，每台机器的年加工能力 750t。在 ET-1 法中，将原料倒在输送机上，在经过设于下方的磁铁时除掉金属铁。轻质成分送入致密机，重质成分送到磨碎机，然后将这两种料一起装入料斗，挤塑机在绝热情况下加工，不需外部加热，熔融区很短，故材料基本上不会降解。可成型加工成柱、杆和板材。

3. 废塑料生产线与再造粒设备

国内东莞市柯达机械有限公司的生产线有 ABS/PS 家电外壳破碎清洗回收生产线、家电外壳回收生产线、废旧机壳破碎清洗回收流水线、电视机外壳回收生产线、冰箱外壳回收生产线、空调外壳回收生产线、电脑外壳回收生产线、摩托车外壳回收生产线、汽车外壳回收生产线等。

一般塑料必须混合和造粒才能成型加工，而且通常需要和助剂或添加剂一起混合，因此使用过的废塑料在回收中的再造粒是特别重要的。最早使用的无排气装置

的单螺杆生产线已逐渐被淘汰而代之以效率高的单螺杆。这种改进促进了再造粒技术水平的不断提高和生产率持续地增长。在加工技术中可见到的相似改进：将原料磨碎混合，然后将薄膜、纤维和多股线压实。这种生产程序除能获得大量的挤出产品之外，还便于和新料或熔融过滤聚合物的混合，目前在德国造粒工厂的状况很好。用现代化高效的挤塑生产线有可能生产出高质量的粒料。在改进的设备中碰到的实际要求（图 5-17）与技术状况相吻合，全部机器都带有电气和电子的压实结构。

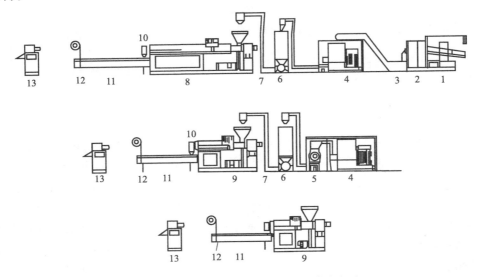

图 5-17　适用于塑料再造粒的不同设备的概念

1—输送带；2—辊隙；3—输送带；4—成团机；5—后段造粒；6—中间料仓；7—材料输送装置；
8—带有去挥发物装置的再造粒挤塑机；9—混合挤塑机；10—线料模头；
11—水浴；12—线料挤塑机；13—控制设备

（1）挤塑机　这种挤塑机是用可控硅控制、直流电机驱动的，可保持螺杆的速度精确和再现，而且在同一时间内可最佳地监控电动机。预先干燥的原料被送到主要的计量螺杆中（图 5-18）。

在加工回收料时，可以放入一个金属网，整个计量段由电控制并自动调整到加工需要的进料量，原料经过计量螺杆进入挤塑机的喂料区，挤塑机装备有一个可更换的套筒。套筒经预先冷却，通常保持指定的温度，这就显著地降低了成本和能量的要求。这种构面的、控制加热的喂料段还提供最佳的塑化和较高的产量。挤塑机螺杆的长径比为 35 : 1，并具有耐磨损的喂料段，设计成分段可变系统，因而几乎对所有的热塑性塑料的加工问题都能适应。为了完善生产必须排气，为此装备一个大的无压力料腔，形成一个大的熔体表面积，从而能很好地排出挥发物。

一步法抽真空通常能完成脱挥发物和良好的干燥以及使气泡从熔体中跑出。因

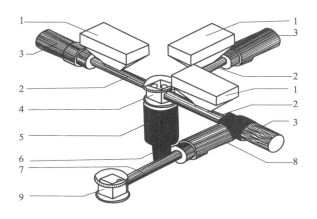

图 5-18 一种适用于熔融三种材料的计量螺杆的示意结构图

1—喂料斗；2—计量螺杆；3—计量螺杆的驱动；4—材料的熔融位置；5—混合料斗；

6—混合机出料口；7—主要计量螺杆；8—传动；9—机器出料口

此，挤塑机的料筒是由组合元件装配的。两步法也可脱去挥发物，允许设计成开口式的以便添加玻璃纤维或填料。为连续监控熔体的质量，在出料段装置有测量熔体压力和温度的传感器。

（2）换网器　在再造粒加工中存在的残留杂质用一个连续动作的两个槽结构的换网器将其过滤除去（见图 5-19），塑化的熔体通过两个槽到达圆柱形的筛网支持器（见图 5-20）。形成的压力可以调整，通过筛网的孔，可以得到所需的细度，假如必要，可使用多层筛网。使用矩形筛网可大大降低费用。环形熔体流从垂直于机筒轴的孔型换网器排出。线料的数量和直径影响压力的形成和熔体的流动性能。减小流动螺槽的截面，可增加均匀性和脱挥发物的比例。更换筛网不会中断生产，通过改变熔体流动方向，热塑性塑料被引入能自由流动的螺槽。之前用的筛网圆柱体由此变得无压力，使更换筛网非常容易。

(a) 用于熔体过滤的圆柱形筛网示意图

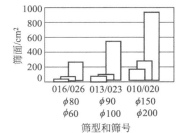

(b) 带有圆形筛网的造粒模头和带有矩形网筛的圆柱形筛的比较

图 5-19　挤塑生产线机
　　　　　头上的熔体过滤器

图 5-20　筛网支持器

（3）线料的造粒　用线料的质量可控制造粒的质量，表面质量、组分、光泽、颜色和除气泡的可能性均可在线料上连续检验。生产时，线料发生破裂是污物和外来杂质存在或者是熔体不够均匀所致。水槽的温度是精确控制的，因此到达造粒机的线料具有良好的柔软性。供料辊的机械装置使线料处于拉伸状态，用转动的刀片将其切割成均匀的圆柱形粒料。由于添加了辅助设备，刀片可以装到备用的转动体上并进行调整，转动体全部连续更换只需用极短的停机时间。线料造粒机是在低的、平稳的、可调整速度下转动，刀片在一个角度切割，噪声可低至极小。

为保证粒料的自由流道不受细纤维或未切割的粒料的阻塞，粒料要通过两个筛网，然后靠风力输送到自动操作的装袋机中。

第二节
国内废塑料回收利用机械

一、废塑料清洗设备

1. 塑料薄膜清洗机

大连星海塑料机械版辊厂研制生产的 S90-1 型塑料薄膜清洗机，其结构设计先进、紧凑、合理，性能好、产量高，是国内清洗薄膜最理想的设备，独家生产。其产量 120kg/h，比人工洗膜提高效率 25～30 倍。适用于废地膜、棚膜或其他薄膜的清洗（薄膜无须粉碎）。洗膜干净，无杂质，洗净率达到 95％以上。清洗后的薄膜适用于造粒和碾合以生产木塑（填充锯末等）、钙塑（填充碳酸钙等）制品。

2. S90-2 型碾合机

该机设计先进，性能好，产量高，是使用洗好的废地膜、棚膜填充锯末等进行碾合以生产木塑、钙塑制品的理想设备。其产量 46kg/h，用此机组碾合出来的填充塑料，可生产地板块、墙围板、天花板、各种灯具底座及不同规格接线盒和工业用各种型号的线车轴。

二、废塑料粉碎设备

南通市如皋塑料机械厂的 SCP-640A 型塑料破碎机为大型破碎设备，进料口尺寸为 800mm×600mm，较大的废塑料制品可直接投入机内进行破碎。该机可自动翻转机身及筛板，因而调试、维修及清理方便。为生产洗衣机、电冰箱、电视机外壳及塑料周转箱等大型塑料制品的大型注塑机配套设备。该机旋转体直径为 640mm，长度为 800mm，最大破碎量为 1500kg/h，电动机（Y250M-6）功率 37kW。

SCP-160B 型塑料破碎机是该厂生产的小型破碎机，现已批量生产。该机适用于塑料的次品及废品回收，注射浇口料等的破碎。该机转刀体直径为 160mm，长度为 220mm，电动机（Y132Ml-6）功率 4kW，最大破碎量为 150kg/h。

三、废塑料造粒设备

1. 大连星海塑料机械版辊厂聚丙烯废膜多功能造粒机组

该厂生产两种造粒机组。一种机组是 SZI-55/110×13（B）型废膜回收造粒机组（见图 5-21）。此机组不仅适合吹膜厂家用吹废的膜、塑料厂用边角余料造粒，而且也适合造粒厂家用废膜回收造粒。适合高密度聚乙烯、低密度聚乙烯、线型低密度聚乙烯、乙烯-乙酸乙烯共聚物、聚氯乙烯等废膜和聚乙烯、聚氯乙烯、ABS 等粉碎料以及高密度聚乙烯粉料的造粒。能造粉料是该厂造粒机的特点之一。造出来的粒料形状可与聚乙烯新树脂颗粒媲美。

图 5-21　SZI-55/110×13（B）型废膜回收造粒机组

另一种机组是 SZI-55/110×13（C）型聚丙烯废膜多功能造粒机组。此机组主辅机是采用（B）型机组，又增设了聚丙烯造粒装置。由于能生产多种塑料的粒料，亦称为多功能塑料回收造粒机组。其结构设计先进、紧凑、合理，性能好，产量高。

（1）用途　不仅适合废聚丙烯膜、废聚丙烯编织袋、聚丙烯粉碎料、聚丙烯粉料的造粒，而且也可用聚乙烯、聚氯乙烯、乙烯-乙酸乙烯共聚物、ABS 粉碎料、粉料、废膜造粒。

（2）特点

① 采用（B）型机组，装上水冷分离、风干等装置，即可造聚丙烯粒料，造出来的粒料形状与树脂厂生产的聚乙烯树脂颗粒形状相同，粒料系圆粒。

② 螺杆、机筒结构特殊。加大了压缩比，可以更好地喂膜；塑化效果好。

③ 螺杆、机筒采用优质合金钢——38 铬铂铝制造。工艺先进，加工精密，氮化处理，具有良好的硬度和耐磨、耐腐蚀性能。

④ 机头装有快速换滤网装置（不停机）。

⑤ 传动系统采用电磁调速电机控制；螺杆、切粒刀转速均可调节。

⑥ 单独设置电控柜。

⑦ 机组体积小，效率高。

（3）技术参数

螺杆直径 55/110mm；

螺杆长径比 13：1；

主电机功率 15kW；

螺杆转速 15～150r/min；

切粒电机功率 0.75kW；

铸铝加热器功率 6.8kW；

冷却风机功率 4.0kW；

水冷分离装置需功率 1kW；

最大产量约 40kg/h；

外形尺寸（长×宽×高）6000mm×2000mm×3000mm；

总质量约 2000kg。

2. 湖南衡阳市塑料机械厂 SMPZ-200 型塑料薄膜破碎造粒机组

SMPZ-200 型塑料薄膜破碎造粒机组主要适用于工农业废聚乙烯薄膜（厚度 0.01～0.1mm）的破碎、清洗、造粒。该机组具有造价低、生产效率高、功率小、结构紧凑、安装方便等优点。

该塑料破碎机适用于废塑料破碎。可通过更换筛板获得不同尺寸的塑料颗粒。

SCP-400 塑料破碎机用于将塑料剪切成边长 4～6mm 的颗粒料。硬板、硬管废料用本机破碎效果较好。

破碎硬聚乙烯层压板力大，该机组设有输送、破碎、清洗、脱水、风干、造粒等装置，供回收废塑料薄膜加工成粒料用。

该机组的主要技术参数：

最大生产效率 70～150kg/h；

造粒大小 1～6mm；

造粒周期 15～20min；

总机功率 164kW；

噪声 85dB。

3. 曲阜市圣鑫机械有限公司泡沫颗粒机

该泡沫颗粒机示意图见图 5-22。

该机器主要数据如下。

型号名称：600 型。

组成方式：卧式（平面）破碎机、挤出主机、挤出副机、大号切粒机、引风提

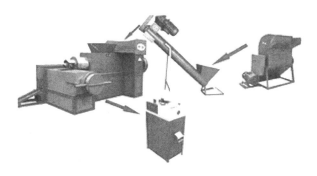

图 5-22　曲阜市圣鑫机械有限公司泡沫颗粒机示意图

升机、加热设施、下料设施、冷却设施。

产量：80～100t/月；

功率：18.5～22kW。

4. 北京华盾塑料包装器材公司废膜回收造粒机

该机可回收高密度聚乙烯，低密度聚乙烯，线型低密度聚乙烯和低密度聚乙烯或高密度聚乙烯的混合料。改变切粒及冷却方式还可回收聚丙烯、定向聚丙烯、复合聚丙烯废膜。回收低密度聚乙烯和线型低密度聚乙烯混合料的测试结果见表 5-2。

表 5-2　测试结果

测 试 项 目	回收低密度聚乙烯和线型低密度聚乙烯混合料测试结果	
拉伸强度/MPa	纵向	15.0
	横向	12.8
断裂伸长率/%	纵向	30.6
	横向	41.4
直角撕裂强度/MPa	纵向	7.3
	横向	8.5

（1）主要技术数据

螺杆直径分三级，小直径为 55mm，大直径为 110mm 锥体；

螺杆长径比 15：1；

螺杆工作长度 835mm；

螺杆转速 120r/min；

生产能力最高回收粒料 50kg/h（也可根据送料来决定产量）；

总功率 19kW。

（2）工作特点　废膜可以自动连续输送喂料，过载荷时喂料自动停止，负荷降低到指定数值时，喂送电机自动启动继续输送原料。此控制装置可以保证主机不会长期超负荷工作，使该机能正常运行，且使用寿命长。该机的切粒长度可以随意调整。

（3）功能　回收的塑料颗料再吹膜不影响薄膜质量。

（4）Z-55型废膜回收造粒机结构

① 回收低密度聚乙烯和低密度聚乙烯或线型低密度聚乙烯混合料的造粒机结构见图5-23。

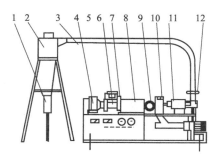

图5-23　造粒机结构示意图（一）

1—出料口；2—旋风分离器；3—风送料管道；4—主机减速箱；5—控制电表；6—送喂料装置；

7—自控温度表；8—螺筒；9—快速换过滤网手轮；10—风罩；11—热切；12—高压风机

② 回收PP、OPP、CPP废膜的造粒机结构见图5-24。

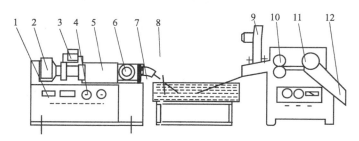

图5-24　造粒机结构示意图（二）

1—控制电表；2—主机减速箱；3—送喂料装置；4—自控温度表；5—螺筒；6—快速换过滤网手轮；

7—机头；8—冷却水槽；9—干燥风机；10—牵引辊；11—切刀；12—出料口

5. 佳木斯市轻工业机械厂SZJ80系列塑料造粒机组

SZJ80系列塑料造粒机组由SF220塑料粉碎机、水平"强制"供料装置、SJ65/28排气式挤出机、LS2000冷却水箱、贮料、SZ150切粒机组成，分为Ⅰ、Ⅱ、Ⅲ、Ⅳ、Ⅴ型，各型所采用的工艺过程和适用物料不同，可回收高、低压聚乙烯、聚丙烯等热塑性塑料编织袋、条、丝、膜的废料，制成再生料，也适用于线型聚乙烯（粉料）造粒。

各单机的技术特性及结构特点如下：

① SF220塑料粉碎机能粉碎各种塑料，如高、低密度聚乙烯和聚氯乙烯、聚丙烯等的各种管、板、膜（厚度在6mm以下），采用高压吸料装置，把粉碎成一

定规格的小薄片，经筛选、分离后送到贮料仓，破碎粒度8.5mm，生产能力80～100kg/h。

② SJ65/28排气式挤出机是塑料造粒机组中的主要设备，与机组配套使用，适用于高、低密度聚乙烯等各种热塑性废塑料的回收加工，最大挤出量80kg/h。

③ SZ150塑料切粒机与挤出机配合，将回收的高、低密度聚乙烯、聚丙烯、线型低密度聚乙烯废料制成透明的洁净颗粒，以便贮存再用。最大产量100kg/h。

6. 福建省塑料机械厂SFJ-55/100型塑料回收机组

福建省塑料机械厂设计制造，用于聚乙烯、聚丙烯废膜废丝回收再生。该回收机组是在国外先进技术的基础上经精心改进设计而制成的，因而具有一定的先进性。其创造性在于：在挤出系统的关键部位采用阶梯式锥形螺杆，头部设计了混炼元件，以提高塑化能力；机头配有快速更换滤网装置，可减轻劳动强度，提高生产率；切粒采用多盘式无级变速，可调整切刀转速，保证粒料规格的均匀。专用螺杆硬度大、强度高、使用寿命长且耐磨耐腐蚀，完全适应废塑料回收的工艺要求。该机组结构紧密、体积小、质量轻，安装和维修方便，出料均匀，排气性好，产品质量稳定。

该机组适用于聚乙烯废膜的热切回收造粒和聚丙烯废膜废丝的冷却回收，也可用于聚乙烯、聚丙烯粉料的造粒。

该机组技术指标：螺杆直径（异径）55/110mm；

螺杆工作长度826mm；

螺杆转速130r/min；

主电机功率15kW；

整机功率28kW；

生产能力55kg/h。

7. 哈尔滨塑料机械模具厂SQZ-90×25型塑料挤出造粒机组

SQZ-90×25塑料挤出造粒机组是塑料造粒专用设备，造粒产量（聚氯乙烯）150kg/h，粒料尺寸0.5mm×5mm

8. 资阳市大运塑料机械制造厂200型回收造粒机

该机组是在普通双螺杆废旧塑料再生造粒机的基础上，开发出适应性更强、技术要求更高的加大型（180型、200型）造粒机，见图5-25。该厂拥有双螺杆整体式造粒机，二、三分体造粒机，多分体双供料造粒机（组），废旧塑料泡沫再生机（月产量40～280t）等多个品种，设备均实现了分段自动、数字化控温。相应的配套设备有清机、破碎机、破碎清洗机、泡沫破碎机、甩干机、自动输（送）料机、生产线组套、自动拉丝切粒机等十余种。

9. 山西省运城市第二塑料厂Z-55型聚乙烯废膜回收造粒机

主要用于加工废旧塑料薄膜（工业包装膜、农业地膜、大棚膜、手提袋、编织

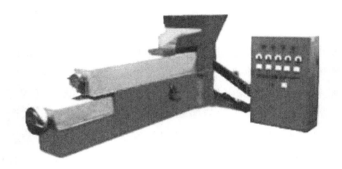

图 5-25　200 型造粒机结构示意图

袋、农用方便袋、盆、桶、饮料瓶、家具、日常用品等），适用于大部分常见的废旧塑料。

　　该设备是针对地膜生产中产生的废膜回收利用问题研制的。这种 Z-55 型造粒机，设计采用了轴向开槽锥形套筒、圆锥式变深变距组合螺杆、带弹性刀片的造粒机头、机械滑板式快速更换过滤网装置和吸送式风冷却装置，可将当班产生的废膜经过塑化、挤出、热切粒、风冷却工艺一次完成造粒过程。

　　(1) 造粒工艺　采用废膜→挤出→热切粒→风冷输送工艺，其流程示意图见图 5-26。

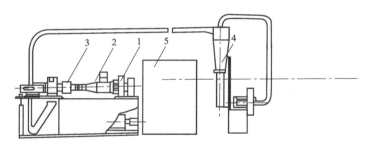

图 5-26　Z-55 型废膜造粒机组示意图

1—挤出系统，由组合螺杆和分段式机筒组成；2—传动系统，由 15kW 调速电机、
一级皮带传动和减速箱组成；3—造粒系统，由快速更换过滤网装置、机头、
端面旋转切粒刀和 0.6kW 调速电机组成；4—精送风冷系统，由风机、
旋风分离器、输送管道、压力门组成；5—电气控制部分

　　(2) 组合螺杆设计　由于废膜的几何密度小，带状废膜挤出时，薄膜不能全部充满加料段螺槽，所以要求螺杆的加料段有较大的输料能力，而压缩段应具有较大的几何压缩比。根据挤出理论得知：

　　① 生产能力接近于与螺杆直径的平方成正比关系。也就是说，直径的小量增加，将导致生产能力的大幅度提高。

　　② 在固体输送段，螺槽深度与输送能力接近于正比关系。

　　③ 挤出机螺杆的三个区段的工作能力必须均衡，才能达到螺杆的最佳工作

效能。

根据废膜的性质和挤出理论，设计的圆锥变距变深螺杆如图 5-27 所示。

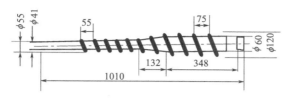

图 5-27　圆锥变深变距组合螺杆（单位：mm）

为了加大输料能力，加料螺杆直径选用 $\phi120$mm、螺槽深度选用 20mm。为了均衡螺杆三个区段的工作能力，在压缩段选用压缩比为 10。采用圆锥形式，螺杆外径由 $\phi120$mm 逐渐变为 $\phi55$mm，螺槽深度由 20mm 逐渐变为 4mm。均化段螺杆直径选用 $\phi55$mm，螺槽深度 4mm。

（3）机筒设计　在废膜造粒时，带状废膜容易缠绕在螺杆上而影响生产能力。为增大生产能力，必须加大机筒的切向摩擦力。为此，在加料段和压缩段开设 4 根轴向沟槽，见图 5-28。这样使物料迅速地沿机筒前进，形成带翼形的料塞，而不抱住螺杆，减少物料回流，使输送量增大。

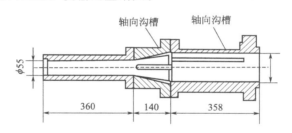

图 5-28　新型机筒（单位：mm）

根据螺杆的形状，料筒也必须采用圆锥形料筒。为便于机筒的加工制造，将料筒分成三段加工。采用分段式机筒也有一定的缺点，如难以保证各段的对中、法兰连接处影响机筒的加热均匀性等，但这些对废膜造粒影响不大。

（4）机械滑板式快速更换过滤网装置　在挤出机中用滤网对熔体过滤和净化。然而在机组长期运行以及对含杂质较多的物料加工中，过滤网终将被堵塞或被击穿，最后必须停车更换过滤网。人工更换过滤网后，将挤出机恢复到最佳工作状态是一个繁重而又费时的工作过程，往往需要几个小时，同时造成大量原料和能量的损耗。本机采用的机械滑板式快速更换过滤网装置见图 5-29。

在这个装置中，壳体的两半部用螺栓联结在一起，开有两个滤网孔的一块金属滑板用丝杠螺母传动，从一边驱动到另一边。因此，总有一个过滤网面处在熔体流中，而另一个则处在易于更换和清理的位置上，以实现快速的滤网更换。

快速更换过滤网装置能否正常工作，很大程度上取决于密封结构的可靠性。在

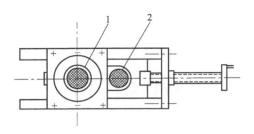

图 5-29　滑板式快速更换过滤网装置

1—工作滤网；2—备用滤网

高温和高压下为了防止熔体的泄漏，滤网装置必须保持动力机械密封。密封结构的设计除了要保证在操作时能自动补偿热膨胀和正常的磨损外，在零件的设计中还必须注意使零件具有适当的耐磨性和防止滑板和密封环发生咬死和擦伤。因此，在高温高压下的密封技术是任何过滤网自动更换装置设计的核心技术。本机采用一种聚四氟乙烯楔形自锁式密封结构，见图 5-30。

由于密封介质的压力使聚四氟乙烯楔形卷发生膨胀，引起轴向位移，在滑板和密封环之间产生预压力，这是自锁式密封结构的特点。在挤出过程中，由于聚四氟乙烯在高温下变软，因此，在机头熔体压力作用下楔形卷产生膨胀而伸出锥体，使与之配合的密封卷朝密封方向产生轴向位移。机头熔体压力越高，楔形卷和偶合面及机械滑动面贴得越紧，产生熔体的自锁密封作用，密封也就更有保证。这种自锁密封作用利用熔体本身的工作压力以自动增加密封面的比压，因此这种密封结构适用的密封压力范围很广。

10. 武汉塑料三厂废聚乙烯膜排气式挤出造粒机

采用废膜直接拉条料、冷却、切粒，一步即可成型造粒，其工艺流程如图 5-31 所示。

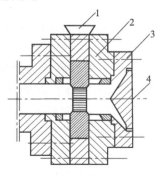

图 5-30　聚四氟乙烯楔形
自锁式密封结构

1—金属对金属接触；2—滑板；

3—密封环；4—聚四氟乙烯楔形密封圈

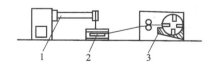

图 5-31　废膜回收工艺流程

1—排气式挤出机；2—冷却水箱；

3—环刀切粒机

主机：电机额定功率22kW；减速箱：双极圆柱齿轮减速箱，PM500；排气式螺杆：直径65mm，长径比（L/D）＝25，螺杆转速35～45r/min。排气式螺杆结构如图5-32所示。

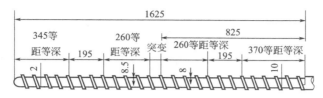

图5-32　排气式挤出机螺杆（单位：mm）

端面采用风冷式切粒机，螺头结构如图5-33所示。

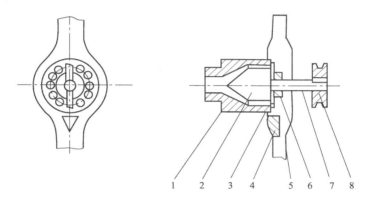

图5-33　风冷式切粒机螺头结构

1—模体；2—分流锥；3—切刀；4—空气分流块；5—风罩；6—刀架；7—传动轴；8—带轮

鼓风机吹起的冷空气，既对熔融颗粒起了冷却作用，又通过管道直接将物料送到贮罐。为了避免冷风急剧冷却引起的物料堵塞料孔，在进风口处安装一分流装置，迫使冷风沿风罩两侧箍前进，而不直接吹在出料口上，既冷却了物料使之不产生黏结现象，又不至于使模具温度下降太多。在模具端面安放1块热导率较小的隔热板（例如聚四氟乙烯板），还可以加大进风量，效果更好。

四、泡沫塑料造粒机全套设备

1. 泡沫塑料颗粒机

泡沫再生颗粒机是用于处理快餐饭盒、家用电器的泡沫包装等EPS泡沫（发泡粒），使之转变成PS聚苯塑料颗粒，这种再生塑料颗粒可制作各种文具、玩具及电器外壳。EPS泡沫的利用率达100%，生产过程无"三废"污染，该机具有很高的经济效益和社会效益。

它是将废旧泡沫制成了颗粒以便于再次回收利用的设备。

泡沫颗粒机的主机螺杆、料筒均采用高强度钢制造，经久耐用。采用锥形螺杆料筒，加快进料速度。采用主、副机配套生产，加热温度稳定，有效改善材料分子结构，增强透气性，颗粒质量高。

2. 泡沫再生造粒机的性能及特点

该机由粉碎机、自动上料机、主机、副机、切粒机组成一套，先将原料进行色度分类，以免影响质量，降低利润。

其工艺流程为：原料粉碎→自动上料投入主机塑化→副机挤出→水或风冷却→自动切粒→装袋。

主要技术参数见表 5-3。

表 5-3　泡沫再生造粒机主要技术参数

型号名称	组成方式	产量/(t/月)	功率/kW	价格/元
500	立式粉碎机、挤出单机、切粒机、提升机、加热设备、下料设备、冷却设施	30～50	18.5	9800
600	卧式（平面）破碎机、挤出主机、挤出副机、大号切粒机、引风提升机、加热设施、下料设施、冷却设施	80～100	30	19800
800	卧式（平面）地平式破碎机、挤出主机、挤出副机、大型牵引切粒机、引风上料机、配电柜、加热设施、下料设施、冷却设施	150～200	35	29800
1000	卧式（平面）地平式破碎机、挤出主机、挤出副机、大型牵引切粒机、引风上料机、配电柜、加热设施、下料设施、冷却设施	200～300	45	39800
1200	大型卧式（平面）破碎机＋立式破碎机、双挤出主机＋双下料机、大型挤出副机、大型牵引切粒机、双引风上料机、配电柜、加热设施、下料设施、冷却设施	300～600	60	89800

第三节
国外废塑料再生回收利用机械

一、美国 Envion 公司开发的废塑料回收设备

据悉，美国 Envion 公司开发的废旧塑料转换设备，该废旧塑料转换设备能将其内 82％能量转变成燃料。因此，该废旧塑料转换设备是非常有用的。同时，废旧塑料在转化的过程中，使用红外线能量对废旧塑料进行加热，使废旧塑料达到预先设定的温度。这一过程能够在不使用催化剂的情况下，消除废旧塑料内所含的碳氢化合物。

另外，废旧塑料在转变成燃料的时候，往往会塑料内的能量也会一同消失。该废旧塑料转换设备每年能够处理超过 1 万吨的废旧塑料（包括塑料瓶的瓶盖），每吨废旧塑料可产出 3～5 桶燃料。此外，每产生 1gal（1gal＝3.785dm³）的燃料，还需耗费 7～12 美分的电费。不过，具体废旧塑料转换成燃料的比率能不能达到 Envion 公司所声称的那样，还需进行进一步的观察。

二、奥地利 Erema 公司废塑料回收技术与设备

目前 Erema 公司的设备 RM 系统见图 5-34，该系列产品的技术数据见表 5-4、型号见表 5-5。

表 5-4　技术数据

RM 组合	RM60	RM60E	RM80	RM80E	RM120E
如聚丙烯-聚乙烯等聚烯烃塑料薄膜边角料的产量/(kg/h)	80～140	80～160	150～250	150～250	300～500
粉碎用电机功率/kW	22	22	30	30	75
螺杆传动机电动机功率/kW	18.5	33	30	45	110
粉碎鼓直径/mm	600	600	700	700	800
粉碎鼓的高度/mm	700	700	700	700	1000
螺杆直径/mm	80	80	95/80	95/80	145/120
螺杆的有效长度/mm	850	2000	1200	2800	2650
螺杆转速/(r/min)	135	160	160	170	120
螺筒的加热段数	2	3	2	4	4
加热功率/kW	6	12	12	24	24
料筒真空泵	—	3333Pa 25m³/h	—	3333Pa 56m³/h	3333Pa 56m³/h
尺寸					
长度/mm	2600	3800	3000	4600	5000
宽度/mm	1200	1200	1300	1300	1750
高度/mm	1800	1800	1900	1900	2500
挤塑高度/mm	883	883	883	883	1000

表 5-5　Erema 公司设备型号

型号	尺寸/mm										
	A	B	C	D	E	F	C	H	I	J	K
RGA60	9450	2900	2600	883	1980	1200	2300	4400	6300	1520	1460
RGA60E	10.800	2900	3800	883	1980	1200	3350	5450	6300	1520	1460
RGA80	9850	3000	3100	883	1980	1200	2700	4800	6400	1650	1460
RGA80E	11.400	2900	4700	883	1980	1200	4300	6400	6300	1650	1460
RGA120E	11.700	3800	5300	1000	2500	1700	5000	6600	6800	2000	1550

其从废塑料直接加工成高级线粒料的方法及加工步骤：

① 利用输送带并依靠粉碎装置、电动机安培计，自动地完成设备的供料。操作人员无需进行计量作业。

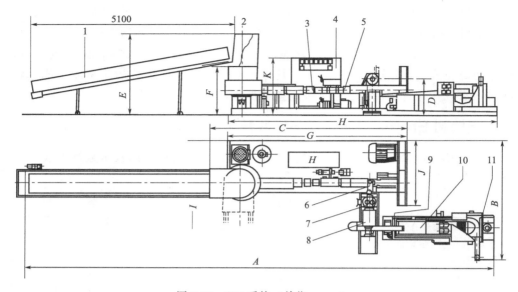

图 5-34   RM 系统（单位：mm）

1—输送带；2—粉碎鼓；3—控制箱；4—挤塑机机筒；5—真空装置；
6—模头接套——熔体压力指示器；7—换网器；8—切粒机机头——
热模口切粒；9—水循环泵；10—振动筛；11—离心机料

② 在粉碎装置中，原料要进行研磨、均质化、加热、干燥等加工，并为螺旋的最佳供料提供所需的动力，以及对粉碎电动机带动的粉碎机进行升温。

③ 挤塑机螺杆接收原料之后就进一步进行均质化、排气、塑化。接着为熔体过滤增加必要的动力，以克服换网器及切粒机头产生的阻力。

④ 现在原料流经滤网更换设备——用具有一种平衡效果的双滑动阀进行，并通过切粒机头离开塑化设备。

⑤ 规则的圆柱形和扁平形线粒料，输送入切粒冷却和干燥装置。

⑥ 最后的步骤是装袋。

RM 系统的 14 个优点：

① 大量地节省能量，与传统系统相比可节能高达 40％；②回收费用低，产量与投资成本间的价格比极高；③应用范围广——干净的或稍弄脏的薄壁、干的热塑性废塑；④是一种密闭系统，把 1 台粉碎装置与 1 台单螺杆挤塑机组合在一起，两者之间既不用输送也不必贮存；⑤操作简便，不用阶梯，占地面积小；⑥利用粉碎装置的电动机安培计自动进料；⑦连续加工，原料不必进行预切；⑧有丰富实践经验的螺杆结构设计；⑨双金属制的螺筒及经渗氮处理的螺杆，使用期限长；⑩利用 4 个切向喷射器达到高效的环形水冷却；⑪新研制成的换网器，由料流实现压力平衡的系统，与其他系统相比，滤网数量加倍，因而在更换滤网时，动力消耗减少，磨耗及撕裂也较低；⑫加工下列废塑料时，建议采用螺筒上配置排气系统的设备，

如聚酰胺、聚对苯二甲酸乙二酯、聚苯乙烯、丙烯腈-丁二烯-苯乙烯共聚物以及用于浓印花及发泡塑料废料；⑬维修保养费用低；⑭噪声级低。

总而言之，RM 设备提供均质、洁净、熔体过滤、无泡排气，并具有恒定体积密度的均匀一致的线粒料。

三、德国帕尔曼公司废塑料回收设备

该公司开发的 PAL. LMANN Plast-Agglomerator 成套设备可利用各种热塑性薄膜、纤维、泡沫塑料和织物废料或粉料混合物生产优质易流动塑料，添加剂及填充剂可混进任何给定的混合料中进行全自动化的连续操作。该公司可提供如下设备：压机下的粉碎机，压机旁的粉碎机，重型粉碎机，型材和管材撕碎机，废料压碎机，液压铡断机，纤维切断机，橡胶粉碎机，塑料附聚器系统，涡轮磨，粉碎系统，深冷磨碎系统。

四、法国 SMS 公司 Selarplast 废塑料再造系统

Selarplast 废塑料再造系统是法国 SMS 公司根据多种专利研制的一种独特的系统，对废塑料进行预处理，即洗涤、切割和干燥，使之变成能进行重新挤压的原料。

该系统体积小，结构紧凑，可用卡车或集装箱搬运，便于在废料多的地方工作。

一个数字足以显示这种技术的优势，即用 $4m^3$ 水就足以处理废塑料。

该系统设计简便，由经过试验的可靠设备构成，如潜水泵、液压圆筒机和机械部件，易损件少；占地面积小；能耗少，装机容量 70kW；非专业人员能操作，维修少而方便。其投资费和运营费适用于中小企业。

五、意大利废塑料回收技术与设备

意大利 F. B. M. 公司公司集研发、设计、制造、销售回收废膜的装置产品于一体，凭借国际领先的技术，在销售回收废膜的装置行业不断地开拓进取，发展壮大。F. B. M. 公司一直在研究和生产废塑料回收和再加工机械，特别是适于回收清洁的或肮脏的废塑料薄膜的机械。由于它的连续的技术研究，F. B. M. 已经生产出适于许多不同类型的塑料热切粒机，1979 年已制造出整套回收生产线，生产量 30～1500kg/h。

一种典型的适用于清洁薄膜的生产线的组成包括：磨碎机、换网器、模面切割装置和操作系统。

一般将废薄膜放入磨碎机，把它磨成片状粉末，同时使用放在磨碎机箱子下面的筛网。

通过排出装置和电吹风的风选，片状粉末被送到贮藏筒中，采用这种贮藏

筒，便于在生产停顿时能操作自如。使用特殊的自动排出装置，将薄膜的片状粉末风送至强制供料设备。通过最后排出系统和液压操作的强制送料螺杆，把薄膜的片状粉末送入挤塑机里。通过单螺杆，改进了塑化工艺。排气型的挤塑机装备有清除熔体中污物的液压换网器。在挤塑机生产不停的情况下，这种更换是有效的。

通过运载的特殊的喷水的模面切割机，最终的造粒工序是有效的。

成品粒料的完全干燥和规整使其能直接适于不同用途的回收材料的重复利用。

Tria 公司研制出一种回收废膜的装置。该装置的基础是大尺寸粉碎机，其低的部分位于凹点，而较高的部分被一个隔声的罩子罩住，重新造粒的物料被吹送到螺杆挤出机的料斗中，挤出螺杆安装在料斗底部，通过吹风系统转移物料，输送到清洗池。

物料离心分离后，流出的水再回到池子中而物料则被送到压实器中，用统计离心装置离心分离，从这里，被转移到流动床干燥器，干燥后送到第二造粒机的料斗中进行挤出再造粒。

Sochital 公司独创了一项回收薄膜的新技术。特别要指出的是：在传统的大多数加工设备中，由于摩擦和压缩生热，使得回收料熔融，而不是真正的烧结。这样，改变了物料的物理-化学性质，所得再生料不均一，使随后的深加工如挤出造粒困难。反之，在新工艺中，物料在生产线上被烧结，得到规则的颗粒，具有一定的相对密度，以及同新料一样的物理-化学和力学性能，能直接用普通加工机械成型加工。

回用干净的物料用传送带输送到旋转刮板磨中研磨造粒，然后，通过流水线和旋风分离器输送到仅由粒料烧结机组成的设备的"心脏"。物料致密，无需预压缩即可喂料。

在挤出工艺中，由向辊上、物料和模头外表吹入空气，产生涡流消除过热来控制物料的温度，保持物料在温和的条件下，在任何时候都未达到其熔融温度。

该设备的其他特性是具有很大的可调性（加工高密度聚乙烯薄膜的大型设备的生产能力从每小时 90kg～1700t），以及从一种塑料换到另一种塑料时无需作大的改动的可能性，设备功率 234kW。

Sorerna 公司用相关因素最优化计算了高杂质含量薄膜出现的概率，开发了一种新的预清洗方法。这种系统的最重要特性如下：

① 自动装料设备的可能性（直接带有打包脏料的部件），因此使工人接触污物减至最小；

② 加工方法的自动化以及在目前已有的任意洗涤设备上使用的可能性。

由于特殊的湿的磨碎机和带有可互换零件的排水分离机，使磨损减至最小。

特殊的切割角度使磨碎机稳固得足以破碎物料而不损害污染物质，可直接把这些污物排除掉。

预洗涤系统通常使用来自后续洗涤设备的过滤排出水，因此只是在一定程度上增加了水的消耗。

以污染物含量低的产品供给后续洗涤循环的可能性使得在洗涤生产线中降低了加工每千克产品的能量消耗，并且提高了最终的生产量。这种效益补偿了用于预洗涤的能量。

Peeviero 公司已经开发了直接在线回收双向拉伸聚丙烯薄膜边角料的全套生产线。在磨粉机上将侧面的边角料磨碎，破碎之后，靠压缩空气把料送到带有电子控制的自动操纵的磨碎机中，以便和新料混合。采用边角料和新料的自动供料系统，必须克服很多预料到的困难，因为和颗粒料相比，边角料很轻。

意大利 F. B. M. 公司已经开发出专门的磨碎机，适于生产薄膜时回收在线的薄膜边角料。在缠绕和跟踪控制例如用 γ 射线之前，暴露出的问题来自拉伸炉。在特殊形式的磨碎机中，将废弃的薄膜磨碎。

生产 6m 宽的 PP 吹塑薄膜的设备装备有 MU510L/AMSM 的磨碎机和适于输送粉料到贮料仓的压缩空气传送系统。例如，一家德国薄膜生产厂已装备有适于生产共挤塑阻隔膜的生产线和适于在线回收裁边 2m 宽的薄膜（两边的带子，每条宽 250mm）的 Previero 410A/S 粉碎机。使用压缩空气的输送系统，并具有 700kg/h 的最大生产率。这种再生粉料是和新料一起混合的。

当用压延机生产时，大量的边角料来源于开始生产时或改变操作时的片材。对此，增加了由切边产生的不可避免的边角料。

一种简单的系统能在压延机辊之间直接添加这些边角料。困难的操作是由于经常改变材料或颜色，因此用恰当的磨碎机磨碎边角料并用新料与其混合是较佳的方法。

由 Amut of Novara 公司提供的一条完整的回收生产线已在莫斯科地区建成，其产量为 800kg/h。它适合于清洗和再生。再生的材料如下：

① 聚乙烯农膜和普通膜。
② 用来装矿泉水、啤酒和软饮料等瓶的高密度聚乙烯箱。
③ 高密度聚乙烯和低密度聚乙烯的圆桶、桶、罐、槽和小容器。

一个提升器把块状物料喂入粉碎机中，进行第一次清洗加工，磨碎机减小了颗粒尺寸，进而进行第二道工序，把料压到洗涤槽。离心分离后，进流化床干燥以除去粉碎料中的过量的水分，然后为了贮存需要进一步干燥。如果需要，可重新掺混。掺混挤出包括必要的作为添加颜料和其他添加剂的辅助设备。自动滤网更换器是固定在挤出机上，以便原料在挤出造粒前把杂质挡住，而造粒是采用湿法切粒系统。最终得到的是干燥颗粒。

六、日本塑料复合回收装置

日本是世界上仅次于美国的第二大塑料生产和消费国，塑料年产量超过 1400 万吨，消费量近 1000 万吨，目前废塑料排出量约为 900 万吨，废塑料占生活垃圾体积的 30%~50%。日本国土面积狭小、人口稠密，一方面，日益增多的大量废塑料已不能再用焚烧或掩埋的方法处理，废塑料公害对日本大众的生存环境构成了严重的威胁；另一方面，日本资源缺乏，将废塑料作为资源加以回收利用，建立资源循环型社会已成为当务之急。

在日本塑料处理促进协会组织与支持下，日本吉翁公司与野殿废塑料处理中心协同组合研究开发了一种废塑料复合回收装置，流程见图 5-35。

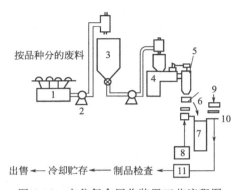

图 5-35　吉翁复合回收装置工艺流程图

1—计量配合；2—鼓风机；3—贮料仓；4—塑化机；5—注塑用贮料罐；6—模具；
7—冷却水模；8—合模；9—已冷却模具；10—传送带；11—开模取出样品

1. 日本吉翁复合回收装置

研究人员对该装置的前处理部分，如废塑料的收集方式、各种机器的性能以及经济上的合理性进行了研究试验，现将试验结果概述如下。

① 装置流程　该装置前处理部分。设计处理能力平均每日 5t。根据废塑料的种类不同，前处理的工序也不一。

② 粗碎部分　粗碎采用回转式冲击剪断压缩型破碎机，废塑料经运输带由上部送入料斗。运输带宽 60cm，能运送宽 80cm 的废塑料。运送带上部从料斗起到约 5m 处装有铁罩，用以防止被破碎的碎片飞出。废塑料的投入量用破碎机的负载电流进行控制。碎片从破碎机下部的清除器高速弹出，经溜槽落到铁制振动运输器上，再从倾斜度较大的运输带送去风选。破碎机和粉碎机工作时机器旁噪声达 100dB 以上，室内设置防噪声设施。由于粗碎时产生粉尘，还设有防尘措施。

日本久保 KE-100 型冲击剪断压缩式破碎机的技术数据如下。

	粗碎	风选	磁选	粉碎	密度分选	再生原料
无金属大型物	•———				•———	———
无金属小型物				•———	———	
含金属制品	•——•—		•———		•———	———
混入异物的粒料		•———	•———		•———	———
污染的无金属制品	•———	•———				———

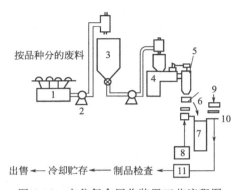

出售 ← 冷却贮存 ← 制品检查

形式：竖形圆环破碎式；

加料口尺寸：1300mm×1240mm；

转子转数：415r/min；

一次冲锤：2个；

二次冲锤：12个；

电动机功率：75kW；

破碎能力：每小时1～3t（随投入料大小、形状不同而异）；

机器设备面积：1400mm×2600mm；

机器高：4380mm（附加料斗）；

机器质量：约7t。

此机特点是：投料口大，进料方便；大型制品、块状制品、厚板等可直接投入；破碎比大，大型物、块状、厚板等可破碎至50～100mm以下；破碎部件的寿命长，结构坚固，少量铁片混入也无妨；机械拆卸检修方便。

聚丙烯、聚乙烯、高密度聚乙烯块状物经粗破后的粒度分布测定结果如表5-6所示。

表5-6　粒度分布测定结果

种　　别		块状聚丙烯/%	块状聚乙烯/%	块状高密度聚乙烯/%
粒度	φ40mm 以上	10.8	8.9	1.4
	φ25～40mm	23.1	36.6	10.9
	φ15～25mm	26.6	29.2	38.1
	φ15mm 以下	39.5	25.3	49.6
合计		100.0	100.0	100.0

2. 三菱油化双向拉伸聚丙烯薄膜（BOPP）制造技术和复合回收装置

三菱油化向匈牙利输出双向拉伸聚丙烯薄膜（BOPP）制造技术和装置、设备能力为4000t/a，可生产数种热合薄膜（涂复型和共挤出型）。三菱油化与三昌树脂共同开发的BOPP技术生产性高、质量好、牌号多样，对其共挤出型热合薄膜的技术评价高。此次输出系由三昌树脂（薄膜技术经验）、三菱重工业（薄膜设备制造）、三菱油化工程等共同协作，约两年后完成了工厂的设计、设备加工、装船、建设、开车指导。

如下介绍三菱油化设计的复合回收装置，系一特殊螺杆式塑化机，名为Reverser，该机的技术数据如下：

① 型号 MDA-255；②能力 250～500kg/h；③挤出机电动机功率 35kW；④其他电动机功率 1.15kW；⑤ 加热容量 55kW；⑥ 外形尺寸（长×宽×高）4255mm×2470mm×3000mm。

再生熔融机主要特点在于螺杆末端呈扩大的锥形体状，如图5-36所示。锥形体直径约为螺杆直径的1.5倍，提高了被熔融物的剪断速度。锥形体外径间隙，随着废塑料种类的不同,可改变配合环的直径进行调整。由于螺杆设有锥形体,挤出压力不能过高,最大为 1.47MPa。为了适应这一情况设有二次挤出部分。挥发物可从二次挤出部分上部逸出。螺杆的压缩比小于 2。由于螺杆螺距大,空隙也大,10mm 以下的异物可以通过。此外,对聚氯乙烯等容易分解的树脂,由于熔融时温度均匀,停留时间短(约 30s),可于偏高的温度进行处理。与相同能力的挤出机相比,电动机与加热功率消耗较低。

3. 三丰工业复合回收装置

三丰工业复合回收装置是该厂自己设计制造的,其工艺流程与熔融设备与三菱油化装置类似,可说是"土法"的三菱油化装置。该设备无粗碎与粉碎装置,除大块废塑料需人工锯开成小块状外,都可加入。该装置的简图如图 5-37 所示。

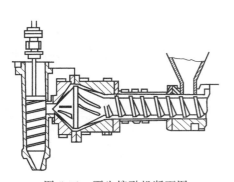

图 5-36　再生熔融机断面图

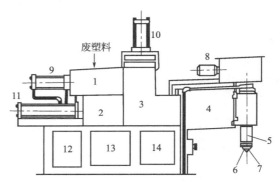

图 5-37　三丰工业复合回收装置

1—加料口;2,3—压缩部;4—预塑化部;
5—挤出部;6—模具;7—喷嘴;
8—挤出用电动机;9—油压缸 A(2 个);
10—油压缸 B(1 个);11—油压缸 C(15 个);
12—油压室;13,14—电源室

此装置的特点是物料投入口极大,一般废塑料都可装入。废塑料投入后经压缩部分压缩再向前推进到方形加热部加热,然后再由端部的竖式挤出机装置塑化挤入模具。挤出机上部可排气。

模具部分在图中没有列入,其特点在于模具装在履带式链条上,循环运转。链条根据工艺需要进行自动控制,从进料到冷却、脱模按程序进行生产。

目前废塑料熔融再生技术中还存在以下几个问题:

① 废塑料的分选问题。不同种类的废塑料的分离以及与其他物质(特别是纤维类杂质)的分离问题,虽然做了不少研究试验,有一定效果,但总的看来还没有过关。

② 洗涤问题。虽然已有了一些洗涤方法,但从洗涤各种被污染的废塑料的角度看,很多场合还不能洗涤干净,特别要求再生高质量的制品时问题较明显。

③ 破碎问题。破碎的最大问题是刀片的寿命，由于废塑料中含有种种杂质，刀刃磨耗很大，一般使用 3 个月左右即要求重磨。

④ 脱水与干燥问题。要求再生碎片的含水率不超 1%，实际上用现有的脱水方法只能达到 10%左右，经干燥后碎片含水率只能达到 3%左右。因此必须研究既有效又经济的脱水与干燥方法。

⑤ 再生塑料制品的标准化问题。由于废塑料的种类繁多，废旧与污染的程度不同，还可能掺入杂质等原因，再生制品的质量往往不能保证需要。为了提高质量保证需要，日本正开始制定再生制品的标准，例如，对废塑料制造的各种土建用桩类，已提出了标准草案。

第六章

废橡胶的处理与综合利用工艺及技术实例

第一节
废橡胶的分类与辨识及回收现状

一、废橡胶的分类与辨识

废橡胶是固体废物的一种，其来源主要是废橡胶制品，即报废的轮胎、人力车胎、胶管、胶带、工业杂品等，另外一部分来自橡胶制品厂生产过程中产生的边角料和废品。

（1）按原橡胶的来源分类 按原橡胶的来源，废橡胶可分为天然橡胶型和合成橡胶型。其中，合成橡胶型废橡胶又可根据其成分与结构分为丁苯橡胶、顺丁橡胶、氯丁橡胶、丁基橡胶、丁腈橡胶、硅橡胶、氟橡胶、聚氨酯橡胶等。

（2）按原橡胶制品用途分类 按原橡胶制品用途，废橡胶可以做如下分类。

外胎类：包括汽车轮胎、拖拉机轮胎、飞机轮胎、手推车胎、自行车胎等，主要使用天然橡胶、顺丁橡胶、丁苯橡胶等。

内胎类：包括汽车轮胎、拖拉机轮胎、飞机轮胎、手推车胎、自行车胎等，主要使用天然橡胶、丁基橡胶、丁苯橡胶。

胶管和胶带类：主要使用氯丁橡胶、丁腈橡胶、丁苯橡胶、顺丁橡胶、乙丙橡胶、天然橡胶、丁基橡胶等。

胶鞋类：使用的橡胶品种主要是天然橡胶、丁苯橡胶、顺丁橡胶、乙丙橡胶、硅橡胶、氟橡胶等。

工业杂品类：使用的橡胶品种主要是天然橡胶、氯丁橡胶、丁腈橡胶、乙丙橡胶、硅橡胶、氟橡胶等。

另外，废橡胶按其他因素还有如下几种分法。

按颜色：分为黑色、白色、杂色；

按刚度：分为硬质橡胶、软质橡胶；

按含量：分为纯橡胶制品、高含胶橡胶制品、低含胶橡胶制品；

按老化程度：可分为轻微老化制品、中等老化制品、重度老化制品。

用于再生的废橡胶，根据其含量，可以进一步做等级划分，如下所列。

外胎类：

一级　含天然橡胶比例大的充气轮胎的胎面胶；

二级　含天然橡胶比例大的充气轮胎，有两层以下缓冲层的胎面胶；

三级　含天然橡胶比例大的充气轮胎，胶层大于帘线层的胎体胶；

四级　含天然橡胶比例大的充气轮胎，胶层小于帘线层的胎体胶。

合成橡胶：含合成橡胶比例大的胎面胶及其胎体胶。

胶鞋类：一级、二级、胶面胶鞋胶、布面胶鞋胶。

杂胶类：一级、二级、软杂胶、其他杂胶。

二、废旧橡胶的回收利用现状

有效地利用废旧橡胶，是各国绿色环保组织和橡胶行业关注的课题之一。目前普遍形成的观点是：将其制成胶粉并利用于轮胎、胶管、胶带、胶鞋、电缆及建筑物材料等的生产中，已成为今后废旧橡胶利用的发展方向。

目前已回收利用的废旧橡胶主要有三个部分。一部分是废轮胎，占废橡胶总量 $60\%\sim70\%$；一部分是废胶带、废胶管、废胶鞋及其他废橡胶制品；另外一部分是橡胶制品生产过程中产生的边角余料和报废产品。

废旧橡胶的回收利用的最环保方法是通过机械方法将废旧橡胶加工成胶粉。

三、区别再生胶与硫化胶粉

《化工辞典》对再生胶的定义是：废旧的和磨损的橡胶制品以及生产中的废料经过处理再生而得的橡胶。而硫化胶粉就是硫化过的橡胶制品经过粉碎或碾磨等加工程序，使原橡胶制品成为粉末状的产品。

第二节
我国废橡胶综合利用现状与未来展望

一、天然橡胶现状简述

随着中国经济快速发展，橡胶在工业领域的应用范围不断扩大，我国已经成为全球橡胶制品加工生产的主要基地之一，云集了世界上橡胶制品生产的众多巨头；同时必然也成为世界上橡胶消耗大国。据中国橡胶工业协会提供的统计资料表明，2015 年我国天然橡胶、合成橡胶总的用量达到 850 万吨，生胶用量连续多年世界第一。

天然橡胶需求呈直线上升趋势，而我国的橡胶资源仅占世界总资源的 10％不到，每年橡胶缺口 60％以上，近 500 万吨橡胶需要进口，每年需进口天然橡胶 320 万吨、合成橡胶 180 万吨以上。

天然橡胶与石油、煤炭、铁矿石并列为四大工业原料，目前，随着经济全球化和区域经济一体化程度的加深，橡胶在全球范围内的供需格局发生了显著的变化。

二、正确处理废橡胶

我国是世界上最大的橡胶消费国，但又是一个橡胶资源匮乏的国家。正确处理废橡胶是循环经济推进我国橡胶工业科学发展的必然选择。中国废橡胶资源循环利用的产业链已经形成，主要由八个大的环节构成：橡胶资源开发—新橡胶制品制造—橡胶制品经销—橡胶制品使用—橡胶制品维修利用—橡胶制品报废—废橡胶回收—废橡胶再资源化等。

其中废橡胶的综合利用在我国主要表现为旧轮胎翻新、再生橡胶、废旧轮胎利用的环保和硫化橡胶粉四个方面。

1. 旧轮胎翻新

轮胎翻新是指旧轮胎经局部修补、加工、重新贴覆胎面胶后再进行硫化，恢复其使用价值的一种工艺流程。

为能最大限度地发挥废旧轮胎利用的有效性，国际上通常采用"先翻新，后报废"的做法。英国权威环保机构向世界发布的环评报告列举了废旧轮胎的各种处理方法，其中翻胎获得最佳分，在对环境的六大负面影响方面，翻胎影响最小。其结论是，轮胎翻新是有利于环保的最切实可行的方法。

2. 再生橡胶

1839 年美国和英国分别发明了橡胶硫化方法，从此，橡胶工业得到了迅速发展。随着橡胶制品需求量的增加及生产的扩大，社会上产生大量的废旧橡胶，如何利用废旧橡胶的问题逐渐被提到日程上。1846 年世界首次研制出再生橡胶。

1847 年国际上发明了在我国称之为水油法脱硫工艺，1923 年日本发明了油法脱硫工艺应用在再生橡胶生产。

我国的再生橡胶工业最早出现在 20 世纪 30 年代初的油法脱硫工艺。直到新中国成立前夕，仍停留在小作坊手工操作的水平上。

作为对有限的橡胶资源的补充和对橡胶废弃物的利用，废橡胶综合利用行业的历史源远流长。尤其是新中国建立以后，在资源紧缺的计划经济时代，我国曾经有过用 20t 大米换取 1t 进口天然橡胶的历史，那时再生橡胶也被作为三类战略物资受计划控制，得到高度重视。

尽管我国再生橡胶的生产可以一直追溯到 20 世纪 30 年代，但在 1990 年以前，国内再生橡胶生产基本停留在油法、水油法等 50 年代的技术水平上，生产工艺、装备几十年不变。其中，油法因产品质量低、生产不稳定而逐渐被淘汰；而水油法工艺虽优于油法，但生产中产生大量工业废水严重污染环境，造成二次污染。随着社会对环保要求的提高，以及废橡胶中合成橡胶比例的增加，再生橡胶生产污染严重、能源消耗高、生产效率低等弊端，已经成为阻碍废橡胶综合利用行业发展的瓶颈，当时国家也明令规定禁止再建新厂。

在再生橡胶行业发展面临何去何从的关键时刻，1990 年，原化工部橡胶司和中国橡胶工业协会根据对国外再生橡胶工艺的考察，并结合国内的生产现状，果断决定由中国橡胶工业协会再生胶分会（废橡胶综合利用分会的前身），组织开展"废橡胶动态脱硫新工艺技术"的攻关试验，由当时的合肥环球橡胶总厂、沈阳再生胶总厂和天津再生胶厂共同承担。1991 年，该项目被列入化工部科技攻关项目；1992 年，该项目又被列入国家科委星火计划项目。经过 3 年多的攻关，"废橡胶动态脱硫新工艺技术"终于研制成功，并于 1994 年通过了原化工部科技鉴定。该项目主要由胶粉快速搅拌机、动态脱硫罐、载热体燃煤炉和尾气净化装置组成，其中载热体燃煤炉采用导热油为介质，不但满足了生产需要，还可节约能源 1/3。原化工部和中国橡胶工业协会随即向国内外推广，该项新技术同时也被列入化工"九五"规划，当时就被国内多个省市引进。"废橡胶动态脱硫新工艺技术"彻底改变了我国落后的、污染严重的再生胶生产工艺，推动了废橡胶综合利用行业的再次发展，同时，这项技术还走出了国门，为世界废橡胶综合利用事业也作出了贡献。

当时测算，全国再生橡胶总产量为 30 万吨左右，如 2/3 采用"废橡胶动态脱硫新工艺技术"，每年可节电 9516 万千瓦·时、节水 552 万吨、节煤 8.18 万吨，直接节约成本 4793.4 万元。目前，我国再生橡胶生产已有 90％以上采用"动态脱硫"工艺。2007 年我国再生橡胶产量为 220 万吨，按其中的 90％即 198 万吨计算，采用动态脱硫生产再生橡胶工艺，与原来的水油法相比，仅 2007 年一年，节电就达到 94208.4 万千瓦·时、节水 5464.8 万吨、节煤 80.982 万吨，直接节约成本 106623.0623 万元。

此外，2007 年我国利用废橡胶生产 220 万吨再生橡胶，就为橡胶工业弥补了 70 万吨以上的橡胶替代品，超出了海南、云南全年天然橡胶产量，相当于我国天然橡胶全年产量的 120％，同时减少了 2007 年当年 300 万吨以上废橡胶固体废弃物的堆积，而支撑这一产业得以快速健康发展的就是我国具有独立知识产权、自主创新"动态脱硫"再生橡胶生产技术。

再生橡胶，多少年来已经定位为橡胶工业中主要原料，是三胶中（天然橡胶、合成橡胶、再生橡胶）的其中一胶。1930 年世界确认了再生橡胶不仅是生胶的代用品，而且是优秀的配合剂，它不仅具有良好的工艺性能，而且有较好的物理机械性能，根据橡胶烃和其特有的合成胶成分的恢复含量分别替代部分天然橡胶和合成橡胶。我国目前已可以根据废橡胶的橡胶烃和不同的合成胶成分，分别生产出轮胎再生胶、胶鞋再生胶、杂品再生胶、浅色再生胶、彩色再生胶、无臭味再生胶、乳胶再生胶、丁基再生胶、丁腈再生胶和三元乙丙再生胶等，用于替代不同类型的橡胶满足橡胶工业的需要。当年，我国发展再生橡胶的初衷就是为了弥补橡胶资源的不足。依据我国橡胶资源现状，以 3t 再生胶替代 1t 天然橡胶的现实仍将延续。新中国成立以来，废橡胶利用行业回收利用废橡胶 2000 多万吨，累计为社会创造产值 400 多亿元，节约橡胶 600 多万吨。应该说，再生橡胶在解决"黑色污染"和橡胶工业的循环经济中功不可没。

3. 废旧轮胎利用的环保

在再生橡胶生产过程中，排放的尾气中含有大量水蒸气和少量胶粉粒子，还含有硫化氢、苯、甲苯、二甲苯等微量有害气体，造成环境污染。针对再生橡胶动态脱硫工艺尾气的污染问题，昆明理工大学和昆明凤凰橡胶有限公司联合研制开发的用生物法废气净化技术。能够有效地净化治理废橡胶脱硫再生低浓度有机废气。对废气中的苯及甲苯的平均净化率分别可达 90% 以上，实现达标排放。

江西国燕橡胶有限公司用 3～4 年时间研制成功"再生橡胶生产工艺尾气净化技术和装置"采用吸收和燃烧法净化有害气体和粉尘，有效地解决了再生橡胶生产产生的尾气净化的难题。该技术采用余热回收，吸收硫化氢，气液分离，尾气焚烧的技术路线是可行的，实践结果表明能节约能源，工艺尾气达标排放，有明显的经济效益、社会效益、环境效益。昆明凤凰橡胶有限公司、江西国燕橡胶有限公司针对本公司的再生橡胶的生产，分别研制和推广了生物法和物理法对"废橡胶动态脱硫尾气净化装置"以及脱硫罐口尾气吸收装置进行吸收处理，并且带动对胶粉粉碎车间清洁卫生的粉尘回收治理等配套装置。

目前，我国再生橡胶的生产状况与发达国家恰恰相反，正因为我国有着在国际上生产成本最低、效果最好的自主的再生橡胶生产支撑技术和自主的环保配套支撑技术。我国再生橡胶才处于稳定发展阶段。

4. 硫化橡胶粉

硫化橡胶粉，是指硫化橡胶通过机械方式粉碎后变成的粉末状物质。硫化橡胶粉的产生和使用，根据世界上的经验是在再生橡胶产业不景气的情况下，为了处理日益增长的废旧轮胎和废旧橡胶而利用的一种方式。

第二次世界大战爆发不久，各国生胶都变得非常缺乏，为了弥补生胶的不足，各国都大力增加再生橡胶的生产。与此同时合成橡胶开始在一些国家相继投入工业化生产。

由于大量生产合成橡胶，特别是出现了充油丁苯橡胶，夺去了大部分再生橡市场，几个发达国家的再生橡胶生产量、耗用量逐年下降，再生橡胶的地位已从橡胶代用品降低为胶料的配合剂。由于再生橡胶耗用量的大幅度下降，工业发达国家的废橡胶大量积压，造成环境污染。由于以上原因，工业发达国家的废橡胶利用重点已从再生橡胶转向制造胶粉和开辟其它利用领域，这就是欧美国家胶粉制造工业发达的根源。

硫化橡胶粉的应用可以追至 1853 年，美国胶鞋制造业把这些废胶鞋和水经造纸机粉碎后，用开炼机将胶粉均匀地混入橡胶中，作为填充剂来制造胶鞋，并且取得了胶粉制造和使用方法的专利。

胶粉的应用，在我国已经有 50 多年的历史。我国生产再生胶的企业，都是胶粉生产厂。国内从东到西、由南到北，在行业已经有了众多规模的胶粉生产企业，他们一面在从事再生胶的正常生产，一面在培育和探索胶粉的市场，企业每年生产几千吨到几万吨的产量不等。

三、展望未来——废旧轮胎的综合利用

废旧轮胎和废旧橡胶的综合利用节约资源、有利于环保、利国利民，是进行循环经济的必然。在我国，正是由于国家和政府的一贯重视和中国橡胶工业协会的正确引导，以及废橡胶综合利用企业几代人坚持不懈的辛勤耕耘，我们国家才彻底避免了国外政府头痛的黑色污染和废旧轮胎堆积如山的局面，并且使废旧轮胎和废旧橡胶在我国成为一种紧缺资源在循环利用。

"实践是检验真理的标准"，毕竟我国尚有大量可以替代原料胶（天然橡胶和合成橡胶）的再生胶生产原料，并且还有国际上生产成本最低、效果最好的我国自主的再生胶生产支撑技术和自主的环保配套支撑技术。同时随着我国橡胶工业由世界大国走向世界强国，节能降耗，大量使用循环经济的利用资源是一种必然选择，特别作为我国特有的再生胶产品，它的使用可以部分替代天然橡胶和合成橡胶，可以达到降低生产成本，促进废橡胶的循环利用，同时避免了"黑色污染"。

我国的废橡胶综合利用不仅仅是废物利用、变废为宝，而且还是与世界资源循环经济紧紧连在一起，是不可分割的重要组成部分。目前我国废橡胶综合利用率已达 65％以上，已接近世界发达国家的水平。根据我国国情，废橡胶利用的主要途径是从再生橡胶生产，逐步向培育和发展硫化橡胶粉方向发展。再生橡胶生产目前仍是我国废橡胶利用的主要途径，占全国废橡胶利用总量的 90％；硫化胶粉由于具有的特有性能和用途，其应用领域仍在开拓中。伴随着橡胶工业的发展，我国废橡胶综合利用行业近年来也取得了突飞猛进的发展。2007 年，我国再生橡胶产量达到 220 万吨以上，位居世界第一，培育发展的硫化橡胶粉产量也达 25 万吨以上；不包括旧轮胎翻新，废橡胶综合利用率已达到 65％以上。而支撑这一产业发展的是我国具有独立知识产权的自主创新技术："动态脱硫"再生橡胶生产技术、再生橡胶生产工艺尾气净化技术和装置及废旧轮胎的常温粉碎技术。

"科学技术是第一生产力""创新是民族进步的灵魂",在 20 世纪 80 年代末,当时领导我们行业的化学工业部橡胶司和中国橡胶工业协会,针对我们废橡胶综合利用行业的工艺落后、环境污染严重的情况,进行了决策性的工艺革命,组织和领导了废橡胶综合利用再生橡胶根本的创新,我们没有走国外的高温高压用高压锅炉产生高压蒸气进行脱硫的动态脱硫工艺,而是开创了中国式的自己摸索出来的动态脱硫工艺。经过国家立项、政策和资金的支持等各项多元化努力,行业组织的会战,基本淘汰了水油法、油法这两种落后、污染的再生橡胶生产工艺,开创了动态脱硫的新天地。

21 世纪前 15 年,随着我国橡胶工业的发展,加速了我国推广和应用动态脱硫生产再生橡胶的进程,使动态脱硫成为生产再生橡胶的唯一选择,由于动态脱硫的效率快速、节能明显、投资回收期短,从根本上促进了再生橡胶的飞跃发展,使我国的再生橡胶产量在短短的几年内翻了几番,这就是我国废橡胶综合利用中再生橡胶的动态脱硫新工艺,符合我国废橡胶综合利用中再生橡胶生产的国情,是行业科技进步的具体表现。

四、再生胶、胶粉的市场价值及发展前景

目前,我国废橡胶利用主要分为三大块:轮胎翻新、胶粉生产、再生胶生产。其中,发展最快的是再生胶产业,其利用的废橡胶已达到总利用量的 80%。

再生胶在我国废橡胶利用领域脱颖而出,必然有其存在价值:一是再生胶本身具有良好的性价比,一些普通橡胶制品可以单独使用再生胶生产,天然橡胶中掺用部分再生胶后能有效改善胶料的挤出和压延性能,而指标影响很小;二是与业内企业的努力和自律密不可分。过去谈到再生胶就必然联想到二次污染,这也是国内某些观点反对发展再生胶的原因。通过近几年技术革新,再生胶生产工艺由原来的水油法、油法变成现在的高温动态法,废气实现了集中排放、处理、回收,基本实现了无污染、无公害化生产,生产技术达到国际先进水平,并且正向绿色环保方向迈进。最近中国橡胶工业协会颁布了由废橡胶综合利用分会起草的《废橡胶综合利用行业安全环保清洁生产自律标准(试行)》,必将促进再生胶行业的健康发展。

我国再生胶伴随轮胎工业发展而发展,废轮胎是再生胶生产企业的主要原料,占总利用量的 60%~70%。同样,绿色轮胎的发展也需要再生胶生产企业的支持,再好的轮胎,经过几次翻新后终究要废弃,其绿色意义也必然大打折扣。再生胶和胶粉可作为新型环保原料应用于绿色轮胎生产,有效降低轮胎制造成本,节约资源,并赋予绿色轮胎更丰富的内涵。近年来,我国废橡胶利用产业得到了长足发展,技术、质量有了质的飞跃。

目前,我国有许多技术处于国际先进水平。一是再生工艺全面革新,已全面推广使用高温动态脱硫工艺,产品质量、环境质量和生产效率明显提高。二是配方技术革新,应用无污染软化剂生产的再生胶得到了美国、日本等发达国家的认可,其

气味低、颜色不迁移，完全符合相关的环保要求；橡胶再生活化剂的开发步伐明显加快，有效缩短了橡胶脱硫时间，提高了脱硫效果；无油再生技术也得到迅速发展，如一些合成橡胶在再生过程中不需添加任何软化剂，再生产品完全达到质量要求，从而有效节约了石油资源。三是环保技术革新，新型环保再生技术不断开发成功。这些彻底杜绝了橡胶再生过程中的二次污染，有效促进了再生胶产业的健康发展。

近年来，再生胶和胶粉产品细分化程度越来越高，如普通轮胎再生胶，其强力达到 9.5MPa 以上，伸长率达到 390％以上；无污染系列再生胶，采用无污染软化剂或气味消除剂生产而成，气味低、产品颜色不迁移，符合环保要求，发达国家需求量逐年递增；彩色系列再生胶，可用于生产彩色类橡胶制品，市场需求巨大；丁基类再生胶，由于世界丁基胶总产量有限，其价格成倍增长；其他特种再生胶，主要有三元乙丙橡胶、丁腈橡胶等，用户需求逐年递增。

胶粉成套设备生产出来的产品广泛应用于橡胶化工、轮胎制造、交通、建筑、塑料和橡胶制品等领域，均能保持产品质量，并大幅度降低产品成本。胶粒粉工业是废旧轮胎资源综合利用的方向，是一个技术含量高、市场潜力大、具有广阔市场前景的新兴工业，是集环保与资源再生利用为一体的很有发展前途的回收方式，也是专家提倡发展循环经济的最佳利用形式。在此基础上利用生产再生胶的机械设备，把胶粉进行深加工，制成再生橡胶，进一步扩大了废旧橡胶利用空间。

五、中国废橡胶综合利用有创新思路

目前，中国橡胶工业协会废橡胶综合利用分会正在通过不懈努力，争取国家优惠政策和宏观调控到位，以品牌战略提升行业形象，扭转遍地开花格局，同时辅以技术进步消除目前较为严重的二次污染并提高产品质量，以优质产品打入国际市场，以避免国内行业趋于惨烈的竞争。

中国 2012 年橡胶消耗总量已接近 420 万吨，超过世界第一的美国。与此同时，废橡胶产生量也名列世界首位。这对废橡胶综合利用行业提出了新的、更高的要求。

对于废橡胶综合利用行业经多年发展仍无法与其应拥有的地位相匹配，业内人士的共识是缺少国家政策支持，该行业今后将倾力争取税收优惠、技术方面的国家立项和宏观调控。

对于目前较严重的二次污染问题，根本原因并非国内没有环保技术或不过关，而是遍地开花的小企业没有能力配套相应环保处理装置。只要宏观调控到位，行业内坚持实施品牌战略做大做强，难题自会不攻而破。

此外，十分严重的恶性价格战普遍存在于废橡胶综合利用行业。即使是一段时期以来天然橡胶、合成橡胶价格一路飙升，胶粉和再生胶等价格仍在不断跳水。对此，除寄希望于国家治理整顿到位，根据国内所在企业——被称作行业排头兵的江苏南通回力橡胶集团有限公司的成功经验，中国再生胶等产品质量标准高于国外标准要求，是有竞争优势的，要把目光投向国际市场，争取早日实现以优质产品出口创汇。

第三节
废旧橡胶再生利用生产技术与方法

一、再生胶的概述

以橡胶制品生产中产生的已硫化的边角废料为原料，加工成有一定可塑度、能重新使用的橡胶。随所用废胶不同，再生胶可分为外胎类、内胎类、胶鞋类等。再生胶能部分地代替生胶用于橡胶制品，以节约生胶及炭黑用量，也有利于改善加工和橡胶制品的某些性能。再生过程是废胶在增塑剂（软化剂和活化剂）、氧、热和机械剪切的综合作用下使硫化橡胶的部分分子链和交联点断裂的过程。软化剂起膨胀和增塑作用，常用的有煤焦油、松焦油、石油系软化剂、裂化渣油。活化剂能缩短再生时间，减少软化剂用量。常用的活化剂为芳香族硫醇及其锌盐和芳香族二硫化物。

生产过程分为粉碎、再生（脱硫）和精炼三个工序。粉碎工序包括废胶的切胶、洗涤、粉碎，去除金属和纤维。精炼工序包括捏炼、滤胶和精炼等。再生工序常用油法或水油法。油法是将废胶经拌油送进卧式蒸汽罐中加热再生。水油法是在带有搅拌器和高压蒸汽夹套的罐中，装入温水、软化剂、活化剂和胶粉，在搅拌下加热再生。水油法产品质量较好，生产效率较高，是目前再生胶的主要生产方法。一些特殊橡胶如丁腈橡胶、丁基橡胶、硅橡胶、氟橡胶等，另有专门的再生方法，不能与通用橡胶混杂在一起。除上述传统再生方法外，正在开发将废胶冷冻粉碎，制成不同颗粒大小的橡胶粉，直接用作橡胶的填料，这是利用废胶的一种新途径。

1. 再生胶性状

深褐色至黑色黏稠液体或半固体，主要成分是愈疮木酚、甲酚、甲基甲酚、苯酚、邻乙基苯酚、松节油、松脂等，沸点范围 240～400℃，闪点 77.72（闭杯），不溶于水，能溶于乙醇、乙醚、氯仿、冰醋酸、挥发油、氢氧化钠溶液等。

包装：用铁桶包装，容器清洁，桶盖严密，每桶净重 200kg 或袋装每袋 3.5kg。

贮运：贮存在阴凉、通风处，远离火种、热源。搬运时轻装轻卸，防止包装破损。危险编号为 9-8017。

来源：用松根干馏原油和木松香残渣经蒸馏制成。

规格：ZBG16001—86。

指标名称	1 号	2 号	3 号
恩氏黏度（C100mL；85℃）/s	180～250	251～350	351～450
相对密度 d_4^{20}	1.01～1.06	1.01～1.06	1.01～1.06
挥发分/%≤	6.50	6.50	5.5
灰分/%≤	0.50	0.50	0.50
酸度（以乙酸计）/%≤	0.30	0.30	0.30
机械杂质/%≤	0.03	0.03	0.03

2. 再生胶用途

主要用作橡胶制品的软化剂。对橡胶制品的作用：对炭黑的胶料有很好的软化分散作用，增加胶料的黏性，使胶料柔软光滑，并能提高制品的耐寒防焦缓化性能，另对噻唑促进剂能起活化作用，增加各配合剂的作用。对再生胶的作用：黏稠的松焦油吸含其他的再生剂，其间的小分子能均匀渗透到含有结构硫的橡胶的大分子中间，使其溶胀，网状结构松弛，增加了分子链间的距离及氧的渗透，另外还可作为自由基的接受体，有抑制凝胶化的作用，还有助于活化剂向橡胶基质扩散加快再生过程，并能提高再生胶的黏性和可塑性，且污染较小，工艺性能好。也可作氯丁二烯等单体的阻聚剂、涂料防腐防水材料、兽药等。

二、利用废旧轮胎加工的胶粉

利用废旧轮胎加工的胶粉可以取代部分新橡胶，弥补国内橡胶的巨大缺口，为国家节约大量外汇。同时可以降低橡胶行业的原材料成本，大幅度提高企业的经济效益和社会环境效益。

三、胶粉的制造方法

废橡胶的预加工。废旧橡胶制品中一般都会有纤维和金属等非橡胶骨架材料，加之橡胶制品种类繁多，所以在废旧橡胶粉碎前都要进行预先加工处理，其中包括分拣、去杂、切割、清洗等加工。对废旧橡胶还要进行检验、分类，对不同类别、不同来源的废橡胶及其制品按要求分类，最理想是采用回收管理循环方法，根据废胶来源有目的地进行处理。对于废轮胎这类体积较大的制品，则要除去胎圈，亦有采用胎面分离机将胎面与胎体分开。胶鞋主要回收鞋底，内胎则要除去气门嘴等。

经过分拣和除去非橡胶成分的废橡胶，由于长短不一、厚薄不均，不能直接进行粉碎，必须对废橡胶切割。国外对轮胎普遍采用整胎切块机切成 25mm×25mm 不等胶块。大的胶块则重新返回切割机上再次切割。废橡胶特别是轮胎、胶鞋类制品，由于长期与地面接触，夹杂着很多泥沙等杂质，则应先采用转桶洗涤机进行清洗，以保证胶粉的质量。

1. 冷冻粉碎法

低温冷冻粉碎法的基本原理是：橡胶等高分子材料处在玻璃化温度以下时，它本身脆化，此时受机械作用很容易被粉碎成粉末状物质，硫化胶粉即按此原理制成的。

冷冻粉碎工艺有两种：一种是低温冷冻粉碎工艺；另一种是低温和常温并用粉碎工艺。前者是利用液氮为制冷介质，使废橡胶深冷后用锤式粉碎机或辊筒粉碎机进行低温粉碎。微细橡胶粉生产线即是采用这一种方法进行生产的。利用液氮深冷技术把废旧轮胎加工成 80 目以上的微细橡胶粉，其生产过程中的温度、速度、过载均为闭环连锁微机控制，对环境无污染。该生产线的生产全过程均采用以压缩空气为动力的送料器和封闭式管道输送，除废旧轮胎投入和产品包装时与空气接触外，全线均为封闭状态。另外，由于采用冷冻法生产，无高温情况，所以不产生二次污染。并通过微细胶粉和粗粉的热交换过程达到了充分利用能源、降低能耗即降低产品成本的目的。

2. 常温粉碎法

废橡胶经过预加工后进行常温粉碎，一般分粗碎和细碎。目前中国的再生胶工厂中常采用两种粉碎方式，一种是粗碎和细碎在同一台设备上完成；另一种是粗碎和细碎在两台不同的设备上完成。前者适合于小型工厂的生产厂生产。

① 粗碎和细碎同时进行的方式。进行该操作的两个辊筒其中一个表面带有沟槽，另一个表面无沟槽，即为沟光辊机。首先通过输送带将洗涤后的胶块送入两辊筒间进行破胶，然后将破碎后的胶块和胶粉落入设备底部的往复筛中过筛，达到粒度要求的从筛网落下，通过输送器入仓；未达到要求的胶块，通过翻料再进入沟光辊机中继续进行破碎。

② 粗碎和细碎在两台设备上进行的方式。粗碎在两只辊筒表面都带有沟槽的沟辊机上进行，粗碎过的胶块大小一般在 6～8mm。然后进入光辊细碎机上进行细碎，其粒度一般为 0.8～1.0mm（26～32 目）。胶粉工厂粉碎设备与传统的再生胶粉碎设备不同，都是专用的废橡胶破碎机、中碎机、细碎机。

四、胶粉的活化与改性

所谓活化胶粉是为了提高胶粉配合物的性能而对其表面进行化学处理的胶粉。胶粉的活化改性方法很多，大致分为接枝方法、互穿聚合物网络（IPN）法、表面降解再生法、低聚物改性法。调整硫化体系等活化方法。如饱和量硫化促进剂处理法。这种方法是采用 2～3 份（质量份）的硫化促进剂对 $420\mu m$（40 目）的胶粉进行机械处理制得，通过处理的胶粉其表面均匀地附着一层硫化促进剂，从而使胶粉与基质胶料界面处的交联键增加，使整个胶料配合物硫化后成为一个均匀的交联物，这种胶粉应用于轮胎，虽然其静态性能略有下降，但是其动态性能提高。

液体高分子材料加硫化剂处理法。这种方法是采用 12 份左右的液体不饱和可硫化的高分子材料与硫化剂共混，然后对胶粉进行机械处理制得。可采用的液体高分子材料有液体丁腈橡胶、液体丁苯橡胶、液体乙丙橡胶等，至于采用哪种液体高分子材料可根据胶粉种类和用途而定。通过处理的胶粉，能使其与基质胶料很好地交联，并根据所用的液体高分子种类而赋予其耐油、耐臭氧等特性。根据应用试验，在物理性能不超过允许的范围内，可高比例掺用（40%~80%，质量分数）。

五、气体改性法

气体改性就是采用混合活性气体处理胶粉表面，其方法是使胶粉颗粒最外层置于可对其表面化学改性的高度氧化的混合气体中，从而使胶粉改性。如用 F_2 与另一种活性气体 O_2、Br_2、Cl_2、CO 或 SO_2 进行胶粉表面改性处理。处理后的胶粉颗粒最外层分子的主链上生成了极性官能团，如羟基、羧基和羰基，具有高比表面能，而且易被水浸润。由于其具有高比表面能，故易于分散在聚氨酯树脂、环氧树脂、聚酯树脂、酚醛树脂和丙烯酸酯等高分子材料中。而在聚氨酯树脂、丁腈橡胶、聚乙烯-醋酸乙烯/聚乙烯等材料中，也可获得良好的使用性能，且成本大大降低。值得一提的是，聚氨酯在鞋底材料应用中，它在湿表面上非常容易打滑。而在聚氨酯材料中加入 10~25 份气体改性胶粉，可将其湿摩擦系数提高 20%，达到与纯橡胶材料相当的水平，而聚氨酯材料的其他主要物理性能基本得到保留。这项重要改进为改性胶粉在聚氨酯系列产品中工业化应用提供了广阔的市场空间，已应用于胶辊、体育用品、停车场、屋顶、运动场地板和轮椅、轮胎等产品中，获得较好的经济效益。其他如用卤化处理的胶粉，能作为丁腈橡胶的填充剂、聚氯乙烯树脂等极性高分子材料改性剂使用。

六、核-壳改性法

胶粉核-壳改性是一个由芯到表面进行改性的新方法。其可分为两种：一种是核改性，另一种是壳改性。核改性剂由松化剂和膨润剂组成。松化剂为含硫类化合物，能调整改性胶粉与基质胶之间的网络均匀性，使共混胶在外力场中应力分布较均衡，同时由于两相界面区域分子间相互渗透性的增强，提高了界面抗破坏的能力。在松化剂改性胶粉中辅以界面改性剂，则胶粉添入基质胶中性能更佳。胶粉壳改性一般采用的是界面改性剂，其目的是在胶粉表面建立合理的胶粉-基质胶过渡层结构。胶粉经过壳改性后，即通过防硫迁移，调节共硫化速度，增强胶粉与基质胶界面过渡层中的"低模量层"，交联密度提高，交联网络的均匀性得到改善，从而赋予共混胶优异的综合性能。

七、胶粉在化学工业中的应用

我国橡胶资源匮乏，近 70% 需要进口。我国发展再生胶的初衷就是为了弥补橡胶资源的不足。新中国成立以来，废橡胶利用行业回收利用废橡胶 1600 多万吨，累计为社会创造产值 300 多亿元，节约橡胶 500 多万吨。应该说，再生胶和硫化胶粉在解决"黑色污染"和发展橡胶工业的循环经济中功不可没。

但近几年，社会上曾流行过"再生胶是夕阳工业，硫化胶粉是朝阳产业"的说法，后来又有"再生胶生产因为存在二次污染，目前已被发达国家淘汰"的报道不断见诸报端，并以此为依据说明我国废橡胶综合利用仍以再生胶为主是落后的体现，提出国家应该限制再生胶发展。其实，这些看法和报道并不符合我国废橡胶综合利用的现状。

首先，发达国家并不是因为无法解决二次污染而不生产再生胶。1991年，国内废橡胶行业赴欧洲考察技术时，德国WMG集团就欧洲再生胶生产形势及发展趋势明确表态：由于欧洲再生胶的价格与生胶相差不多，因而销路很少，所以除少数几家公司外，其余厂家均已停产。再生胶生产在欧洲的衰退，迫使欧洲废橡胶利用转向燃料焚烧和粉碎加工硫化胶粉生产胶块、胶板。由此可见，发达国家不生产再生胶，并不是因其污染和技术落后，而是市场和价格的原因。除此之外，还有另一个重要因素，即发达国家已经淘汰了生产再生胶的主要原料尼龙斜交胎，转而生产和使用钢丝子午胎。

其次，从再生胶的作用看，再生胶是橡胶工业的主要原料之一，不仅具有良好的工艺性能，而且有较好的物理机械性能，可以根据橡胶烃和其合成胶成分的恢复含量分别替代部分天然橡胶和合成橡胶。我国目前已可以根据废橡胶的橡胶烃和不同的合成胶成分，分别生产出轮胎再生胶、胶鞋再生胶、杂品再生胶、浅色再生胶、彩色再生胶、无臭味再生胶、乳胶再生胶、丁基再生胶、丁腈再生胶和三元乙丙再生胶等，用于替代不同类型的橡胶满足橡胶工业的需要。

此外，硫化胶粉添加在轮胎中，可产生空气通道的作用，减少轮胎在运行中产生的热量，延长轮胎使用寿命。在鞋底中添加硫化胶粉，可以改善鞋底的屈挠性。试验证明，不加硫化胶粉的鞋底经2万次屈挠就会断裂，而加了硫化胶粉的鞋底经4万次屈挠也不会断裂。硫化胶粉应用在公路铺设中，与沥青混合可以改变沥青性能，对沥青路面进行改性，避免路面产生软化流淌和严寒龟裂及降低噪声等良好效果，而不加硫化胶粉改性的一般沥青路面，夏天高温易软化流淌，冬季严寒易龟裂。发达国家应用硫化胶粉已有几十年，广泛用于运动场、游戏场、地铁、机场、屋顶等领域，并与其他材料混合制造各种建筑用胶板等，但其最大的用途还是公路铺设。但在我国，胶粉的应用局面尚未打开，目前主要的用途仍局限于橡胶制品行业，这种状况亟须改观。

根据国情，再生胶目前仍是我国废橡胶利用的主要途径，占全国废橡胶利用总量的90%；硫化胶粉应用领域仍在开拓中。随着我国轮胎子午化率快速提高，废斜交胎将会越来越少，必将迫使再生胶生产走向萎缩。届时，生产成本较低的硫化胶粉将成为废橡胶综合利用的主要途径。

1. 胶粉塑料中的应用

胶粉可用于塑料中，与塑料以任意比例应用。可以和各种塑料如聚乙烯、聚氯乙烯和聚苯乙烯等共混，经共混后制成的新型材料通过模压、层压、压延、注塑和挤出等成型加工成各种制品。

（1）化工领域　精细胶粉不仅可以作再生胶原料，还可以作填充剂用于轮胎、胶管、胶带、胶鞋、电缆、防水卷材和其他橡胶制品。

（2）建材领域　用粗胶粉和细胶粉作为制备橡胶砖、橡胶地板、橡胶地毯、运动场塑胶跑道、健身地坪、幼儿园儿童活动场地、学校操场、草坪道路、花园小径等的原料。

在建材中使用胶粉材料，除了提高使用性能、增强舒适性和美观性外，还起到保护环境的作用。

（3）生产胶粉　随着橡胶产业及汽车产业的发展，大量的废旧轮胎、橡胶制品及其边角废物也不断增多，据统计，我国每年仅轮胎报废量就不少于150万吨，并以每年10%的速度递增。由于不能得到综合利用，大多成为产业垃圾，既浪费了大量的可用资源，又造成了环境污染。长期以来，应用最广泛的处理废旧橡胶和废旧轮胎的方法是制造再生橡胶，但这种方法存在耗能高、劳动强度大、效率低、污染严重等问题。

自20世纪70年代以来，产业发达国家在废旧橡胶的二次利用方面有了很大的发展。尤其是90年代以来，相继研究出常温粉碎工艺制造微细硫化胶粉的方法并形成规模生产。这种精细胶粉（80～120目）是一种重要的添加剂。例如，将精细胶粉添加到天然橡胶中（一般橡胶制品的掺进量可达50%），可改善胶粉的静态性能、耐疲劳等动态性能。在德国，轮胎制品中加进20%的胶粉，可改善其耐磨性，延长轮胎的使用寿命，胶粉越细，改善的幅度越大。胶粉的价格只有天然橡胶的1/3～1/2，由此可大大地降低轮胎成本。精细胶粉还可以添加到塑料中，生产出来的橡塑材料，强度高、耐磨、弹性好、扩大了塑料的应用范围。在传统的建筑材料中添加精细胶粉，可生产出防震、防裂、防漏、耐用的新品建材。

虽然目前利用废旧轮胎有翻新利用、切碎做燃料用于发电、化学裂解回收炭黑和燃料油、制成胶粒等多种途径，但国际上越来越趋向于利用废旧轮胎生产胶粉。由于橡胶粉有着不可替换的优势，没有再生胶生产所带来的污染，也没有其他二次污染。橡胶粉最神奇的地方在于，可使废旧轮胎的利用率达到100%，可以循环使用，是真正的循环利用并且可持续发展。美国的高速公路铺路材料中，规定必须在沥青中添加25%以上的胶粉，可以防冻、防滑、防止塌陷，并增强路面的静态及动态强度，大大改善路面的承载能力（约4倍）。

目前我国在精细胶粉生产方面还处于落后状态。据不完全统计，全国大小再生胶企业近500家，总生产能力达70万吨，产量约30万吨以上，居世界首位。我国胶粉生产厂家大约有40多家，总产量约5万吨，其生产和应用总体落后，再生橡胶尚处于主导地位。

按照《汽车产业"九五"规划纲要》，汽车产业将逐步发展成为国民经济支柱产业，与之配套的轮胎生产也将迅猛发展，这就给胶粉市场带来了巨大的发展潜力，据调查，仅山东省的轮胎生产企业，每年所需胶粉在万吨以上，而目前基本依靠进口解决。同时随着胶粉在其他领域的应用，其市场远景是极其广阔的。

2. 胶粉在行业中的应用

概括起来可分为两大领域：

① 直接成型或与新橡胶并用做成产品，这属于橡胶工业范畴。

② 在非橡胶工业的广阔领域中应用。现在全球范围内越来越多的厂商采用胶粉替代原生材料，不仅有益于环境保护，而且更重要的是因为使用胶粉能够有效地降低成本、提高性能，得到其他材料得不到的效果。它可以作为橡胶、填料及复合材料被广泛地用于轮胎、胶管、胶带、胶鞋、橡胶工业制品、电线、电缆及建筑物材料等。胶粉还可以和塑料并用，如聚乙烯、聚氯乙烯、聚丙烯、聚氨酯等，以提高性能、降低成本。

用胶粉对沥青进行改性铺设公路应用也很广。用胶粉改性沥青铺设的公路在很多发达国家如加拿大、美国、比利时、法国、荷兰等国均有应用。中国也有些省市如江西、湖北、广州、北京等，相继铺设了实验路段。实践证明，用胶粉改性的沥青铺设的公路可以减少路面龟裂和软化，路面不易结冰和打滑，提高了行驶安全性，还可以提高路面寿命，比一般的沥青路面的使用寿命至少提高了一倍。

3. 橡胶粉的用途

① 防水建材行业：防水材料如橡胶沥青卷材、防水油膏等。

② 高速公路：过去单纯用沥青，现在国家高等路面均需掺入胶粉，既降低了成本，又提高了使用寿命。

③ 体育场跑道、飞机跑道、高尔夫球场，均使用废旧胶粉制成。

④ 活化胶粉：将废旧橡胶加工成60～80目，直接做活化胶粉，还可直接做橡胶制品（汽车轮胎、汽车配件、运输带、挡泥板、防尘罩、鞋底和鞋芯、弹性砖、圈和垫等），使再生胶工艺一下就减少了很多工序，并且活化胶粉需求量大，前景广阔。

⑤ 彩色复合橡胶地板砖：防静电地板砖，利用颗粒度的废橡胶粉，采用独特工艺制成彩色复合地板砖和防静电地板，适合游泳厂馆、厨房、卫生间和电脑控制中心室，防水或防静电场使用，前景好、利润可观。

⑥ 在其他制品中掺入胶粉：如机动车刹车片、阻燃材料、隔声材料、橡塑胶底、窗用密封胶条、包装材料、周转箱、浴缸、水箱、农用节水渗灌管、防水卷材等。

⑦ 复合涂料：化工密封胶，将胶粉制成复合涂料用于橡胶复合瓦涂料，外墙涂料，防腐涂料等行业。

⑧ 生产活性炭。

随着新胶粉在全世界范围内的大幅涨价，再生胶粉前途更为广阔，废旧橡胶的应用正向着供不应求的方向发展。

另外，采用乙烯基聚合物接枝改性的胶粉，可大大增强胶粉与橡胶或塑料等基质的混溶性。乙烯基聚合物的典型化合物，有二甲基丙烯酸三甘醇酯、四甲基丙烯（双甘油）邻苯二甲酸酯。它们可改善胶粉的表面性能，增加与基质材料的相容性。

第四节
废橡胶综合利用工艺实例

再生胶以废旧橡胶制品为原料，具有生胶的一些性能，但比生胶能节约费用，还能改善产品的耐酸、耐碱及耐老化等性能，原料来源广，工艺简单。

一、废橡胶生产胶粉工艺

1. 整理废旧橡胶

① 把废旧的橡胶按外胎、内胎、胶鞋和其他橡胶制品分成四类，同时把天然橡胶与合成橡胶分开。

② 选择再生剂。油法生产再生胶要选用液体再生剂，天然橡胶选用松节油作再生剂；合成橡胶选用煤焦油；用于浅色制品的再生胶选用氧化松节油；对颜色没有要求而对物理机械性要求较高的选用松节油。

2. 生产工艺

① 粉碎　把洗涤后的废橡胶用小钢磨粉碎过筛，外胎胶粉细度要求达 26～28 目，胶鞋和杂类胶粉细度要求达 24～28 目。

② 拌油（再生胶）　把胶粉放入拌油机内，使温度达 70～80℃，与油混合均匀，一般油的用量为胶粉的 8%～15%。

③ 脱硫　将加油后的胶粉盛于铁盘中，然后放入卧式加热器内加热，在 150～180℃下 10h 左右，废橡胶分子才能分裂而转化成再生胶砖。

④ 压炼　把脱硫后的再生胶片放在精炼机上精炼，温度在 80～90℃之间，直到合乎标准为止。下片后再在开放式炼胶机上压成一定厚度的胶片就是再生胶。

3. 胶粉及再生胶制取设备

轮胎裁断机→拉丝机→轮胎破碎机→橡胶中碎机→磁选机→橡胶细碎机→气流分选机→橡胶研磨机→气流分选机→定量装袋机。

设备的四大特点：

① 可在常温下将废旧轮胎，尤其是把全钢丝子午线轮胎粉碎成 40～120 目的精细胶粉，并把轮胎中的钢丝和尼龙纤维全部自动分离并回收再利用。

② 生产线结构相当紧凑，设备占地面积极少，生产工艺流程简单。

③ 设备耗能低，投资性价比极高。

④ 自动化程度相当高，生产线操作人员少。

二、硫化橡胶粉法

胶粉工业是废橡胶综合利用产业的一个重要分支，目前工业化胶粉生产工艺路线主要有两种：常温法和冷冻法。两种工艺路线均需要经过粉碎前预加工、粉碎、分离与输送、筛分和包装等过程。常温粉碎分为粗碎（大于 2 目）、中碎（大于 20目）和细碎（大于 40 目）。冷冻法粉碎废橡胶在国外早在 20 世纪 70 年代就已工业化，采用冷介质多为液氮。冷冻粉碎工艺有两种：一是废橡胶全部在冷冻环境下进行粉碎；二是冷冻和常温并用的粉碎工艺，即先将废橡胶在常温状态下粉碎达到一定粒度后再进入冷冻系统完成细碎。废旧轮胎常温制取精细胶粉成套生产线工艺流程如图 6-1 所示。

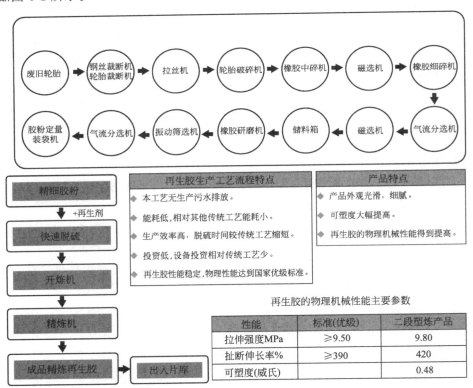

图 6-1　废旧轮胎常温制取精细胶粉成套生产线工艺流程图

硫化橡胶粉是以废橡胶为原料，通过机械加工粉碎或研磨制成不同粒度的粉状物质，简称胶粉。它依据废橡胶来源不同和加工成粉末的粒度不同，分很多品种和牌号，是重要的橡胶回收利用材料。

废旧轮胎通过橡胶粉碎机、轮胎粉碎机、橡胶破碎机、轮胎破碎机、废旧轮胎生产线等设备进行再利用的胶粉可以添加在原料橡胶中用于制造各种橡胶制品，达到节约原料橡胶、减少进口、降低橡胶制品成本和改善性能的多重效果。一般来说，当未经处理的粗胶粉加入到橡胶制品中，会提高体系的黏度、降低拉伸强度，这些因素致使橡胶制品只能用于非技术场合，如地板材料、胶垫和鞋类。因此，对性能要求较高的制品，胶粉必须要有较小的粒度并经过活化处理。

通过橡胶粉碎机、轮胎粉碎机、橡胶破碎机、轮胎破碎机、废旧轮胎生产线等设备将废旧轮胎加工成的胶粉的应用概括起来可分为两大领域：一是回归到橡胶工业作为原料用于制造各种橡胶制品，可以直接用胶粉采用不同工艺方法和配方制造橡胶制品，亦可与其他原料橡胶并用共混制造各类橡胶制品；二是在非橡胶工业的广阔领域中应用，比如用公路工程、铁道系统、建筑工业、公用工程、农业以及其他聚合物材料共混改性等。

三、丁基再生胶工艺技术

随着合成橡胶消费量的日趋增加，对再生胶工业提出了新的课题。然而合成橡胶由于结构和性能各有特异，因而对合成胶硫化胶的再生工艺条件、配方要求也就各不相同。

丁基再生胶是目前应用广泛、市场销售热旺的合成再生胶，主要用于内胎及轮胎胶囊。

四、子午胎胶粉生产再生胶

子午线轮胎，称为绿色轮胎，质量要求高，有能减低转动阻力、燃料消耗等特点。其胎面多为复合材料，具耐磨、耐刺扎和较高弹性；胎面耐屈挠、耐撕裂等特点也不似斜交胎那样单一。再生胶行业普遍采用的脱硫工艺是在高温、高压的状态下使硫化胶产生游离硫。2004年和2005年两年，已完成了对废旧钢丝子午胎胶粉的脱硫工艺，成功地研发出了子午胎胶粉生产出来的精细再生胶。其中拉伸强度可达12.0MPa、扯断伸长率390％以上，得到了市场和客户的良好评价。

我们一改传统脱硫方法与炼胶技术，经过研制成功研发出拉伸强度15.0MPa以上、扯断伸长率400％以上的高性能再生胶。所谓高性能再生胶就是更能有效保持再生胶中聚合物原有的物理和加工性能，必须保证有选择地使硫化胶的碳硫键切断而不破坏碳碳键，从而完整地保存住橡胶主键大分子，需有效地控制好门尼黏度、丙酮抽提物以及裂解程度。若门尼黏度过大，固然能得到很好的还原性。但在炼焦过程中易引起焦烧，而不被客户接受。丙酮抽提物量适量减少，再生胶可能得到较好的物理性能，它主要取决于添加的再生剂，但是也受氧的附加反应控制。再生中硫化胶裂解程度以低分子的物质抽出量来衡定，在一定范围内再生胶与胶粉新标准启用度越深，则抽出量越大。

废橡胶利用行业的两个重要国家标准——GB/T 13460—2008《再生橡胶》和 GB/T 19208—2008《硫化橡胶粉》2008 年 10 月 1 日正式生效。

与 2003 版标准相比，新修订的标准首次引入了对再利用产品中有毒有害物质的测定方法，其含量将作为重要的参考指标。通过新标准中有毒有害项目测定的产品，基本能满足 RoHS（《限制在电子电气设备中使用某些有害物质》）标准对产品中重金属、多溴联苯和多溴二苯醚的限定要求。

第五节
我国废旧轮胎生产胶粉技术与生产的发展概况

一、概述

我国胶粉生产始于 20 世纪 80 年代后期。1989 年我国首次组团赴德国考察橡胶利用情况。"八五"规划中由青岛化工学院与山东高密再生胶厂、航空航天部第 609 研究所合作，承担原化工部下达的"低温冷冻法生产微细胶粉及其应用研究"的攻关项目，冷冻采用涡轮空气膨胀法，并于 1993 年通过鉴定。此后中国科学院低温工程中心、北京航空航天大学也开展了这方面研究工作。这期间，一些原生胶生产厂家利用粉研后的粗胶粉（40 目左右中间产品），经活化处理生产数目不定的活化胶粉；同时，河北、江苏、辽宁、广东、山东、浙江等一些地区先后从美国、意大利、法国、德国等国家的不同公司引进 10 条以上生产线及单机设备，使我国胶粉生产开始起步，但这些生产线多采用常温法生产，几乎都只能生产粗胶粉和细胶粉（60 目）。为此，国内一些机械设备制造厂也开始研制采用常温制备微细胶粉的设备。1996 年以后，大连、江阴、无锡、珠海、嵊州、山西等地相继试制出了橡胶粉碎机并进行小规模生产，1998 年深圳东部团体建设了常温胶粉生产，1999 年珠海经济特区精业机电技术研究所和青岛绿叶橡胶有限公司研制成功了液氮冷冻法（JY 型微细胶粉生产线），为我国制造微细硫化胶粉又提供了成套设备，可以预见未来的微细胶粉生产将会有较大的发展。

常温辊压法在我国普遍使用。就生产总量来说，我国的废胶粉碎生产尚以常温辊轧法为主。一般采用双沟辊粗碎、双光辊或光辊细碎。在小型企业有的采用沟光辊同时进行粗碎和细碎，当然这样做投资少、占地小，但设备安全和产量均会受到限制。国外的粗碎机一般都比国内设备大，生产效率高。

近十年来，国内开发了一种新型盘工粉碎机，以剪切研磨为原理，齿盘耐磨，工作寿命较长，可将粒度 4mm 以下废胶块一次粉碎成粒度 80 目以上。经过研究发现，一定粒度的胶粉在一定性能要求下，胶粉的掺用量受到较大限制。要改善废旧橡胶利用价值，就得对胶粉进行改性。胶粉用各种表面处理方法改性，制成活性胶粉，不但大幅度改善掺用量，而且拉伸性能、疲劳生热、耐撕裂性、耐磨耗性都有改善。活性胶粉技术的发展，扩大了胶粉代替部分生胶的应用，改善了胶料加工性，保持了掺用量胶料的性能，减少了产品性能损失，同时掺用过程不需要大量投资。

目前活性胶粉有三种生产方法：机械化学法、单体、聚合物涂层法和辐射法。我国国内采用机械化学法生产活性胶粉有了长足的进步，在辐射法生产丁基再生胶和胶粉方面取得了成果，在涂层包覆技术方面做了大量工作。机工化学法以其操纵简单、成本低、污染小、能耗低而成为国内外活性胶粉生产的主要方法。中科院大连化学物理研究所也研制出催化剂 829、改性剂 869。国内用单体、聚合物处理制造活性胶粉较引人注目的是华南理工大学用 5 份酚醛树脂处理粒径为 0.6mm（30目）的胶粉。据分析酚醛树脂与硫化胶粉形成了互穿网络结构，同时酚醛树脂与基质胶相互扩散，产生共交联使界面层保持了较好的黏合，构成了稳定的多相体系。

二、废旧轮胎胶粉及再生胶的用途

① 直接成型。生产片材用于制造机器垫、路基垫、缓冲垫等各类垫片以及挡泥板、吸声材料等对力学性能要求不高的低档产品。

② 彩色弹性地砖。采用废旧橡胶经清洗消毒加工再生而成的橡胶粉、橡胶颗粒，由双层结构压制而成，底层为基，面层着色，层次分明而又浑然一体，既具备功能性，又有装饰性。其克服了硬质地砖的缺点，能令使用者在行走或活动时，始终处于安全舒适的生理和心理状态，脚感舒适，身心放松。用于铺设运动场地，不仅能更好地发挥竞赛者的技能，还能将跳跃和器械运动等可能对人体造成的伤害降低到最低程度。在老年和少儿运动场所铺设，能对老人和儿童的安全起到良好的保护作用。最大特点是：防滑、减震、耐磨、抗静电、消声、隔声、隔潮、隔寒、隔热、不反光、耐水、防火、无毒、无放射、耐候性强、抗老化、寿命长、易清洗、易施工等。

③ 生产防水卷材、防水涂料、防水密封材料等防水建材产品。防水卷材专用橡胶粉与沥青、树脂等其他原料混合性能好，制造出的防水卷材耐老化性能优良，具有良好的机械性、冷柔性和光稳定性。

④ 道路铺设材料。用橡胶粉改性沥青铺装高等级公路和飞机跑道在发达国家已进入实用阶段，并得到了迅速发展。由于胶粉中含有抗氧剂，从而可明显减缓路面的老化，使路面具有弹性、减少了噪声，路面的耐磨性、抗水剥落性、耐磨耗寿命为普通路面的 2～3 倍，降低了路面的维护费用，同时车辆的刹车距离缩短 25%，提高了安全性。

⑤ 用于改性沥青。用沥青改性橡胶粉制造改性沥青时，与沥青、沥青油和凝聚剂等原料共混结合性好。所制造的改性沥青所铺路面耐磨性、抗剥落性大为提高，耐磨耗寿命为普通路面的 2～3 倍，降低路面维护费用 30%～50%。据试验：

经每天 8000 辆车流量使用 5 年，无泛白、发软和开裂等现象，且能使车辆的刹车距离缩短 25%，可显著提高行车安全性。用该产品制造的沥青嵌缝油膏有效提高了产品的软化点，增加了低温延伸性。

⑥ 用于改性塑料。按一定比例加入塑料混炼后，可直接挤压成型。经实验：改性后的塑料的混炼与挤出工艺性能得到改善；产品的适用性能大有改善。

⑦ 用于建造塑胶运动场地、跑道、人造草坪。目前用量在成倍增长。

⑧ 用于油田堵漏固壁。在实用中，与其他黏结类、骨料类原料结合性能好。

⑨ 用于铁道道轨。添加混凝土、添加预制混料前，按一定比例加入所需添加的各类高等级用途混凝土制品，直接浇铸成型。目前用于制造火车道轨、特殊场合的隔离墙、特殊场合的基座等。

⑩ 高等级公路嵌缝膏。高等级公路嵌缝膏专用橡胶粉与沥青、沥青油、填料和凝结剂不论干法、湿法均共混黏结性好，用该产品所填充的缝隙满填性、阻水性、抗剥落性大为提高，冬季的抗撕裂性能及夏季的抗融变性能提高 40%。

⑪ 用于制鞋。用橡胶粉制造鞋底时，按一定比例加入，直接混炼后用于压制各类鞋底。经实验：胶粉加入后，鞋底胶综合物理性能与未加胶粉的胶料很接近；胶料的混炼与压制挤出工艺性能得到改善；原料成本降低；制作的成品鞋底经有关性能试验，均符合国家标准要求。

⑫ 废旧橡胶粉和废旧塑料粉混合制造新型环保热塑性弹性体。新型环保热塑性橡塑弹性体粒子，其具有成本低（比用原生橡塑弹性体粒子降低原料成本 2/3）、加工方便、热塑性好。邵氏硬度、断裂伸长率、断裂张力、强度、耐寒等指标可据客户用途要求任意调整，用于鞋底、弹性橡塑地板砖、橡塑管道等原热塑性橡塑弹性体应用的所有领域。

三、废旧橡胶（轮胎）常温法精细胶粉成套生产线

以废旧橡胶（轮胎）常温法精细胶粉成套生产线为主的浙江绿环橡胶粉体工程有限公司已经在浙江嵊州市成立。公司由浙江丰利粉碎设备有限公司、浙江天堂硅谷创业投资有限公司和嵊州市绿环机械制造有限公司联合投资创建。公司将累计投资 1.5 亿元建成国内最大规模的废旧轮胎常温精细粉碎设备生产基地及年产 2 万吨的精细橡胶粉加工示范生产线，并以此为中心，形成废旧轮胎回收处理、深加工及再生利用产业链的国家级产业园区。新创建的浙江绿环公司所拥有的成套生产线主要是由丰利公司引进德国技术研发的"废旧轮胎前处理设备"和绿环公司自主开发的"XJF 型废旧橡胶常温法精细粉碎设备"相配套而成，开创了在常温条件下将废旧轮胎整胎产业化批量生产 60~200 目精细胶粉的先例。

该常温法精细胶粉成套生产线在生产过程中仅需配备相应的供电装置和水源就可以在常温下将废旧轮胎整胎粉碎到 40~200 目的精细胶粉，不但能使废旧轮胎面胶和钢丝、帘布脱离，从而减少了制造胶粉的工作量和脱丝分离工序，并可改善钢

丝的利用价值，降低生产成本，从技术上保证了胶粉的纯度，而且生产过程无任何的二次污染。整条生产线具有设备配置合理、出胶率高、使用寿命长、动力消耗低、噪声低和自动化程度高等优点，各项技术指标完全达到甚至超过了国外的低温冷冻粉碎生产线，也优于目前国内刚刚开发成功的空气涡轮冷却制冷胶粉生产技术，设备投资仅低温冷冻粉碎生产线的 1/8 左右，生产成本仅 1/3。

该常温法精细胶粉成套生产线主要由内圈切割机、内圈搓胶机、整胎破碎机、橡胶钢丝分离机、破胶机、纤维分离机、精碎机、分级机、自动称量包装系统、动力配电系统、计算机自控系统以及相关辅助设备组成。其主要工作原理及生产流程：废轮胎→内圈切割机→整胎破碎机→橡胶钢丝分离机→橡胶钢丝→分离机→破胶机→精碎机→空分机→包装机→成品。

在生产作业中，所有电气动力都可由计算机进行实时监控，并对全程开、关机顺序进行自动设定，真正实现了生产线的高可靠性运转；工作中需要的冷却水可循环使用；设有超细粉尘收集系统对整条生产线进行粉尘收集，真正做到"一尘不染"。生产线具有工艺路线先进，联动化、自动化程度高，生产成本低，产品质量高以及噪声低、无污染等特点，为我国常温生产精细胶粉走出了一条符合中国国情的新路子。

四、废旧轮胎生产胶粉的市场利用空间

最近两年，胶粉产业已蓬勃发展，有关专家指出，胶粉产业代表着废旧轮胎资源综合利用的发展方向，一定会有广阔的市场远景。然而值得留意的是，胶粉产业形成伊始便陷进了一种有价无市的局面。究其原因，主要是胶粉的应用技术开发严重滞后。为此，专家们建议，胶粉产业当前的关建题目是要以市场需求为导向，以开发应用技术为手段，巩固和培育几大市场。

1. 轮胎市场

早在 1953 年，美国就把一定粒径的胶粉用于轮胎生产。1989 年，青岛橡胶二厂在国内首家将胶粉直接用于轮胎生产。1995 年，胶粉应用在原化工部重点厂家和一些中小企业中普及，仅 69 家重点厂在其生产的 1870 万条轮胎中掺用的胶粉就达 1.7 万吨。由于天然橡胶价格下降、胶粉质量不稳定等因素，1996 年后胶粉在轮胎生产中的应用出现滑坡，1999 年起又开始回升。目前，中科进公司等企业生产的 80 目以上胎面胶粉已开始取代 40 目、60 目活化胶粉，直接应用于轮胎的生产，效果很好。"轮胎市场"需进一步巩固和拓展。

2. 橡胶砖市场

自 1995 年我国台湾地区厂商的橡胶砖制品在北京展览馆展出后，北京、绍兴、福州、南京等地陆续办厂。1999 年 6 月《中国化工报》关于辽宁丹东《下岗夫妻成就大业，废旧轮胎脱胎换砖》的报道更是轰动全国，使 20 多个省、市区的部分

企业，个人或行业主管部分都对橡胶砖产生了浓厚的爱好。争取推广在运动场馆、学校、幼儿园、社区、宾馆、办公楼等地展设橡胶砖、橡胶地板、跑道、草坪等，这样不仅能消化万吨以上胶粉，而且能进一步拓宽国内外市场。

3. 高速公路市场

用胶粉对沥青进行改性展设公路应用也很广泛。中国已有一些省市如江西、湖北、广州、北京等，相继展设了试验路段。实践证实，用胶粉改性的沥青展设的公路，可以减少路面龟裂和软化，路面不易结冰和打滑，改善了行驶安全性，还可以改善路面寿命，比一般的沥青路面的使用寿命至少提高了一倍。1.63km 的路面可以消耗掉 1 万条废轮胎。同展设高速公路原理一样，在飞机跑道材料中掺用硫化胶粉，可增加跑道弹性和地面摩擦性，改善夏天抗日晒、冬天抗冰冻的能力。从而使飞机的起落平稳，安全可靠性进步，跑道缩短，机场使用寿命延长。

4. 弹性运动场

据报道一个网球场要消耗 500 条轮胎的胶粉，一个田径比赛用综合运动场要消耗数千条废轮胎胶粉。无疑这种运动场的发展是胶粉利用的重要途径。我国举办的亚运会田径场就是用胶料生产的塑胶跑道。

5. 防水卷材市场

1986 年，前苏联将胶粉成功地应用于橡胶沥青防水卷材、无机缘缘卷材和三层板材组成的隔声复合地板等建筑材料中。20 世纪 90 年代以来，我国北方地区普遍开始把粗胶粉用于防水卷材。北京京辰工贸公司每年生产精细胶粉 1000t，用于自产的野牛牌防水卷材，并正在用 80 目以上精细胶粉开发建材新产品。专家的建议，政府应进一步规范建筑材料市场，促进胶粉在建筑领域中的应用。

6. 隔声壁

隔声壁是为了降低噪声，在住宅区沿公路、机场、建筑工地等噪声发生地所设置的隔声装置。利用胶粉制造的复合隔声壁，具有良好的噪声反射性和吸声性，而且对风化和应力具有较高的抵抗性。其单位面积重量轻、运输、组装、解体容易。

五、轮胎胶粉的改性工艺技术

以胶粉为主要原料，配入适当加工助剂，经过混炼、成型硫化制造的畜舍用橡胶垫，缓冲性能好、防滑性好，有一定透水性，冬季有保温效果。还可以在配方中加入一些抗菌药物，起到杀菌防病作用。在国外奶牛场铺设这种胶垫很普遍，国内近年也有开发生产和应用。

这种橡胶垫一种制法如下。基本配方：胶粉 100 份，硫黄 2~3 份，促进剂 CZ1 份。工艺过程：混合料在高速搅拌机（500r/min）中混合搅拌 3min，然后放入金属模型中，用平板硫化机硫化，压力为 50kgf/cm^2，硫化时间 30min。制得的胶板硬度（邵 A）60。

六、废旧轮胎生产胶粉企业需要政策扶持

北京泛洋伟业科技有限公司是一家废旧橡胶回收利用的高新技术企业，曾经红红火火。由于得不到国家政策扶植，再加上市场混乱，企业生产难以为继，被迫停产了。该公司于2000年5月在北京远郊区投资建设年产1万吨精细胶粉生产基地，2001年5月完成第一期5000t生产线设备安装调试，进入正式生产并向国内外客户供货，产品为80～200目精细胶粉，是国内外同行公认的唯一一家能够在常温下产业化批量生产200目超细橡胶粉的厂家。该生产线从废胎投进到精细胶粉成品的包装，连续自动化生产，经粗碎、中碎、除杂（金属、纤维）、专用粉碎助剂处理、精碎、分级等程序，全线各工艺技术指标在中心计算机集中控制室的监控下进行全自动运行，是国内同行业第一条全自动计算机集中控制精细胶粉生产线，生产规模也名列全国同行业前茅。

该公司常温助剂法制精细胶粉，开创了产业化批量生产200目以上（粒径75μm以下）的精细胶粉、超细胶粉，使废旧轮胎再利用产品向更高附加值方向直至橡胶纳米材料迈进了一大步。这些超细胶粉在新型橡塑共混材料、新型建筑装饰材料、特种喷涂、改性沥青用于高速公路等新材料开发方面，有着广阔的远景。

由于废旧橡胶回收利用行业的混乱，国家在这一领域又没有明确的政策规定，这家企业在挣扎了4年之后，被迫停产。一是高税率使企业陷进严重亏损。由于废旧轮胎都是从进城收废品的农民手中购买，无法取得增值税发票，企业要全部负担。环保型废弃物再利用企业与机械、化工等其他制造业抵扣进项税后的6%实际增值税相比，实际税赋是它们的几倍。高昂的废旧轮胎收购本钱和高额税收，已经使产品本钱高于发达国家的同类产品。二是环保型再生资源产品的利用缺乏政策支持。胶粉作为无污染的再生资源，其应用利国利民，理应得到政府的大力支持，但目前由于政策方面的障碍，很难在国内市场推广。

有关人士呼吁，希望政府能制定一项切实可行的措施，对废旧轮胎再生处理企业实行"国民待遇"。诸如调整废旧轮胎胶粉生产加工、资源再利用企业的增值税征收办法，制定鼓励各行各业使用橡胶资源再利用产品的政策，等等，只有政策真正到位，才能使这些企业起死回生，也才能够真正实现旧轮胎资源化的持续发展。

第六节
废橡胶塑料与胶粉的应用产品状况

一、废轮胎可炼成"环保沥青"

扬州大学建筑科学与工程学院以肖鹏教授为首的科研攻关小组，利用废旧轮胎

作原料，成功研制出防软、防变形、防开裂、减少废旧轮胎污染环境的"环保沥青"，铺路成本比传统沥青节约 90%，从而破解了这一省交通科技攻关项目。

据介绍，普通沥青夏天受高温容易变软，冬天温度低路面变硬并开裂，导致行车舒适性、安全性降低，汽车损耗增大。"环保沥青"是将废旧的轮胎磨成胶粉，通过微波辐射，掺杂到普通沥青中，在特殊混合设备里经高温高速剪切、搅拌制成。这一产品研制成功后，在市区扬子江路上试用，结果发现，与普通沥青道路相比，其抗高温的性能增加 1.5 倍，弹性恢复能力较强，性能与使用 ABS 材料相当。

据了解，目前高速公路沥青铺设中使用的 ABS 材料，每吨高达 3 万多元，而使用轮胎胶粉，每吨价格仅有 3000 多元，成本可节省 90% 左右。不仅如此，过去废旧轮胎多是采用深埋或燃烧方式处理，污染环境，而"环保沥青"以废旧轮胎为原料，既能有效解决我国面临的"废旧轮胎处置难"问题，又可有效减少废旧轮胎对环境的污染。

二、废轮胎制取柠檬油精产品

我国既是橡胶消费大国，同时也是轮胎生产大国。随着汽车产业的急速发展，我国年产生废旧轮胎 1 亿条左右，加上近年来废旧轮胎进口量有增无减，带来了日益严峻的回收处理和环境问题。由于国内燃油价格攀升，巨大的利润空间导致土法废轮胎炼油一度盛行屡禁不止，对环境造成了严重污染。

针对日益严峻的废轮胎回收处理问题，中国科学院广州能源研究所将减压热解与催化技术相结合，在较低温度和较短时间内，由废轮胎热解制取含有高浓度柠檬油精的燃油产品；明显改善热解炭黑的品质，炭黑经粉碎风选所得超细粉可直接用作补强炭黑或油墨工业，粗粉经活化造孔制备高比表面积活性炭，可广泛应用于废水废气治理；经蒸馏提取富集的柠檬油精产品可作为优质溶剂，可用于去污剂、涂料、溶剂和制药等方面。

该技术创新点主要有 3 个：处理 1t 废轮胎制取浓度为 90% 的柠檬油精 45～50kg；热解炭黑超细粉达到商业补强炭黑和油墨炭黑标准；热解炭黑粗粉经造孔活化制备的活性炭比表面积达到 600m²/g。目前，应用该技术生产的燃油产品供不应求，炭黑产品也在制鞋行业得到应用，产品性能超过相关标准，具备了推广应用条件。目前，广州能源研究所正计划建设年处理废轮胎 1 万吨的示范装置。

三、废橡胶塑料可生产高聚物单体

最近，美国珀利弗洛（POLYFLOW）公司开发出一种新型废物处理技术，可以把废弃的橡胶和塑料制品转化成各种高聚物单体和溶剂。

该公司称，与常用的焚烧法相比，新技术不仅消除了颗粒物对大气的污染，而且温室气体排放量减少了 70%。该技术若得到全面推广，则可使美国对境外石油的依赖程度降低3.5％；若被全世界广泛采用，可大大缓解日益严重的环境污染。该公司是世界首家不以原油和天然气为原料，生产工程聚合物的企业。

四、废橡胶再生制取软化油

废橡胶在超临界的高温高压水作用下，发生裂解，再通过一系列的分离、过滤等程序，可以制得重新用于橡胶加工用的软化油。

废橡胶再生制取软化油先将废橡胶制品进行粉碎，并除去纤维、钢丝等非橡胶成分。所得胶粉放入一反应釜中，然后往其中通入高温（374.2℃）、高压（218.5kgf/cm²）水，该水呈弱碱性，以中和废胶中的酸性成分。该反应釜在不断地振荡中，橡胶分子与超临界条件下的活性水分子发生反应，在高温高压下，水成为活性分子，并进入橡胶分子内部，使硫键断裂，与此同时硫化胶中的亲水性分子（防老剂、促进剂）将溶于水中，反应时间10～30min。反应终止后，将反应釜冷却，首先将水及水溶物滤出，再将所剩油状物与固态物（炭黑及未裂解的硫化胶）进行分离，除去固态物后的液态物质再除去低分子（分子量低于100的）东西后，即为所需要的橡胶用软化油。这部分软化油的分子量在200000以下。以EPDM废胶再生为例，经核磁共振试验结果表明，此油状物与EPDM基本结构相似，将此油用在橡胶配方中，产品性能与市售的链烷烃软化油相似。由于其与橡胶分子有相似结构，因此与橡胶相容性良好。此法适用于NR、BR、SBR、EPDM等各种橡胶的硫化胶再生处理。而且回收率高，油状生成物大约为原料胶粉的85％（炭黑除外）。

五、高新技术改造再生胶生产

山西省平遥聚贤橡胶有限公司针对当前全国再生胶企业斜交废旧轮胎逐年减少，子午线废旧轮胎比例逐年扩大的现状，以高新技术和先进适用的技术改造企业，使再生资源回收利用向产业化方向发展，以期建设具有一定规模和水平的再生资源加工基地。

该公司在技改中用子午线轮胎生产再生胶，同时全面治理生产中的二次污染，在全国同行业率先应用再生胶环保技术设备，使脱硫尾气及纤维粉尘全部回收，大大改善了生产环境。

目前，该公司的动态脱硫罐由原来的3台增加到5台，压胶生产线由5条增加到8条，新上2条丁基再生胶生产线，由原来的单一产品变为系列化产品，主要有轮胎再生胶、无味再生胶、丁基再生胶、橡胶颗粒、胶丝、尼龙颗粒、废钢丝等。

六、新型环保聚氨酯翻新轮胎关键技术

轮胎的胎面必须添加炭黑和有致癌作用的芳烃油，它们随着胎面磨损而散

发在空气中，严重污染环境。浇注型聚氨酯弹性体是目前最耐磨的弹性体，具有高耐磨、可着色、高抗扎、优良的耐油及耐化学品等优点，而且对人体无毒害作用，又能完全生物降解，还不必添加炭黑和芳烃油，是制造轮胎胎面的理想材料。

华南理工大学、广州华工百川自控科技有限公司共同研究掌握了聚氨酯翻新轮胎的关键技术，使得聚氨酯胎面的商业化应用成为现实。①采用纳米技术提高聚氨酯弹性体的热稳定性使其最高使用温度达到120℃；②研制出成本低廉、使用方便、效果好的橡胶表面处理剂和黏合剂，使聚氨酯胎面与普通橡胶能牢固地黏合在一起。采用聚氨酯胎面实际行驶里程可比普通轮胎高1~2倍，同时能消除大量的炭黑和芳烃油对环境的污染，是提高翻新胎性能的新途径。

1. 聚氨酯翻新胎的优越特征

①胎面材料不含有毒害作用的填充油；②不含炭黑，胎面磨损时能保持环境清洁；③能够完全生物降解，不会导致环境污染；④滚动阻力低，降低汽车燃油消耗；⑤聚氨酯胎面在使用过程中不产生磨痕，是保持环境清洁的理想工业材料；⑥与普通天然橡胶轮胎相比具有优良的耐溶剂油、耐燃油和耐化学品性能，是油库、码头等特殊使用场合的理想选择。

2. 树脂胶粉的作用介绍

建筑用树脂胶粉是一种改性树脂，产品为白色粉末，无毒、无味，无放射性，不含甲醛、二甲苯，能迅速溶解于冷水中。具有溶解快、制作简便、涂料成本低、质量好、黏度高、成模快、制作的涂料存放期达3个月不沉淀、不变质等优点，是聚乙烯醇的理想替代品。

建筑用树脂胶粉是以冷水为分散介质，不需加热熬制，−1℃以上的冷水中即能迅速充分溶解为胶黏液，是一种新型环保节能降耗产品。在外保温预混砂浆中能迅速形成相互交织的三维网络，改善砂浆腻子对基材的黏结性、可施工性，涂层表面形成一种具有柔韧性的膜，能有效地防止涂层开裂，阻断水分的渗透和吸收，延长了腻子涂料的使用寿命。该胶具有一定的憎水性、耐磨性、耐碱性，在水泥、灰钙等碱性物质中有极佳的稳定性。涂料、腻子中加入价格低廉的灰钙粉，制得具有吸收室内二氧化碳功能的环保型涂料（灰钙中含有氧化钙、氢氧化钙，能不断吸收空气中的二氧化碳，而转化成碳酸钙，这需要一个漫长的过程）。

这些功能目前逐步被人们所认知。速溶树脂胶粉制作的钢化、仿瓷涂料、柔性防水腻子形如膏状，洁白细腻，施工轻快流畅不卷皮、不流挂、不悍墙、不掉粉、易打磨，收光（抛光）后墙面光亮如镜，手感丰满光滑，硬如瓷、白如玉，防潮抗碱，耐水（在水中会越来越硬）。用于新旧墙翻新，灰钙用量少，涂料白度高，生产成本低。

第七节
国内典型废橡塑回收利用机械设备

1. 浙江省瑞安市瑞日橡塑机械有限公司

该公司是专业研制和生产各种翻斗式密炼机、开放式炼胶（塑）机、橡胶过滤挤出机、冷喂料挤出机、TPR/EVA 造粒机等橡胶设备的企业，该公司产品如图6-2 所示。

(a) X(S)M型系列密炼机

(b) XJ系列销钉式冷喂料挤出机

(c) 单刀切胶机

(d) 1000-800-600型橡胶切条机

(e) XG200-250型液压平面裁料机

● 造粒斗式送料机

图 6-2

● XSK-B型轴承开放式炼胶塑机

● 500/1000立升卧式搅拌桶

● 造粒床式振动送料机

● 散热器

(f) EVA造粒设备——水冷式

(g) Y-6橡胶鞋底自动油压机

(h) SHR系列高速混合机

(i) 挤出压延机组

(j) XJ-5五色围条挤出机组

(k) X(S)K系列开放式炼胶塑机

(l) XJ系列橡胶挤出机

(m) XJ-150-200橡胶过滤挤出机

(n) XYT600-700-800型胶片冷却机

(o) 五辊-七辊冷却出片机

图 6-2　瑞日橡塑机械有限公司产品

2. 江苏省江阴市铭鼎机械制造有限公司

铭鼎机械制造有限公司的橡胶破碎机、轮胎粉碎机如图 6-3 所示。

(a) 轮胎粉碎机

(b) 橡胶破碎机

(c) 轮胎破碎机

图 6-3　铭鼎机械制造有限公司的橡胶破碎机、轮胎粉碎机

第八节
我国废旧橡胶综合利用新成果与存在的问题和建议

一、概述

据统计，我国废旧橡胶综合利用率达 85％以上。目前，我国再生胶生产已基本采用了动态脱硫技术，这项技术使我国再生胶和胶粉制造技术达世界领先水平，并成为世界再生胶制品主要供给国。这是再生胶领域生产工艺的一次伟大革命。

我国大中型再生胶生产企业以自主创新为主，研制自己独特的生产工艺。我国现已能生产乙丙橡胶再生胶、卤化丁基橡胶再生胶、无味再生胶、高强力再生胶、丁基再生胶、三元乙丙再生胶等多个品种。特别值得提出的是，有一部分再生胶和胶粉企业已经开始用自产再生胶和胶粉深加工成各类橡胶制品，并大量出口国外，有效拓展了应用领域。

据预测，到 2020 年，我国废旧橡胶产生量将达到 600 多万吨。将以再生胶为主，适度发展胶粉在公路改性沥青上的应用等。

二、废橡胶综合利用新成果

从中国橡胶工业协会了解到，一种具有良好技术性和经济性的"常温法工业化生产精细橡胶粉新技术"在深圳东部橡塑实业有限公司开发成功，并通过了国家环保总局组织的技术鉴定。

该技术是以物理手段为主，辅之以化学手段，在常温条件下，以简化的工艺流程生产万吨规模的 60～120 目精细橡胶粉。该产品粒度均匀、能耗低、成本低，生产过程对环境无污染，并达到了废轮胎胶料、骨架材料的全部综合利用。

业内人士认为，这个被国家列为废旧轮胎资源综合利用示范工程的项目，为我国精细胶粉的生产开辟了一条新途径，将有利于推动我国环保、废橡胶综合利用出现新的变革和发展。

中国不仅是世界上最大的橡胶制品生产国及消费国，同时也将成为世界上最大的废橡胶产生国。目前，我国废橡胶利用的主要方法是制造再生胶，再加上翻胎等，废橡胶利用率最多只有50%；而且再生胶能耗高、附加值低，还有二次污染，与废橡胶迅速增长的形势不相适应。20世纪80年代末以来，世界工业发达国家大多已从通用型再生胶的生产转入了胶粉活化改性或精细胶粉的直接利用阶段。而我国目前再生胶占95%，而活化胶粉、精细胶粉只占5%，比国外发达国家滞后20年。

胶粉最大的特点是加工过程简单，与制造再生胶相比，省去了脱硫、精炼等工序，节省了大量专用设备、厂房、动力和人力，而且省去了软化剂、活化剂、增黏剂等化工原材料，具有不存在废水、废气、粉尘的污染等优越性，从根本上治理了生产再生胶带来的二次污染。同时，精细胶粉硫化后的性能优于再生胶，可广泛地应用于橡胶制品、建筑、公路、机场、运动场地及各类装饰材料等方面，是一项集环保和资源再生为一体的新型产业。

三、废橡胶综合利用存在的问题

我国在"八五"计划期间已把活化胶粉列为国家重点科技攻关项目，但产量和质量都达不到要求。精细胶粉的开发也受到普遍关注，先后有18家企业从国外引进生产线，但由于种种原因均未成功，有的企业甚至因此而衰败。其中国外采用的液氮冷冻粉碎法，因液氮价格贵，能耗和成本高，而且不适于间歇生产，不适合我国国情，因而国内引进该项技术生产胶粉的企业，都无法维持。之后，国内在利用空气涡轮膨胀制冷粉碎胶粉技术上获得成功，但从目前情况看，由于生产成本还是偏高，市场难以接受。

专家指出，我国再生胶工业的发展方向是，废旧橡胶利用胶粉化，再生胶品种多样化、精细化，粉碎设备节能化、高效化，生产自动化、环保化，以及废旧橡胶综合利用的深化。

因此，胶粉项目切忌一哄而起，形成新一轮的盲目发展。再生胶分会也将配合有关部门搞好行业发展规划，根据市场需求有力有节地稳步推进这项环保、资源再生业的发展。

据国内专业生产橡胶粉碎机、轮胎粉碎机、橡胶破碎机、轮胎破碎机、废旧轮胎生产线等废旧轮胎再生利用设备的铭鼎机械，2008年以来，废旧轮胎回收利用方面的政策密集出台。如旧轮胎回收利用方面的两项国家标准《载重汽车翻新轮胎》、《轿车翻新轮胎》和一项行业标准《工程机械翻新轮胎》颁布实施。这三项标准不仅为轮胎翻新行业提供了新的技术规范，更认可了轮胎翻新行业的价值。

此外"十一五"国家科技支撑计划重大项目"废旧机电产品和塑胶资源综合利用关键技术与装备开发"作为课题申报，其中涉及废旧轮胎回收利用的项目占到 30%。

我国 2008 年 12 月已将废旧轮胎再利用产业列入增值税全免产品目录。"十二五"期间，废橡胶综合利用行业在全国范围内完成规模和区域重组，建立江苏、河北、山西重点经济区发展模式，使区域产能分别达到每年 80 万吨以上水平；80% 的企业生产规模达到万吨以上，实现粉碎-再生-加工-应用的有机组合形式；淘汰年产能 3000t 以下无环保配套的企业。

目前国内已形成山东、江苏、浙江、福建、四川等十大区域为主的废橡胶综合利用格局，但区域间产业结构和技术水平存在较大差异，部分地区生产方法原始粗放，环保治理不完备。虽然主流再生橡胶企业污染物治理已达到并超过国家标准，但也存在少数不规范生产的小、乱、差企业。从产品结构来看，2010 年特级轮胎再生橡胶仅占再生橡胶总量的 14%～15%，三元乙丙、丁腈、氯丁及特种橡胶中的氟橡胶、硅橡胶尚未得到量化应用，产品附加值有待进一步提高。

四、废橡胶综合利用发展的建议

随着行业准入条件真正落地，行业环保标准即将建立，废旧轮胎回收体系建立正在启动，经营理念正在变化，人才培养逐步重视，这一切都预示着废橡胶综合利用行业正酝酿新的嬗变。

1. 行业标准、回收体系必须建立

目前，国内外对橡胶制品的环保要求日趋严格，因此淘汰煤焦油软化剂是再生橡胶行业不得不直面的现实问题，开发环保型再生橡胶是大势所趋。

为此，环保再生橡胶行业标准要围绕目前再生橡胶生产过程使用煤焦油存在的环保问题展开，增加针对多环芳烃等有害物质的检测项目。

其实，废橡胶综合利用行业呼吁使用环保再生橡胶已多年，特别是在 2011 年欧洲轮胎与橡胶制造商协会公布了对欧盟市场上多环芳烃含量的第二批抽查结果，共检出 9 个品牌的 10 条轮胎超出限量，其中 9 条产自中国。这一事件在再生橡胶行业中引起强烈反响，当年有关部门便启动了对再生橡胶原国标的起草修订，以期尽快推动环保再生橡胶的生产。

但由于国标的修订需要上报国家标准化管理委员会审批，需要时间较长，所以至今国标的修订还在努力中。在当前的情况下，建立行业自律标准，这是发展中应解决的问题。

尽管目前企业对于推出环保再生橡胶行业标准，对于指标的确定，不少企业还是产生了分歧。一些企业认为若将环保指标定得过高，无疑会增加成本，降低物理性质，相当于给自己上了"紧箍咒"，让一些游离在监管之外的小企业钻了空子；而一些企业认为既然是环保再生橡胶，就应该更看重其环保性，而不是一味追求高

物理性指标，应该和欧美等国家接轨；还有一部分企业则认为指标的确定应该符合当前国内行业发展现状，所以问题建议将环保指标分成三档。

针对企业的声音，为了让生产环保再生橡胶的企业少一些顾虑，我们要呼吁所有使用再生橡胶的轮胎、力车胎、管带、制鞋、密封件等橡胶制品企业坚决抵制和拒绝使用煤焦油再生橡胶。

据介绍，当前我国对废旧轮胎还没有建立一个完善的回收利用体系，从事废旧轮胎回收的从业者大多处在监管之外，因此很大一部分废旧轮胎流向了从事土炼油等有害利用的小作坊。甚至出现了正规废橡胶利用企业缺少原料。

我国所有地区，均按废弃物处理立法，建议采取生产者责任延伸制和谁产污谁付费的政策，对利废企业给予鼓励与补贴。

国外很多政府如加拿大规定每处理 1t 废旧轮胎给 60 美元的补贴，欧洲每吨给予 140 欧元补贴；中国台湾由环保署给予每吨 3200 元新台币补贴，香港环保署每吨给予 1700 元港币补贴。

为了规范废旧轮胎回收，借鉴我国台湾、香港以及其他国家的做法，开展废旧轮开展废旧轮胎责任制，建立废旧轮胎回收体系是国家当前正在研究的内容。

据介绍，2012 年国家发改委、中国社科院和日本专家已数次就我国废旧轮胎产生与回收内容召开了会议。当前，青岛市废旧轮胎被列入中日合作城市典型废弃物循环利用体系建设及示范试点项目，并且就废旧轮胎综合利用管理列入《青岛市废旧轮胎综合利用管理办法》的立法计划建议，已经获得国家发改委认可。国家发改委希望以青岛作为试点，在尝试建立废旧轮胎回收体系的执行过程中，探索、总结体系建立经验，在成熟的基础上，再开展建立国家政策层面的废旧轮胎回收管理办法。

2. 胶粉行业要有自己的技术服务商

胶粉作为废橡胶综合利用方式的一种，在很多人看来，这是一个产品技术含量低、利润率低、竞争大的行业，而广西远景橡胶科技有限公司却将公司发展成为一个技术服务的团队，在行业内实属创新。

一般在他们的销售团队里面，不光有懂营销的，还有技术人员，并将技术服务分为售前、售中、售后。产品销售前，他们会为下游客户做一揽子方案，包括产品定位、营销方案、技术配方。公司现有两种型号的胶粉，该公司根据对方提供的原材料，调整两种胶粉的配比，使得其和客户的原材料达到最佳配合；售中服务则是一个优化的过程，客户配方中的原材料还有哪些优化空间，公司都会通过实验数据告诉客户；售后则派专人一对一跟踪客户的生产团队。

从生产企业转型为技术服务商，并非一朝一夕。每年企业的科研投入占公司成本的 8%，并且花了 3 年时间来建立数据库，这个数据库涵盖了应用胶粉的沥青、卷材生产中，各种基材、辅材之间的最佳配方，所以现在一个星期就能给客户提供出服务方案。

远景公司采用这种服务模式时间并不长，但效果已经非常明显。以前是他们自己找客户，现在不用自己找客户，等着他们做服务和提货的客户都在排队。

　　该公司以后的发展方向，将通过添加其他原材料，进一步优化胶粉配方。即出售的是一个综合体，不仅仅是胶粉，这样利润最大化了，安全也最大化了。在这种情况下，该公司就是占主动地位的，甚至是主导的。因为你不是在卖产品，而是在为你的客户提供整体的解决方案。而且，如果客户采用了你的技术服务营销方案，你们的关系将会非常牢固，客户很可能再也离不开你了。

　　在循环经济资源综合利用理念下，在科技创新的引导下，很多人正在改观对这个行业的印象，一些轮胎、力车胎、管带、橡胶制品部分企业已经投身到废橡胶综合利用的行列，塑料、环保、煤炭、房地产等跨行业的企业和一些风投公司、经济建设投资公司也开始涉足废橡胶综合利用行业。这些已经建成或正在建设的废橡胶综合利用企业，将为行业的发展输进新鲜血液，带来新的理念，脏、乱、差的行业形象正在退出历史舞台，优胜劣汰现象已经凸显，这将对废橡胶综合利用行业产品升级和企业形象升级起到推动作用。

第七章
废旧高分子材料回收再生处理方法与工艺实例

第一节
废旧高分子材料回收再生处理技术

一、回收后再生处理技术概述

废旧高分子材料回收后再生方法有：熔融再生、热裂解、能量回收、回收化工原料及其他方法。

① 熔融再生。熔融再生是将废旧高分子材料重新加热塑化而加以利用的方法。从废旧高分子材料的来源分，此法又可分为两类：一是由树脂厂、加工厂的边角料回收的清洁废旧高分子材料的回收；二是经过使用后混杂在一起的各种废旧塑料制品的回收再生。前者称单纯再生，可制得性能较好的塑料制品；后者称复合再生，一般只能制备性能要求相对较差的塑料制品，且回收再生过程较为复杂。

② 热裂解。热裂解方法是将挑选过的废旧塑料经热裂解制得燃烧料油、燃料气的方法。

③ 能量回收。能量回收是利用废旧塑料燃烧时所产生热量的方法。

④ 回收化工原料。一些品种的塑料，加了聚氨酯可通过水解获得合成时的原料单体。这是一种利用化学分解废旧塑料变成化工原料进行回收的方法。

⑤ 其他。除了上述废旧塑料的回收方法外，还有各种利用废旧塑料的方法，如将废旧聚苯乙烯泡沫塑料粉碎后混入土壤中以改善土壤的保水性、通气性和排水性，或作为填料同水泥混合制成轻质混凝土，或加入黏合剂压制成垫子材料等。

塑料以其质轻、耐用、美观、价廉等特点，取代了一大批传统的包装材料，促成了包装业的一场革命。但用后大量丢弃的塑料包装物已成为危害环境的一大祸害，其主要原因就是这些塑料垃圾难以处理，无法使其分解并化为尘土。在现有的城市固体废物中，塑料的比例已达到 15%～20%，而其中大部分是一次性使用的各类塑料包装制品。塑料废弃物的处理已不仅是塑料工业的问题，现已成为国际社会的广泛关注的事情。

为了适应保护地球环境的需要，世界塑料加工业研究出许多环保新技术。在节省资源方面，主要是提高产品耐老性能、延长寿命、多功能化、产品适量设计；在资源再利用方面，主要是研究塑料废弃物的高效分选分离技术、高效熔融再生利用技术、化学回收利用技术、完全生物降解材料、水溶性材料、可食薄膜；在减量化技术方面，主要是研究废弃塑料压缩减容技术、薄膜袋装容器技术，以及在确保应用性能的前提下，尽量将制品薄型化技术；在 CFC 代用品的开发方面，主要是研究二氧化碳发泡技术；在替代物的研究方面，主要是开发 PVC 和 PVDC 代用品。

在城市塑料固体废物处理方面，目前主要采用填埋、焚烧和回收再利用三种方法。因国情不同，各国有异，美国以填埋为主，欧洲、日本以焚烧为主。采用填埋处理，因塑料制品质大体轻且不易腐烂，会导致填埋地成为软质地基，今后很难利用。采用焚烧处理，因塑料发热量大，易损伤炉子，加上焚烧后产生的气体会促使地球暖化，有些塑料在焚烧时还会释放出有害气体而污染大气。采用回收再用的方法，由于耗费人工，回收成本高，且缺乏相应的回收渠道，目前世界回收再用的塑料仅占全部塑料消费量的 15% 左右。但因世界石油资源有限，从节约地球资源的角度考虑，塑料的回收再用具有重大的意义。为此世界各国都投入大量人力、物力，开发各种废旧塑料回收利用的关键技术，致力于降低塑料回收再用的成本、开发其合适的应用领域。

二、回收热能法

大部分塑料以石油为原料，主要成分是碳氢化合物，可以燃烧，如聚苯乙烯燃烧的热量比染料油还高。有些专家认为，把塑料垃圾送入焚化炉燃烧，可以提供采暖或发电的热量，因为石油染料 86% 都直接烧掉了，其中只有 4% 制成了塑料制品，塑料用完以后再送去当热能烧掉是很正常的，热能使用是塑料回收的方法之一，不容轻视。但是许多环保团体反对焚烧塑料，他们认为，焚烧法把乱七八糟的化学品全部集中燃烧，会产生有毒气体。如 PVC 成分中一半是氯，燃烧时放出的氯气有强烈的侵蚀破坏力，而且是引起噁英的元凶。

目前，德国每年有 20 万吨的 PVC 垃圾，其中 30% 在焚化炉里燃烧，烧得人心惶惶，法律不得不对此拟定对策。德国联邦环境局已规定所有的焚化炉都必须符合每立方米废气值低于 0.1ng（纳克）的限量。德国的焚化炉空气污染标准虽然已经属于世界公认的高标准，但仍然没有敢说燃烧方法不会因机械故障放出有害物质，所以可以预见，各国环保团体仍将大力反对焚化法回收热能。

三、分类回收法

塑料回收，最重要的是进行分类。常见的塑料有聚苯乙烯、聚丙烯、低密度聚乙烯、高密度聚乙烯、聚碳酸酯、聚氯乙烯、聚酰胺、聚氨酯等，这些塑料的差别一般人很难分辨。现在的塑料分类工作大都由人工完成。机器分类最近有了新的研究进展，德国一家化学科技协会发明以红外线来辨认类别，既迅速又准确，只是分拣成本较高。

四、化学还原法

研究人员开始设法提炼出塑料内化学成分以便再利用。所采用的工艺方法是将聚合物的长链切断，恢复其原有的性质，裂解出的原料可用来制作新的塑料。有些方法是通过加入化学元素促使相结合的碳原子化学裂解，或是加入能源促成其热裂解。

德国拜尔公司开发出一种水解式化学还原法来裂解 PUC 海绵垫。试验证明，化学还原法在技术上是可行的，但它只能用来处理清洁的塑料，例如生产制造过程中产生的边角粉末和其他塑料废料。而家庭里使用过的沾染上其他污物的塑料，就很难用化学分解法处理。一些新的化学分解法还在研究过程中，美国福特汽车公司目前正在将酯解法运用于处理汽车废塑料件。

美国伦塞理工学院研制出一种可分解塑料废弃物的溶液，将这种已申请了专利的溶液和 6 种混合在一起的不同类型的塑料一起加热。在不同的温度下，可分别提取 6 种聚合物。实验中，将聚苯乙烯塑料碎片和有关溶液在室温条件下混合成溶解态，将其送入一个密封的容器中加热，再送入压力较低的"闪蒸室"中，溶液迅速蒸发（可回收再用），剩下的就是可再次利用的纯聚苯乙烯。

据称，研究所用的提纯装置，每小时可提纯 1kg 聚合物。纽约州政府与尼加拉·摩霍克电力公司正打算联手建造一座小规模试验性工厂。投资者声称，该厂建成后，每小时可回收 4t 聚合物原料。其成本仅为生产原料的 30%，具有十分明显的商业价值。

五、氢化析解法

很多专家认为，氢化作用可用于处理混合塑料制品。将混合的塑料碎片置入氢反应炉内，加以特定温度和压力，便能产生合成原油和煤气等原料。这种处理方法可用于处理聚氯乙烯废料，其优点是不会产生有毒的二噁英与氯气。采用这种方法处理混合塑料物品，根据不同的塑料成分，可将其中的 60%～80% 的成分炼成合成原油。德国巴斯夫等三家化学公司在共同的研究报告中指出，氢化作用为热裂解法的最优良方式，析解出的合成原油品质好，可用来炼油。

美国列克星敦肯塔基大学发明了一种废塑料变成优质塑料燃料油的工艺方法。

用这种方法生产的燃料很像原油，甚至比原油更轻，更容易提炼成高辛烷值的燃料油。这种用废塑料生产的燃料油不含硫黄，杂质也极少。采用类似方法把塑料与煤一起液化，也能生产出优质燃料油。

研究人员在沐浴器中把各种塑料和沸石催化剂、四氢化萘等混合在一起，然后放进一种称之为"管道炸弹"的反应炉里，用氢加压并加热，促使大分子塑料分解成分子量较小的化合物，这一工艺过程类似于原油处理中的化合。废塑料经此处理后产油率很高，聚乙烯塑料瓶的出油率可达88%。当废塑料和煤以大致1∶1的比例混合和液化时，可以得到更为优质的燃料油。目前，德国已开始在博特普建立一座有希望日产200t塑料燃油的反应炉。

六、减类设计法

研究开发部门在设计产品时就考虑到回收和拆卸处理的需要。美国适宜回收的材料，考虑的重点不在于制作个别的零部件应采用哪一种塑料最为理想，而是考虑可以广泛运用的材质，这是在构思上的革命性转变。

为了有利于回收，设计人员开始在设计产品时会避免使用多种塑料。美国宝马公司准备在其新车设计中减少40%的塑料种类，目的是方便废塑料的回收。汽车工业之所以降低塑料使用种类，并且在设计上考虑回收性，主要是期望赢得重视环保的优良形象，受到消费者的欣赏。目前，这种设计构思正逐渐影响整个塑料加工业。

不过各方面的努力仍然无法使市场上通行的20种塑料中的任何一种绝迹。毕竟产品的多样性导致了塑料品种类别的千变万化，例如生产电子计算机使用的塑料和生产汽车使用的塑料就不一样。

为此，专家建议制定有关回收标准，规定特种行业只能使用指定的材料，否则无法控制有效的回收，电子与汽车行业都已开始制定这样的标准。

世界电子电气市场对废弃塑料回收利用已较为重视，国际商用机器公司（IBM）已开始将计算机和商用机器的塑料部件进行标码，并在开发可回收再用的塑料电子部件和简化拆卸设备的产品结构，同时还考虑取消元件的表面着色，控制塑料添加剂的外部黏合剂的用量减少使用不利用回收的工艺部件及外加零件。

废弃汽车零部件的回收工作也有了很大的进展，许多国家都是以可回收的易回收作为汽车塑料件原料选用和产品设计的前提。有些国家已制定了有效的汽车塑料件标准回收号码和回收计划，并在考虑制定有助于拆卸和分拣汽车塑料的统一标志体系。欧美各国还在研究化学解聚法回收汽车塑料。

七、生物降解法

在积极开发塑料回收再利用技术的同时，研究开发生物降解成为当今世界各国塑料加工业的研究热点。研究人员希望开发出一种能在微生物环境中降解的塑料，以处理大量一次性使用塑料，特别是地膜及多包装废弃物对农田、山林、海洋的污染。研究目标是开发出一种在使用过程中可以保证其各项使用性能，而一旦用完废弃后，可被环境中的微生物分解，从而完全进入生态循环的塑料。同时，这种塑料的生产成本较低，具有相应的经济性。如果是这样的生物分解性塑料，在使用后就可与普通生物垃圾一起堆肥，而不必花费很大代价进行收集、分类和再生处理。而且，分解产物进入生态循环，不产生资源浪费问题。

在生物降解塑料的研究开发方面，世界各国都投入了大量财力和人力，花费了很大的精力进行研究。塑料加工业普遍认为，生物降解塑料是 21 世纪的新技术课题。

20 世纪 80 年代末，为了解决垃圾袋的降解问题，在美国玉米商的推动下，添加淀粉的聚乙烯塑料袋被作为生物降解塑料在欧美风靡一时。但由于其中的聚乙烯并不能降解，故其应用研究已大大降温。只是由于淀粉的原料来源丰富且价格便宜，目前仍有不少研究者在从事这方面的研究，希望通过各种配方技术，在降解性方面有所突破。

目前开发的技术路线主要有微生物发酵合成法、利用天然高分子（纤维素、木质素、甲壳质）合成法的化学合成法等，并已开发出一些生物降解塑料的水溶性树脂，但总的说来，其生产成本都未达到工业化批量生产的要求。

德国拜尔公司研究纤维制品的专家们经过数年研究，制成的一种可以完全分解为腐殖质的塑料。用这种塑料制成的包装薄膜，可以在土壤中迅速分解"分化瓦解"，10d 之内可以回归大自然。根据环保组织的鉴定，此种塑料及其分解后的中和物对环境和人类均是安全可靠的。该公司研制成功的这种新型塑料，是将坚硬而不易延伸的纤维素与聚氨酯混合制得的。把这种新型塑料埋入土中后，可成为土壤中微生物的可口佳肴，迅速繁殖的微生物很快能将这种材料完全消化成为腐殖质。用这种材料制成的一种家用保鲜膜，14d 后可完全成为粉末，8 周后会失去 80％的重量。用这种材料制作培养物的营养钵，植入土中数周后均化为腐殖质，充当起堆肥的角色。由于这项新技术的生产成本太高，是普通塑料的数倍，因而目前很难实现商品化生产。

在应用实验方面，经过多年的努力，我国在生物降解聚乙烯地膜研究项目上已取得初步成功，开发出了生物降解地膜试样，并进行了小面积的试用，从其技术成熟性方面看来，尚未达到大面积推广的应用的程度。我国对添加型光降解塑料领域尚未涉足。美国将光降解塑料用于瓶装饮料的提议已有多年，以色列和加拿大对光降解地膜均有试用，但未见大面积应用的报道。

据预测，如将生物降解塑料的工业化研究算作 100 的话，目前的开发研究只处于 30 的相对阶段，美国对这项技术的开发研究处于领先地位，欧洲居次，日本第三。

总的来说，在生物降解塑料研究开发中还有许多有待攻克的难题。首先，对塑料降解的定义尚无统一的认识。其次，对生物降解塑料的评价试验尚无世界公认的统一的方法。目前美国材料试验协会、日本工业标准协会和国际标准化组织都在积极开展这方面的工作，虽然美国 ASTM 已正式颁布了多项结果，但也不能完全套用到实际塑料垃圾的处理中。

── 第二节 ──

废旧高分子材料合成与改性回收
为高级新型塑料工艺实例

一、合成与改性回收为高级新型塑料

据《新西兰先驱报》报道，奥克兰大学高级合成材料研究中心成功地将两种廉价废旧高分子材料合成为一种高级新型塑料。

他们用废旧的聚乙烯塑料牛奶瓶和 PET 可乐瓶合成了一种新的聚合塑料。试验证明，这种新型塑料的性能明显优于两种原材料，比任何一种原材料的硬度都大，而且隔离氧气的效果提高了 2～3 倍，非常适合作食品的包装材料。该研究中心还发现，加入合适的添加剂后，这种新型塑料的电磁屏蔽功能大大增强，是电子产品理想的包装材料。更有意义的是，这种新材料可回收循环使用多次而性能不会降低。目前，这种新型塑料的生产机器也已由该中心设计制作完成，日产能力达几百米。

成功合成这种新型塑料主要是因为两种原材料具有不同的、相差至少 40℃的熔点。当牛奶瓶和可乐瓶在一起熔化时，具有较高熔点的 PET 就形成了直径达到微米甚至纳米级微小的纤维，这些小纤维均匀地分布在新材料里，大大提高了强度和硬度。目前这种新型材料正在申请专利，并处在商业化筹备阶段。

一种用废旧塑料和粉煤灰复合而成的金属替代材料最近由中国科学院长春应用化学研究所研制成功，并通过了成果鉴定。据鉴定报告称，此项成果具有"国际先进水平"。

对废旧塑料和粉煤灰进行加工处理是消除"黑色污染"和"白色污染"的有效手段。近年来，随着我国火力发电事业的发展，粉煤灰的排放量逐年增加，造成严重的"黑色污染"；我国化工工业的迅速发展使我国的塑料制品的生产能力日益增强，使得废弃塑料形成的塑料垃圾产量越来越大，造成了严重的"白色污染"。

国内长春应化所对多种废旧塑料和粉煤灰进行了不同配比、增容、增塑等深入研究，研制出的金属替代材料在不加任何骨架的情况下，压缩、弯曲、冲击强度等综合性能良好，完全可以替代金属制品。目前，制成的城市给排水井盖、墙壁内分线盒等产品已经投放市场，受到用户好评。

由北京建筑工程学院土木系蔡光汀教授等人承担的"利用废塑料制胶技术研究项目"通过了北京市科委组织的科技成果验收。该项成果已申报国家发明专利，并获得第51届"尤里卡世界发明博览会金奖"。

二、高效吸水母粒解决废旧塑料回收利用难题

据介绍，北京聚英慧点塑料科技有限公司采用高效吸水母粒，可降低塑料回收利用中微量水给塑料制品带来的不利影响，即可消除水分引起的气泡、云纹、裂纹、斑点，且对制品物理机械性能不会产生不良影响。该母粒可直接加入原材料中，无需对产品生产工艺进行任何调整，塑料回收过程省电省时。该产品无毒、无异味、无腐蚀性，为环保产品。

据了解，大多数回收塑料中都含有水分，只有烘干后才能使用。由于塑料内部水分很难完全烘干，残留水会导致回收塑料制品表面光泽度下降、密实度降低，有时还可能在内部出现气泡，导致物理机械性能大幅降低。

1. 废旧塑料造粒技术问题

塑料制品的光洁度与体系的流动性直接相关，如果原料体系的 MFR 较高，则可以较好地提高制品的光洁度。建议将新料和旧料进行不同比例的掺混。一般来说，提高旧料比例，可以提高流动性。在成型模具的表面涂上适量的脱模剂有助于脱模和防止水印纹的产生。此外，欲提高制品的柔软度，可以在配方里加入少量助剂（如增塑剂）以及一定量的弹性体进行增韧改性（还相应的需要相容剂以改善界面相容性）。上述方法都能够有效地提高制品的柔软程度，具体的加入量需通过试验确定。

2. PC 塑料再生利用流程

① 把收购来 PC 挑选。有透明不透明，以及蓝色、红色、绿色、黑色必须分开；也有改性的，如纺织配件大部分是改性的；如碟片、灯头都是镀膜的。②清洗各色 PC。碟片、灯头等退镀工艺。洗后晒干归类，送挤出机生产。③添加着色剂和材料助剂。④专用挤出机造粒。PC 本身易老化所以不能多次回料，造粒一定慎重，切粒包装。

3. 废旧塑料与其他材料复合技术

废旧塑料的性能虽然有所降低，但其塑料性能还是存在的。可以将废旧塑料和其他材料复合，形成具有新性能的复合材料。浙江三泰板业厂利用回收农膜与木屑复合制成塑质木材，抗折强度为20.8MPa，该材料除了具有与天然木材一样可锯、刨、钉、钻等性能外，还具有耐潮、防蛀等优点，而且制造的灵活性强，既可挤压成板材、型材，也可一次模压成产品。

李忠明等人采用稻草秸秆，经粉碎、表面处理后与聚丙烯（PP）塑料复合制

备秸秆/塑料复合材料。这不仅让秸秆带来良好的经济效益，而且能节约紧缺的木材资源，是一种行之有效的废旧塑料处理利用方法。杨庆贤研究了木屑和废旧塑料性能试验指出：木/塑复合材料可以加工成软材和硬材、片材和板材、管材和异型材，以及其他各种制品。但复合材料的力学性能随着废旧塑料的含量的增加而下降，所以有必要通过试验研究出最佳木塑比，以得到力学性能最好的复合材料。

胡圣飞等人以废弃 PE、EVA 为改性剂，对铺路沥青进行改性。结果表明：EVA 能有效地改善废弃 PE 与沥青的相容性，克服了由于沥青含蜡量高而造成的抗老化性、热稳定性、可塑性差等困难，达到了作为铺路材料的要求。哈尔滨工业大学的张志梅等探讨了利用废旧塑料和粉煤灰制建筑用瓦的工艺方法和条件，为废旧塑料的回收利用开拓了一条新路，用废旧塑料制建筑用瓦是消除"白色污染"的一种积极方法，具有较好的社会、环境及经济效益。

4. 废塑料磁性分离新技术

美国 Eriez Magnetics 公司开发了一种塑料再生新技术——PolyMag®；其利用磁性，改善对塑料废物的分类。

事实上，该技术是通过添加一种特殊又廉价的添加剂（小于 5％），增加材料的磁化率，但不改变材料的物性；然后根据磁性、利用 Eriezs PolyMag 分离器分离材料。通过对每种材料采用不同量的磁性添加剂，PolyMag® 技术可以分离两种以上组分。比如该方法可以将 ABS 从聚丙烯（PE）中分离，或将热塑性弹性体（TPE）从其他聚合物中分离。

该专利是为了解决现有塑料再生方法不能充分有效地完成塑料的高纯分离而提出的，其目的在于提供一种塑料制品高纯再生的方法。

以上提及的磁性材料可采用磁铁矿、硅铁、铁磁粒子（如铁锉屑），所加磁性材料的特定量为塑料组分的 $0.05\% \sim 5\%$（质量分数）。利用该方法采用磁性分离器可将塑料从废物中分离。

三、回收塑料的增韧改性技术

塑料制品在使用过程中，由于受到光、热、氧等的作用，会发生老化现象，使树脂大分子链发生降解，所以回收的塑料力学性能发生很大变化。耐冲击性随老化程度的不同而变化。改善回收塑料耐冲击性的途径之一，可使用弹性体或共混型热塑性弹性体与回收料共混进行增韧改性。

弹性体有顺丁橡胶（BR）、三元乙丙橡胶（EPDM）、苯乙烯-丁二烯-苯乙烯嵌段共聚物（SBS）、丁苯橡胶（SBR）、丁基橡胶（IIR）等。还可以使用非弹性体，如高密度聚乙烯（HDPE）、乙烯-乙酸乙酯共聚物（EVA）、甲基丙烯酸甲酯-丁二烯共聚物（MBS）、丙烯腈-丁二烯-苯乙烯共聚物（ABS）及氯化聚乙烯、活化有机粒子等，对回收塑料进行增韧改性，从而提高其耐冲击性，可充分利用回收塑料，扩大其应用范围。

1. 增韧回收聚丙烯

弹性体增韧聚丙烯此部分内容在其他章节中已经谈到，这里就不重复了。

非弹性体增韧聚丙烯。在聚丙烯树脂中，加入 $10\%\sim45\%$ 的高密度聚乙烯，可使聚丙烯大分子链柔顺，提高聚丙烯制品耐低温性、冲击强度，而且成型加工流动性好，免去了分拣 PP、PE 的工序。若在聚丙烯和聚乙烯共混物中加入 $5\%\sim20\%$ 的乙丙橡胶，还可改善两者的相容性，提高共混物的强度，可获得 $90kJ/m^2$ 的高抗冲高级材料。

2. 增韧回收聚乙烯

（1）弹性体增韧聚乙烯　增韧改性聚乙烯的弹性体有很多，如 SBR、BR、EPDM、IIR、SBS 等，工艺与聚丙烯相似，但由于聚乙烯的塑化温度低于聚丙烯，用开炼工艺塑化温度控制在 145℃左右即可。

（2）活化无机粒子增韧高密度聚乙烯　用活性偶联剂对无机粒子（如 $CaCO_3$）表面进行处理，并加入少许马来酸酐（MAH）和过氧化二异丙苯（DCP）后，添加到高密度聚乙烯中，能改善共混物的冲击性能、拉伸强度、模量等。活化 $CaCO_3$ 对 HDPE 的改性结果见表 7-1。

表 7-1　活化 $CaCO_3$ 对 HDPE 的改性结果

$CaCO_3$/质量份	活化剂及配合剂/质量份		缺口冲击强度 /(kJ/m²)	拉伸强度/MPa
	活化剂	配合剂 DCP		
0	0	0	20	30.0
70	0	0	7	20.7
70	MAH 0.7	0.10	20	30.5
70	MAH 1.1	0.40	36	32.2
70	KH-570 1.1	0.40	22	29.1
70	0	0.40	1	25.5

当在 100 质量份高密度聚乙烯中加入被活化的 $CaCO_3$ 70 质量份、MAH 1.1 质量份及 DCP 0.4 质量份时，与未进行活化的相同填充量比较，缺口冲击强度提高 4 倍、拉伸强度提高 60%；与未充填的高密度聚乙烯相比，冲击强度提高近 1 倍、拉伸强度提高 2MPa。用活化的钛白粉（TiO_2）改性 HDPE 的结果见表 7-2。

活化 TiO_2 的改性效果极为显著，适度的活化剂及配合剂使被改性体冲击后不断、断裂伸长率提高几十倍。

3. 增韧回收聚氯乙烯

原树脂的聚氯乙烯制品本身韧性、缺口冲击强度就低，经过长期使用后，树脂中的增塑剂、润滑剂等低分子物质发生溶出、挥发和迁移，使制品变脆、变硬，韧性更差，在对回收料增韧改性加工过程中，必须加入相应的助剂，以改善其加工性和使用性。

表 7-2   用活化的钛白粉（TiO_2）改性 HDPE 的结果

TiO_2/质量份	活化剂及配合剂/质量份		缺口冲击强度 /(kJ/m²)	拉伸强度 /MPa	断裂伸长率 /%
	KH-570	DCP			
70	1.1	0	11	20.7	16
70	1.1	0.10	不断	31.6	850
70	1.1	0.25	不断	32.2	900
70	1.1	0.40	不断	28.0	850

可使用的改性剂有 NBR（丁腈橡胶）、CR（氯丁橡胶）等弹性体，含氯量 35%左右的 CPE（氯化聚乙烯）类弹性体，含 65%～70%乙酸乙烯（VA）的 EVA（乙烯-乙酸乙烯酯共聚物，用量为 5%～15%）、含 40%丁二烯的 MBS（甲基丙烯酸甲酯-丁二烯-苯乙烯共聚物，用量为 10%～20%）、含 50%丁二烯的 ABS（丙烯腈-丁二烯-苯乙烯共聚物，用量 8%～25%）等非弹性体。

（1）弹性体增韧聚氯乙烯   聚氯乙烯（PVC）的韧性差，其硬制品的简支梁缺口冲击强度仅 2.4kJ/m²，其回收料的韧性因老化作用而变得更差。另外，为了改善 PVC 的加工性能和使用性能，常加入一些低分子增塑剂，这些增塑剂在制品的加工和使用过程中发生溶出、挥发和迁移，使制品变硬发脆。因此，对再生 PVC 料进行增韧改性是十分必要的。

如以 NBR 橡胶改性 PVC 为例，根据极性相似原理，丁腈橡胶（NBR）是 PVC 的优良增韧改性剂。NBR-26 型及 NBR-40 型及粉末 NBR 是 PVC 通用的改性胶种。当丙烯腈含量为 8%以下时，橡胶以孤立的分散相存在；丙烯腈含量为 15%～30%时，橡胶以网状形式分散相；丙烯腈含量为 40%时，呈完全相容的状态。

实际实施共混操作时，应将 NBR 胶破碎成细小碎块或挤出切粒，然后与 PVC 及其配合剂在高速捏合机中混合。混合后料可直接塑化成型或经造粒后再加工成型。氯丁橡胶（CR）对 PVC 的冲击性能也有较好的改性效果。

再如氯化聚乙烯（CPE）弹性体改性 PVC。氯化聚乙烯（CPE）的氯含量在 35%左右时属弹性体，它是改善 PVC 的加工性、分散性和冲击强度等综合性能颇好的改性剂。但 CPE-PVC 共混物的拉伸强度会随着 CPE 加入量的增多而下降，同时提高了共混物的熔体黏度，这将对加工带来不利的影响。在 PVC-CPE 中加入少量的 LDPE 可提高改性效果。CPE 为粉状物，与 PVC 及助剂一起捏合十分方便，可按 PVC 的成型工艺生产制品。

用 NBR 及 CPE 对废旧 PVC 软制品进行增韧改性生产塑料泡沫鞋底，其配方见表 7-3。

表 7-3　增韧改性生产塑料泡沫鞋底配方

配　方	质量份	配　方	质量份
PVC 废料	90	碳酸钙(活化)	15
PVC 树脂	10	过氧化二异丙苯(DCP)	0.2
NBR(AN 含量 24%～29%)	6	稳定剂	1.6
CPE(含 Cl 量 36.5%)	4	增塑剂	8

其中，PVC 废料的配方：注塑鞋底：薄膜：泡沫鞋底＝30：20：50。

NBR 塑炼及 NBR/CPE 共混胶制备工艺如下：NBR 在 40℃辊温下分三段塑炼，每段塑炼时间 25min，停放 12h 以上。NBR-CPE 以 60：40 在 150℃辊温下混炼。

PVC 树脂→捏合→搅拌（AC、增塑剂、活性碳酸钙、稳定剂）→约 130℃塑化→混匀→拉片冲裁→压模发泡→冷却至 50℃→蒸汽发泡→堆放成型。

(2) 非弹性体改性 PVC

① EVA 改性 PVC。作为 PVC 抗冲改性剂，当 EVA（乙烯-乙酸乙烯酯共聚物）中 VA（乙酸乙烯）的含量为 45%时，EVA 与 PVC 表现出部分相容；VA 的含量为 65%～70%时，EVA 与 PVC 完全相容；VA 含量超过 80%时，EVA 与 PVC 又表现为不相容。仅当 EVA 用量为 5%～15%时，EVA 与 PVC 产生明显的协同作用，改性效果最好。因此，用 EVA 作为 PVC 的改性剂时应注意 VA 的含量及 EVA 组分用量。一般来说，随着 EVA 含量的增加，改性后共混物的抗冲性能、加工流动性和热、光稳定性提高，而模量、强度和热变形温度则下降。

EVA-PVC 共混物的耐化学性能和低温性能好，增塑效果稳定，耐候性好，并具有很好的手感，因而改性共混物可以制备硬质或软质制品。用 EVA 改性 PVC 回收料的工艺与原树脂的改性相类似。回收 PVC 需进行用前处理，然后粉碎，其他捏合等工艺与改性 PVC 树脂相同。

② MBS 改性 PVC。MBS（甲基丙烯酸甲酯-丁二烯-苯乙烯共聚物）含有与 PVC 有较好相容性的甲基丙烯酸甲酯及苯乙烯，同时有一个橡胶核存在，MBS 的这个结构特征使它可以作为 PVC 的冲击改性剂。当 MBS 组分含量在 5%～30%时（尤其是在 10%～20%时），改性后的共混物拉伸强度、冲击强度、模量等性能均有提高。在 MBS 共聚物中，B 组成（丁二烯）含量为 40%时，MBS 改性的效果最好，即共混物的冲击强度最大。同时也改善了它的加工性能，提高了 PVC 制品的透明性。但 MBS 售价高，使改性 PVC 制品的成本提高。

③ ABS 改性 PVC。用 ABS 树脂（丙烯腈-丁二烯-苯乙烯三元共聚物）对 PVC 进行改性，ABS 含量在 8%～40%范围时，冲击强度达到最大值。如果综合考虑其他性能，一般用量范围为 8%～25%较适宜。

从 ABS 树脂的相结构看，弹性体相 B（丁二烯）和硬质相的组成是影响改性的关键因素。从改善增韧效果角度看，ABS中B的含量为50%时可明显提高增韧改性的效果。

4.增韧改性回收聚苯乙烯

橡胶可以作为增韧改性剂与回收的聚苯乙烯共混，而丁苯橡胶和聚苯乙烯有相似的结构，相容性好，丁苯橡胶中苯乙烯含量增多，两者相容性就越好，可均匀地分散在聚苯乙烯树脂的基体中，共混物具有较高的冲击强度，制品一般无剥离现象。丁苯橡胶与回收聚苯乙烯可直接用各种混炼机进行机械共混，混炼设备可用双螺杆挤出机、带有静态混合器的单螺杆挤出机和双辊筒混炼机、密炼机等。

四、化学改性回收利用技术

用化学改性的方法把废旧塑料转化成高附加值的其他有用材料，是当前废旧塑料回收技术研究的热门领域。

① 张向和等用废旧热塑性塑料，按废塑料、混合溶剂、汽油、颜料＋填料＋助剂、改性树脂胶粉、树脂型增韧增塑剂的质量比等于 （15～30）∶（50～60）∶适量∶（0～45）∶（3～10）∶（0.5～5） 的比例生产出了防锈、防腐漆、各色荧光漆等中、高档漆。其性能优良，附着力好，抗冲击力强，成本约为正规同类涂料的一半，且设备简单。

② 张松滨等按废聚苯乙烯、溶剂、增塑剂、填料质量比等于 （30～40）∶（50～60）∶（3～4）∶（1～2） 的比例研制出了一种胶黏剂。该胶黏剂粘纸立即可干而且黏性特别好，可适用于粘信封、书籍等，粘玻璃效果也非常好，浸酸浸碱48h后无脱粘现象。

③ 郑天亮等研究了用废聚苯乙烯塑料通过物理改性，制成性能优良的清漆、色漆、防锈底漆和建筑乳胶漆，用废旧塑料制漆既可解决大量废聚苯乙烯造成的环境问题，寻找出一条可再利用的出路，同时又获得了可供民用的几种不同类型的成本低廉的涂料，而且成本低于同类的醇酸漆。我国安徽大学高分子材料研究所通过改性发泡等工序，用废弃聚烯烃塑料生产泡沫片和硬质板材，泡沫片用作旅游鞋、皮鞋和布鞋的原料，硬质板材则用作弹性地板的原料。

五、采用黄豆基材料改性 PVC

普立万公司 （Poly One Corp.） 使巴特尔纪念研究所 （Battelle Memorial Institute） 十多年的研究得到回报，成功开发出了 Geon BIO 生物 PVC 改性材料。

总部位于美国俄亥俄州的普立万公司在美国奥兰多举行的 NPE2015 展会上推出了这种柔性 PVC 改性材料，采用俄亥俄州哥伦布非营利性研究和开发机构巴特尔提供的 reFlex 牌生物基增塑剂。

巴特尔在 2002 年和 2003 年开发了 reFlex 的专利，后在 2008 年与普立万建立合作。普立万在 2012 年末开始营销 reFlex。

该材料可被用于任何种类的家用柔性 PVC 产品中。GeonBIO 所用的 reFlex 生物增塑剂以大豆为原料，且通过美国药监局批准，而且不含邻苯二甲酸盐。Geon BIO 还有很好的热稳定性，可提高使用频率，生产效果更好。大豆因为供应充足且价格低廉，是生物塑料中的常用原料。大豆的化学特性还在化学改性方面受到青睐。

第三节
废塑料综合利用工艺实例

一、废泡沫塑料制备工艺实例

随着化学工业的发展，聚苯乙烯泡沫塑料由用作包装材料、一次性餐具等转向了更具市场前景的建筑保温材料领域。将消泡后的废聚苯乙烯泡沫塑料加入一定剂量的低沸点液体改性剂、发泡剂、催化剂、稳定剂等，经加热可使聚苯乙烯珠粒预发泡，然后在模具中加热制得具有微细密闭气孔的硬质聚苯乙烯泡沫塑料板。这种板可以单独使用，也可在成型后再用薄铝板包敷做成铝塑板。其保温性能很好，经房屋屋顶实际使用考验，结果无结霜和结露现象，且可降低工程造价，施工操作方便。因此，在北方采暖地区，该法所生产的聚苯乙烯泡沫塑料保温板具有广泛用途和良好的发展前景。

1. 制备防水涂料概述

用合适的改性剂，对废泡沫塑料进行改性，可制备常温速干、耐水时间长的水乳性防水涂料。该法工艺简单，用水调节黏度施工也很方便。该防水涂料可以代替防潮油用于瓦楞纸箱，也可用于纤维板的防水。

2. 乳液防水涂料的制备

将废聚苯乙烯泡沫塑料用水洗净、晾干、粉碎，按一定比例加入到混合溶剂（无水乙醇、甲苯、汽油、乙酸乙酯）中，边加边搅拌，使其完全溶解，待成黏稠状后，再加入一定量的增塑剂邻苯二甲酸二辛酯，充分搅拌制成油相液。将该油相液倒入装有电动搅拌器、回流冷凝管的 500mL 四口烧瓶中（置于有控温装置的水浴中），在一定温度下（40℃）恒温充分溶解 1h 后，升温至 55℃加入一定量（3.3%）的乳化剂 DBS、OP-10 或 MS-1，快速搅拌均匀，然后在激烈搅拌下慢慢加入一定量的水得到乳白色水包油（O/W）型乳状初级防水涂料。

（1）改性工艺　将上述乳液初级防水涂料温度升至 70～75℃，分别滴加有机硅单体硅烷偶联剂（KH-570）1％～2％和丙烯酸（AA）3％、丙烯酸羟乙酯4％、N-羟甲基丙烯酰胺4％，1～1.5h滴完，然后保温1～2h，降温至40℃出料，得到成品涂料。

（2）涂料技术性能

① 耐水性的测试。取0.3～0.4g的涂料均匀涂在6cm×4cm的玻璃片上，晾干后再在50℃烘箱中烘2h，将玻璃片边缘用蜡封住放入水中，开始每10min观察一次，1h后每30min观察一次，三次之后再每1h观察一次，最后每天观察一次，详细记录观察结果，判断其耐水性能。

② 黏度的测试。根据GB/T 1723—1993采用NDJ-1型旋转黏度计测试防水涂料乳液的黏度。

③ 吸水率的测试。取下玻璃片上已涂好的干燥涂膜，称重，浸入蒸馏水中72h，取出后用滤纸吸干膜表面，称重，计算吸水率。

$$吸水率＝所吸水的重量/干燥涂膜重量×100％$$

④ 涂膜硬度的测试。根据GB/T 6739—2006采用QHQ-型涂膜铅笔划痕硬度仪测试干燥的膜片硬度。

3. 利用废泡沫塑料制对硝基苯甲酸

对硝基苯甲酸（PNBA）主要用于制造强力纤维、农药、染料、树脂、金属表面防锈剂、防晒剂、彩色胶卷成色剂和滤光剂等多种产品。将废泡沫塑料经硝化、氧化即可制得。使用该法具有原料易得、工艺简单、产品附加值高等优点，适合在乡镇企业中推广。

4. 利用废泡沫塑料裂解制苯乙烯

通过废泡沫塑料裂解制苯乙烯有3种方法，即热裂解、催化裂解和无氧催化裂解，最终可将废泡沫塑料转化为重要的化工原料苯乙烯。

目前废塑料的再利用技术正在不断地被研究和推出，利用废塑料改性生产建筑用材料值得给予更多的关注和探索。

二、废塑料生产汽油、柴油工艺实例

1. 工艺流程

① 破碎进料。将清除非塑物的废弃塑料破碎，用气流和传送机械计量进料。

② 熔化汽化。将破碎后的废弃塑料熔化成液体，再汽化成较大分子量的聚合烯烃气体。

③ 催化裂化。聚合烯烃气体在固定床催化剂层气固接触进行选择性裂化、芳构化、烯烃叠合生成油品蒸气。

④ 油品分离。油品蒸气在精馏分离冷凝系统生成汽油、煤油、柴油和C_1～C_4。

2. 操作步骤

① 废弃原料中加入石英石、沙粒，在 $50\sim480℃$ 下进行催化裂解，所述废弃原料包括废弃塑料或含废弃塑料的原料、废弃橡胶、废机油。

② 裂解得到的气体组分在固定床中进一步催化裂化，得到油品蒸气。

③ 油品蒸气进行分馏，分别收集汽油、煤油、柴油馏分。

④ 汽油、煤油、柴油馏分分别进行精制。

3. 工艺实例

废弃塑料进入裂解釜，在裂解釜中进行催化裂解，催化剂用浸渍法将活性组分氯化锌吸附在颗粒状 Al_2O_3 载体上制成。釜内温度从常温逐渐升温至 $460℃$，从 $60℃$ 开始收集气体组分。在裂解釜中与原料一起加入石英石和沙粒，进入固定床，固定床内从底部向上依次为焦炭层、鲍尔环、吸附剂层、催化剂层。焦炭层的厚度为 $20\sim50cm$；吸附剂采用石条吸附剂，厚度为 $60\sim100cm$；催化剂采用 5A 分子筛，厚度为 $80\sim120cm$。经过固定床后得到的气体组分，进入填料塔，对气体组分再次过滤，吸附杂质，然后进入分馏塔。分馏塔塔顶 $195\sim198℃$ 的馏分为汽油馏分，中部 $200\sim230℃$ 的馏分为煤油馏分，底部 $300\sim360℃$ 的馏分为柴油馏分。从分馏塔的顶部向分馏塔中每隔 $5\sim8h$ 注入 200mg/kg 磺化酞菁钴的水溶液（磺化酞菁钴的水溶液是由磺化酞菁钴与水刚好溶解形成的）；10％的氢氧化钠溶液 1.5kg；10％的双氧水 3000mg，以 10％的氢氧化钠溶液量计。分馏塔塔底的重油组分再回到裂解釜再炼。

分馏出的汽油馏分进入冷凝器，冷凝器内通入自来水，冷凝至 $160\sim180℃$，液体组分通过 U 形回流管回流到分馏塔继续分馏，气体组分通过管道（轻质汽油出油管）再进入冷凝器冷凝至 $30\sim60℃$，然后进入油水分离器，沉降进行油水分离，油品再进入过滤器过滤，最后进精制塔在 $30\sim50℃$ 下进行精制，精制过程中添加活性白土。其用量为：生产 1t 汽油添加 5％～100％的活性白土。精制后的汽油经过滤进入成品罐。

分馏出的煤油馏分先经过冷凝、沉降、过滤，最后进行精制，中煤油直接进入冷凝器，不进入急冷器。

分馏出的柴油馏分仍然先经过冷凝、沉降、过滤，最后进行精制，精制过程中先加柴油馏分质量 5％～200％的浓硫酸进行酸洗，然后加柴油馏分质量的 1％～3％的氢氧化钠溶液进行碱洗，最后加柴油馏分质量的 1％的十六烷值增强剂。

以废旧橡胶和废机油生产汽油、柴油、煤油的装置和工作过程同上。

整个工艺除掉杂质的设置较多，不但保证了产品质量，而且设备投资简单、体积可以缩小，工艺简化，缩短了生产周期。得到的油品质量好，透明度高，含硫量低，属于无铅汽油，可以达到国标 93 号汽油标准。收率高，得到的总油品的量为废弃塑料质量的 65％，如果用废油来生产，收率可达 80％～83％。

橡胶直接进入裂解釜，不用清洗，克服了已有技术需要清洗而浪费大量清水的不足，生产过程中可生产废液化气，作为能源利用。

三、热分解回收苯乙烯和油类工艺实例

热分解回收是近年来国内外都非常注重研究的一种回收方法，目前被认为是能最有效、最科学地回收废塑料的方法。

聚苯乙烯的热分解过程主要是无规降解反应，聚苯乙烯受热达到分解温度时就会裂解成苯乙烯、苯、甲苯、乙苯，通常苯乙烯可占 50% 左右，因此可以使不便清洗或无法直接再生的废聚苯乙烯泡沫塑料通过裂解工艺来回收苯乙烯等物质。通常的回收工艺是将废聚苯乙烯泡沫塑料投入裂解釜中，控制温度使其裂解生成粗苯乙烯单体，再经过蒸馏、精馏即可得到纯度在 99% 以上的苯乙烯。如果将包括聚苯乙烯在内的废聚烯烃类塑料在更高的温度下热裂解和催化裂解，可变为汽油或柴油。由于将废塑料油化的方法不仅对环境无污染，又能将原先用石油制成的塑料还原成石油制品，能最有效地利用能源，所以近年来国内外在这方面的研究相当活跃。废塑料油化的技术是在 20 世纪 70 年代石油危机时就开始试验并确认分解可以油化。但是由于石油价格的下降，生成油的价格较高，该技术研究也就一时中断。

近年来，因环境保护的原因，废塑料热分解油化技术作为一种废物回收技术而再度复活。在热分解时添加改性用的催化剂，即可得到具有高附加值的轻油、重油。

可以这么说，废塑料热分解油化就是以石油为原料的石油化学工业制造塑料制品的逆过程。

通常，将废塑料热分解油化有以下三种方法：

① 在无氧、近 $650 \sim 800℃$ 的高温下单独热分解的方法。这种情况下获得的液状产物量低于 50%。

② 先在 200℃ 左右的催化罐里催化热分解，再对经热分解生成的重油在 $120 \sim 130℃$ 作进一步热分解，可生成轻质油，液状产物量高达 50%。

③ 在高压的氢中，在 $300 \sim 500℃$ 的温度下可使用多种原料的加水法。

各种塑料的热分解进行情况如图 7-1 所示，因塑料的种类不同而异。热分解生成物也因塑料的种类不同而有较大的差异。

废塑料热分解油化工艺过程如图 7-2 所示，由 7 个工序组成。

① 前处理工序。分离出废塑料中混入的异物（罐、瓶、金属类）后，将废塑料送入熔融滚筒中破碎成大块。

② 熔融工序。将废塑料在 $200 \sim 300℃$ 下加热，使其熔融为煤油状液态。在此工序中有少量的热分解，特别是含有聚氯乙烯的废塑料，首先在 $250 \sim 300℃$ 时聚氯乙烯就会分解，产生氯化氢气体。本工序产生的氯化氢被送至中和处理工序处理。

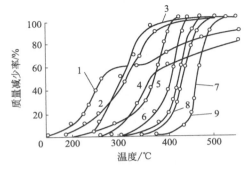

图 7-1　各种塑料的热分解图（热分解条件：升温速度 300℃/h。）

1—聚氯乙烯；2—尿素树脂；3—聚氨酯；4—酚醛树脂；5—聚甲基丙烯酸甲酯；

6—聚苯乙烯；7—ABS 树脂；8—聚丙烯；9—聚乙烯

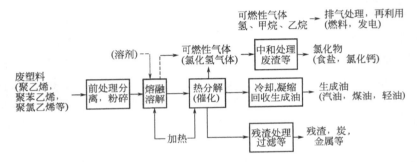

图 7-2　废塑料热分解油化工艺过程

③ 热分解工序。提高温度，分解反应速率也会加快，但液状生成物产率下降，并会产生不利的炭化现象。因此，选定什么样的温度范围即成为工艺设计中的关键。将液状废塑料加热至 300～500℃使之分解。为了尽量多地得到在常温下呈液状的石油组分，有时使用催化剂。使用催化剂，不仅可以提高油的产率，特别是轻质油的产率，还可以提高油的质量。

④ 生成油回收工序。将热分解工序产生的高温热分解气体冷却到常温成为液状，即得到了油。生成油的质量、性质、产率均随投入塑料的种类、反应温度、反应时间的不同以及是否使用催化剂等而有很大差异。

⑤ 残渣处理工序。在热分解工序中不能分离的少量异物（沙子、玻璃、木屑等）以及热分解中生成的炭化物等都必须从炉子中除去。尽量减少残渣量，保持运转正常是化工研究开发中的一种重要技术。

⑥ 中和处理工序。对于聚氯乙烯塑料来讲，因热分解时会产生氯化氢气体，作为盐酸来回收，用烧碱、熟石灰等碱中和无害后再回收。

⑦ 排气处理工序。这是处理热分解工序中难以凝集的可燃性气体（一氧化碳、甲烷、丙烷等）的工序。可采用明火烟囱直接烧掉或作热分解用的燃料。另外，也

可以作为电力蒸汽的能源在系统内再利用。

1. 汉堡大学流化热分解工艺

德国汉堡大学应用化学研究所于20世纪70年代就研究采用热分解方法裂解废聚苯乙烯提取油、气，这种油就是以苯乙烯为主要成分的混合液体，其工艺流程如图7-3所示。反应器为流化床反应器。废塑料在反应炉内加热至一定温度即热分解，用旋风分离器除去杂质，分别收集油与气。气体中含有甲烷、乙烷、乙烯、丙烯等。

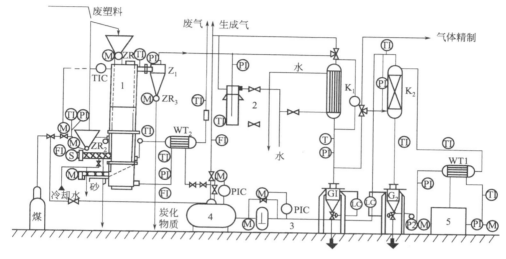

图 7-3　汉堡大学流化热分解工艺流程图

PI 压力计；PIC 压力调节计；TI 温度计；TIC 温度控制器；FI 流量计；LC 液面计；M 电机；

WT 换热器；ZR 回转阀；K 冷却器；S 螺旋加料器；GI 容器；Z 旋风分离器；P 泵；

1—反应炉；2—缓冲罐；3—压缩机；4—气量计；5—贮槽

但这项研究仅限于实验室，未商业化。不同的是日本在这方面领先一步，不仅研究了多种不同塑料的热分解方法，并多数已商业化。

2. 日挥公司管式蒸馏法热分解工艺

日本目前已开发的废塑料热分解油化法有槽式、管式、流化床和催化法等四种，主要用于回收聚苯乙烯的是管式法和流化床法，管式法中又分蒸馏法和螺旋式法。主要工序是粉碎、筛选、溶解（熔融）、分解、回收、气体净化、焚烧等。主要厂家有日挥公司、日本制钢所，分别介绍如下。

日挥公司的管式蒸馏法热分解工业流程图如图7-4所示。用蒸馏法可以比较容易地把废PS制成液状单体，而且用于回收单体的分解设备、反应温度和停留时间均可随意控制。

3. 日本制钢所和三洋电机研究所的螺旋式热分解工艺

日本制钢所的螺旋式热分解工艺流程如图7-5所示。由于是实验型设备，能力

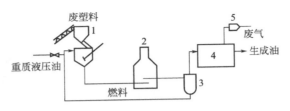

图 7-4　日挥公司管式蒸馏法热分解工艺流程图

1—溶解槽；2—管式分解炉；3—分离槽；4—生成油回收系统；5—补燃器

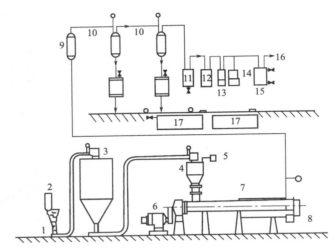

图 7-5　日本制钢所的螺旋式热分解工艺流程图

1—金属筛选机；2—破碎机；3—贮槽；4—料斗；5—可燃性气体浓度计；6—电机；7—热分解装置；
8—残渣容器；9—回流冷凝器；10—冷却器；11—雾沫分离器；12—气体清洗装置；13—气体流量计；
14—氧浓度计；15—安全器；16—贮槽；17—贮油槽

较小，处理量每小时只有几千克。分解是在外加热式的螺旋反应器中进行的，耗电量大，受管径限制，产量很难扩大。如果以缩短在管内的停留时间来提高处理量，则会使汽化量与炭化量增加，减少油的回收率。分解温度为 500～550℃，油回收率为 50%～66%。日本三洋电机研究所的螺旋式热分解装置工艺流程如图 7-6 所示。其规模要大些，每小时处理量达 100t。与日本制钢所装置不同的是加热分为两段，先以微波加热熔融后送入温度更高的螺旋反应器中分解。最后也是分别回收轻油、重油。这两种装置目前尚需要解决的问题是：a. 由于抽料泵会造成减压，在分解管内停留时间不稳定；b. 高温分解时汽化率高；c. 分解速度慢的聚合物不能完全实现轻质化；d. 因是外部加热，耗能大。

4. 日本日挥公司和住友重机的流化床热分解工艺

流化床反应器原本是用于处理固体物料的反应设备，由于它能够输送固体物料，还可进行温度控制，也被用于回收废旧塑料。

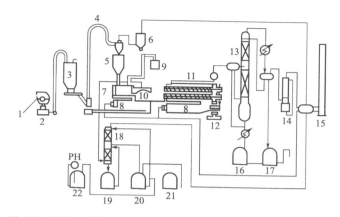

图 7-6　日本三洋电机研究所的螺旋式热分解装置工艺流程图

1—传送机；2—破碎机；3—筒仓；4—气流干燥机；5—料斗；6—袋滤机；7—熔融炉；8—热风炉；
9—微波电源；10—贮液槽；11—螺旋式反应器；12—残渣排出机；13—蒸馏塔；14—煤气洗涤器；
15—燃烧炉；16—重油贮槽；17—轻重油贮槽；18—盐酸回收塔；19—盐酸槽；
20—中和槽；21—碱槽；22—中和废液贮槽

图 7-7 是日挥公司与北海道工业开发试验所联合研究的回收废聚苯乙烯的流化床热分解装置工艺流程图，图（a）是热分解炉的放大图、图（b）是工艺流程图。

图 7-8 是住友重机的流化床热分解装置工艺流程图，同样，图（a）是热分解炉的放大图、图（b）是工艺流程图。流化床热分解炉的工作原理大致相同。废塑料在流化床内加热熔融成为液体分散于热载体颗粒表面与颗粒一起流化而热分解。分解时温度在 450℃ 以上，与加热面接触的部分塑料产生炭化现象，并附于热载体表面。这些炭化物质与流化床下部进来的空气接触后燃烧发热，被加热的颗粒与气体使附于载体表面的塑料分解，被上升的气体排出反应器，经过冷却、分离、精制即成为优质油。如果回收的废塑料是纯的聚苯乙烯塑料，可以得到高达 76% 的回收率。如果是混合废塑料，生成的不是轻质油而是蜡状的或润滑油状的黏物，需进一步提炼。流化床热分解在技术上有待解决的问题有：原料的分散状况，颗粒与气体的热转移，防止管线结焦，防止异物混入等。几种热分解方法的比较见表 7-4。对回收的油再进行简单的分馏，即可得到含量为 98% 以上的苯乙烯单体，此单体可进一步精制后作为工业品使用，也可以重新聚合成聚苯乙烯。

表 7-4　几种热分解方法的比较

项　目	高频率（三洋电机）	流化床（住友重机）	流化床（日挥）
原料	PE(50),PP(25),PS(25)	PE(50),PP(25),PS(25)	PS(100)
供料方法	微波熔融 250～270℃	破碎物	破碎物
分解温度/℃	510～560	450	480
处理量/(kg/h)	128	103	200
生成气/%	14.4	—	—

项 目	高频率(三洋电机)	流化床(住友重机)	流化床(日挥)
生成油/%	68.3	74.0	75.3
密度/(g/cm³)	0.80~0.83	0.81	0.91
发热量/(kJ/h)	46.05	42.08	39.77
残渣炭化物质/%	17.3	—	—

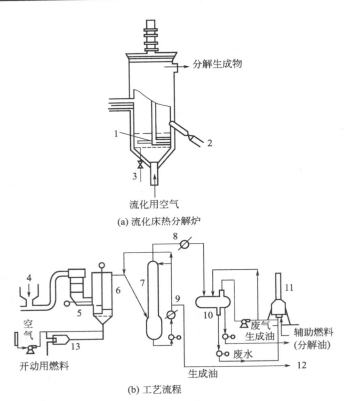

(a) 流化床热分解炉

(b) 工艺流程

图 7-7　废聚苯乙烯流化床热分解装置工艺流程图

1—加料搅拌叶；2—溢出管；3—热载体排放管；4—废塑料；5—供料装置；6—流化床热分解炉；
7—急冷塔；8—冷凝器；9—冷却器；10—气液分离器；11—脱臭炉；12—生成油贮槽；13—预热炉

5. 日本白山工业公司废塑料回收油工艺

在分解回收苯乙烯时，为提高苯乙烯单体的回收率，可使聚苯乙烯在某些气体中反应。反应如在氮气和空气气流中进行，苯乙烯单体回收率一般约为60%；如在水蒸气气流中进行则可达90%。另外，添加某些金属氧化物作催化剂也可以提高单体的回收率。例如，用二氧化硅-氧化铝或氧化钼时，单体回收率为45%；如用金属铜粉催化，单体回收率可达63%。

日本白山工业公司开发了一种用废塑料回收油的工艺，主要采用干馏的方法，即把废塑料放在干馏炉内隔绝空气加热使其分解，再使干馏出来的气体冷凝液化，

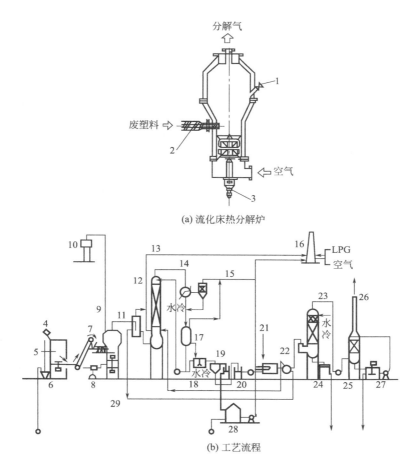

(a) 流化床热分解炉

(b) 工艺流程

图 7-8　日本住友重机的流化床热分解装置工艺流程图

1—流化用砂加料口；2,9—螺旋加料器；3—摆线减速机；4—起重机；5—给料槽；6—平板送料器；
7—传送带；8—传送带秤；10—密封罐；11—流化床热分解炉；12—垫片；13—蒸馏塔；14—冷却塔；
15—烟雾分离器；16—火炬；17—脱模筒；18—水洗槽；19—油水分离槽；20—送风机；
21—尾气燃烧炉；22—焦炭滚筒；23—盐酸回收急冷塔；24—贮罐；25—排风机；26—清洗塔；
27—中和槽；28—油罐；29—压缩机

除去杂质成为精制燃料油，不凝集的气体经过清洗后也可以作为燃料使用。该装置工艺流程如图 7-9 所示。

　　工作时，破碎机先把废塑料破碎成 10～15mm 见方的碎片，由旋风分离器捕捉收集起来，贮藏于料斗内。料斗的下端及干馏炉上端设有 2 个由液压油缸推动的活塞，这样在向炉内加料时 2 个推料活塞联动，既能向炉内连续供料，而且料道中也不会出现空档。因为炉内是高温加热，气压比外部高，当使用这种二级推料装置向炉内供料时，可有效地防止内外部气体交流，以免影响正常的干馏。干馏炉为圆筒状，上下都设有盖子，四周有保温隔热层，炉内下半部横卧一圆柱形的燃烧室，

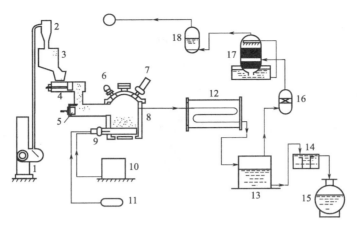

图 7-9　日本白山工业公司废塑料回收油装置工艺流程图

1—破碎机；2—旋风分离器；3—料斗；4—液压油缸；5—活塞；6—彩色信号灯；
7—电视摄像机；8—干馏炉；9—燃烧炉；10—储料油罐；11—空压机；12—冷却器；
13—油箱；14—除尘器；15—贮油罐；16—气体缓冲器；17—碱性洗涤器；18—洗净器

其一端通向干馏炉外，燃烧室加热用燃料油，也使用一部分回收的可燃性气体。干馏炉的顶盖上设有彩色信号灯和监视炉内情况的电视摄像机。彩色信号灯透明度很高，可清楚的透出波长较长的红色光，以根据光色来判断炉内的情况。电视摄像机

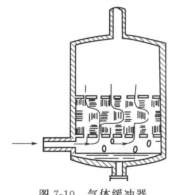

图 7-10　气体缓冲器

可监视炉内废塑料的多少，以决定何时排放炉渣。下盖是供排出炉渣用的。干馏出来的气体经过冷却成为油，流入油箱，再经过除尘后贮藏于油罐。而通过冷凝器仍不凝集的气体，则被导入缓冲器。气体缓冲器为一圆筒，下端有气体导入管，上端是气体引出管，中间设一加速冷凝层，这是由不锈钢、陶瓷、贝壳类等不会腐蚀的小片组成无数细小弯曲的气体通路，如图 7-10 所示。当气体从下端导入通过这里时，大部分被强制冷凝成油流到下面，被回收到油箱里。最后残余的气体量很少，由导管送入洗涤器中用 10％碱性苏打溶液喷射清洗中和，再送入洗净器里用水清洗，把附着的碱完全清洗干净后可作为气体燃料，用管道送到燃烧室，以代替部分重油，实行燃料自给。

　　此工艺方法的优点是：几乎可以把废塑料完全回收成油或气供再使用，节约了能源。设备无明火直接接触废塑料，不会产生有害气体，也不会产生新的污染。因采用自身装置生产的可燃性气体代替一部分燃料，所需工作燃料很少。设备可以连续运转，效率很高，出油率也很高。此方法最适合把那些过分污损和无法分拣再利用的混杂废塑料回收成燃料油，且不会烧坏炉子。流化床回收法中的流化载体长时

间在高温下工作，工作温度很难控制，而这套装置就没有此问题，更显示其优越性。本装置的处理能力也较大，是日本目前从废塑料中回收油的一种较好的处理装置。

6. 日本富士回收公司的废塑料油化工艺

日本富士回收公司于 1992 年建立了一套处理能力为 5kt/a 的废塑料油化装置，其工艺流程如图 7-11 所示。这套装置以热塑性塑料为原料，1t 废塑料可回收 1L 石油制品，其中汽油约 60%，柴油约 40%，可作燃料及溶剂使用，工艺过程如下。

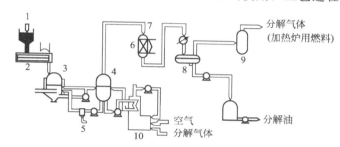

图 7-11　富士回收公司的废塑料油化装置工艺流程图
1—料斗；2—挤出机；3—原料混合槽；4—热分解罐；5—沉积罐；
6—催化分解罐；7—冷却器；8—贮罐；9—分解贮气罐；10—加热炉

（1）前处理工序　为提高油的回收率，废塑料投入前必须尽可能地将异物除去，以获得最高的回收率。适合油化的塑料因含氢量大而相对密度比水小，粉碎后置于水中利用相对密度差进行分选。相对密度比水大的不适合油化的沉底，适合油化的相对密度比水小的浮在水面上。根据相对密度分选后不适合油化处理的仅占10%，这部分混入物在油化装置内处理后可排出。

（2）油化工序　将经过前处理工序粉碎的废塑料由料斗定量供给挤出机。然后将料斗供给的料加热至 230～270℃，呈柔软的团状，投入原料混合槽。另外，因聚氯乙烯中有的氯具有在较低温度（170℃）下就游离的性质，因此在前处理工序中未能除净的聚氯乙烯中的氯有 90% 可在此阶段除去。

原料混合槽是将经常由热分解罐送来的液状热分解物循环起来，由挤出机不断投入的熔融塑料与这部分热分解物混合，再升至 280～300℃ 后由泵送入热分解罐。另外，在原料混合槽升温阶段残留的氯大部分可汽化排掉。

将送入热分解罐的熔融塑料加热至 350～400℃，使之热分解汽化。汽化后相对分子质量不能变小的热分解物重新进入混合槽，在系统内继续热分解，最终成为气态的氢再送往催化分解罐。

由热分解罐至原料混合槽的循环管路中设有沉积罐，使在沉积罐循环的液状热分解物流速一降低，炭和异物就分离，然后将其排放，使以往技术上的最大难题结焦问题得以解决，设备可以连续运转。

在催化分解罐中加入 ZSM-5 合成沸石催化剂，由热分解罐送来的气态烃，经催化分解，被送往冷却器。

在冷却器里进行简单的分馏即可分馏出汽油和柴油，生成油被送入贮罐，气体就作为这套油化装置的能源使用。

这套油化装置若只用于处理聚烯烃类废塑料，可获得 85％的油制品，10％的气体，仅剩 5％的残渣。若处理的废塑料全部为聚苯乙烯，则生成油的回收率在 90％以上，其中芳香族化合物占 90％，乙苯占 40％，苯、甲苯各占 20％。残余物也是其他的芳香族化合物。

7. 其他工艺

日本马自达公司开发的技术是首先把包括聚氯乙烯在内的废塑料碎片在 300～350℃温度中加热，使废塑料热分解，产生的热分解气体由氯处理的管道输送，即使氯化氢的活性不降低，也会由于氧化铝类催化剂的作用油化分解。冷却后即得轻质油、气体、盐酸、无水邻苯二甲酸。把除去聚氯乙烯的其他塑料在 550℃的高温中热分解，再由于催化剂的作用而分解，经过分馏冷却，得到轻质油与气体，均可作为燃料使用。此法油的回收率可达 60％，其中 60％是汽油、40％是柴油等轻质油成分。

日本东芝公司对于含有聚氯乙烯的混合废塑料开发了加碱使其热分解无害化的技术，不使用催化剂仅加压热分解生成高质量油的技术。装置的分解罐，由加碱一次分解的常压分解罐和把生成重质油加压成轻质油的分解罐构成，获得的油是以汽油和煤油的混合燃料油。

日本某公司用废聚苯乙烯泡沫回收煤油类产品。回收装置由原料粉碎机、熔融罐、热分解罐、热风发生炉、催化罐等组成。废塑料在 350℃的高温中加热分解，经过凝缩、液化，得到回收油。按质量计，98％的废聚苯乙烯泡沫被油化回收。

日本九州大学将废塑料与煤混合，在高温下迅速分解，回收得到了煤焦油。该技术把煤粉碎成 100μm 大小，煤与废塑料以 4∶1 的比例混合，在氮气中加压到 200℃，经过 1h 的前处理，使煤的表面包覆一层膜状的塑料，其前处理是技术的关键。

日本岗山大学以废聚烯烃类塑料为对象进行了广泛的油化还原研究，已经研究出多种作为燃料油用的催化剂，有天然丝光沸石、天然皂土、碱金属、碱土类金属离子交换物等。

日本东北大学开发了把水的温度提高到 374℃以上，在 22.1MPa 压力下利用超临界水把废塑料分解为石油的技术。

日本德岛大学也在进行利用热水、超临界水对废塑料进行分解的研究。其优点有：①仅用水使废塑料油化成本低；②由热分解产生的焦炭可以控制；③反应是在密闭的系统中进行的，不会引起环境污染问题；④通常反应很快，短时间即可结束。

日本静冈大学和古河电工开发了在废聚苯乙烯塑料中预先分散氧化钡、氧化镁等强碱性迁移金属氧化物催化剂粒子，使聚苯乙烯热分解后单体及聚合物的回收率达到95％以上的技术。不采用这种技术时，单体及聚合物的回收率在81.5％，而采用这种技术时回收率高达3％。可以认为，由于迁移金属氧化物的强碱性与PS中的氢作用发生解聚，使聚苯乙烯进行分解。

日本的关西电力、三菱重工及中国电力三家公司已经着手开发从混合废塑料中提取甲醇的技术。方法是把混合废塑料粉碎成10mm左右的碎片，在700～1000℃的高温下与高压氧及水蒸气一起汽化，回收氢及一氧化碳；然后在300％、8.08MPa下使用铜、氧化亚铅催化合成甲醇。目前三菱重工已在广岛建成日处理能力为2t，合成1800L甲醇的试验装置。

美国Battell研究所开发了从混合废塑料中回收苯乙烯单体的技术，并已获得专利。该技术用于20L的连续反应装置，能从聚乙烯、聚苯乙烯、聚氯乙烯等混合废塑料中回收约40％的苯乙烯，气体回收率达60％。

美国Ohio大学开发了从在路边地区进行收集废聚烯烃容器到使其变成聚合物原料的分解技术，在用铜催化下，使其热分解，把产生的烷烃-烯烃混合物再进行一步分解。

1995年，德国塑料包装废弃物回收协会采用加水法，在煤炭-石油转换设备上，开发成功把废塑料还原成油的技术。该技术是将粉碎的混合废塑料，以20％～30％的比例混合于废油中，加热到400℃，同时在反应器中加氢，在高压下使之分解成石油化学原料及合成气。

德国BASF公司开发了利用石油化工厂的蒸汽裂解设备将混合废塑料还原为化学原料的技术。在1994年建成一座年处理能力1.5t的试验工厂，1996年又扩大规模建10～20倍。其技术内容是，在第一阶段把结团的混合废塑料加热、熔融、混合的同时进行脱氢脱氯处理，回收氯化氢，由盐酸工厂再处理。第二阶段把液化的废塑料再加热，在60℃下，长链的聚合物断裂为短链的，成为各种油和气。根据投入的废塑料不同，分解产生20％～30％的气体和60％～70％的油。第三阶段把生成的油蒸馏，即可得到石脑油、芳香族油、低沸点油。石脑油可加工成乙烯和丙烯单体回收，芳香族馏分再分解回收；高沸点油也转换成合成气后，利用催化工艺来制造甲醇。

另外，还有一些欧洲的石油化学厂商建立了使用英国石油（BP）公司技术（把混合废塑料还原成石油原料——碳氢化合物）的技术开发机构。BP公司的技术是在400～600℃的流动床中热分解混合废塑料。混合废塑料中的聚氯乙烯产生的氯化氢可用炭渣吸收。加拿大国立研究委员会正在进行从废塑料片中回收碳氢化合物的热分解研究。其特点是：试验装置在超热状态下急速加热，反应时间短，停留时间0.3～1.5s，用氮气猝灭成为固体状，再用冰水及干冰/丙酮溶为液状，用过滤器收集气溶胶，最终得到以碳氢为主的化学原料。

日本在废塑料热分解油化研究及工业化方面，无疑是投入最多且最成功的。目前，日本已有几十家企业及公司建有油化装置，已经工业化的热分解油化装置及技术见表 7-5。

表 7-5　日本的热分解油化装置及技术

序号	企业名称及所在地	技术来源	设备规模	废塑料种类	工艺方法
1	富士回收公司（兵库县相生市）	モービル石油和北海道工试共同开发	5000t/a（相生工厂）400t/a（桶川工厂）	PE,PP,PS PE, PP, PS, PVC（15%以下）	接触热分解方式（固定相气体接触反应），连续
2	クボク（东京都中央区）	富士回收公司技术经本公司改进	500t/a	PE,PP,PS,PVC	接触热分解方式（固定相气体接触反应），准连续
3	新日本制铁（东京都千代田区）	富士回收公司技术经本公司改进	—	PP, PE, PS, PVC（15%以下）	接触热分解方式（固定相气体接触反应）准连续
4	21 世纪开发（大阪市北区）	本公司研制	10,000t/a 以上（石川县工厂）	废油,低聚物,高分子类聚烯烃	热分解油化,高速循环加热,连续式
5	USS（德岛县鸣门市）	本公司研制	250kg/h（试验规模）	PE, PP, PS, PET 等（含氯类塑料除外）	接触热分解方式,搅拌槽
6	日立造船（京都府舞鹤市）	USS 技术经本公司改造	50~100kg/h	PP,PE,PS	接触热分解方式,搅拌槽
7	马自达（广岛县安芸郡）	本公司研制	2kg/h（试验规模）	PP,PE,PS,PVC,ABS 等	接触热分解方式,连续式
8	东芝（横滨市鹤见区）	本公司研制	250kg/批,1 批 11h（试验规模）	PP,PE,PS,PVC,ABS 等	高浓度碱水溶液添加方式,加压,准连续
9	东芝机械设备建设（东京都港区）	本公司研制	研制中	以 PE,PP,PS 为主	热分解油化方式,一段低温干馏
10	エクアル（福冈县三猪郡）	与久留米リサーチ.パーク共同研制	1.5t/批,1 批 15h	PE, PE, PS（含氯类塑料除外）	热分解油化方式,一段低温干馏
11	三和化工（福井县福井市）	与京都大学共同开发	50kg/h（试验规模）	以交联 PE 为止	热分解油化方式,改性水蒸气
12	北条ユニライ（静冈县志太郡）	本公司研制	50~500kg/h	PE,PP,PS（含氯类塑料除外）	接触热分解方式,准连续
13	カンネッ（大阪府守口市）	本公司研制	50kg/批,1 批 20h	PE,PP,PS（含氯类塑料除外）	接触热分解方式,高频加热
14	山阴クリュート（岛根县米子市）	本公司研制	100t/a	发泡 PS	接触热分解方式
15	日本理化学研究所（岛根县松江市）	本公司研制	デモ用试验装置		热分解油化方式
16	上乾总业（岛根县松江市）	本公司研制	4.8t/d		热分解油化方式

序号	技术特征					备注
	催化	分解温度/℃	压力/MPa	产率/%	生成物	
1	合成浮石（ZSM-5）	热分解槽约410	常压	80～85 60～70	汽油，煤油轻油	用于发电 不适合聚酯或大量含氮的树脂（聚酯会成为管道堵塞的原因）
2	合成浮石（ZSM-5）	热分解槽约410	常压	80～85 60～70	汽油，煤油轻油	将废塑料直接投入熔融槽中，分批熔融热分解
3	合成浮石（ZSM-5）	热分解槽约410	常压	80～85 60～70	汽油，煤油轻油	改进了前处理装置及除渣装置
4	无	约400	常压	80	A类重油，轻油	
5	金属（Al，Ni，Cu等）	360～430	常压	70～80	C_9（主要作为燃料）	因PVC会腐蚀装置，所以不能使用PVC类废塑料
6	金属（Al，Ni，Cu等）	360～430	常压	80	C_9（主要作为燃料）	PVC，聚酯用前处理装置除去
7	硅酸铝系，强碱（不含重金属）	热分解槽约500	常压	60～80	汽油，煤油，轻油等	PVC、含氮类树脂也可使用
8	无（添加碱）	400～500	0.98	60～70	汽油，煤油	PVC，含氮类树脂也可使用，聚酯除外
9	无	300～400	常压	80～85	煤油，轻油	
10	无	300～400	常压	80～85	相当于A类重油	
11	V型浮石	450～520	常压	70	石蜡	正在开发石蜡的用途
12	碱类	约400	常压	80	发电 AC 220V，60Hz	可以小型化（50kg/h）
13	浮石类	约400	常压	80	相当于A类重油	
14	金属	约360	常压	80	苯乙烯单体（90%）	
15	金属				热分解油	
16	金属				热分解油	

由于利用废塑料油化不仅可以使原来难于处理的废塑料得到很好的回收，还能使人类资源得到最大限度的利用，所以近年来世界各国对废塑料油化这一研究都非常重视，目前美国、日本、英国、德国、意大利等工业发达国家都在大力开发废塑料油化技术，并使之成为工业化规模生产。

我国在学习研究国外经验技术的基础上也有不少企业已研究开发出了利用废塑料油化的技术与设备，目前已有20多家（见表7-6），其方法均是热裂解，设备也大同小异，有使用催化剂的和不使用催化剂的，催化剂多是自己研制的。例如，北京大康技术发展公司历时5年研制的"DK-2废塑料转化燃料装置"，已通过专家鉴定并投产。全套装置为全封闭式，连续性生产，出油率达70%，其中汽油、柴油各占50%。山西省永济县福利塑化总厂开发的废塑料油化工艺流程如图7-12所示。先把废塑料除尘后加入熔蒸釜中，使之熔融、裂解。冷凝后进入催化裂解釜中，进一步裂解。冷凝后气、液分离，分别进入贮罐，得到的产品为汽油、煤油、柴油。设备的处理能力为700t/a，出油率为70%。

表7-6　我国废塑料热分解油化装置与技术

单　　　位	原料类型	处理量 /(t/a)	产　　　品
北京大康技术发展公司	PE,PP,PS	4500	出油率70%,汽油50%,柴油50%
山西省永济县福利塑化总厂	PE,PP,PS	700	出油率70%,汽油,柴油,煤油
北京市石景山垃圾堆肥厂	PE,PP,PS	1500	出油率50%,汽油,柴油各占50%
北京邦凯豪化工有限公司	PE,PP,PS		汽油,柴油,液化气
北京市丰台三路农工商公司			出油率70%,汽油,柴油,低分子烃
北京丽坤化工厂	PE,PP,PS	4500	汽油,柴油
西安石油学院,西安兴隆化工厂	PE,PP,PS	2000	出油率70%,汽油,柴油
中科院山西煤炭化学研究所	PE,PP,PS		出油率70%,汽油80%,柴油20%
江西华隆化工有限公司			
湖北汉江化工厂	PSF	50	产率70%,苯乙烯单体70%,有机溶剂30%
湖北省化工研究设计所			
河北轻工业学院	PSF	300	苯乙烯单体,有机溶剂
河北省定兴县京兴化工厂			
浙江省绍兴市塑料厂	PS		苯乙烯单体
山东省胶州市力达钢丝厂	PS	1000	产率70%,苯乙烯单体70%,混合苯
北京中大环境技术研究所	PS	100	产率20%
河南省开封市科技开发中心与化工试验厂			产率60%,苯乙烯单体
北京邦美科技发展公司	PE,PP,PS	3000	柴油,汽油
四川省蓬安县长风燃化设备厂	PE,PP,PS	3000	燃料油
沈阳富源新型燃料厂	PE,PP,PS	100	汽油,柴油
成都市龙泉驿废弃塑料炼油厂	PE,PP,PS		汽油,柴油
巴陵石油化工公司	PE,PP,PS		产率70%,其中汽油、柴油各50%,另有15%的液化气和10%的炭黑
佳木斯市群力塑料再生厂	PE,PP,PS	800(kg/d)	300kg/d,汽油,柴油

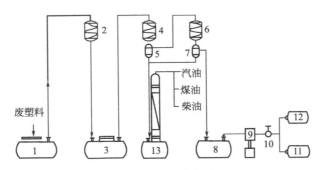

图7-12　永济县福利塑化总厂废塑料油化工艺流程图

1—熔蒸釜；2,4,6—蛇管式水冷器；3—裂解釜；5,7—气液分离器；8—缓冲器；
9—烃类压缩机；10—节流阀；11—液化气贮罐；12—不凝气贮罐；13—分馏塔

近年来，国内研究开发了不少回收苯乙烯单体的方法。尽管这些方法比较简单，但实用、有效，而且设备投资均不需很多。据了解，除表7-6中的单位外，吉林工学院、华南环境资源研究所、武汉化工研究所、武汉塑料研究所等单位都研究过用废聚苯乙烯塑料回收苯乙烯的方法，其回收工艺大致相同。其过程均是：加热（反应釜）分解、粗苯乙烯，粗馏、苯乙烯成品，反应温度一般在300～500℃。反时加入少量催化剂，因各自的方法不同，最后获得的苯乙烯产率在70%～90%不等。最后的剩余物可作为防水材料。

湖北省化工研究设计所研究的用废聚苯乙烯泡沫催化裂解回收苯乙烯的方法，工艺流程为：预处理→催化裂解→精馏→产品。工艺简单，回收率高，回收的粗苯乙烯经过精馏纯度可达到99%。这套回收工艺可实现工业化生产，用该所研究的技术建立1个年处理能力为100t废聚苯乙烯泡沫回收车间，设备投资在2万～3万元，可回收苯乙烯约65t。该所与湖北江汉化工厂应用此技术建立了年处理50t废聚苯乙烯泡沫能力的生产装置，年回收苯乙烯25t，联产有机溶剂10t，产品质量符合化工行业标准中一级品及二级品要求。

四、废聚苯乙烯泡沫塑料制取涂料及胶黏剂工艺实例

1. 制备制取涂料及胶黏剂概述

近年来，人们在利用废聚苯乙烯制备涂料及胶黏剂方面已探索了许多途径，但大都属于物理改性，由于聚苯乙烯分子链刚性大、质硬、性脆，因此，用物理改性所制备的涂料往往存在涂膜柔性和附着力差的缺陷。用改性树脂对聚苯乙烯进行接枝改性，赋予涂膜良好的柔韧性、附着力、力学性能。

2. 工艺实例

先将废聚苯乙烯泡沫塑料进行分类预选，用清水洗净，并晾干或烘干，然后将其粉碎成小块。将干净的废聚苯乙烯泡沫塑料投加到二甲苯、乙酸乙酯、丁醇的混合溶剂中溶解，开动搅拌，边投加边搅拌，直至完全溶解，过滤，然后加热到70℃左右，制成塑料胶浆，再加乳化剂和改性剂，搅拌1～2h，制成清漆。再向清漆中加入填料、颜料，高速搅拌均匀，最后停止加热和搅拌，分散研磨到一定细度，加入防老剂，过滤即得涂料成品。

3. 高分子快干漆工艺实例

生产方法：将废聚苯乙烯泡沫和一些配料加入反应釜中，搅拌，使聚苯乙烯泡沫溶解，经研磨过滤，加入填料、颜料，在一定温度下继续搅拌，最后经过滤即得产品。工艺流程如图7-13所示。

这种主要用废聚苯乙烯泡沫泡沫生产快干漆的工艺，成本很低，而且所需设备少。产品的防水性、抗老化性及低温性均很好，而且耐磨，对金属、木材、水泥、纸张、玻璃等均具有良好的粘接力，既可作为保护漆又可作为粘接剂，用于金属的

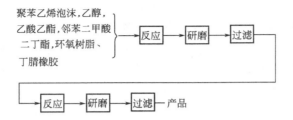

图 7-13　废聚苯乙烯泡沫生产高分子快干漆的工艺流程图

表面喷涂有很好的防腐作用。快干漆的技术指标如下：

① 黏度（涂-4 杯）：154～170s。

② 细度（刮板细度计）：≤100μm。

③ 干燥时间：表干 30min，实干 3h。

④ 附着力（画圈法）：2 级。

⑤ 固体含量：＞39.4%。

⑥ 将 5%～98% 的硫酸涂在快干漆表面，50h 漆膜无变化。

⑦ 将 5%～30% 的盐酸涂在快干漆表面，50h 漆膜无变化。

⑧ 将 5%～40% 的碱涂在快干漆表面，50h 漆膜无变化。

4. 防潮涂料工艺实例

生产方法：将废聚苯乙烯泡沫塑料洗净、破碎、溶解，加入增塑剂、溶剂、水、表面活性剂、增稠剂和消泡剂等即制成一种水乳涂料。其工艺流程如下图 7-14 所示。

废聚苯乙烯泡沫→清洗→破碎→溶解→配制油相液→乳化→过滤→成品

图 7-14　水乳涂料生产工艺流程示意图

这种涂料目前主要是作为瓦楞纸箱的表面防潮涂料，而且使用性能优于现在使用的纸箱防潮剂。该涂料的主要技术数据如下：

① 外观：浅黄色黏液。

② 黏度（涂-4 杯）：70～85s。

③ 固含量：＞30%。

④ 相对密度：0.95～0.98。

⑤ 干燥时间：8h。

⑥ 耐热性 80℃ 热水处理：表面层不破坏。

⑦ 稳定性：6 个月内无凝集现象。

⑧ 稀释剂：可用水作稀释剂。

5. 其他涂料工艺

（1）保护漆　按常规工艺回收废聚苯乙烯泡沫，得到回收聚苯乙烯树脂；清洗→破碎→溶解→低温处理→浓缩→造片→烘干→产品。

生产出的回收聚苯乙烯树脂料的透光性、防水性、耐腐蚀性、隔热性、电绝缘性均接近聚苯乙烯新料，但性脆、附着性差。经过试验制成聚苯乙烯保护漆（涂料），其生产过程为：配料→搅拌反应→沉析分离→加入添加剂→成品。该保护漆吸收了喷漆、烤漆、防锈漆的长处，使用效果很好，具有光亮、耐水、耐腐蚀、不起泡、不失色、不脱落等优点。

（2）不干胶 将废聚苯乙烯泡沫与溶剂、辅料按一定比例熔融后制成不干胶。这种不干胶的成本较目前采用天然胶制成的低得多，而且使用性能很好，重复粘贴性很好，耐酸碱、耐低温，通过配方的调整可以控制不干胶的干湿快慢程度。据报道，浙江省劳动保护研究所以废聚苯乙烯泡沫为主，加入 SBS 共聚物、松香、甲苯、汽油、松节油等制成黏合剂，该黏合剂可粘贴木材、瓷砖，因此可用于家具、地板、马赛克、瓷砖的粘贴。这种黏合剂毒性低，而且耐水性也很好。

（3）防水涂料 用废聚苯乙烯泡沫制造防水涂料的生产设备及操作方法都较简单，所生产的苯乙烯防水涂料性能很好，施工不受季节限制，涂层寒冬不脆裂，炎夏不流淌，粘接性强、防水性好、耐酸碱、耐老化。

（4）塑料漆 用废聚苯乙烯泡沫生产塑料漆的工艺过程是：清洗→干燥→溶解→搅拌→过滤→成品。这种塑料漆中废塑料含量为 15％～40％。溶剂视所用废塑料种类选用苯、甲苯等一种或多种。产品与珠光漆相似，可根据需要分别制成适用于家具及金属制品的表面涂饰漆及防锈漆。根据所选溶剂与填料，还可以制成耐酸碱的防护漆。生产工艺极简单，可在常温下生产，不需加热，能耗极少。

（5）聚苯乙烯清漆 将废聚苯乙烯泡沫溶于溶剂中，再配以其他树脂，制成，其性能好、生产工艺简单，可作为塑料电镀时的底漆。

第八章
塑料废弃物裂解方法与生产工艺及设备

第一节
塑料废弃物裂解方法与工艺技术

中国塑料废弃物产生量很大。一般国内废弃塑料的处理都采用焚烧方式处理，即高温热处理，还有很多采用小焚烧炉。这种方式存在着焚烧过程中燃料不足等诸多问题，致使这些固体废物不能充分燃烧，极易产生剧毒二噁英，对人们的健康造成很大的危害。在这种条件下很难达到废物无害化、减量化、资源化。另外，危险废物焚烧时，往往需要添加燃料，这样会使运行费用增加，也没有达到节能。焚烧过程中产生的危险有害物质若不处理好，易对环境造成二次污染。而热裂解焚化法能兼顾法规面的符合及操作经济面的要求，能更好地解决此问题。

塑料废弃物的热解与焚烧相比有以下优点：

① 可以将固体危险废物中的有机物转化为以燃料气、燃料油和炭黑为主的贮存性能源；

② 由于是缺氧分解，排气量少，有利于减轻对大气环境的二次污染；

③ 废物中的硫、重金属等有害成分大部分被固定在炭黑中；

④ NO_x 的产生量少。

一、塑料废弃物裂解原理

1. 热解的定义

裂解是指只通过热能将一种样品（主要指高分子化合物）转变成另外几种物质（主要指低分子化合物）的化学过程。

裂解（pyrolysis），或称热解、热裂、热裂解、高温裂解，指无氧气存在下，有机物质的高温分解反应。此类反应常用于分析复杂化合物的结构，如利用裂解气相色谱-质谱法。

2. 热解过程及产物

石油化工生产过程中，以比裂化更高的温度（700～800℃，有时甚至高达1000℃以上），使石油分馏产物（包括石油气）中的长链烃断裂成乙烯、丙烯等短链烃的加工过程。

一般废塑料裂解是将已清除杂质的废塑料置于无氧或低氧的密封容器中加热，使其裂解为低分子化合物。塑料裂解技术的基本原理是，将废塑料制品中原高聚物进行较彻底的大分子裂解，使其回到低相对分子质量状态或单体态，其他组分则是基本有机原料。热裂解可分为解聚反应型、随机裂解型和中间型。解聚反应型塑料受热裂解时聚合物解离，裂解成单体，主要是切断了单体分子之间的结合键。这类塑料有聚 α-甲基苯乙烯、聚甲基丙烯酸甲酯、四氟乙烯塑料等，它们几乎 100% 地裂解成单体。随机裂解型塑料受热裂解时断裂是随机的，产生一定数目的碳原子和氢原子结合的低分子化合物。这类塑料有聚乙烯、聚氯乙烯等。如聚烯烃在无催化剂的情况下，先断裂为碳氢自由基，再生成一定数目的碳氢化合物，其中含大量的蜡状产物。大多数塑料的裂解两者兼而有之，但在合适的温度、压力和催化剂的条件下，能使其中某些特定数目链长的产物大大增加，从而获得有一定经济价值的产物，如汽油、柴油等。

3. 裂解原理

废塑料裂解所要求的温度取决于废塑料种类及回收的目的产物，温度超过600℃，热裂解的主要产物是混合燃料气，如 H_2、CH_4、轻烃；温度 400～600℃时，主要裂解产物为混合轻烃、石脑油、重油、煤油、混合燃料油等液态产物及蜡。PE、PP 的热裂解产物主要是燃料气和燃料油；PS 热裂解产物主要是苯乙烯单体及轻烃化合物；PVC 不宜采用热裂解处理，因 PVC 加热会产生大量的 HCl 气体。如果选用适当的催化剂，可在 200～300℃进行催化裂解，且可提高液体产物的收率。

4. 裂解技术与工艺的开发进展

随着裂解反应理论研究的不断深入，国内外对裂解技术的开发取得了许多进展。裂解技术因最终产品的不同分为两种：一种是回收化工原料（如乙烯、丙烯、苯乙烯等），另一种是得到燃料（汽油、柴油、焦油等）。虽然都是将废旧塑料转化为低分子物质，但工艺路线不同。但是对聚烯烃类塑料而言，裂解制备燃料油是目前使用最广泛的处理方式。制取化工原料是在反应塔中加热废塑料，在沸腾床中达到分解温度（600～900℃），一般不产生二次污染，但技术要求高，成本也较高。裂解油化技术则通常有热裂解和催化裂解两种。

工业上，裂解反应可用于合成化工产品，比如二氯乙烯裂解可生成聚氯乙烯，即 PVC。此外，也可用于将生物质能或废料转化为低害或可以利用的物质，例如用此法来制取合成气。

裂解与干馏及烷烃的裂化反应有相似之处，同属于热分解反应。如果裂解的温度再升高，则会发生炭化反应，所有的反应物都会转变为炭。

此外，所谓裂解法，是使大分子聚合物裂解为低分子的混合烃的过程。裂解反应主要表现在C—C键断裂，同时伴有C—H键断裂。热效应为强吸热过程，即外界必须提供大于C—C键键能的能量，反应才能顺利进行。因此，早期的废塑料裂解方法均为简单的热裂解方法，通过加热，使废塑料热裂解。但是，这种方法有着明显的缺陷，即耗能高、效率低、产率不高、选择性不强。因此人们迅速开发出了催化热裂解方法，在热裂解阶段加入催化剂，不但可以降低废塑料裂解所需的活化能，降低能耗，提高效率，而且还可以提高产物的选择性，因此这种方法相对于热裂解法有着明显的优势。但由于采用催化剂提高了成本，而且催化剂本身不易回收，因此，该方法在经济上需要一定的规模。之后，为了提高裂解产品的品质，人们又开发出了用催化剂催化裂解装置进行催化改质的热裂解-催化改质工艺和催化热裂解-催化改质工艺。这两种工艺技术完善，产品质量高，但投资较大，只适用于大规模开发。

以上所述，废塑料裂解主要包括热裂解法（一段法）、催化热裂解法、热裂解-催化改质法和催化热裂解-催化改质法（二段法）四种基本方法。废塑料油化技术的不同方法和工艺过程，如图8-1所示。同时还存在另外一些裂解油化方法，如超临界水废塑料裂解法、与煤共液化裂解法、气化裂解法等方法。

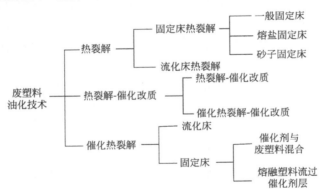

图8-1　废塑料油化技术的不同方法和工艺过程示意图

二、塑料废弃物裂解方法

1.热裂解法

废塑料热裂解法是最简单的一种，即通过提供热能，达到废塑料聚合物裂解所需活化能，并产生以下三种反应。①聚合物通过解聚反应生成单体；②聚合物分子链无规则断裂，产生低分子化合物；③通过消除取代基或官能团产生小分子，伴随有不饱和化合物的产生和聚合物交联乃至结焦。由此可知，该法工艺粗糙，产品杂乱，出油率低。

一般，该方法裂解反应温度高、反应时间长，所得到的液体燃料是沸点范围较宽的烃类物质，其中汽油馏分和柴油馏分含量不高。所得汽油辛烷值低，且含有大量烯烃，诱导期短；柴油凝点高，十六烷值低，含蜡量高。废聚乙烯塑料热裂解的产物多为链烷烃或 α-烯烃，生产柴油馏分的反应条件是 475℃左右，低压或常压下，反应时间 4h 左右，而且不一定需要氢气，氮气或水蒸气也可。

废塑料裂解法投资少，工艺简单，主要设备有热裂解反应釜、分馏塔、加热和温度控制器、进料装置。由于该方法难以得到有经济价值的油品，目前已较少应用，但若采用合适的条件，可将聚乙烯、聚丙烯制成熔点较高的蜡，则经济效益较高。总之，该方法不适合制取燃料油，而适合制蜡。石油大学研究证实，在促进剂作用下，单独裂解废聚乙烯可得到油品和合格的地蜡，蜡产率 50％～90％，制取地蜡较制取油品的经济效益要高。

化工生产中用热裂解的方法，在裂解炉（管式炉或蓄热炉）中，把石油烃变成小分子的烯烃、炔烃和芳香烃，如乙烯、丙烯、丁二烯、乙炔、苯和甲苯等。

2. 催化热裂解法

废塑料的催化热裂解方法是在一定温度和压力、有催化剂存在的条件下，废塑料发生裂解、氢转移、缩合等特征反应，得到相对分子质量和结构在一定范围的产品的方法。常用固体硅酸铝、分子筛催化剂等具有表面酸性、能提供氢离子的物质，这些催化剂还具有异构化功能，使产物中异构烃含量增多，由于生成焦炭的反应也是特征反应，过程中必定有大量焦炭沉积于催化剂表面，使催化剂失活，因此催化剂的再生与剩余催化剂的回收都较为困难。

催化热裂解法是将催化剂与废塑料混合在一起进行加热，热裂解与催化裂解同时进行，又称为一段法工艺。该方法以催化裂解为主，反应速率快、时间短，油品中异构化、芳构化产物较热裂解工艺多，但催化剂与废塑料中的泥沙、裂解产生的炭渣混在一起，催化剂不易回收。为解决这一问题，多采用对废塑料进行清洗或将熔融的废塑料通过催化剂层形成催化蒸馏的工艺形式。

该法所需的设备主要有塑料切碎机、塑料挤出机、催化热裂解釜、分馏塔、油品贮罐、各种阀门、控温仪表等，工艺较为简单，投资较少。但操作控制较为困难，在实际生产中应用不多。

日本富士循环公司的将废旧塑料转化为汽油、煤油和柴油技术，采用 ZSM-5 催化剂，通过两台反应器进行转化反应将塑料裂解为燃料。每千克塑料可生成 0.5L 汽油、0.5L 煤油和柴油。美国 Amoco 公司开发了一种新工艺，可将废旧塑料在炼油厂中转变为基本化学品。经预处理的废旧塑料溶解于热的精炼油中，在高温催化裂化催化剂作用下分解为轻产品。由 PE 回收得 LPG、脂肪族燃料；由 PP

回收得脂肪族燃料，由 PS 可得芳香族燃料。Yoshio Uemichi 等人研制了一种复合催化体系用于降解聚乙烯，催化剂为二氧化硅/氧化铝和 HZSM-5 沸石。实验表明，这种催化剂对选择性制取高质量汽油较有效，所得汽油产率为 58.8％，辛烷值 94。

国内李梅等报道废旧塑料在反应温度 350～420℃，反应时间 2～4s，可得到 MON73 的汽油和 SP-10 的柴油，可连续化生产。李稳宏等进行了废塑料降解工艺过程催化剂的研究。以 PE、PS 及 PP 为原料的催化裂化过程中，理想的催化剂是一种分子筛型催化剂，表面具有酸性，操作温度为 360℃，液体收率 90％以上，汽油辛烷值大于 80。刘公召研究开发了废塑料催化裂解一次转化成汽油、柴油的中试装置，可日产汽油、柴油 2t，能够实现汽油、柴油分离和排渣的连续化操作，裂解反应器具有传热效果好、生产能力大的特点。催化剂加入量 1％～3％，反应温度 350～380℃，汽油和柴油的总收率可达到 70％，由废聚乙烯、聚丙烯和聚苯乙烯制得的汽油辛烷值分别为 72、77 和 86，柴油的凝固点为 3℃、－11℃、－22℃，该工艺操作安全，无"三废"排放。袁兴中针对釜底清渣和管道胶结的问题，研究了流化移动床反应釜催化裂解废塑料的技术。为实现安全、稳定、长周期连续生产，降低能耗和成本，提高产率和产品质量打下了基础。

将废料通过裂解制得化工原料和燃料，是资源回收和避免二次污染的重要途径。德国、美国、日本等都有大规模的工厂，我国在北京、西安、广州也建有小规模的废塑料油化厂，但是目前尚存在许多待解决的问题。由于废塑料导热性差，塑料受热产生高黏度熔化物，不利于输送；废塑料中含有 PVC 导致 HCl 产生，腐蚀设备的同时使催化剂活性降低；炭残渣黏附于反应器壁，不易清除，影响连续操作；催化剂的使用寿命和活性较低，使生产成本高；生产中产生的油渣目前无较好的处理办法，等等。国内关于热解油化的报道还有很多，但如何吸收已有的成果、攻克技术难点，是我们急需要做的工作。

目前我国已开发出一步法直接催化降解液态聚烯烃为气态烃油的工艺。该法采用多次改性的 Y 型沸石和高活性氢氧化铝复合催化剂，直接催化降解液态的废聚烯烃塑料；所得气态烃油通过分馏而获得汽油和柴油，总收率在 85％～87％。郑州市塑胶有限公司率先在国内研究成功的油化技术，包括了 3～30t/a 5 个系列的工业化生产技术，产品为 70 号汽油和 10 号轻质柴油。

例如废塑料的催化法油化工艺：通常液态的热分解物从热分解槽（热解槽）循环返回到原料混合槽中，而由挤出机挤入的熔融料便在此处混入到热分解物内。当温度进一步升到 280～300℃后，混合物料又由泵送入热分解槽中。另外，在原料混合槽的升温阶段，残留的氯也大多被气化除去。

送入热分解槽内的熔融料，当被进一步加热到 350～4000℃时，便发生热分解、气化。气化状态的热分解物（通常含有大量烷烃）被再次返回原料混合槽。这样，在反复循环过程中，物料便慢慢发生热分解，最后以气态烃形态送往接触分解槽中。

从热分解槽到原料混合槽的循环管线途中，装置有一个沉积罐。循环流动着的液态热分解物在此处流速降低，物料流中所含的炭和杂物便沉淀下来。将这些沉积物定期排出系统之外，以防结焦。

在物料快要进入接触分解槽之前，为除去在挤出机和原料混合槽阶段残余微量的氯而设置了脱氯槽。在这里，物料中的氯几乎被除尽。接触分解槽中填充有ZSM-5催化剂。由热分解槽送来的气态烃，由于催化剂的作用而催化分解，然后被送入冷凝器。

所生成的油，进入分馏塔进行简易分馏，得到汽油、煤油和气体等。所得到的油贮存于产品贮罐中，而气体被送去作油化装置的热源。

采用该工艺应当预先除去聚氯乙烯。如果仍混有少量的聚氯乙烯，挤出机、熔融炉可将游离的氯回收，未除去的微量氯还可在脱氯槽中除去。

对于聚氯乙烯与聚烯烃混合废塑料在预先脱氯之后便可进行油化还原。其方法是将这种混合废塑料加入加热型异向旋转双螺杆挤出机中，加热至250～300℃，聚氯乙烯分解，产生的氯化氢可在水中捕集。脱氯后的混合废塑料便可进行催化分解。

聚氯乙烯高温热分解产生的氯化氢可用于合成氯乙烯单体。

催化法油化工艺。日本富士再生塑料公司采用ZSM-5沸石作催化剂，通过两台反应器进行转化反应，如图8-2所示。先将废旧聚烯烃塑料（如聚乙烯、聚丙烯、聚苯乙烯）经粉碎等预处理后送入热分解工序。

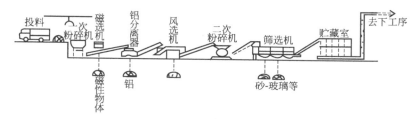

(a) 废塑料预处理工序

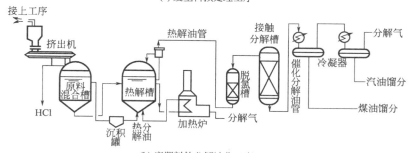

(b) 废塑料热分解油化工序

图 8-2 富士再生塑料公司废弃塑料热分解油化工艺流程

进入挤出机的塑料碎块加热到 230～270℃，使其变成柔软团料并挤入原料混合槽中。聚氯乙烯中的氯在较低的温度（170℃）下会游离出来（达 90％以上）。回收的氯通过碱中和或回收盐酸等方法进行处理。

3. 废塑料气化裂解技术

废塑料气化技术是近年发展起来的废塑料回收、利用技术之一，它利用气化介质（空气、氧气或水蒸气）将废塑料分解，以获得合成气。这些气体可作为生产其他化工产品（甲醇、合成氨等）的原料，也可作为燃料用于高效、低污染的燃气-蒸汽联合循环电站发电和供热，以提高资源回收利用价值。废塑料气化技术与前面两种降解方法的主要区别在于热解和催化裂解是通过加热或加入一定的催化剂使废塑料分解，以获得聚合单体、汽油、柴油等价值更高的产品，而废塑料的气化则以获得合成气为目的。

废塑料热裂解气化工艺所得产物以气态化合物为主，其工艺特点是无需对废塑料进行预处理，可以裂解不同塑料混杂，甚至与城市垃圾混杂的废旧塑料制品。与热裂解相比，气化最大的优点在于不容易结焦。

国内外目前应用的气化工艺主要有 SVZ 工艺、Thermoselest 工艺和 Siemens 工艺。废塑料气化与煤气化的不同之处在于废塑料种类和成分比较复杂，而进料的组成对气化效果有非常大的影响，因此在气化处理前必须先进行适当预处理。Jae 等对废塑料和含纤维质物质的混合物的气化裂解进行了研究，发现 PE 气化裂解比煤和纤维素气化产生的 CH_4 都要多，而且处理效率很高。对于 PVC 废塑料，采用气化工艺处理产生的氯化氢气体可以直接利用，也可用水吸收成盐酸。Borgianni 等进一步简化工艺，开发了一套无需专门脱氯设施的 PVC 塑料气化工艺，通过添加 Na_2CO_3 去除废气中的氯，气体产品中污染物浓度较低，可以直接用于发电或加热。

4. 废塑料催化热裂解-催化改质法

热裂解-催化改质法系统研究废塑料催化热裂解、废塑料和重油混合热裂解、催化改质制备燃料油。首先，研究聚乙烯、聚丙烯、聚苯乙烯在 CuO/催化作用下的温度特性。据此可对废塑料混合物通过温度分段法进行催化热裂解，在 0～360℃、360～460℃、460～520℃温度段内，分别回收苯乙烯单体、轻质燃料油和重质燃料油。其次，探讨了压力对反应的影响，减压能使裂解液的产率有所提高，三种物料的最佳压力均为 9×10^{-4} Pa；对同一种物料而言，不同催化剂的催化效果顺序为 $CuO>Al_2O_3>BaO>CaO$。最后，讨论了催化裂解温度对液体产率、汽油馏分产率、柴油馏分产率、重油馏分产率、裂解气产率和残渣产率的影响。

因此热裂解-催化改质法是将废塑料先进行热裂解，然后对热裂解产物进行催化改质，得到品质较高的油品。该法类似于石油炼制中的裂解-催化重整过程。废塑料经过热裂解后所得到的液体燃料是沸点范围较宽的烃类物质，其中汽油、柴油等轻质馏分不高，而且汽油馏分和柴油馏分的品质不高。若要提高汽油辛烷值，则需提高异链烷烃含量、环烷烃含量和总芳烃含量。采用催化剂催化重整的方法可以达到改善油品品质的目的。

一般，该法将废塑料热裂解后，再对裂解气进行催化改质，又称为二段法工艺。该法对热裂解产物进行催化改质后，所得油品品质良好，因此在废塑料裂解制取液体燃料技术中应用较多。该方法多用于处理混合废塑料，操作灵活，运行费用较低。为了提高反应速率、缩短反应时间，可在热裂解阶段加入少量催化剂形成催化热裂解-催化改质的复合二段法工艺。二段法较一段法催化剂用量少，且可以再生，工艺较为成熟。

由于该法多用于处理混合废塑料，所用设备主要有塑料切碎机、塑料挤出机、热裂解釜、催化反应器、分馏塔、工业阻火器、油水分离器、油品贮罐等。由于热裂解温度较高，反应器的材质应为不锈钢或高碳钢，投资大，工艺较为复杂。Songip 等认为，二段法运输量大，会增加成本，建议先将废塑料热裂解，然后对所得油品集中进行催化改质。

上述几种方法特点比较如下。①反应温度。热裂解法最高，催化热裂解法最低，热裂解-催化改质法居中。②反应速率。催化热裂解法最快，热裂解-催化改质法居中，热裂解法最慢。③油品质量。热裂解-催化改质法最好，催化热裂解法次之，热裂解法最差。④投资。对于同样规模的废塑料裂解油化工厂，热裂解法最少，热裂解-催化改质法最多，催化热裂解法居中。⑤有经济价值的油品产率方面。热裂解法最少，催化热裂解法居中，热裂解-催化改质法最多。⑥能耗方面。催化热裂解法最低，热裂解法居中，热裂解-催化改质法最高。⑦吨油成本方面。热裂解法最低，热裂解-催化改质法居中，催化热裂解法最高。

大量研究表明，一段法油化工艺裂解时间短、温度低，但催化剂用量大，不易回收，推广应用受到限制。二段法油化工艺较为成熟，应用广泛。

另外，热裂解法处理混合废塑料所得油品蜡含量高、质量差，但采用此方法处理废聚乙烯可得高质量的蜡，经济效益较制取油品高。催化热裂解-催化改质工艺在热裂解段可使用少量催化剂，以缩短裂解时间和降低裂解温度。催化热裂解-催化改质工艺处理混合废塑料及热裂解法处理废聚乙烯是两种有发展前景的工艺。

例如一种利用废塑料、废油和重油混合裂解制取燃料油的方法，它是将重油、废油按（0.5～1.5）:（0.5～1.5）的比例混合后作为油原料，将塑料原料和油原料按（1～3）:（1～3）的比例混合后连续加入裂解反应器中，启动搅拌器（转速为 10～30r/min），并开始加热，控制升温速度在 150～250℃/h、裂解温度至 370～450℃，收集反应裂解气并用催化剂改质，经改质后的裂解气经冷凝器得到液体油品和气体产物。液体油品再经分馏得到汽油、柴油、重油，重油返回反应器中作为反应原料，气体产物收集贮存。本发明不但解决了废塑料、重油、废油的利用问题，还解决了废塑料裂解过程中的由于废塑料传热性差而导致的渣量大和结焦问题，提高了汽油及柴油的出油率，改善了汽油和柴油的质量，生产效率高，经济效益也明显提高。

综合平衡，以热裂解-催化改质法为最优；催化热裂解法如能解决熔融物料的净化与输送问题以及废塑料残渣与催化剂的分离问题，则将具有很大的发展潜力。

5. 废塑料与煤焦油共液化裂解法

废塑料与煤共液化裂解过程中存在着易结焦、传热差等问题，采用低温煤焦油来替代煤与废塑料共液化的方法能较好地解决这一问题。所谓低温煤焦油与废塑料共液化，是将碳氢比较高的低温煤焦油与碳氢比较低的废旧聚乙烯塑料共熔处理，互相取长补短，然后经催化裂解，制成市场上所需的液态燃料油。低温煤焦油是煤在 800℃ 以下干馏和热裂解的产物，其中含有大量的轻质馏分。这些馏分中的主要组分是单环芳烃、脂环类和酚类物质，碳氢比高，闪点较低，直接用作发动机燃料很不理想。采取加氢精制的方法，能制取较好性质的煤油和柴油，但工艺条件苛刻，需要在高温高压和有催化剂存在的条件下进行，难以进行工业化生产。采用低温煤焦油与废塑料共液化裂解不仅增加了废塑料汽油中的环状物含量，提高了废塑料油的性能，而且扩大了低温煤焦油的应用。赵金安等对大同直立炉低温煤焦油和废旧聚乙烯塑料共处理油化的工艺进行了研究，通过优化实验，得到了油化工艺的最佳操作条件，并对试验结果进行了分析。结果表明，在最佳工艺条件下，转化率可达 85%，煤焦油加入量为 15%，产品中柴油的十六烷值可达 48，汽油的辛烷值可达 93。汤子强等用自制的反应装置研究了预处理后的低温煤焦油与废旧塑料共熔油化所得到的油品的性质，结果表明预处理过的低温煤焦油加入按一定比例混合的废塑料中一起共熔油化，有利于提高产品汽油的质量，但对柴油质量存在不利影响。在进行共熔油化时，原料焦油的加入量应控制在 10%～15%。煤焦油的加入改善了废塑料油化的传热条件，提高了产品汽油的质量，扩大了低温煤焦油的利用途径。

6. 超临界水废塑料裂解法

用超临界水进行废塑料的化学回收是近十年发展起来的环境友好工艺，具有其他回收方法无可比拟的优越性。它能快速、高效地分解废旧塑料，提高液体产物的收率，可循环回收或作为燃料使用，并能克服传统回收工艺反应速率慢、易造成二次污染的缺点，能较好避免炭化现象的发生，兼具经济、环保的优点，因此得到广泛的研究和应用。超临界水处理塑料废弃物是一门新兴的技术，美国、日本、德国等发达国家都已经开始利用超临界水进行废塑料回收的研究，并建成具有一定规模的中试塔，但还未见有工业化的报道。

日本专利有用超临界水对废旧塑料（PE、PP、PS 等）进行回收的报告，反应温度为 400～600℃，反应压力为 25MPa，反应时间在 10min 以下，可获得 90% 以上的油化收率。用超临界水进行废旧塑料降解的优点是很明显的：水做介质成本低廉；可避免热解时发生炭化现象；反应在密闭系统中进行，不会给环境带来新的污染；反应快速、生产效率高等。邱挺等总结了超临界技术在废塑料回收利用中的进展。

（1）超临界水的特点　人们对于水在超临界状态下具有很多独特的性质以及超临界水作为溶剂来实现废塑料的高效分解已作了广泛重视和研究。它可以使废塑料发生降解或裂解，从而回收有价值的产品如单体等，同时也解决了能源和二次污染等环境问题。超临界水裂解法是一种新型的废塑料裂解方法，与热裂解法相比，这种方法可以加速塑料裂解，减小设备尺寸，且不需任何催化剂和反应药品，成本低廉。在水的临界温度 374.3℃、临界压力 22.05MPa 以上的水称为超临界水，临界水具有常态下有机溶液的性能，能溶解有机物而不能溶解无机物，而且可与空气、氧气、氮气、二氧化碳等气体完全互溶。它与常温、常压的水有完全不同的性质。在 374℃ 下，通过控制水的压力变化，水的密度由气相向液相变化，同时电导率和离子积也呈连续变化，当压力提高到接近液态的密度下，也和常温水一样对离子性物质有较高的溶解力。离子积很大程度上随温度和水的密度变化，当温度一定时，离子积随密度提高而增加。故高密度的超临界水具有离子质溶剂的性质，可作为离子反应场利用。相反，在同一温度下，由于低密度而接近气相状态时则可提供自由基反应场，故可以通过密度或温度的控制，使反应气氛从离子反应向自由基反应变化。水的介电常数在高温高压下很小，很难屏蔽离子间的静电势能，因此溶解的离子以离子对的形式出现。在这种条件下，水就像一个非极性溶剂。水的感应电率也随温度或密度的变化而变。在密度一定的条件下，随温度上升液相水的感应电率缓慢下降，在超临界压力状态下，同通常的极性有机溶剂一样低。为此，在常温常压下不溶解的无极性有机化合物则易溶于超临界水，加上高温条件，难分解性化合物变为易分解。

总之，由于超临界水的上述特殊性质，与一般热裂解不同，在不同试剂和催化剂的条件下也可使废塑料快速裂解转换为油分，加上超临界水的存在抑制了缩合反应的发生，结焦得到控制，故残渣减少而油品的回收率提高。在 400～500℃、压力 25～30MPa 下只需几分钟，80% 以上的废塑料都可以回收，产品主要是轻油，几乎不产生焦炭及其他副产物。

（2）超临界水裂解方法简介　废塑料的超临界水裂解方法的工艺流程一般可分以下两种：①适用于含聚氯乙烯树脂在内的热可塑性废塑料的工艺。采取破碎分选将废塑料中的金属、陶器等除去后进行粉碎，然后经过熔融、脱氯工序加热并除去氯化氢，再在油化工序的高温高压超临界水中将塑料裂解为油分。最后经分离回收工序将水、煤气和油品分离，煤气供该工艺加热用，水则循环利用。②适用于热固化树脂的工艺。破碎、选别工序同上。粉碎后塑料粒在浆化工序和水混合形成水浆，然后经上述相同的油化工序和分离回收工序生成油品。

（3）超临界水工艺的特点及其进展　20 世纪 90 年代始，用超临界水进行废塑料的化学回收，主要是为了避免发生结焦现象、提高液化产物的产率、供循环回收或作为燃料。废塑料在超临界水中的化学反应主要有两类：超临界水裂解和超临界水部分氧化。两者的根本区别在于是否加入氧化剂。

以十二烯为例，十二烯的超临界水裂解液相主要产物为丙醇、丁醇、丙酮和丁酮。这是因为在超临界水中短链烯烃进一步水合成醇（如丙烯水合成异丙醇），然后进一步氧化成丙酮。但是超临界水裂解与热裂解的反应机理不同。当异丙醇氧化为丙酮时，从超临界水中释放出的氢参与了烃的裂解。为了弄清超临界水分子在聚乙烯（PE）降解中的作用，用 D_2O 和 $H_2^{18}O$ 作为示踪剂，结果发现氢原子参与产生裂解油的反应，氧原子参与产生气体和液相产物的反应。由此可见，高温高压下的超临界水可为 PE 的裂解提供氢和氧，即超临界水具有供氢和供氧的能力。因此超临界水裂解与热裂解相比，超临界水油化可加速塑料裂解，所需设备尺寸较小，回收的油主要是轻油，几乎无副产物。全用超临界水进行废塑料的裂解有以下优点：①由于采用水为介质进行低分子油化，因而成本低；②可以避免热裂解时发生的结焦现象，油化率提高；③反应在密闭系统中进行，不污染环境；④反应速率快，效率高。但缺点是需在较高压力下进行反应。

日本、美国等专利报道了用超临界水部分选择性地氧化废塑料回收单体和其他有用的低摩尔质量有机物的工艺过程。由于在超临界条件下，水与氧气、氮气完全互溶，同时对有机物具有高的溶解性。废塑料通过粉碎机研成粉末或细粒后，能分散到超临界水中，形成一个均相或拟均相的混合物。它与非均相反应相比，具有以下优点：①它能降低对复杂反应装置及机械混合装备的要求；②超临界水具有较高的扩散性和对有机物的溶解性，增大了传质速率，可消除结焦；③它消除了相间传质阻力，提高了反应速率，因而降低了对催化剂的要求，甚至可以不用催化剂；④热损失小，可实现自热。对聚丙烯（PP）在超临界水中的氧化研究表明：①在较低温度下 PP 裂解成烃，很少被氧化，而在较高温度下，则产生大量氧化产物；②在较低温度下无丙烯单体产生，低摩尔质量产物（$C_3 \sim C_7$）为85%（以 PP 的加入量为基准）；③通过控制反应参数，可产生不同的产品分布和浓度。日本专利也报道了 PP 在超临界流体中，用 $Cr_2O_3\text{-}Al_2O_3$ 作为催化剂，可获得含54%（质量分数，下同）丙烯和11%乙烯的产品。Dakuradahideo 等于1997年研究了废塑料在超临界水中的液化过程。开发了废塑料在超临界水中油化新工艺，并进行了 PE、PP 的中试试验。中试塔的处理量为 0.5t/d，PE 和 PP 的反应温度分别为479℃和500℃，反应压力均为 25MPa，反应时间均为 2min，获得了86%和75%~80%的油化率。整个试验操作稳定性好，且无焦炭产生。

日本东北电力公司从1992年开始研究超临界水油化，1997年10月开始同三菱重工业公司进行联合研究，在其子公司北日本电线公司建造一处理能力为 0.5t/d 的试验装置，1998年1月投入试验运转。该装置用于处理电力工业的废塑料如废电线包皮等。废塑料粉碎后与水混合，加热、加压至 374℃ 和 22.1MPa 超临界状态裂解成油。另外，日本公开特许公报报道了用超临界水进行废塑料（PE、PP、PS）的裂解回收工艺。反应温度为 $400\sim600℃$，反应压力为 25MPa，反应时间在 10min 以下，可获得 90% 以上的油化率。

国内对于以废塑料中数量最大的 PE 作为原料进行了基础试验。试验装置为内容积 100mL 的高压釜。将聚乙烯和水加入高压釜内，通过加热升温进行油化试验。反应完毕后将高压釜降至室温，用苯将油分从水中提出。超临界水的密度由对高压釜的加水量控制。由基础试验得到，利用超临界水对废塑料进行高收率、快速油化裂解是可能的。于是又以开发连续油化工艺为目标，制造了小型连续油化装置，就反应温度、反应时间、水和塑料的比例等变化对油化率的影响进行了试验。试验装置由原料处理、反应器、冷却器和分离器等组成，处理量为 2.4kg/d，水或水塑料浆和熔化后的废塑料均可连续压入反应器，反应器为管式，采用电加热。由小试试验得到在反应温度 500℃、反应压力 25MPa 条件下，数分钟内即可将 PE 分解转换为油分；并随着反应时间的增加，煤气和汽油馏分增加，而重油等馏分则相应减少；并在此基础上进行了中试试验，也得到了较好的油化效果。

7. 与煤共液化裂解法

（1）废塑料与煤共液化法　废塑料和煤的共催化液化是利用废塑料作为供氢体，使用催化剂将煤液化成燃料和化工原料的技术。20 世纪 90 年代，Anderson 等首先提出可以利用塑料中的氢作为补充的氢源与煤进行共液化。

煤的加氢液化和热裂解是从煤制取液体燃料和化工产品的重要手段，是实现煤资源洁净利用的有效途径。所谓煤的液化就是在适当的条件下借助于催化剂、溶剂油等，强行打开煤中的芳环，生成自由基碎片。这些碎片在"自由氢"供应的条件下和氢结合生成稳定的链状碳氢化合物，也就是通常所说的人造石油。如果氢不存在或数量太少，生成的自由基碎片就会缩聚生成更大相对分子质量的高分子不溶物，所以煤的直接液化的实质就是煤加氢变成可满足市场需求的工业燃料油。

一般，煤的液化实验表明，在 $380\sim450℃$ 温度下，煤的大分子会裂解生成许多小分子基团，这些小分子基团极不稳定，遇到其他的活性基团就会与之相结合生成稳定的分子。在将煤和废塑料共液化反应过程中，因为废塑料中含有大量可供转移的氢原子，废塑料会向煤裂解产物进行氢转移，使煤部分甚至全部液化。由于废塑料是煤液化时的主要供氢体，从而可以大大减少煤液化时的氢气耗量，同时，反应条件也相对较温和。

煤直接加氢液化的研究虽已开发了多种工艺，并进行了商业性试运转，但由于直接液化生产燃料油的成本还不能跟石油开采加工相比，所以煤直接液化一时还难以实现商业化生产。如何设法降低煤直接液化油的生产成本，一直是研究者努力的主要方向。由于煤直接液化时加氢是必不可少的，且加氢费用大约占直接成本的 30%，所以设法降低氢耗量一直是煤直接液化研究的一个重点。

煤与废塑料共液化处理技术的主要优点：一是有利于解决日益严重的"白色污

染"，为废塑料的无害化利用找到一条切实可行的出路，环保、生态效应明显；二是大大降低了煤液化的氢耗量和直接生产成本。目前该技术面临的主要问题包括：氢转移和协同效应的研究、共液化工艺的研究、塑料的结焦问题、机理的研究等问题。

（2）废塑料与煤共液化研究进展　废塑料和煤共处理液化技术是从废塑料液化处理技术发展起来的。废塑料和煤的共催化液化是利用废塑料作为供氢体，使用催化剂将煤液化成燃料和化工原料的技术。20世纪70年代开始，随着环境保护要求越来越高，人们逐渐感到对废塑料应该采用适当的方法使它们能得以再循环利用，于是国内外专家利用煤直接液化的原理开发出一系列利用废塑料生产液化油和化工单体的专利技术，同时开发了一系列专用催化剂和建成了一些试生产线，并对煤的加氢裂解液化和塑料的热裂解反应机理进行了大量的研究。Allen 等认为当温度升高时，塑料会发生裂解反应，其大分子中的支链和主链断裂生成各种单体、活化小分子基团和一些小分子，同时也可能发生缩聚反应，塑料在热裂解时存在如下平衡。

$$M_{n+1} \rightleftharpoons M_n + M$$

式中　　M——单体；

　　　M_n——P_n 聚合物自由基；

M_{n+1}——P_{n+1} 聚合物自由基。

当温度升高到 400℃ 以上时，废塑料和煤都会发生热裂解，由大分子裂解为许多自由基小分子，由于塑料的 H/C 原子比较高，这样，在煤的小分子基团、塑料的小分子基团互相结合或与外界的活化氢原子相结合时，就会生成 H/C 原子比较高的液体产品。

一般，影响煤和废塑料共处理液化效果的主要因素包括：煤和废塑料种类的选择、煤和废塑料配比、催化剂的影响、溶剂的影响、气氛的影响（加氢问题），以及温度、压力和时间的影响。其中，煤的等级在很大程度上决定着它的溶剂化能力，是一个非常重要的影响因素。Gimouhopoulos 等发现褐煤与废塑料的共液化能获得比较好的效果。与较高等级的煤如无烟煤、生煤等相比，褐煤分子之间结合力比较弱，交联分子的断裂相对要容易些，低等级煤液化能获得较高的液体收率，并且轻质馏分的含量也较高。Feng 等对废塑料和煤共液化特性的研究结果表明，在四氢化萘或四氢化萘与废油混合液中，废塑料与煤共液化有较好效果，但如果只采用废油溶液，效果却并不理想，表明在废塑料与煤共液化反应过程中需要有脂肪烃和芳香烃的共同参与。

（3）废塑料与煤共液化的主要工艺　目前应用较广泛且研究较全面的工艺为二段式处理工艺。由于塑料能在较低温度下完成热裂解反应而且基本不受氢分压的影响，塑料的分子链的无规则断裂主要以内部氢对自由基的饱和分子重排反应为主。而煤的加氢热裂解反应和氢分压关系很大，反应温度也要高得多，在一个反应器中往往难以兼顾，所以 Mulgaonkar 等提出了二段式工艺，用废油和 2.5% HDPE 在短接触时间内（2～8s）得到的热裂解液体产物和煤混合后共液化。结果表明，煤和废塑料、废油共处理的总转化率在 80% 以上，油品收率超过了 60%。在他的工作基础上，为加速氢在共处理过程中的转移，降低氢气消耗量，Anderson 等进一步研究用于煤和废塑料的二段式工艺。第一步将塑料进行热裂解得到液态物（PDL），然后将这些高氢含量的 PDL 用于第二次煤液化。为了提高 PDL 对煤的溶解度，在体系中又添加了一种多环芳烃作为载氢和供氢溶剂，使 PDL 中的氢先转到 PCAH，生成氢化芳烃。这些氢化芳烃能大大增加煤热裂解碎片的氢传递。由于 PDL 和 PCAH 的协同作用，使得煤液化的转化率大大提高。Luo 等研究发现：第一段的反应温度比第二段的反应温度高，通过控制第一段的反应温度可以选择性地制取第二段所需的溶剂油；第一段和第二段使用不同的催化剂可大大提高催化剂的催化效能；两段法工艺可缩短反应时间，并且能有效抑制液相产物变成气体产物或挥发性组分。

Warren 对废塑料和煤联合液化这种新工艺的技术经济的可行性进行评估。该评估建立在综合近期有关煤和废塑料联合液化的实验数据的基础上。初步设计考虑到两个结构。这些结构中最主要的不同是氢的来源（煤和纤维物）。评估的基础是每天等质量比的 720t 废塑料和废轮胎联合液化的实验。固定产物包括气态烃、石脑油、飞机燃料、柴油机燃料。该过程可用于模拟工厂中物料和能源平衡，而且汇编了有关废塑料的可行性、处理、经济等方面的数据。经济分析的结果确定了在可选择转换方式、产量、费用等方面投资利益率和总效益的标准。

8. 其他废塑料裂解方法

（1）废旧塑料的醇解工艺　醇解是利用醇类的羟基来醇解某些聚合物及回收原料的方法。这种方法可用于聚氨酯、聚酯等塑料。

聚氨酯水解后产生胺和乙二醇的混合物，二者需要分离才可回收再用。而醇解法就无需这道工序，过程相当简单。

废聚氨酯泡沫（软质、硬质均可）在有乙二醇的条件下，在 185～200℃ 时进行醇解，在这种醇解过程中还包括聚氨酯泡沫中的碳酸酯基团同乙二醇溶剂的酯基转移。此反应只产生一种产物，即多元醇混合物。这种回收的混合多元醇无需分离即可再次使用。使用醇解回收的乙二醇生产的泡沫与用纯净乙二醇生产的泡沫实际上很难区分开。醇解法还适用于异氰酸酯泡沫废料的分解、回收利用。

在工业上，醇解工艺也十分简单，将预先切碎或磨碎的废聚氨酯泡沫送入装有乙二醇的反应器，在 185～200℃ 氮气氛围中进行反应。废料送入反应器的速率视搅拌方式、物料类型及热传递形式而定。需要充分搅拌、良好混合，使泡沫不致浮于乙二醇液面上。在聚氨酯泡沫废料的醇解回收中还可以添加有机金属化合物和叔胺类催化剂。

（2）水解工艺　所谓水解就是在水的作用下使缩聚或加聚物分解成为单体的过程。因为水解与缩合互为逆反应，缩聚物或加聚物中含有对水解反应敏感的基团，所以均可被水解。如聚氨酯、尼龙、聚对苯二甲酸乙二醇酯（PET）、聚碳酸酯等，在过热蒸汽下可以进行水解，形成单体或中间体。它们在通常的使用条件下是稳定的，因此，这类塑料的废弃物必须在特殊的条件下才能够进行水解得到单体。

① 再生塑料水解与水蒸气反应。

a. 将低密度的聚氨酯泡沫与 160～190℃ 的过热蒸汽混合 15min 以上，将转换成密度大于水的液体，除甲苯二胺和聚丙烯氧化物外，还有多元醇（聚酯型或聚醚型）。多元醇可直接用于新泡沫的成型，而胺类则必须采用化学方法转化为异氰酸酯才能使用。

b. 通用电机公司聚氨酯泡沫水解工艺。废泡沫块经粉碎后投入反应器，在温度约 315.6℃ 的条件下与蒸汽接触进行水解。多元醇为含水单体，经冷却和过滤后可直接回收。蒸汽从反应器进入喷雾冷凝器内，与苯胺或苯甲醇接触。各种溶剂回收过程有水、溶剂和有机物的分离。蒸馏有机溶剂可分离出主产物二胺、副产物乙二醇和焦油。

② 连续水解反应。图 8-3 示出德国 Leverkusen 公司的一种废旧塑料回收用连续水解反应器。该设备以双螺杆挤出机为反应室，能耐 300℃ 的高温和所产生的压力，废料在机内滞留时间为 5～30min。

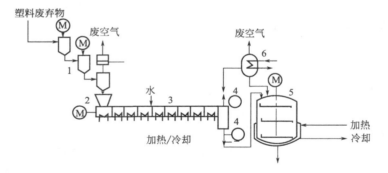

图 8-3　用双螺杆挤出机为反应器的连续水解系统

1—加料装置；2—料斗；3—双螺杆挤出机；4—减压阀；5—蒸馏塔；6—冷却器

进料后双螺杆挤压切碎泡沫，将它送入水解区，用泵逆向输送水解用水，与泡沫接触。被压缩的固体经初步水解变成浆料，在螺杆捏合盘的作用下水浸透浆料，达到完全水解。热的水解产物通过可控减压阀排出，水解产物主要含有聚醚和由异氰酸酯生成的低分子胺类。它们的分离有 3 种方法：

① 蒸馏除胺后提纯聚醚；

② 使胺同酸反应出现胺沉淀，然后过滤沉淀物；

③ 添加只能溶解一种成分的次级液相，然后萃取。

Masuda 等发现 PET 在高温蒸汽环境下很容易被水解产生对苯二甲酸，产生的对苯二甲酸单体可用于 PET 的合成，在 773K 下残渣产率低于 1%。在高温蒸汽环境下，废塑料的主要裂解方式为水解，而不是热裂解。因此，反应结焦率很低，初始反应温度也比热裂解要低 $50\sim80℃$。Masuda 等开发了一套新的具有搅动热介质粒子的水解反应系统，废塑料在此反应系统中被迅速连续水解，几乎没有残渣，产生的油品在 Ni-REY 催化剂作用下被继续裂解为汽油和煤油。

（3）废塑料加氢工艺　废塑料裂解制取汽油和柴油主要是利用热能、催化剂等将高分子按要求断裂为 $C_5\sim C_{20}$ 范围内的分子，为了防止断链过程结焦以及满足 C—C 键断裂处对氢的需要，在有条件的情况下也可进行加氢裂化。以聚乙烯为例，采用 $(SiO)_3ZrH$ 作为催化剂，加氢裂化反应机理如下。首先，碳链上的 C—H 键通过 σ 键转位释放出氢原子而发生无选择性活化。然后，聚合体通过 σ 键无选择地移植到锆原子中心。一旦聚合物链与锆中心建立了连接，相转移催化烃基转移现象：一部分聚合物链通过 δ 键移植到金属原子，剩余部分的末端双键通过 π 键与金属原子连接。最后，聚合体发生 Zr—C 键断裂和链端双键氢化。Nakamura 等采用 Fe/A.C.（加氢裂解催化剂）-H_2S 催化剂，对聚丙烯的加氢裂解进行了研究。C—C 键热裂解形成碳氢基。在不加入 H_2S 时，大部分碳氢基在低温下重新结合。如果有 H_2S 存在，H_2S 将扩散进入聚合体结构的孔隙中与碳氢基接触。H_2S 中的氢原子被碳氢基提取而形成 HS·和稳定的碳氢化合物。HS·继续从碳氢化合物如聚丙烯中提取氢原子，或者被氢化固定在载体金属催化剂上。在前一种情况下，尽管碳氢基的生命周期大大缩短，整个裂解系统的自由基浓度保持不变。这表明裂解反应的速率没有改变，碳氢基的连续裂解得到有效的抑制，从而降低气态产物的收率。这种通过 H_2S 或有机硫的链传递现象在烯烃的聚合中是很普遍的。大分子聚合物被催化裂解为适当大小的分子后，可以通过加入如 Fe/SiO_2-Al_2O_3 和 Fe/A.C. 等固体催化剂进行加氢裂解，产生石脑油、煤油和柴油。在 Fe/A.C. 催化过程中，其中间产物不是碳离子而是碳氢基，碳氢基的连续裂解由于 H_2S 的基传递作用得到抑制，从而降低了气态产物的收率。

德国 Veba 公司以减压渣油、褐煤、废塑料混合物为原料，以褐煤为催化剂，在氢气加压下进行裂解，反应条件类似于原油加氢反应。在反应中加入 Na_2CO_3、CaO 中和 PVC 裂解产生的 HCl，裂解产物为 $C_1\sim C_4$ 的气态烃、C_5 以上烷烃、环烷烃和芳香烃，年处理能力 4 万吨。但这种方法使用加压氢气，投资与操作费用昂贵。日本东京大学将少量铁/活性炭催化剂用于废塑料（如聚丙烯）液相加氢反应，废塑料液化率高达 99%，而且液体燃料收率高、质量好。催化剂对加氢裂解有较大的影响：使用 Ni/SiO_2-Al_2O_3 等固体酸催化剂时，对聚丙烯等烃类具有裂解功能，但在裂解过程中生成碳正离子，并发生烯烃聚合、缩合反应，因此不能有效进行裂解反应；使用铁/活性炭催化剂时，对聚丙烯也具有裂解功能，又由于铁的作用，加氢反应得以稳定进行。在温度 500℃、压力 40MPa 下，对废塑料进行热解加氢裂解，可得到 65％油类产品、17％燃料气体、18％残渣，所得到油类产品的质量较高。

三、塑料废弃物催化裂解汽柴油

1. 技术概述

由于塑料、橡胶、汽油等衍生物有易老化、难降解的特点，大量的垃圾形成的白色污染已构成严重的社会问题。

据中国国家统计局最新统计，2015 年中国橡胶和塑料制品业同比增长 7.9％。其中主营业务收入为 30866.6 亿元，同比增长 4.1％；利润总额为 1883.5 亿元，同比增长 4.6％。全年固定资产投资额为 6531 亿元，同比增长 10.1％。

产量情况，2015 年中国塑料制品总产量为 7560.7 万吨，同比增长 1.0％。其中 12 月份产量为 740.1 万吨，同比增长 5.0％。

据有关方面统计，2014 我国塑料制品的产量已居世界第一位，每年废弃的塑料垃圾高达 5000 万～8000 万吨，因此产生了白色污染等环保问题，严重地危害人们的健康。利用废弃塑料生产无铅汽油、轻柴油，变废为宝，既能解决废塑料对环境的污染，又可补充能源，如果能够利用 50％，则可生产汽油柴油机 1750t，创产值 525 亿元。所以这项技术具有显著的社会和经济效益。

2. 技术基本原理

以废旧塑料为原料，在催化剂的作用下，通过热裂解反应和催化裂解反应后还原成汽油和柴油，以实现由碳氢元素组成的高分子塑料向低分子燃油的转化。再经分馏工艺最后生成汽油和柴油。

首先将各种废塑料经人工除去杂物及泥沙后填入热裂解反应釜中（体积过大者需经破碎），进行热裂解和催化裂解反应（操作条件是常压和 350～380℃），生成气相物质（汽油柴油混合物），经过冷凝器成液态进入分馏塔，分馏后产出汽油和柴油。石油大学的研究结果是：废聚乙烯裂解所得汽油的辛烷值为 88，废聚丙烯裂解所得汽油的辛烷值为 92，废聚苯乙烯裂解所得汽油的辛烷值为 93～102，适当调节进料中三种废塑料的比例，可以生产出辛烷值为 90～93 的汽油，同时柴油可以符合国家标准。

其次是对废气污染控制。采取措施，加强密封，严格控制裂解产生的气体泄漏；尽可能采取低硫矿物燃料，减少二氧化硫污染；裂解气体燃烧后，在排放之前，要经过催化转化或碱液、酸液吸收，防止二氧化硫以及氯化氢、氮氧化物、磷化合物污染环境。

油质好：由于采用自创的油品精制剂、塑料味去除剂等添加助剂，有效地吸附了油品中的有害胶质及其他杂质，并有良好的脱色、脱臭功能。

废塑料在促进剂、净化剂、催化剂的存在下高温裂解、催化制得混合油；然后将混合油在促进剂、脱色剂、除味剂、催化剂的存在下精馏，通过精制装置得汽油、柴油。

3. 生产工艺流程

废弃塑料→净塑料（溶化脱渣）→热解→提馏→分馏→冷凝→精馏→冷凝→汽油→柴油

总之，随着塑料工业的迅猛发展，塑料废弃物的回收利用作为一项节约能源、保护环境的措施，普遍受到重视。以美国、日本、澳大利亚和新西兰等发达国家，在这方面的工作起步早，已经收到了明显的效益。我国要借鉴国际上发达国家现阶段尤其推进塑料废弃物裂解方法与技术工艺方面研究很有必要。

第二节
废塑料裂解工艺实例与设备

一、废塑料裂解制取液体燃料油工艺实例

由于石油危机和环境问题的日益突出，20世纪70年代世界各国就开始了废塑料裂解制取液体燃料技术的研究和开发。我国也在近年进行了大量的基础研究和工艺研究，并已初步掌握了废塑料热裂解、热裂解-催化改质、催化热裂解、催化热裂解-催化改质等常用工艺。但在工业化实践上，还落后于发达国家。美国、日本、德国、英国等国已成功开发出一系列运行良好的废塑料裂解制取燃料油的生产工艺，其中德国的 Veba 法、英国的 BP 法和日本的富士回收法均进入了商业化生产阶段。另外，其他方法也在研究和应用中。一些典型的废塑料裂解制取液体燃料油的方法见表 8-1，下面将分别叙述一些重要的工艺过程。

1. 典型的 BASF 两段法

一般来说，BASF 法的过程与富士回收法有相近之处，为典型的两段法工艺，要求进料中 PVC＜5％，同样利用聚氯乙烯裂解温度比其他塑料初始裂解温度低的特点，在废塑料裂解前首先脱去氯化氢，同时在 $250\sim380℃$ 将废塑料熔融液化，达到减容和均匀化的目的。反应中脱氯化氢的主要方法是利用较廉价的碱性固体物质来进行吸收，如氧化钙、碳酸钠或其他碱性溶液。在第二阶段主要进行热裂解，裂解温度控制在 $400\sim500℃$，长链的聚合物裂解为短链聚合物，形成各种油和气。根据投入废塑料的不同，分解产生 $20％\sim30％$ 的气体和 $60％\sim70％$ 的油。该方法的特点在于使用熔融槽，进料温度为 $300\sim400℃$，这样有利于废塑料的裂解。该方法适用的废塑料包括聚乙烯、聚丙烯、聚苯乙烯和少量的聚氯乙烯，产物为油、气、$α$-烯烃，产率 90％。

表 8-1　一些典型废塑料裂解制取液体燃料油的方法

开发者	规模	原料种类	反应器类型及加热方式	反应温度/℃	催化剂	产物组成	产品产率/%
联碳公司	35~70kg/d	PE,PP,PS,PVC,PA,PET	挤出机,电热	420~600	无	蜡	
日碳公司		PE,PP,PS	挤出机	500~600	无	单体	
富士回收公司	5000t/a	PE,PP,PS(产业废料)	熔融槽	390	ZSM-5	汽油	80~90
富士回收公司	4000t/a	PE,PP,PS,PET(PC<15%)	熔融槽	310	ZSM-5	轻油,煤油	80~90
USS公司	250kg/h	PE,PP,PS,PET,FRP	搅拌槽,间歇式	400	Al,Ni,Cu	C_9燃料油	80~90
三菱重工	170kg/h	PP	熔融槽,300~350℃进料	550	无	轻油	95
三洋电机	128kg/h	PE,PP,PS	熔融槽,250~270℃微波分解PVC	510~560	无		68
三井造船	24~30t/d	PE,低相对分子质量聚合物	搅拌槽	420~455	无	燃料油	85
Veba公司	40000t/a	聚烯烃	加氢反应器		褐煤	催化裂解原料	
BP公司	20kg/h	聚烯烃,PS,PET	砂子流化床	400~600	无	石油化工原料	
日本理化学研究所	300t/d	热塑性树脂	熔融槽	第一段200~250 第二段360~450	Al,Ni,Cu等金属	汽油、煤油、加热油	
BASF公司		PVC<5%	熔融槽300~400℃进料	400~500		油、气、α-烯烃	90
马自达公司	2kg/次	PE,PP,PS,PU,ABS	直立炉	400~500	$AlCl_3$,$ZrCl_4$等	汽油、煤油	60
汉堡大学	80~240kg/d	PE,PS,PVC	流化床	640~840		芳烃	
汉堡大学	实验室	PE,PS,PVC	熔盐池	600~800		芳烃	
湖南大学	1t/h	废塑料、废油、重油	流化床	430~450	YNN硅酸铝/PPA分子筛	汽油、柴油	75~80
Amoco公司		PE,PP,PS	熔融池			烃	

2. 德国的加氢裂化 Veba 法

德国的 Veba 法利用了 Botrop 炼油厂的一套煤液化装置进行试验,反应进料为减压渣油、褐煤和废塑料的混合物,反应条件与原油的加氢裂化相似,产物包括可作为石油化工原料的 C_1~C_4 气态烃、C_5 以上的烷烃、环烷烃和芳烃。含聚氯乙烯废塑料裂解的关键问题是氯化氢的脱除，对氯化氢的去除包括裂解前聚氯乙烯分解收集、裂解反应中氯化氢吸收和裂解产物中的氯化氢中和三个过程。该工艺在裂解反应中添加了纯碱和石灰，用于中和废塑料裂解过程中释放的氯化氢。

Veba法与其他方法的不同在于它采用了加氢裂化的工艺，以解决废塑料裂解过程中氢不足的问题，使裂解产物如烯烃、炔烃烷构化，同时氢气可对裂解中的废塑料起到搅拌作用。这套装置的年处理能力为40000t。但这种工艺比较复杂，投资与运行费用昂贵。

3. 英国的砂子流化床裂解 BP 法

英国 BP 公司采用砂子炉流化裂解反应器，不足之处在于允许废塑料中含 2% PVC，而优点是杂质金属沉积在砂子上，最终作为固体废物除去。采用的砂子流化床裂解反应器，其裂解温度为 400～600℃，聚合物热解后，得到相对分子质量较小的烃，从反应物中冷凝后以液态出料。含有轻烃和某些碳氧化物的气体经冷凝、预热，返回流化床。该工艺简单地说就是将废塑料裂解成基本的线型烃，其平均相对分子质量在 300～500 之间。该工艺对各类主要聚合物和杂质都适应。聚烯烃裂解成相同线型结构的短分子；PS 裂解成基本单体；PET 得到烃和碳氧化物的混合物。BP 法允许废塑料中含 2% 的聚氯乙烯，其产品中氯含量低于 $5\mu L/L$。裂解生成的氯化氢被反应床中的碱性氧化物吸收，金属杂质沉积在砂子上，最终作为固体废物除去。BP 法的产品中烯烃分布类似于裂解石油得到的烯烃分布，该方法已于 1997 年实现工业化。

英国的砂子流化床裂解 BP 法最大特点在于它使用的裂解反应器为砂子流化床，以前的裂解反应器为固定床裂解釜。砂子流化床的优点在于颗粒均匀的砂子在反应器内的温度分布均匀，通过螺旋裂解反应器，有较好的流动性。一方面，由于废塑料的导热性差，物料温度难以达到均匀，使达到热分解的时间较长；另一方面，废塑料受热后产生高黏度熔化物，难以流动，且炭渣黏附于反应器壁上，不利于其连续排出。当使用砂子流化床裂解反应器时，温度分布均匀的、流动性较好的砂子可以解决上述废塑料裂解过程中出现的问题，使废塑料裂解温度均匀，熔化物较易流动，炭渣不再黏附于反应器壁，使得废塑料裂解反应连续化、工业化。

4. 日本理化研究所的 Kurata 法

日本理化研究所开发的 Kurata 法，其流程见图 8-4。以 Ni、Cu、Al 等 5 种金属为催化剂，该工艺有以下特点：①Kurata 法在流程后面设置了 HCl 中和装置，因而对废塑料中的 PVC 的含量没有明确限制；②该法产生的生成油主要是煤油。德国 Veba 公司以减压渣油、褐煤、废塑料的混合物为原料，褐煤为催化。用 Na_2CO_3 与 CaO 以中和 PVC 产生的 HCl；产物为 C_1～C_4 气态烃，C_5 以上的烷烃、环烷烃、芳烃，此法需在氢气加压下进行，投资与操作费用昂贵。

Kurata 法以热塑性树脂为原料，采用两段法工艺，各段温度分别为 200～

250℃、360～450℃。采用生物氧化催化剂，在裂解反应中反应物发生分子重排，PS 裂解生成的油中烯烃：芳烃＝82.8：17.8，大于富士回收法生成油中烯烃与芳烃的比例（烯烃：芳烃＝3.7：91.5）。在流程后面设置了氯化氢中和装置，因而对废塑料中聚氯乙烯的含量没有明确限制，当聚氯乙烯占 20％（质量分数）时，氯化氢脱除率仍可达 99.91％，生成的油品中氯含量在 $100\mu L/L$ 以下。

该方法的突出特点是其生成油品主要是煤油，这与其他方法的产物组成明显不同。与富士回收法相比较可以发现，在聚苯乙烯裂解生成的油品中，富士回收法的烷烃含量为 4.8％（体积分数）、烯烃 3.7％、芳烃 91.5％，而 Kurata 法则分别为 0％、82.8％和 17.8％。如此大的差异曾引起怀疑，但是该法的发明者仓田认为，这是裂解反应机理不同所致：在裂解反应中，反应物发生了电子重排，使苯环断裂，这与催化剂有关。后来，Kurata 在专利中将精制温度提高到 360～450℃。

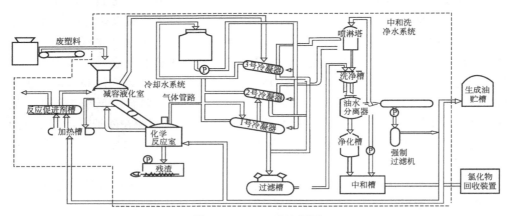

图 8-4　Kurata 法流程图

5. 联碳公司的连续式塑料热裂解法

联碳公司研制了一种废塑料热裂解系统，包括 1 台挤出机、热裂解管路、热交换器和产品回收设备（图 8-5）。电加热挤出机用来压缩、熔化和输送熔融的聚合物进入热裂解管路。热裂解管被设计成环形以使热裂解的塑料温度达到相对一致。产物在进入产品回收设备之前在热交换器中冷却。该工艺适应的原料范围较宽，可以用于各种废塑料混合物的热裂解，反应温度为 420～600℃，不使用催化剂，产物主要为蜡，处理能力为 35～70kg/d。

6. 日本的富士回收法

日本的富士回收法是富士回收公司和 Mobil 公司拥有的三种技术的组合。提供了废塑料熔融减容和聚氯乙烯裂解脱去氯化氢这两个重要的前处理过程的技术，富士回收公司提供了废塑料裂解反应装置的技术，Mobil 公司提供了裂解产物的催化改质技术。富士回收法利用工业废塑料炼油的 5000t/a 装置于 1992 年 6 月开始运转生产，该装置是目前世界上年处理能力较大的装置。

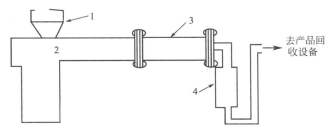

图 8-5　联碳公司的连续式塑料热裂解设备

1—上料料斗；2—挤出机；3—热裂解管；4—热交换器

富士回收法工艺是先将废塑料中不适合油化的杂质去除，如预先除去废塑料中的 PVC，因为 PVC 中含有大量的 Cl，在温度大于 230℃时会产生大量有害的 HCl，腐蚀装置，污染大气，粉碎后热裂解产生的气态烃，再进入催化改造器中催化改质。改造器中，填充催化剂合成沸石 ZSM-5。生成物经冷却、分馏后可获得汽油、煤油、柴油等馏分及气体，产率在 80%～90%。

富士回收法采用 ZSM-5 催化剂将废塑料转化为汽油、煤油、柴油，是典型的两段法工艺流程。废塑料粉碎后经挤出机进入熔融槽与由热裂解器返回的未裂解塑料混合，升温至 280～300℃后进入热裂解器，加热至 350～400℃进行热裂解，热裂解产生的气态烃进入催化改质器中催化裂解，生成汽油、煤油、柴油等馏分及气体。另一套以 PE、PP、PS、PET（PVC＜15%）为原料，ZSM-5 为催化剂，熔融槽，反应温度 310℃，生成轻油、煤油，产率 80%～90%，处理能力为 4000t/a 的装置正在建设之中。本工艺有如下特点：①利用管路中的离心机对热裂解器中的熔融物料进行循环并加热，提供热裂解热源，且形成槽内熔融物的搅动，使传热均匀，并可把循环物料中的固体残渣分离出来，从而避免了固体物在热裂解槽内的积聚与结渣；②采用热裂解物料循环的方法而不用搅拌装置，这是本工艺与其他熔融裂解过程的不同之处；③利用 PVC 裂解时 HCl 释放的温度比其他塑料初始裂解温度低的特点，在塑料裂解之前首先脱去生成的 HCl。其流程见图 8-6。裂解产物经过分子筛催化改质后产品组成及收率列于表 8-2。

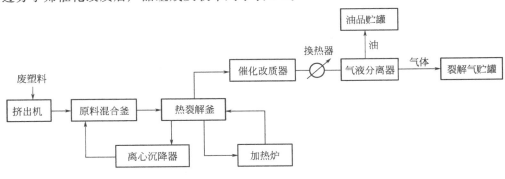

图 8-6　富士回收法流程图

表 8-2　富士回收法产品组成及收率

物料	烃类产物组成/%			产物收率/%			密度 /(g/cm³)
	烷烃	烯烃	芳烃	燃料油	裂解气	残渣	
PE+PP	48.2	13.0	38.8	80	15	5	0.8036
PS	4.8	3.7	91.5	90	5	5	0.8880

7. 三菱重工热裂解法

三菱重工业株式会社设计了一套废塑料热裂解处理工艺（图 8-7）。将废塑料粉碎成一定尺寸颗粒后，投入供料斗中，供料斗底部设有定量给料作用的回转阀，将物料送入螺旋挤出机，物料裂解气化。较重的产物被冷凝，降落到盘状容器，在这里与上升的气体接触，然后进入分解区域。该工艺选择性高，所得产品沸点分布窄。

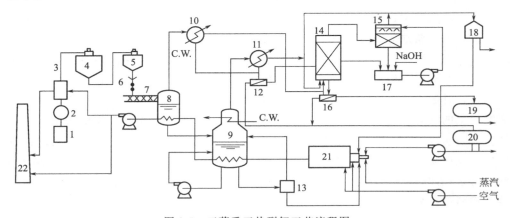

图 8-7　三菱重工热裂解工艺流程图

1—贮料器；2—研磨器；3—预干燥器；4—第一级干燥器；5—第二级干燥器；
6—阀门；7—加料器；8—第一级热裂解反应器；9—第二级热裂解反应器；
10，11—冷凝器；12，13，16—分离器；14，15—吸收罐；17—中和槽；
18—冷却器；19，20—贮罐；21—贮气室；22—烟囱

一般呈熔融状态（300～350℃）进入分解槽。分解槽隔绝空气加热，裂解温度在 550℃左右，熔融的废塑料在此条件下进入分解熔融状态。

三菱重工业株式会社还设计了一套含氯废塑料的油化方法，流程见图 8-8，其目的是高效率地捕捉含氯塑料类裂解而产生的氯化氢，在抑制装置被腐蚀的同时，获得可被有效利用、不含氯的油状生成物。其特征是以超临界水作为反应介质分解并油化含氯塑料废物，将相对于含氯塑料废弃物裂解而产生的氯化氢反应当量的 0.8～2.0 倍硝酸银添加到作为反应介质的水中进行分解、油化，以氯化银的形式除去产生的氯化氢。

8. USS 法

如图 8-9 所示，USS 法工艺流程方法适合的原料为聚乙烯、聚丙烯、聚苯乙烯

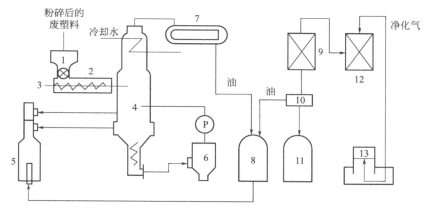

图 8-8 三菱重工的含氯废塑料油化工艺流程图

1—料斗；2—阀门；3—螺旋加料机；4—裂解槽；5—燃烧室；6—预热炉；

7—冷凝器；8—贮油罐；9,10—吸收罐；10—分离器；11—贮罐；13—水封装置

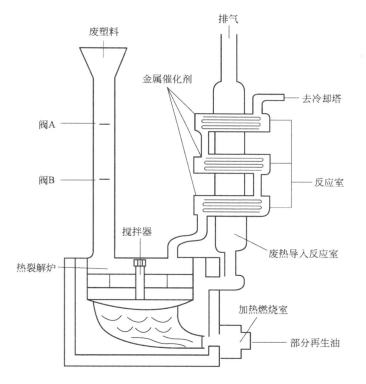

图 8-9 USS 法流程图

等，不适合于聚氯乙烯的裂解。

一般来说，大多数废塑料裂解过程都采用两个槽。第一个槽用于废塑料的熔融减容和均匀化，第二个槽温度较高，用于废塑料的裂解反应。USS 法采用的则是

带搅拌装置的单槽裂解器，其上部为裂解产物的催化反应塔，热裂解炉和催化反应塔二者合为一体，其结构虽然比较复杂，但是该方法缩短了废塑料裂解流程，减少了一些设备。

9. 汉堡大学法

德国汉堡大学废旧塑料熔融盐热裂解工艺流程如图 8-10 所示。废料由料斗进出，通过螺杆送料器，进入熔融盐加热器，热分解后的蒸气通过静电沉淀器，其中石蜡的气化物冷凝形成较纯净的石蜡，而液态馏分在深度冷却器中从烃类气体中分离出来。在聚乙烯的热解中，乙烯、甲烷的收率随温度升高而增加，而丙烯则减少；在 850℃时，乙烯和丙烯为主要产物，仅有少量氧、乙烷、丙烷、异丁烷和丁二烯；芳香化合物的收率是随温度升高而增加的，炭的形成也是如此。若是聚苯乙烯，在 550～700℃ 下热分解时产生大量的苯乙烯，当温度升高超过 700℃时，苯、甲烷和乙烯大大减少，而炭的形成增加。在聚氯乙烯热分解时会产生大量的氯化氢和烃类混合物。

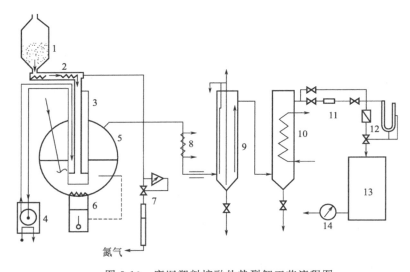

图 8-10　废旧塑料熔融盐热裂解工艺流程图

1—贮料器；2—螺杆加料器；3—热裂解室；4—重组分排出装置；5—气体输出口；
6—熔盐加料器；7—阀；8—管道加热器；9—静电除尘器；10—蒸馏塔；
11—过滤器；12—接收器；13—贮存器；14—冷却器

与德国 Union 燃料公司合作开发了废聚烯烃加氢油化还原装置。加氢条件为 500℃、40MPa，可得到汽油、燃料油。采用家庭垃圾中的废旧塑料为原料，其收率为 65%；采用聚烯烃工业废料为原料，收率可达 90% 以上。另外，汉堡还开发了一套流化床反应器热裂解系统，工艺流程如图 8-11 所示。

废塑料通过螺杆加料器从贮料器输送进入热裂解反应器，热裂解气体在静电除尘器中净化，蜡雾通过电子过滤器分离，气体在深度冷却器中部分液化，冷凝气体

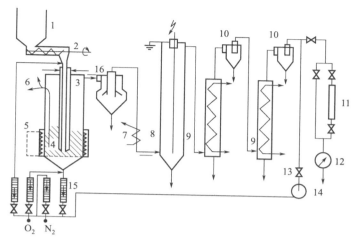

图 8-11　汉堡大学废塑料实验室流化床反应器热裂解工艺流程图

1—贮料器；2—螺杆加料器；3—热裂解反应器；4—流化床；5—电加热器；
6—过压保护阀；7—管道加热器；8—静电除尘器；9—蒸馏塔；10—接收器；
11—过滤器；12—冷却器；13—阀门；14—压缩机；
15—气体流量计；16—气液分离器

作为流化介质再次使用。废塑料的回收率达 97％ 以上。聚乙烯热裂解的主要产物是乙烯，苯的产量依赖于是否用氮气或裂解气作为流化介质。聚苯乙烯热裂解的主要产物为苯乙烯单体。聚氯乙烯热裂解产生约 56％ 的氯化氢和可观量（8.8％）的炭渣。

10. 三井造船公司法

三井造船公司研究了将聚乙烯等低相对分子质量聚合物置于搅拌槽内进行热裂解，其裂解温度为 420～455℃，流程如图 8-12 所示。

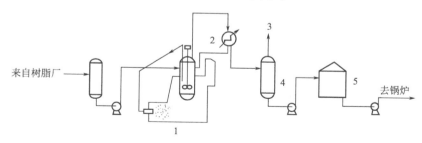

图 8-12　三井热裂解工艺流程图

1—炉子或反应器；2—冷凝器；3—燃烧排气管；4—气液分离器；5—贮存罐

蒸馏分离热裂解产物、夹带湿气的产物和一些高相对分子质量的产物冷凝后再回流到搅拌槽反应器。生成的油与重油混合用于发电厂，滞留固体物质被连续的分离。热裂解所要求的热量通过周期性地从热裂解工艺中提取燃烧而得到。利用该工艺可以制得产品收率为 85% 的燃料油，该方法不使用催化剂，为常见的废塑料热裂解方法。

11. 其他废塑料裂解制取燃料油的工业方法实例

塑料的原料主要来自不可再生的煤、石油、天然气等化石燃料，而像石油等是不可再生的资源，可以说再生塑料等于是节约石油。

印度的马德拉斯大学，为了解决塑料回收再生这个重要课题，4 名机械工程系的大四学生在老师的帮助下，组成了一个科研小组。经过多次试验之后，他们终于在最近成功地将废弃塑料变成了汽车燃料。这些年轻的发明家们向人们演示了整个研制过程：先是将塑料废弃物加入一种催化剂，然后放在真空状态下加热，在催化剂的作用下，塑料废弃物逐渐熔化变成它的原生态——石油。然后再经过蒸馏和提纯，最后变成了汽油、柴油和煤油。由于是在真空状态下加热，整个过程不会产生出二氧化碳而对空气造成污染。

据介绍，按这种方法，2.5kg 的废弃塑料可以生产出 1L 汽油、0.5L 柴油和0.5L 煤油。生产成本在 1.5 美元左右。目前，这项发明已经通过了印度石油公司地区实验室的鉴定，现在就等着有厂家投资真正投入生产了。

马自达公司研究了在直立炉内对聚氯乙烯、聚丙烯、聚乙烯等进行热裂解的方法。首先把包括聚氯乙烯在内的废塑料碎片在 300～500℃ 温度中加热，使废塑料热裂解，产生的气体由可进行氯处理的管道输送，这样即使氯化氢的活性不降低，也会由于氧化铝类催化剂的作用油化裂解。冷却后即得到轻质油、气体、盐酸和无水邻苯二甲酸。一方面把除去聚氯乙烯的其他塑料在 500～550℃ 的高温中热裂解，再通过催化剂的作用而裂解，经过分馏冷却，得到轻质油和气体，均可作为燃料使用。该方法所用的催化剂为氧化锆、氧化铝等，这是该法区别于其他方法的一个特点，油的收率可达 60%，其中 96% 是汽油、煤油等轻质油成分。

南京理工大学设计了一套废塑料裂解装置。其特征是裂解过程在有氮条件下进行，裂解过程产生的盐酸通过吸收塔吸收，然后反应产物进入催化床，在催化剂的条件下催化裂解，产生的裂解气经冷凝、分馏得到汽、柴油。这个工艺的优点是解决了产物中盐酸腐蚀设备的问题，而且能耗低，出油率及油品质量高，工艺结构合理，操作简便。

北京丽坤化工厂以废 PE、PP、PS 为原料，两段法工艺，常压反应。第一段为热裂解气化，温度 350～400℃；第二段以沸石为催化剂，进行气相催化改质，反应温度 300～380℃，生产汽油、柴油，产率为 75%。该技术有以下特点：①工艺简单，常压，连续生产；②热能利用合理，投资少，生产费用低。

日本东芝公司开发了一套新装置（图 8-13），可处理 PVC 含量达 50% 的废塑料。在常压裂解器中加入碱水溶液，PVC 裂解时产生的 HCl 就地脱出，脱除HCl 的气相产物在 250℃ 冷凝分离，液体在加压分解器中进行二次裂解，制取燃料油。

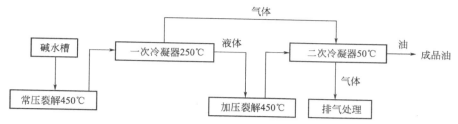

图 8-13　日本东芝废塑料炼油装置示意图

Borgianni 等开发了一套无需专门脱氯设施的 PVC 塑料气化工艺。实验结果表明，Na_2CO_3 的添加能有效地去除废气中的氯，气体产品中污染物浓度较低，可以直接用于发电或加热。实验室规模气化工艺过程如图 8-14 所示。

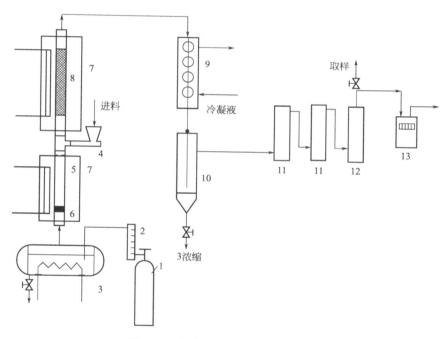

图 8-14　实验室规模气化工艺流程图

1—氧气罐；2—流量计；3—锅炉；4—螺旋进料器；5—反应器 1；6—石英碎片；7—电热炉；
8—反应器 2（填充有铝）；9—冷凝管；10—浓缩池；11—氧分离器；12—气体分离器；13—流量计

德国 IKV 公司采用流化床热解 PS，分解温度为 450℃，生成油 78.9%（质量分数），其中 62.5% 为苯乙烯单体，20.5% 为三聚体。

美国 Amoco 公司开发出一项新工艺，旨在将废塑料在炼油厂中转变成为基本化学品。这项技术的特点是先将收集的废塑料清洗，然后溶解于热的精炼油中，再进行加工，该公司在中试装置中处理了许多不同的废塑料，在高温催化裂解催化剂的作用下，裂解为碳氢化合物。其中 PS 裂解后得到高收率的芳烃石脑油和 PS 单体；PE 可回收 LPG、脂肪族可燃气体，PP 裂解后得到收率很高的脂肪烃石脑油，但成本较高。

日本政府的工业开发试验室（北海道）和富士循环应用公司（东京）研究开发了将废塑料转化为汽油、煤油、柴油的技术。此专利技术经过 3 年的 500t/a 中试后，投资 700 万美元建造了一套工业装置，该装置年处理废塑料 4000t。其工艺路线为：先把废塑料进行清洗，粉碎后送入料斗，再通过挤塑机的螺旋推进器，使塑料进料受热转化为稠性软物质，进入一个恒温 300℃的立式熔融炉内，降低塑料的稠度，然后将熔融的塑料泵入热裂解炉中，在 400～420℃高温下裂解，转化为气态，经催化冷凝后得到液体燃料油。产品可直接用作燃料油。该方法只适用于聚烯烃的均聚物和共聚物两种，不适用于含卤类塑料。二段法流化床催化裂解工艺流程如图 8-15 所示。采用了流化移动床反应釜催化裂解废塑料，避免了使用固定釜式裂解设备在运行的过程中遇到的釜底清渣和管道中的结焦问题。实现了安全稳定的连续长期生产、降低了能耗和成本、提高了产率和产品质量、在生产过程中尽可能地减少了"三废"的产生。

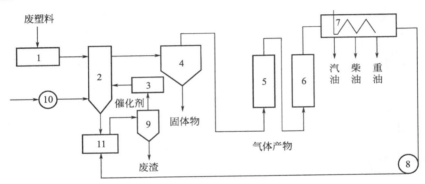

图 8-15　二段法流化床催化裂解工艺图

1—双螺杆加料机；2—流化床反应器；3—催化剂加料器；4,9—旋风分离器；
5—催化改制反应塔；6—精馏塔；7—冷却器；8,10—压缩机；11—再生器

北京邦美科技发展公司研究并建成一套年产 3000t 以上汽、柴油的废塑料油化工程。该技术其工艺、设备特点是不用燃煤，一步催化，可直接从废弃的聚乙烯、聚丙烯、聚苯乙烯等聚烯烃类塑料中提炼裂解产出汽油、柴油，每吨废塑料出油率达到 72.5％，其中 60％为汽油、40％为柴油。

聂亚峰等采用自制的催化剂和热分解-催化裂解两段工艺完成了聚烯烃类塑料催化热解回收燃料油的小试，获得了较好的效果。工艺流程如下：先将废塑料原料粉碎并熔融后，低温脱氯，再进行热裂解，对裂解气进行催化重整，然后经过分馏冷凝，得到最终液体产品。其中，进料可连续进料或间歇进料，熔融采用直接加热。熔融过程升温到一定温度，聚氯乙烯中的 HCl 会自动逸出。在间歇进料情况下，熔融、脱氯、热裂解在一个反应釜中进行。物料在 250℃左右开始裂解，生成的裂解气通过催化釜发生二次裂解、异构化和芳构化等反应。随后进入冷凝器冷

凝，得到的油状产物再经分馏可得到汽油 30％、柴油 35％左右、燃气 10％，能达到国家 70 号汽油、0 号柴油的标准。反应过程中热裂解温度为 350～500℃，催化管温度为 300～400℃。使用过的催化剂，在空气中于 450℃加热 0.5h，即可再重复使用。再生 35 次以上催化剂活性没有明显下降。

国内研究开发了废塑料催化裂解一次成油的新技术，并在加工能力为 2t/d 成品油的生产装置上进行了中试研究。该技术的特点为：①采用特殊的反应器设计，使固体废塑料在反应器内直接与液态油品接触传热，传热速率大为提高，反应器体积大为缩小；②反应器内设有自动除渣装置，实现了进料、出气、产油和排渣完全连续化，提高生产效率；③采用复合型催化剂，具有裂解、异构化和除异味功能，提高了油品质量；④生成的裂解气体进行回收，节省燃料消耗。废塑料经粉碎除去灰尘后与催化剂一起经进料器加入反应釜内，反应温度控制在 350～380℃（工艺流程图见图 8-16）。生成的油气进入分馏塔下部，塔顶抽出汽油，塔中部抽出柴油。不凝气体分别从汽油和柴油冷凝器抽出，经压缩机送入加热炉燃烧，分馏塔顶温度由塔顶回流量调节，控制范围为 90～105℃。汽油和柴油分别经白土精制而得成品油。结果表明，在催化剂加入量为 1％～3％、反应温度为 350～380℃条件下，汽油和柴油的总产率可达 70％以上；由废聚乙烯、废聚丙烯和废聚苯乙烯炼制的汽油辛烷值分别为 72、77 和 86，柴油的凝固点分别为 3℃、－11℃和－22℃。

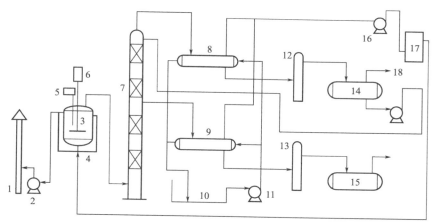

图 8-16　废塑料催化裂解生成汽油、柴油中试工艺流程图

1—烟囱；2—风机；3—反应釜；4—加热炉；5—进料器；6—搅拌器；7—分馏塔；
8—汽油冷凝器；9—柴油冷凝器；10—冷却水槽；11—水泵；12—汽油油水分离器；
13—柴油油水分离器；14—汽油罐；15—柴油罐；16—压缩机；17—回气缓冲罐；18—汽油泵

日邦产业公司和高分子裂解研究所新开发成功的废塑料油化炉装置每小时能处理 100kg 废塑料，其效率是以往油化装置的 2 倍，可将结焦率控制在 1％以下，优质分解油的回收率高达 97％。这种处理炉称为"流动系催化裂解反应器"。在炉的中心部位装有螺旋泵和螺旋滚筒，被切碎的塑料通过管道送进炉内。塑料沿内壁进入炉内被加热熔化，熔化的油通过螺旋泵抽吸回收。而未被裂解的塑料被吸上来后进行二次分解。残渣通过螺旋桨排到炉的下部，再由下部排出炉外。炉运作时的温度约 450℃，由于塑料是沿炉壁滚动的，所以损耗的热量少，分解效率大大提高，同时还有效地抑制了结焦。

Scott 等采用空气压力流化床工艺快速裂解聚苯乙烯、聚乙烯、聚氯乙烯，并在这些研究基础上选用聚乙烯做进一步的研究，因为 PE 难生成单体，且其广泛存在于废物中，70% 的废塑料中含有聚乙烯。大气压下，在流化床反应器中进行的热裂解和催化裂解反应结果表明，催化裂解有望产生大量的液态烃物质，且其精炼后可作为车用/船用燃料。对聚乙烯进行裂解的产物结构可以在较大范围内通过催化剂、温度、颗粒大小等适当组合进行控制。

Wey 等在限制氧气的条件下，利用流化床裂解聚乙烯。研究了在流化床裂解反应器中聚乙烯在少量氧气供应条件下的裂解情况。裂解聚乙烯的热源来自于聚乙烯的焚化，这是一个自动热裂解的过程。选用流化床的原因是流化床具有体积大、混合均匀、焦油含量低的特点。实验参数考虑了裂解温度、通气比例、催化剂对液态烃的形成、汽油中 B. T. X. 浓度等的影响。而且，分析了汽油中初始的成分。结果表明利用自动热裂解的方法从废塑料中提炼油是可行的。

Masuda 等采用一套固定床反应器系统，反应装置由两个相连的不锈钢管反应器组成，如图 8-17 所示。以 Ni-REY 为催化剂，在蒸汽环境下裂解聚乙烯，并取

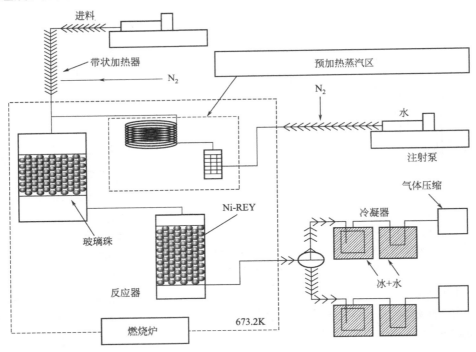

图 8-17　聚乙烯裂解固定床反应器

得了较好的效果。第一个反应器内装有惰性的玻璃珠，可以使进料迅速加热到反应温度；第二个反应器内装有粒径约为 6×10^{-3} m 的催化剂。

为了从废聚对苯二甲酸乙二醇酯（polyethyleneterephthalate，PET）中回收燃料油而不产生挥发性物质，Masuda 等开发了另一套固定床反应器，用 FeOOH 催化剂。反应器的顶部和底部分别被加热到 418K 和 403K，以避免产品和蒸汽发生冷凝。反应器底部装有玻璃珠，使催化床保持在炉体中心附近，同时使挥发性物质（对苯二甲酸）在玻璃珠上冷凝。PET 从反应器顶部进入催化床，在蒸汽环境下发生裂解，被水解成对苯二酸和更轻的烃类，这些产物在催化床中进一步被裂解，经冷凝后最终得到液体油和气态产物。该工艺有效地避免了由于挥发性物质如对苯二甲酸、苯甲酸等造成的管道堵塞现象，大大提高了设备的使用效率。

Simon 等采用流化床反应器系统，其反应工艺流程图如图 8-18 所示，以蒸汽为流化物裂解聚烯烃废塑料。反应器通过丙烷在同心的燃烧室内燃烧产生的热量间接加热；蒸汽通过三个连续的电热器产生并被加热到 500℃，然后进入流化床。废塑料通过螺旋进料系统进入反应器，迅速被加热并转化为挥发性物质；产生的裂解气和蒸汽的混合物进入冷凝和分离单元。灰尘、细沙和烟经旋风分离器分离去除；最后，石油焦炭和高沸点物质在第一个冷凝器中被冷凝收集，水和低沸点物质在接下来的冷凝器中冷凝。结果表明，在 700℃温度下有大量的烯烃产生，汽油为主要产物。该工艺是一种很值得进一步研究和发展的废塑料原料循环工艺。

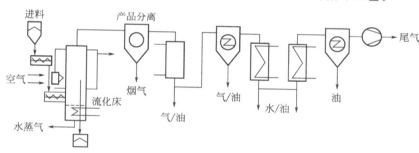

图 8-18　流化床反应器工艺流程图

二、废塑料裂解反应器的装置与设备

废塑料的裂解一般需要专门的设备，目前国内外废塑料裂解反应器种类较多，其中槽式（聚合浴、分解槽）反应器、管式（管式蒸馏、螺旋式）反应器和流化床式反应器应用研究较多。各种反应器及其特点见表 8-3。

1. 流化床反应器

流化床反应器一般是通过螺旋加料定量加入废塑料，使之与固体小颗粒载体（如砂子）及下部进入的流化气体（如空气）三者一起处于流化状态，裂解成分与上升气体一起导出反应器，冷却精制成优质油。流化床反应器对处理在 400～500℃容

表 8-3　各种反应器及其特点

方法	原料种类	反应温度 /℃	特点		优点	缺点	催化剂	产物
			熔融	裂解				
熔融槽法	PE、PP、PS	310	外部加热或不加热	外部加热	技术简单	设备体积大；传热器壁面易结焦；紧急停车困难	ZBM5 等	轻质油、气
管式炉法	PE、PP、PVC、PU、ABS	400～500	用重质油溶解或分散	外部加热	加热均匀；油回收率高；裂解条件易调节	易在管内结焦；需均质原料	$AlCl_3$、$ZrCl_4$ 等	汽油、煤油
流化床法	聚烯烃、PS、PET	400～500	不需要	内部加热（部分燃烧）	不需熔融；裂解速度快；热效率高；容易大型化	裂解生成物中含有机氧化物；但可回收其中馏分	无	油、废气

易热分解的 PS、APP、PB、PMMA 等单一原料时工艺简单，油的回收率高。此类反应器采取部分塑料燃烧的内部加热方式，具有原料不需熔融、热效率高、裂解速率快等优点。

在流化床热裂解生产中，常采用粒径为 0.2mm 的砂子作为热载体进行流态化，加入废塑料分散在热载体颗粒的表面与颗粒一起流化。当到达裂解温度后，与加热面接触的部分塑料产生炭化现象，黏附于热载体表面与由流化床下部以流速约 1.0m/s 进入的空气接触燃烧，发热使塑料裂解，再与上升的气体一起导出裂解炉外，经过冷却得到液体油品。裂解时，由于空气中氧的作用而被部分氧化，所以生成油变成褐色或发黑的颜色。

采用流化床法反应器进行废旧塑料油化的有日挥北开试、住友重机、日挥-瑞翁和汉堡大学等单位，下面仅介绍汉堡大学的流化床热分解工艺，如图 8-19 所示。

废塑料被破碎成 5～20mm 加入流化床分解炉，同时使用 0.3mm 砂子等固体物质作热载体，当温度升到 450℃时热砂使废塑料熔化为液态，附着于砂子颗粒表面，接触加热面的部分塑料生成碳化物，与流化床下部进入的气体接触，燃烧发热，载体表面的塑料便分解，与上升的气体一起导出反应器，经冷却和精制，得到优质油品。在燃烧中生成的水和二氧化碳需要进行油水分离，生成的气体、水和残渣等在焚烧炉中燃烧，余热可以制成蒸汽或热水，加以回收。

以聚苯乙烯、无规聚丙烯、聚丁二烯、丁苯橡胶、聚甲基丙烯酸甲酯等废塑料为原料，品种单一时，其工艺简单，同时易于热分解生成轻质油。

流化床法不仅可以处理废旧轮船和城市垃圾等，还可以处理这些废弃物的混合物以及与废油形成的混合物等。图 8-20 为德国汉堡大学开发的流化床热分解反应器。废旧塑料从料斗中流出，由螺旋加料器输送进入电热反应器，其中流化层约有 80cm 深。每小时需要 500L 液化气，热分解气体在电力除尘器中除尘，再在深度

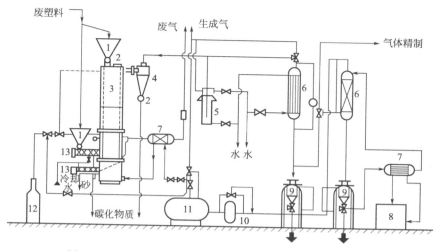

图 8-19　废塑料的流化床反应器油化装置（德国汉堡大学）

1—料斗；2—回转阀；3—流化床反应器；4—旋风分离器；5—缓冲罐；6—冷却器；
7—热交换器；8—贮罐；9—容器；10—压缩机；11—气罐；12—燃气罐；13—螺杆加料器

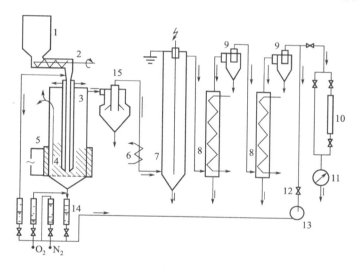

图 8-20　德国汉堡大学流化床热解反应器

1—料斗；2—螺旋加料器；3—反应器；4—流化床；5,6—加热器；7—电力除尘器；8—轻油分离塔；
9—旋风分离器；10—节流器；11,13—压力表；12—阀；14—气瓶；15—旋风分离器

冷却器中部分液化，未冷凝的气体可作为液化介质返回反应器再用。蜡雾在电过滤
器中分离。聚乙烯热解的主要产物为乙烯单体，苯的产量取决于流化介质，是使用
裂化气还是氯气；聚苯乙烯热解的主要产物为苯乙烯单体；聚氯乙烯热解时产生约
50％的氯化氢气体和大量的炭；各种废料的收率均可在 97％以上。热解产物的成
分如表 8-4 所列。

表 8-4　实验室流化床反应器中的热解产物成分　　　　　　　　　　%

废料	PE	PE	PE	PS	PVC	混合物
流化介质	N₂	裂解气	CO	沸石裂解气	裂解气	裂解气
温度/℃	1013	1013	1063	1013	1013	1063
H₂	0.3	0.5	1.9	0.03	0.7	0.7
甲烷	7.0	16.2	16.7	0.3	2.8	13.2
乙烯	35.1	25.5	10.3	0.5	2.1	13.2
乙烷	3.6	5.4	4.1	0.04	0.4	2.0
丙烯	22.6	9.4	6.4	0.02	0	0.1
异丁烯	8.7	1.1	2.3	0	0	0.1
1,3-丁二烯	10.3	2.8	2.5	0	0	0.7
戊烯和己烯	0.01	2.0	6.1	0.01	0	0.6
苯	0.01	12.2	7.4	2.1	3.5	14.7
甲苯	0.05	3.6	51	4.5	1.1	45
二甲苯和乙烯	0	1.1	3.3	1.2	0	0.9
苯乙烯	0	1.1	0.6	71.6	0	10.5
萘	0	0.3	0.8	0.8	3.1	2.5
高级脂肪族和芳香族	10.53	17.3	12.1	15.2	19.3	19.2
碳	0.4	0.9	18.3	0.3	8.8	2.9
氯化烃	0	0	0	0	56.3	8.1

（表中"产物/%"为竖排列于左侧。）

上述方法在热分解中大都采用的是槽式或管式（螺旋式）反应器，它们共同的不足之处：都为外加热，燃油用量很大；由于反应停留时间较长，受热不均极易产生炭化残渣，从而影响油的产率，处理不当甚至会引起爆炸，另外受管径的限制很难扩大生产；塑料的导热性能差，达到热分解温度的时间长；残炭渣黏附于器壁上，不利于连续排出；塑料受热产生高黏度熔化物，难以输送；催化剂的使用寿命和活性较低等；釜底结焦，热传导减少，热效率差。因此，国外许多废塑料处理工厂大都采用流化床反应器。

三种类型的反应器比较，槽式反应器较为简单，有时也可用高温化学反应釜代替，而螺旋管反应器与槽式相比更易实现连续生产，且物料停留时间短，生产效率高。这两种反应器比较适合小规模裂解生产使用。流化床反应器对固体的输送容易，温度也易于控制，产品的回收率比前两者高，且容易大型化生产，是我国塑料裂解反应器发展的方向。

流化床裂解炉有两种炉型分别见图 8-21、图 8-22。

Zhu 设计了一种新型的同向下行式流化床反应器，相对于上行式流化床具有很明显的优点，见图 8-23。并得到以下结论：①固体载热体的最佳初始（进口）温度为 645℃；②废塑料气体进入反应器的初始温度对设备出口处的参数影响不大；③废塑料气体进入反应器的最佳初始温度范围是 300～500℃，但为保证废塑料进入下行循环流化床反应管时为气体，最好选用 450～500℃ 内的温度。

用流化床法进行聚苯乙烯的分解时，由于空气为流化气体，发生部分氧化反应进行内部加热，可以不用燃料，油产率最高可达 76%。如以裂解速率快的无规聚丙烯等为原料，还可以进一步提高处理量，油产率也达 80%。流化床反应器方法

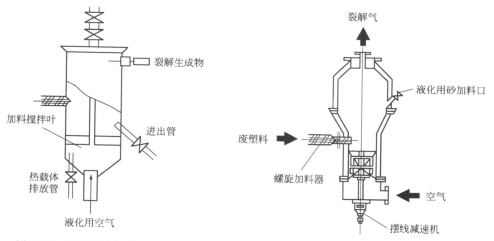

图 8-21　流化床裂解炉 A（日挥）　　　　　　　图 8-22　流化床裂解炉 B（住友重机）

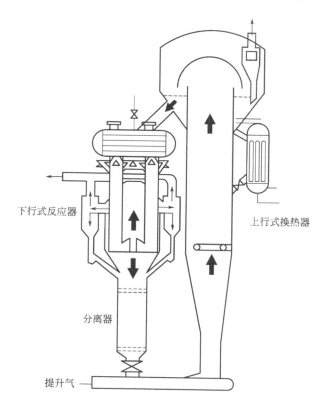

图 8-23　同向下行式流化床反应器

具有以下几个优点：①流化床分解炉的单位截面积的处理能力是由砂的循环数量来决定；②能源消耗低；③结焦少；④传热均匀、迅速，物料层的温度梯度小。

因此，流化床反应器用途很广，除可处理废轮胎和城市垃圾等以外，还可以处理这些废物的混合物以及与废油进行混合处理。从住友重机的方法（图 8-24）可

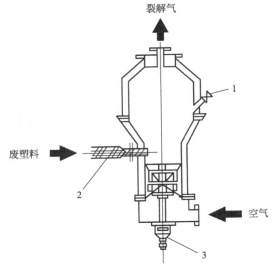

(a) 流化床热裂解炉

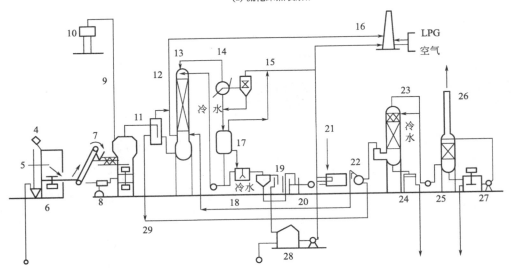

(b) 工艺流程

图 8-24　日本住友重机的流化床热裂解装置工艺流程图

1—流化用砂加料口；2，9—螺旋加料器；3—摆线减速机；4—起重机；5—给料槽；
6—平板送料器；7—传送带；8—传送带秤；10—密封罐；11—流化床热裂解炉；
12—垫片；13—蒸馏塔；14—冷却塔；15—烟雾分离器；16—火炬；17—脱膜筒；
18—水洗槽；19—油水分离槽；20—送风机；21—尾气燃烧炉；22—石油焦滚筒；
23—盐酸回收急冷塔；24—贮罐；25—排风机；26—清洗塔；
27—中和槽；28—油罐；29—压缩机

以看出，在处理混合塑料时，生成的不是轻质油，而是蜡状的或润滑脂状的高黏度物质。如将这种油按沸点区分，用蒸馏法使重质油进行再裂解，也可以增加轻质组分。日挥公司与北海道工业开发试验所共同开发了一套废聚苯乙烯流化床油化工艺（图 8-25），现在处理量为 5t/d 的生产装置已经运行，生成油产品中含 60％以上的单体，投资费用和运行成本低，经济效益好。

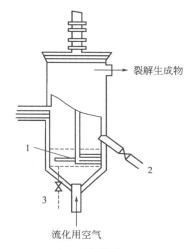

(a) 流化床热裂解炉

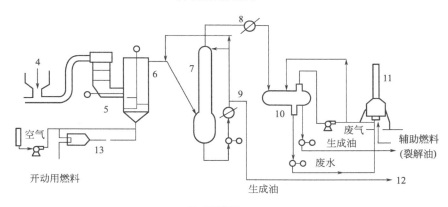

(b) 工艺流程

图 8-25　废聚苯乙烯流化床热裂解装置工艺流程图

1—加料搅拌叶；2—溢出管；3—热载体排放管；4—废塑料；5—供料装置；

6—流化床热裂解炉；7—急冷塔；8—冷凝器；9—冷却器；10—气液分离器；

11—脱臭炉；12—生成油贮槽；13—预热炉

　　流化床法在技术上也存在着一些问题，比如吹入空气时如不能保持适当的进氧量使温度控制处于良好状态，则在设备或管线内很容易结焦。另外，颗粒行为、颗粒与流化气体的热转移、原料的分散情况、流化床内的裂解机理、防止因生成的挥发组分受骤冷二次裂解，防止设备内砂子的侵蚀、油水分离和烟雾的回收等问题，都必须予以解决。

采用流化床反应器催化裂解废聚丙烯，试验装置如图 8-26 所示。将空气从反应器底部引入，加热一段时间后停止空气供应，输入 95% 纯度的氮气，然后采用高纯度氮气（浓度为 99.9999%）。结果表明，液体收率达到 50%，汽油辛烷值为 86，柴油十六烷值达到 43，可见效果比较理想。

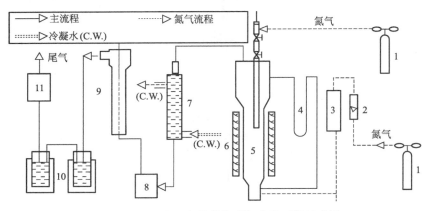

图 8-26　流化床反应器催化裂解废聚丙烯示意图

1—氮源；2—流量计；3—预加热器；4—形压力计；5—流化床反应器；6—电热器；7—冷凝管（水）；

8—冷凝管（固体 CO_2）；9—静电除沫器；10—吸收瓶（吸收液）；11—鼓风机

韩国能源研究部开发了一套实验室规模流化床热裂解工艺用于处理废 ABS 树脂，并取得了较好的效果。气体产率小于 26%，燃料油产率超过 52%，并且产品中苯乙烯含量超过 26%；然而丙烯腈中的氮分解不完全，产品中有氮化合物残留。系统由进料装置、反应器和产品收集装置三部分组成。工艺流程如图 8-27 所示。废塑料在反应器内被热裂解并气化，产生的蒸气进入旋流净化器除去炭渣微粒后进入回收系统回收燃料油，最后剩下的气体和油的混合物进入焚烧炉燃烧后排空。

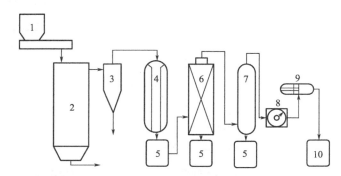

图 8-27　实验室规模流化床热裂解废 ABS 树脂反应系统流程图

1—进料装置；2—反应器；3—旋流净化器；4—冷凝器；5—油收集器；

6—填充层过滤器；7—除雾器；8—气体流量计；9—焚烧炉；10—残渣收集器

2.管式反应器

管式反应器的类型可分为管式蒸馏法、螺旋式、空管式和填料管式等。与槽式反应器一样，均为外热式，使用生成的油加热，燃料油用量大。管式法油化工艺的回收率为57%~78%。此法要求原料均匀单一，易于制成液状单体的聚苯乙烯和聚甲基丙烯酸甲酯。

管式蒸馏是首先用重油溶解或裂解废塑料，然后再进入裂解炉，该法主要适用于原料均匀、容易制成液态单体的PS和PMMA。管式蒸馏法所用回收单体的裂解设备、温度和停留时间可以自由选定，可以认为比槽式反应法操作范围广、效率高，但迄今还没有投产的实例。要使管式蒸馏达到使用的程度，必须解决固体塑料和重油的混合方法、管式蒸馏内炭的析出、从生成液中分离回收单体以及残渣和重质液体的处理等问题。图8-28为美国采用的管式蒸馏流化床加热裂解工艺流程。

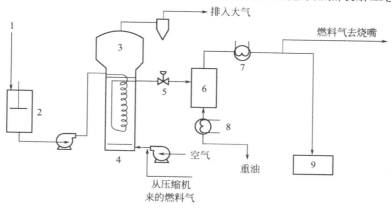

图 8-28 管式蒸馏流化床加热裂解工艺流程图

1—废无规聚丙烯；2—熔融槽；3—流化床；4—反应管；

5—调压装置；6—闪蒸器；7—冷凝器；8—冷却器；9—轻油贮槽

日本日挥公司开发了一套管式蒸馏热裂解工艺，工艺流程如图8-29所示。能够比较容易地把废PS制成液状单体，而且用于回收单体的分离设备、反应温度和停留时间均可随意控制。

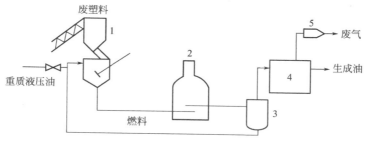

图 8-29 日挥公司管式蒸馏热裂解工艺流程图

1—溶解槽；2—管式裂解炉；3—分离槽；4—生成油回收系统；5—补燃器

螺旋管反应器法是日本制钢所、三洋电机和通产省公害资源研究所开发的方法，如图 8-30、图 8-31 所示。该工艺采取螺旋搅拌，传热均匀，裂解速率快，但

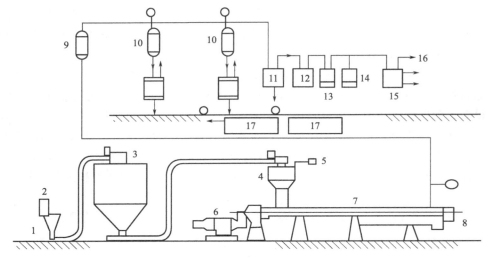

图 8-30　日本制钢所的螺旋管热裂解装置工艺流程图

1—金属筛选机；2—破碎机；3—贮槽；4—料斗；5—可燃性气体浓度计；6—电机；
7—热裂解装置；8—残渣容器；9—回流冷凝器；10—冷却器；11—雾沫分离器；
12—气体清洗装置；13—气体流量计；14—氧浓度计；
15—安全器；16—贮槽；17—贮油槽

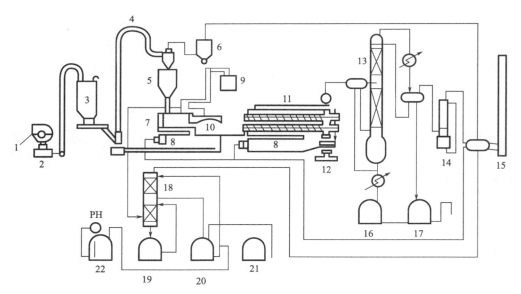

图 8-31　日本三洋电机和通产省公害资源研究所的螺旋管热裂解装置工艺流程图

1—传送机；2—破碎机；3—筒仓；4—气流干燥机；5—料斗；6—袋滤机；7—熔融炉；
8—热风炉；9—微波电源；10—贮槽；11—螺旋式反应器；12—残渣排出机；13—蒸馏塔；
14—煤气洗涤器；15—燃烧炉；16—重油贮槽；17—轻重油贮槽；18—盐酸回收塔；
19—盐酸槽；20—中和槽；21—碱槽；22—中和废液贮槽

对裂解速率较慢的聚合物不能完全实现轻质化。三洋电机的连续实验表明，高黏度的聚合物不易混合，需要较大的搅拌动力；热裂解是采用外加热式螺旋反应器进行的，在扩大生产时受管径的限制；如果在高温下缩短塑料在管内的停留时间以便提高处理能力，即在高温短停留时间条件下，废塑料气化生成低分子气体和炭化结焦的比例增加，油的产率下降。以聚烯烃为原料在 500~550℃ 分解，可得到 15% 左右的气体。以聚苯乙烯为原料时，轻组分只有 1.2%，而残渣甚至高达 14%。这可能是由于停留时间短、热裂解不充分而且生成半成品的状态所致的。日本制钢所进行了螺旋法试验，同时还进行了在螺旋器的出口处加流化床的试验。其结果可提高处理能力数倍，但产品油的色泽和产率比单独用螺旋反应器时有所下降。

3. 槽式反应器

槽式法油化工艺有分解槽法（图 8-32，三菱重工）、聚合浴干馏法（图 8-33，川崎重工）和热裂解法（三井、日欧）造船共同开发的方法等。

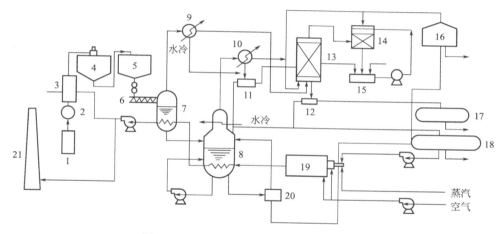

图 8-32　分解槽法工艺流程图（三菱重工）

1—原料；2—破碎机；3—干燥机；4—原料仓；5—料仓；6—螺杆加料机；7—熔融槽；
8—分解槽；9—熔融槽冷却器；10—分解槽冷却器；11,12—油水分离器；
13—吸收塔；14—中和槽；15—碱槽；16—气柜；17—盐酸贮槽；
18—生成油贮槽；19—热风炉；20—出口装置；21—烟囱

下面介绍三菱重工的塑旧废弃物分解槽油化工艺。首先将废料破碎成一定尺寸，干燥后由料斗送入熔融槽（300~350℃）熔融，再送入 400~500℃ 的分解槽进行缓慢热分解。各槽均靠热风加热。焦油状或蜡状高沸点物质在冷凝器冷凝分离后需返回分解槽内再经加热分解成低分子物质。低沸点成分的蒸气在冷凝器中分离成冷凝液和不凝性气体，冷凝液再经过油水分离器分离可回收油类。这种油黏度低、发热量高、凝固点在 0℃ 以下，但沸点范围广、着火点极低，是一种优质燃烧油，使用时最好能去除低沸点成分。不凝性气态化合物经吸收塔除去氯化氢后可作燃料气使用。所回收油和气的一部分可用作各槽热风加热的能源。

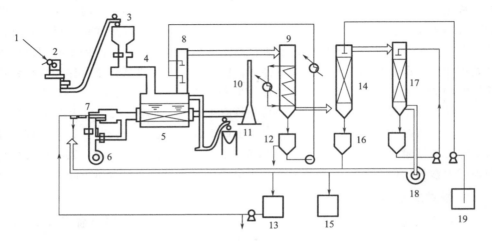

图 8-33　聚合浴干馏法工艺流程图（川崎重工）

1—废塑料；2—破碎机；3—料斗；4—送料机；5—干馏槽；6—插入风机；7—热风炉；8—重油分离塔；
9—轻油分离塔；10—排气筒；11—分离槽残渣斗仓；12—分离槽；13—轻油回收槽；14—盐酸回收塔；
15—盐酸回收槽；16—氢氧化钠槽；17—清洗塔；18—抽风机；19—水槽

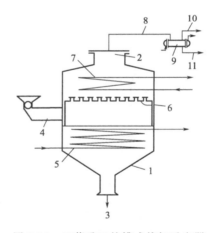

图 8-34　三菱重工的槽式热解反应器

1—热解室；2—油气出口；3—残渣排出口；4—料斗；5—加热管；6—托盘式容器；
7—冷却管；8—油气管；9—冷暖管；10—分解气；11—分解油

　　槽式反应器的特点是在槽内分解过程中进行混合搅拌，物料处于充分混合状态，采用外部加热靠温度来控制生成油的性状。该法物料的停留时间长，加热管表面有结焦析出会造成传热不良，应定期清理排出。

　　该系统中的槽式热解反应器如图 8-34 所示。槽的上部设有回流区，此处温度 200℃左右，备有热分解产物的内回流装置。废料从料斗进入热分解室，热分解产物在类似于蒸馏塔盘的托盘式容器中形成气液接触，然后经过冷却区，靠气体冷却管使其保持在所需温度。重质产物冷凝后落到托盘上，与上升的气体接触后经过分解区。部分生成物燃烧产生高温气体，可用于分解槽加热，而分解槽排出的废气则可在熔融和干燥过程中得到利用。

这些方法的原理是完全相同的，不同点只在于使用固体原料时有先进行熔融再进行裂解或直接送入固体原料的区别。因前两家公司是以城市系统的混合塑料为原料，所以还要增加除氯化氢和处理废渣的工序。相比之下；日欧和三井化工法是使用均质的无规聚丙烯和低聚物等废塑料为原料，所以不但工艺简单还能得到优质的油分。用槽式反应器裂解废塑料必须保持常压、低温和长时间反应等条件，能使气化和炭化同时进行，但油的收率低，分离出的炭化物质成为结垢而沉积于槽的内壁或加热管的表面，另外，在送入固体废塑料时，溶解槽和分离槽所产生的气体混入空气，可能引起爆炸。

在槽内的热分解与蒸馏很相似。加入槽内的废塑料在开始阶段急剧裂解，但在达到一定的蒸气压以前，生成物不能从槽内馏出。因此，在达到可以馏出的低分子油分的蒸气压以前先在槽内回流，在馏出口充满蒸气（挥发性组分）以后排出槽外。此后继续经过冷却、分离工序，将油分放入贮槽，气体则供工序内的加热生产等使用。

在处理城市系统的混合塑料时，要增加粉碎、筛分和干燥等预处理工序，以及淤浆和残渣处理、酸碱洗涤和废弃处理等后处理工序。即使混入少量杂质，在热分解操作中也要经过许多工序进行精制才能除去，造成工艺复杂，投资费用增高。为此，要尽可能地在预处理时把少量混合物除去。

4. 其他反应器

Masuda 等开发了一套在蒸汽环境下具有搅动热介质粒子的废塑料热解反应器系统，如图 8-35 所示。该系统由依次连接的三个反应器组成，分别是装有搅动热介质粒子的反应器（反应器 1）、箱式反应器（反应器 2）和固定床反应器（反应器 3）。反应器 2 在反应器 1 下面，它们之间通过不锈钢网隔开。废塑料先进入反应器 1 中，被熔化并吸附在热介质玻璃珠粒子上，玻璃珠粒子被两个叶轮（一个为推进型，一个为固定型）不断搅动从而加快热传递速率，熔化的塑料在蒸汽环境下发生水解和碳键断裂反应；部分熔化的塑料继续进入反应器 2，未完全反应的废塑料继续裂解，产生气态混合物；产生的气态物质和挥发性物质蒸气一起进入反应器 3，在 FeOOH 催化剂作用下进一步发生催化裂解；最终产物经过冷凝系统分离为液态和气态组分。

Aguado 等采用圆锥嘴床式反应器（CSBR）工艺裂解聚苯乙烯，实验装置如图 8-36所示。图 8-37(a) 为反应器结构图。塑料通过反应器环形区域的入料管进入，废塑料粒子在此发生剧烈的循环运动因而不容易发生积累，如图 8-37(b) 所示。

CSBR 工艺具有结构简单、操作灵活等特点，尽管其连续操作性还有待进一步研究，它有可能替代流化床工艺来裂解废塑料。Walendziewski 等采用连续加氢裂解工艺裂解废塑料，如图 8-38 所示。废塑料经清洗、分离和破碎后送入挤压机，然后进入裂解反应器，在 $400 \sim 450 ℃$ 温度下被裂解产生轻质烃类，产生的气体和

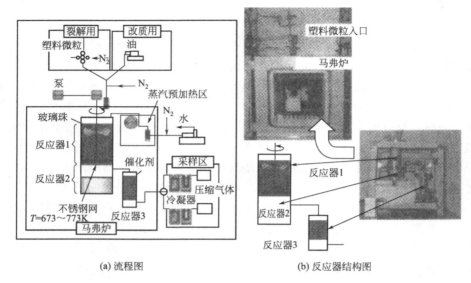

(a) 流程图 (b) 反应器结构图

图 8-35 蒸汽环境下具有搅动热介质粒子的废塑料热裂解反应器系统

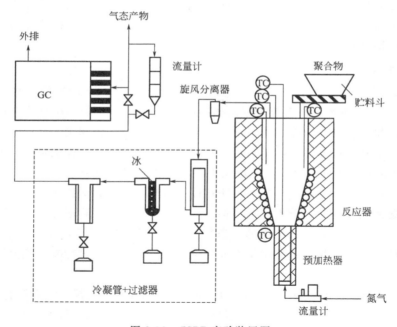

图 8-36 CSBR 实验装置图

液体混合物进入蒸发器把轻质组分与高沸点物质分离开来。同时不断向蒸发器中加入氢气，保证蒸发和氢化的顺利进行。蒸发程度取决于裂解温度、氢气流速和总压力。从蒸发器中出来的烃和氢气的混合物再进入催化反应器中加氢改质，高沸点剩余物则直接从蒸发器中取出，作为液体燃料。

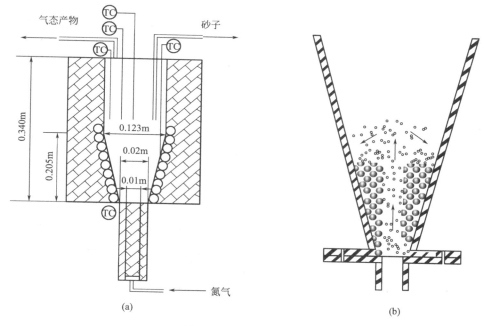

图 8-37 CSBR 结构图

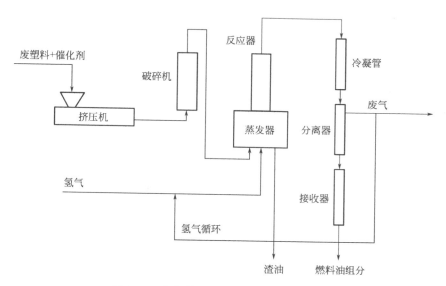

图 8-38 废塑料连续加氢裂解工艺流程图

Garaduman 等采用真空自由降落反应器系统研究了聚苯乙烯的快速裂解。反应器由具有变速螺旋进料装置的高温反应炉、石油焦收集装置和冷凝系统组成，如图 8-39 所示。进料装置和反应器之间有圆锥斗，保证废塑料从反应器中心线进入而不至于黏附到反应器壁上。反应在真空环境下进行，使反应器高温区内的产物得以迅速取出，有效避免二次反应。聚合体粒子在重力作用下进入反应器，在此过程中发生一系列反应（如键断裂），被裂解为较小的分子。聚苯乙烯通过该工艺裂解，除了得到苯乙烯单体和一些有价值的气态产物外，还可以获得一些重要的液态物质如苯、甲苯和萘等。

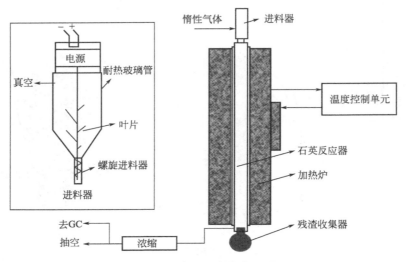

图 8-39　高温反应炉装置图

　　Vasile 等采用两步裂解工艺研究了混合废塑料的裂解，实验装置如图 8-40 所示。该系统主要部分为具有良好的传热和温控性能的挤压型反应器 1，通过电热装置形成 3 个热区（Ⅰ，Ⅱ，Ⅲ）。形成的挥发性产物直接从这个反应器进入装有催化剂的反应器 2 中，进一步被裂解和改质。

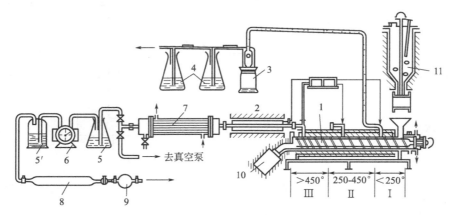

图 8-40　两步裂解工艺的裂解装置示意图

1—挤压型反应器；2—催化反应器；3—固液分离装置；4—中和装置；
5，5′—干燥装置；6—流量计；7—冷凝器；8，9—取液管；
10—固体残渣收集装置；11—熔融罐

Garaduman 等研究了聚苯乙烯在各种溶液中的热裂解，采用了一套置于加热炉中的高压反应器系统，如图 8-41 所示。结果表明，工艺过程中由于脂肪烃、环烃和芳香烃溶液的使用大大改善了裂解效果，在同样的条件下，液体收率提高了约 1 倍，固体残渣收率在 5% 以下，总转化率超过 95%。

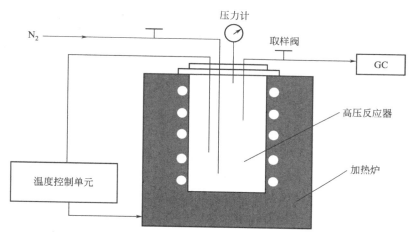

图 8-41　高压反应器的热裂解装置图

　　Jae 等人对废塑料和含纤维质物质的混合物的气化进行了研究，采用充氧气的固定床气化工艺，如图 8-42 所示。

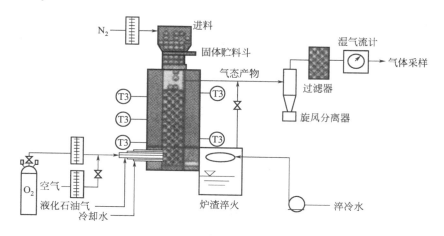

图 8-42　固定床气体发生器装置图

　　原料从气体发生器顶部进入，同时充入氮气来促进进料和避免反应器内气体回流；作为气化剂的氧气和用于预热气体发生器的液化石油气和空气从底部引入；反应产生的气体以旋流方式离开反应器，同时带走微小粒子。残渣经冷凝系统回收。

三、废塑料裂解生产中的问题及解决办法

1. 废塑料收集体系及运输距离

废塑料的价格取决于收集费用和运输费用。由于废塑料分布分散、密度较小、难于收集，因此需要建立高效的收集体系。参照国际通行的经验，在居民小区建立垃圾收集点，垃圾分类投放，然后由废塑料油化工厂统一收集废塑料垃圾，这个方法已开始在北京的清华大学教工住宅区、颐和园公园及其他几个住宅小区实施，很有成效。但还存在一些问题，如居民小区的塑料垃圾收集筒无人管理，垃圾不能及时运走；信息不通，有时运送废塑料的垃圾车拉不到货物等。建议：对居民区产生的废塑料垃圾，由废塑料油化工厂与居民区物业管理部门协作，建立相关的信息网络；对建筑行业产生的废塑料垃圾，由城市管理部门或污染控制部门通知废塑料油化工厂；对废塑料的运输，应采用封闭货车，避免粉尘飞扬造成二次污染，且运输半径不能太大，以 0.4 元/(t·km) 计，则废塑料油化工厂应以 200km 的运输半径为限，为降低运输成本，可以先将废塑料熔融造粒，然后再运输。

按液体收率为 80%、废塑料垃圾中塑料的含量为 65% 计，则每生产 1t 油品需废塑料 1.92t，日生产 3t 油品的废塑料油化工厂 1a 需废塑料 1728t；以城市人均年产生废塑料 5kg 计，则在拥有 345600 人口的城市可以建一个此类规模的废塑料油化工厂。以农村人均年产生废塑料 3kg 计，则在拥有 576000 人口的农村地区也可以建一个此类规模的废塑料油化工厂。

2. 混合废塑料的分选问题

由分散回收集中起来的废塑料，多为各种塑料的混合物。废塑料种类很多，可分为热塑性塑料、热固性塑料和工程塑料三大类。每类塑料包含许多品种，而每种塑料又各有特性，在裂解时所要求的工艺条件和设备也不相同。如不经鉴别分类，将种类不同的塑料混合加工处理，不但会降低"回收资源"的品质，而且处理过程复杂、效率降低，且易产生二次污染。因此，在油化处理前，一般都要先行分类，然后分别处理。分离塑料最传统的方法是人工分选，但人工分选效率低，劳动强度大，且有些塑料外观相似，人工难以分辨。因此，分类的关键是要有一个简单易行、鉴别精度高且能现场应用的鉴别方法。目前各国常采用的鉴别技术，均是依据塑料的物理性质，虽然可以采用，但手续复杂，鉴别精度低，不太适应废塑料回收业的需要。而新近开发的简易光谱分析法，涉及有机化合物的分子结构，具有更高的精确性和快速性，可用于废塑料回收的现场操作，受到广泛注意。

（1）传统的物理鉴别法　目前常采用的塑料鉴别技术，除专门研究机构或特殊需要使用化学定量分析鉴别之外，作为工业鉴别方法，均采用物理性质鉴别法。

① 密度差鉴别法　不同种类的塑料，其密度往往有明显差别。利用这一性质，在工业上可使混合废塑料依次通过精确设定的一系列不同密度的液体，根据密度的

差异，就可将大多数通用塑料分离开来。例如，在相对密度为 1.0 的液体中（一般用水），PP 和 PE 上浮，PS 和 PVC 下沉；在相对密度为 1.20 的液体中（一般用饱和食盐水），PS 上浮，PVC 下沉，据此可将 PS 和 PVC 分开。在相对密度为 0.90 的液体中（一般用乙醇溶液），PP 上浮，PE 下沉，据此可将 PP 与 PE 分开。此法实际应用甚多，且在不断改进中，可用于混合废塑料的分选。张仲燕等采用气流分选、清洗净化和水浮选组合工艺分离回收 PET 和 HDPE，回收率分别达到 97% 和 95%，同时通过清洗净化可使回收的 PET 纯度达到 96% 以上。

美国开发了一套应用表面活性剂的泡沫浮选系统。当空气通入塑料及水组成的混合液时，由表面活性剂产生的气泡选择性地吸附于不同的塑料颗粒上，使其漂浮而分离出来。另一种先进的密度分拣技术采用 CO_2，可以区分密度偏差小至 $0.001g/cm^3$ 的塑料；由于不同颜色的同种树脂密度不同，因此该技术也可以区分不同树脂及不同颜色的同种树脂。

② 流体鉴别分离法　流体鉴别分离法是利用流体介质如空气或水等来分离混合废塑料，主要包括风力分离法和水力分离法两种。

风力分离法是将废塑料碎片从筛选室的上方投入，从横向或纵向喷入空气，利用塑料的自重（密度）差异及对空气阻力不同进行分离。风力摇床分选法是一种比较好的混合塑料分离方法，不仅应用了颗粒密度的差异，而且应用了颗粒的形状和摩擦系数的差异。在风力摇床中，分选的对象自己形成流态化层，在有孔的振动床上分选原料，从有孔的振动床下边吹出上升空气流（流速为 10m/s），密度大或粒径大的颗粒分布在下层，而密度小或粒径小的颗粒分布在上层。在振动加速度和床底面的摩擦力作用下，下层的重颗粒向倾斜的振动床的上侧运动；相反地，上层的轻颗粒与下层的重颗粒之间的摩擦力小，运动到振动床低的一侧，从而使两者得到分选。

除了通过风力来分离，也可利用液体介质如水等进行分离。根据各种塑料对水的亲和性的不同及其密度差别，通过水流等机械力作用将高分子材料在水中分散成漩涡，密度大的在下，密度小的在上方，从而加以分离。最近日本塑料处理促进协会利用旋风分离原理和塑料的密度差，以及德国塑料原料工业联盟模型试验的结果，成功地开发了水力旋风分离技术，将混合废塑料经粉碎、洗净等预处理后装入贮槽，然后定量定速地输至搅拌槽。形成的浆状物通过离心泵定量地进入水力旋风分离器，在分离器的上部将密度小的塑料（如 PVC）浆料排出，经引流至各振动筛脱水。分离得到的水可回贮槽循环使用。如果运行条件（流入速率、粒子浓度等）选择适当，分离装置能有效地将密度小于水和密度大于水的塑料分离开。尤其是厚度大于 0.3mm、密度差为 $0.5g/m^3$ 左右的塑料（如 PP、PVC），一次分离率可达 99.9% 以上。美国 Dow 化学公司也开发了类似的分离技术，它以液态碳氢化合物取代水来分离混合废塑料，取得了较好的效果。

③ 熔融鉴别分选法　该法是利用不同塑料具有不同软化熔融温度范围而设计

的。例如，PS 的软化熔融温度范围为 70～115℃、PP 为 160～170℃、PET 为 250～260℃。在工业上可使混合废塑料依次通过不同温度范围的多段输送带（各段的温度依次升高）。被输送的混合废塑料便在不同的温度段上分别熔融成液体滞流下来，达到依次鉴别分离的目的，在最末段回收熔点最高的 PET。

④ 静电鉴别分选法　根据不同的塑料经摩擦产生静电的极性不同的性质，可将某些塑料鉴别分开。例如，将 PVC 和 PE 的混合物破碎成粉末状，使其在两块带有高电压的极板间缓慢下落，此时两种塑料的下落方向就会因所带静电的极性不同而向不同方向偏转，从而将其分别收集在两个容器中而得以分开。分离器可分 3 个出口，正极区和负极区落下的已接近纯品，中间落下的效果不太好，可返回入口循环。塑料带电规则是：按 PVC、PET、PP、PE、PS 的顺序，当两种塑料碎片摩擦后，前者一般带负电，后者带正电，当塑料添加剂种类不同、干净程度不同时，可能会不符合上述规则，但 PVC 一定是带负电的，从而可以分离出来加以回收。

日本开发了一套磁鼓电极接触式静电分离技术。其基本原理如下：由形成静电磁场的回转磁鼓电极和对向的板式电极所组成；将摩擦后带电的塑料和回转电极接触并供给静电磁场；由于离心力和静电力的复合作用，使从回转电极上甩出落下的塑料由于电位不同而呈现不同轨迹和产生一定的距离，用带有隔板的容器进行分类收集。

静电分离技术具有以下的优点：a. 干式处理，不产生污水；b. 分离耗能极少；c. 结构紧凑，占地少；d. 对密度法无法分离的废塑料也可分离。但是，该方法受附着水分或湿度的影响比较大。

⑤ X 射线照射鉴别法　PET 和 PVC 这两种塑料都被大量用作制瓶原料。由于两者密度相近，采用一般的方法通常很难将它们分离。意大利 Govoni 公司首先采用 X 射线探测器与自动分类系统相连将 PVC 从相混塑料中分离出来。美国国家回收技术公司（NRT）制造的 X 射线探测器已被意大利、比利时、英国等的一些 PVC 回收厂所采用，氯原子一经探测到后，通过空气吹射系统，从混合瓶进料流中用气体分选出聚氯乙烯。近年来美国塑料回收研究中心开发的 X 射线荧光光谱仪（XRF）利用 X 射线对氯原子的特殊反应，可快速检测出带有 HCl 官能团的 PVC 树脂，高度自动化地从硬质容器中分离出 PVC 容器。根据不同塑料熔融温度不同的特性，德国的 Refrakt 公司利用热源识别技术通过加热在较低温度下将熔融的 PVC 从混合塑料中分离出来。美国的 SonocoGraham 公司采用这种方法回收废塑料已达商业化规模。

⑥ 溶剂试验鉴别法　不同的塑料对溶剂的敏感性不同，一般热塑性塑料在某些溶剂中会发生溶胀甚至溶解，例如 PE 可溶于热的二甲苯中，热固性塑料则一般不溶胀也不溶解。美国凯洛格公司和 Rensselaser 工学院共同开发了一种利用溶剂的选择性分离回收废塑料的技术。该技术是将混杂的废塑料碎片加入到二甲苯溶剂

中，它可在不同温度下有选择性地溶解、分离出不同的塑料，在回收过程中二甲苯可重复使用，且损耗小。另外，聚合物经加热、选粒后，在某些方面的性能还有所提高。此项技术增加了塑料回收的实用性，目前已能分离 PVC、PS、LDPE、HDPE、PP 与 PET。

⑦ 燃烧试验鉴别法 利用不同的塑料，其燃烧性能、火焰颜色、发烟多少、燃烧生成气的气味、熔融落滴形式、灰烬性状不同的特点，进行初步鉴别。但往往受塑料助剂的影响而发生偏差，该法不适宜混合废塑料的分离鉴别。

此外，还有显色反应鉴别法、热解气体 pH 试验鉴别法等。上述鉴别方法，均利用塑料的物理性质，较为简便易行。有些方法，如密度差鉴别法、熔融鉴别法、静电鉴别法，不但可以进行种类鉴别，而且还可用于混合废塑料的分选分离，具有工业价值。但这类鉴别方法的共同缺点是鉴别精度低，当需要精确鉴别时，往往需要同时采用几种方法，互相印证，因而费时费力。

（2）红外光谱鉴别技术 在混合废塑料的再生利用，即所谓同一塑料的反复利用中，往往需要接近 100% 的鉴别精度，以求最大限度地避免不同种类物质的混入，使再生塑料保持原塑料的性能。但传统的鉴别方法没有触及物质的化学结构本身，如密度差鉴别法很难识别密度相近的废塑料，熔融法对于相似聚合物的分离也往往无能为力，因此很难实现高精度的鉴别。与此相反，最近新出现的红外光谱法，则深入到了分子内部，利用构成有机物的官能团，在红外线照射下，都会产生相应的红外光谱，而不同的塑料所含官能团不同、所呈现的谱图不一样这一基本原理，实现了塑料的高精度鉴别。红外光经特定的过滤器可得到近红外光谱，近红外光谱（NIR）技术是一种比较新的技术，通过近红外线照射结合神经网络分析，对聚合物进行识别。近红外线照射在带运输机上的块状塑料混合物时，如果探测器获得聚氯乙烯（PVC）的光谱，喷管喷出气流将其吹出，用这种方法可以分选各种塑料。

采用近红外线技术的光过滤器鉴别塑料的速率可达到每秒 2000 多次，常见塑料（PE、PP、PVC、PS、PET）可以明确的被区别出来。但是，该法难以用于数毫米以下的碎塑料末。另外，它也难以分出厚度薄的片状塑料或黑色塑料。

20 世纪 90 年代以来，日本塑料处理协会等，针对混合废塑料回收利用的需要，对光谱鉴别技术进行了深入研究，取得了新的进展。他们采用近红外线、中红外线作为照射光源，以旋转式滤波器、衍射光栅、棱镜等进行分光，并找到了比较便宜的受光元件，在傅里叶红外光谱的基础上，研制成简易塑料鉴别光谱仪，并首先用于 ABS、HIPS、PET 等塑料的鉴别。日本通产省投资 200 万元在东亚电波公司狭山工厂兴建了一套自动分选装置，当混合废塑料的碎片通过近红外光谱分析仪时，装置能自动分选出 5 种通用塑料，速率为 20～30 片/min。这类针对混合废塑料鉴别分类而设计的简易塑料专用光谱仪，具有鉴别精度高、速率快、操作简便、价格低廉、无污染、可现场使用等优点，正在向大量处理废塑料的自动鉴别分类装置上推广。

（3）其他鉴别方法　除了以上介绍的这些方法，人们还采用了很多新的技术，有的加目标分子（如荧光化合物）到塑料中以促使塑料的识别分离，也有的在聚合物的分子链上引入某些可以识别的基团而加以鉴别。成像技术和激光技术也越来越多地运用到塑料的鉴别中来，脉冲激光诱导的声音信号技术就是其中之一，其原理是激光给予激光能，光子声学（PA）传感器吸收能量，发出信号，信号经傅里叶处理，可以判断是何种塑料，其形状、组分等均会影响 PA 信号的瞬时结构和频率谱。

3. 聚氯乙烯中 HCl 的脱除与裂解利用

聚氯乙烯（PVC）中含有 58.5％的氯，是稳定性最差的碳链聚合物之一。PVC 在 300℃开始裂解脱去 HCl，HCl 会腐蚀设备，破坏催化剂，影响产品质量。因此，在一般情况下必须除去。

（1）聚氯乙烯中 HCl 的脱除　常用的 HCl 脱除方法有以下 3 种。

① 裂解前脱去 HCl　比较 300℃与 350℃下 PVC 裂解产生 HCl 量与有机化合物量可知：在 350℃以下时，脱 HCl 活化能为 54～67kJ/mol，PVC 降解的主要反应是脱 HCl 的反应，且脱出的 HCl 对脱 HCl 反应有催化作用，使脱出速率加快，生成的挥发物中含 96％～99.5％的 HCl。350℃以上脱 HCl 活化能为 12～21kJ/mol，但此时主要是碳碳键的断裂。因此可以在较低温度下（如 250～350℃）先脱去大部分的 HCl，然后再升高温度进行裂解。

日本北海道建立工业试验场采用反向旋转双螺杆热分解装置连续处理 PE 与 PVC 的混合物，在常温至 320℃范围内分段加热，进行分解，使气体生成物与熔融的固体生成物分离，从而将产生的 HCl 除去，Cl 脱除率可达 99.9％。国内对这项技术也进行了研究，装置采用耐腐蚀材料，2 个内径为 26mm 的反应筒，其筒长 300mm，内装螺杆，用热电偶控制反应温度。PVC 与 PE 粉碎后以一定配比连续加入反应筒，气体在出口处与熔融固体分离。研究发现 PVC 为 20％（质量分数，下同）、温度 340℃、停留时间 6min 左右时，HCl 的脱除率可达 99.9％。

又如东芝公司裂解混合废旧塑料装置。在裂解前，于 250℃用螺杆挤出机挤出，可脱除 95％的 Cl，余下的 5％在熔融器内于 250～300℃脱除，然后进行裂解，其 PVC 的混合比例高达 50％。德国 BASF 公司将含 PVC 小于 5％的物料通入 300～400℃的熔融槽，利用 PVC 分解温度低的特点，在 250～380℃将其熔融分离，脱去 HCl。

② 裂解反应中除去 HCl　这种方法是在物料中加入碱性物质，如 Na_2CO_3、CaO、$Ca(OH)_2$ 或加入 Pb，使裂解出的 HCl 立即与上述物质发生反应，生成卤化物，以减少 HCl 的危害。在碱中，脱 HCl 速率的顺序是 NaOH＞KOH＞$Mg(OH)_2$。

如英国的 BP 公司流化床裂解装置，产生的 HCl 与 $CaCO_3$ 反应生成的金属氯化物沉积于底部的砂子上，通过换砂除去氯化物。德国 Veba 公司在反应物中加入 Na_2CO_3 和 CaO，中和 PVC 产生的 HCl。

③ 裂解反应后除去 HCl　该方法是在 PVC 裂解后，收集产生的 HCl 气体，以碱液喷淋或鼓泡吸收的方式加以中和。

如将废 PVC 置于不锈钢反应器中，在 200～300℃下热解，生成的混合物中有机成分在冷凝柱中冷凝，Cl_2 与 HCl 气体混合物鼓泡通过两串联的中和捕集器，捕集器内有 NaOH 溶液，与 HCl 反应生成 NaCl。日本富士公司、三菱重工以及日本理化研究所的废塑料裂解装置都是采用这种脱氯法。其中，理化研究所的方法中当 PVC 占 20%（质量分数）时，HCl 脱除率为 99.91%，裂解生成的油中氯含量在 10^{-4} 以下。

（2）聚氯乙烯裂解制油　经初步脱 HCl 的 PVC 产物在更高温度下进行裂解反应，生成线型结构与环状结构的低分子烃类混合物。由于 PVC 裂解产生的 HCl 对设备有腐蚀性，虽然可以通过上述方法予以除去，但不可能完全脱除干净，并且其裂解油的回收率很低，因此，工业上通常都不会单独裂解废 PVC 制品，而是将其与 PE、PP、PS、PET 等以一定比例混合，再进行裂解。

对混合废塑料的裂解，目前世界上已有多种装置，大体上可分成高温裂解、催化裂解、加氢裂解等类型，主要回收汽油、柴油、可燃气体及 HCl。

① 高温裂解　裂解炉（反应器）可采用槽式反应器、流化床反应器等多种形式。

日本三菱重工开发的含 PVC 废塑料热分解流程。将混合废塑料粉碎成一定尺寸后，经料斗底部回流阀定量送入螺旋挤出机，在其中加热熔融后，进入分解槽。槽内隔绝空气加热到 400～450℃，熔融废塑料干馏气化。分解槽上部有冷凝器，回流温度 200～300℃，分解气经过时，高沸点物质被冷凝，返回槽下部继续进行热分解，分解产物在碟形填料上进行气液接触，实现内回流。未冷凝的气体经冷却器冷却至常温后，液体进入贮油罐，分解产生的 HCl 及其他未凝气体进入吸收塔，用水吸收生成盐酸，经油水分离器分离，进入盐酸贮罐。其他气体进入中和塔，用碱液洗去微量盐酸，然后进入气柜。裂解所需热量可以通过燃烧裂解得到的油、气体及残渣获得，最后得到的油回收率为 55.7%。

川崎重工开发的聚合浴法工艺与此类似。

住友重机采用流化床法分解废塑料。将固态废塑料（其中含 PVC 20%～30%）以 90kg/h 的投料速率直接投入裂解炉，流化床鼓入空气，在 460℃、压力 4.9kPa 下进行裂解，蒸馏塔回流温度 130℃。得到回收油 51.6kg/h，油的回收率达 57.3%，回收 13% 的盐酸 62.0kg/h。流化床反应器的缺点在于，裂解 PVC 时，生成的炭化物接近 50%。

② 催化裂解　日本富士公司及德国 BASF 公司对含 PVC 的废塑料进行催化裂解，所用催化剂为 ZSM-5 等，取得了较理想结果。

③ 加氢催化裂解　PVC加氢裂解是将粉碎并除去金属及玻璃的废PVC碎料与油或类似物质混合形成糊状，然后在氢化裂解反应器中于500℃、40MPa高压氢气氛下进行裂解，脱除HCl。裂解产物在洗涤器中除去无机盐，液体产物经分馏得到化工原料、汽油及其他产品，挥发性碳氢化合物作为裂解供热用的气体燃料。与一般的裂解方法相比，气体和油的收率更高。

④ 其他方法　德国Veba公司以减压渣油、褐煤、废塑料混合物为原料，以褐煤为催化剂，在氢气加压下进行裂解。在反应物中加入Na_2CO_3、CaO中和PVC裂解产生的HCl，裂解产物为$C_1 \sim C_4$的气态烃、C_5以上的烷烃、环烷烃、芳香烃，年处理能力4万吨。这种方法因使用加压氢气，投资与操作费用昂贵。

日本东芝公司研制成功一种技术，将含PVC的废塑料粉碎成碎片后，加入高浓度的碱液加热，使氯中和后将其与馏分分离，然后继续加热馏分，根据热处理后的情况，可以生成以优质汽油和煤油为主要成分的油品。

另外，在废塑料催化改质过程中，HCl对产物改质催化剂破坏严重，马自达公司开发了耐氯化氢的固体酸系列催化剂，由Fe、Al、Zn、Sn、Zr、Ga的氯化物构成。由裂解产生的HCl不仅不会使催化剂中毒，反而能增强催化剂的裂解能力，使产物趋向轻质化。

4. 传热与结焦

废塑料传热性差，熔融物黏度大，反应器内物料温度不匀导致结焦，物料易于黏壁引起积炭，应采取以下改良措施。

（1）改善传热条件

①采用搅拌装置使传热均匀。②将废塑料与渣油混合或将产物油一部分作为溶剂，使传热均匀。③将炭黑、褐煤、金属（如铜粉、铁粉）、合金球（铝锌合金、铅锑合金、锡锌合金等）或金属盐（$FeSO_4 \cdot 7H_2O$、$MgCl_2 + KCl$）、砂子等与废塑料混合以改善传热条件，使物料尽快达到裂解温度，同时这些物质还可起到一定的催化作用。④使用特殊的环状填料悬浮在混合废塑料中，或使用特定的分成几个小空间的反应釜。

（2）降低黏度

①将进料的螺旋轴改为内通热油的中空轴。或在进料机外围加热，使塑料熔化，便于流动。②采用聚四氟乙烯衬里使内壁及出口光滑。③采用减压馏分油将PE、PP溶解或采用苯、二甲苯、重循环油溶解PS后再进料。

（3）防止结焦

①通入CO_2、N_2或过热水蒸气，可起到搅拌作用，以减轻结焦。②利用机械搅拌清除积炭与催化剂颗粒，如锚式搅拌反应釜，使废聚苯乙烯在裂解炉的锚式带刮板搅拌器的搅拌下进行裂解。裂解过程中，由裂解产生的炭残渣、物料带来的泥沙、物料本身和裂解产物等构成的结焦层一经形成就被搅拌器上的刮板刮掉，裂解后的残余物和杂质等用可升降的出料管加压排出炉外。③采用熔盐为裂解热源（如

汉堡大学的热解工艺）或在裂解炉底部铺一层砂子。④加循环系统。将反应器内物料用泵抽出，加热后返回，形成循环流动，使物料温度均匀，防止结焦。日本富士公司就是利用管路中的离心机将热解产物中的熔融物循环并加热，提供热解热源并形成槽内熔融物的搅动，使传热均匀，同时把循环物料中的固体残渣分离出来，避免固体物在热解槽内的积聚和结焦。

5. 污染及其控制

废塑料油化技术本身是一项消除污染的技术，但如设计不合理或管理不完善，则在处理过程中又会产生二次污染，因此需加以严格控制。

（1）粉尘污染及其控制　粉尘污染来自以下方面：由于包装不善，在废塑料运输过程中废塑料及其携带的粉尘随风飘逸，污染环境；由于密封不好，在废塑料的切碎及振荡除尘过程中，使得粉尘扩散，对操作工人的健康造成极大的危害；燃料燃烧产生的烟气，夹带大量的粉尘和炭渣，如不经过处理，会造成粉尘污染；有的废塑料油化工厂将热解或催化热解产生的热解气体点燃，由于燃烧不完全，会产生大量的黑色丝状烟炱。

粉尘污染控制措施：废塑料的运输可以采取密闭运输体系，防止粉尘扩散，也可以将废塑料压实，成为类似棉花包之类的包装进行运输；废塑料的振荡除尘过程要在密封状态进行，防止粉尘扩散；对烟道气夹带的粉尘及热解气燃烧产生的烟炱，可以采用除尘装置使粉尘颗粒沉积下来。

（2）废气污染及其控制　废气污染主要包括以下部分：废塑料高温热解产生烃类气体泄漏，此类气体遇明火极易发生爆炸，要严格控制它们的外泄；采用煤等燃料时，会产生二氧化硫；废塑料热解产生的气体中可能含有少量的硫化氢、氯化氢、氮氧化物、磷化合物等，其燃烧过程会造成环境污染。废气污染控制措施：加强密封，严格控制热解气泄漏；尽可能采用低硫燃料，减少二氧化硫污染；热解气燃烧后的尾气，在排放前要经过碱液、酸液吸收处理，防止二氧化硫、氯化氢、氮氧化物、磷化合物污染环境。

（3）废液污染及其控制　废液污染主要包括以下部分：汽提过程产生的含油废水，冷却水中含有油而形成的污水；清洗废塑料时产生的废水，含有大量的泥沙、有机物等；油品在酸洗、碱洗过程中产生的废酸液和废碱液。

废液污染控制措施：含油的废水需经过净化处理，循环使用；废酸液、废碱液在排放前需经过中和处理；改革工艺，淘汰用水洗去除废塑料中所夹带污染物的工艺，减少或消除废水污染。

（4）废渣污染及其控制　废渣污染主要包括以下部分：燃料燃烧产生的残余物质，主要成分为灰分，另含有少量金属等；废塑料热解产生的固体物质，主要为泥沙、炭渣等物质；催化改质或催化热解过程中产生的废催化剂。

废渣污染控制措施：对燃料燃烧产生的残渣、废催化剂、泥沙等，可以添加部分水泥，制成空心砖等建筑材料，或使其固定下来，防止随风飞扬污染环境；对废塑料热解产生的泥沙、炭渣，可以先经过燃烧处理，然后用作建筑原料。

6. 生产安全

废塑料油化工厂是处理塑料垃圾的工厂，属于重点防火单位，因此，选择厂址时要避开居民区，周围应没有易燃物贮存区（如液化气站等）及永久性高压输电线路、通信线路。在厂房布局方面，要综合考虑防火及生产方便等因素。成品油贮存区要远离生产区，尤其要远离明火区，不应有架空输电线路，要备有防火工具及防静电及雷击装置。原料贮存区离生产区要近一些，但要远离明火区。成品油、原料，贮存区及生产区均要有防止电器漏电及雷击引发火灾的措施。生产装置要密闭，严防烃类气体泄漏。

7. 产物的综合利用

气相产物的利用：H_2、CH_4、乙烯、丙烯可作为燃料，HCl 可以作为产品收集或以 Pb 及碱性物质吸收制取氯化物，但一般难于达到经济规模。液相产物的利用：视废塑料组成不同，可得到汽油、轻柴油、苯乙烯单体。苯族烃混合物可作为高辛烷值汽油的调合组分；焦油可制成防锈漆或防水涂料。

固相产物的利用：炭渣可制取活性炭和炭黑或作为燃料；聚烯烃的热解固态物可制取石蜡和地蜡。

8. 油品的质量与产率

废塑料是高分子聚合物，在热裂解过程中产生的油品中烯烃含量较高，油品的稳定性较差，容易氧化变质，需加入一定量的抗氧剂来提高油品的稳定性。单纯的聚乙烯或聚丙烯塑料，在热裂化过程中生成的油品以直链烷烃和烯烃为主，汽油产品的辛烷值偏低，若适当地掺入一定比例的聚苯乙烯塑料，就会提高汽油产品中芳烃的含量，提高汽油产品的辛烷值，生产出高标号的汽油产品。对于柴油产品来说，直链烷烃的含量高，十六烷值就高，油品的质量也就越好。由于苯乙烯是在汽油馏分的馏程范围内，在聚乙烯或聚丙烯塑料中加入一定量的聚苯乙烯塑料不会影响柴油产品的质量。

在高分子聚合物的热裂解反应中，化学键的断裂随机性较大，产生的轻组分较多，因此会影响液体油品的收率，在反应中适当地加入一定量的催化剂，有助于提高化学键断裂的规律性，也会提高液相油品的收率。但是在反应完成后，催化剂混在焦炭中，其回收利用有一定的困难，催化剂的一次性使用又增加了生产成本。炼油工业中以减压馏分油（VGO）为原料的催化裂化工艺，汽油和柴油的产率一般不超过 75%，而掺炼渣油的催化裂化工艺中汽油和柴油的产率一般在 70% 以下，废塑料热裂解的反应条件及原料性质都比催化裂化差，所以废塑料制取油品工艺的汽油和柴油产率不超过 70% 是比较合理的。

9. 建厂规模与经济效益分析

建厂规模应视原料、电力、水源、燃料等消耗性材料而定，应依据"宁小勿大"的原则宁可将规模建得小一些，以保证原料供应。因为废塑料的产生量随季节、地区变化很大，一旦原料不足，工厂便要停产，而设备的维护却需要相当的费用。按照我国的实际情况，除个别大城市外，一般以建日产 1~3t 油的小厂为宜。规模效应、装置的投资与处理能力之间存在一定的关系，对每一工艺过程来说都应有一经济规模。BP 和 Shell 公司通过对废塑料制备油品工艺的技术经济分析认为，年处理能力为 50000t 的处理装置是最经济的规模。由于各国的实际情况不同，对该技术的经济分析可以得到不同甚至相反的结论。日本的几个主要废塑料炼油技术都已做了初步的经济评估，炼油装置的吨当量价格一般采用 0.8 亿日元/t，生成油的价格在 1kg 废塑料产出油时为 100 日元/L，比市售汽油高几倍，主要是废弃物处理成本高。相反，北京丽坤化工厂通过生产实践已经证实：汽油、柴油生产成本为 1300~1500 元/t，经济效益显著。

由此可见，废塑料炼油过程的经济性关键是在原料的收集上，应更多地归结为社会问题。一方面，政府应提供更多的行政或立法支持，如优惠贷款、专项资助经费等促使技术商业化，对产品低税或免税以增强其市场竞争力，对简单的废塑料处理方法如填埋或焚烧采取更严格的限制措施等，使废塑料处理成为环境保护和资源利用手段，并具有经济竞争力；另一方面，建立有效的废塑料收集体系，以降低收集成本，保证为废塑料回收装置提供足够数量的原料。西方国家对此已做了较大努力，但仍未达到预计的目标。除收集成本外，由于废塑料炼油的产品主要是液体燃料，其市场竞争力与能源供需状况紧密相关，特别是石油产品的价格往往具有决定作用，因此，制取更高附加值的产品才能具有更强的竞争力。

第九章

废旧高分子材料制造涂料/胶黏剂及配方

第一节

废塑料制造油漆生产工艺与配方

一、溶剂型丁腈橡胶黏合剂

(1) 双组分低温固化丁腈橡胶黏合剂配方实例 1

组成物	甲组分/质量份	乙组分/质量份
丁腈橡胶	100	100
氧化锌	5	5
硫	6	—
炭黑	50	50
香豆酮-茚树脂(熔点 20℃)	25	25
3-羟基丁醛-α-萘胺	5	5
芳香油	25	25
巯基苯并噻唑	—	6

制备方法:

① 将橡胶在冷炼机上混炼 15min。

② 在氯化苯或甲乙酮中溶解配制成固体含量 20% 的甲、乙两组分。

③ 将促进剂 2.5 份用等量溶剂溶解后加入乙组分。

④ 使用前将甲、乙组分混合。

(2) 配方实例 2(质量份)

丁腈橡胶	100	甲基丙烯酸丁酯-甲基丙烯	10~30
叔丁酚-甲醛树脂	60~120	酸共聚物	
氯化聚氯乙烯	20~60	醋酸乙酯	690~820

本配方是由多种树脂改性的丁腈橡胶黏合剂，不仅提高了抗水性能，而且降低了毒性，提高了耐寒性和贮藏稳定性。

丁腈橡胶黏合剂适用于金属、塑料、合成橡胶、木材、织物及皮革多种材料的黏合，尤其适用于黏合聚氯乙烯板材、聚氯乙烯泡沫塑料、聚氯乙烯织物等软质聚氯乙烯材料。例如聚氯乙烯地板的粘贴、聚氯乙烯与金属、木材、硬质纤维板等制造复合材料。

二、废塑料制造涂料

1. 性能及用途

用于制造各种废品塑漆。没有废液和废渣，设备简单，投资少。

2. 涂装工艺参考

本产品使用方便，施工时先将被涂装制品清洗干净，便可喷涂（需确保制品每个部位都能喷到），本漆适用材质为聚丙烯及其共聚物或共混物的制品，适用的面漆为聚氨酯、丙烯酸酯、环氧树脂等。

3. 产品配方（质量份）

废塑料	1	废酚醛树脂	1
混合溶剂	10	颜料	2
废环氧树脂	0.5～1		

4. 生产工艺与流程

清洗，将收集的废塑料去除杂质，进行清洗、除污、去油，然后进行晾干、晒干或烘干，将清洗干净的废旧塑料粉碎后加入反应釜中，加入适量比例的酚醛树脂、甲基纤维素、松香和混合溶液剂（氯仿、香蕉水、二甲苯）浸泡24h。经过浸泡后即可在高速下搅拌3h，制备改性塑料浆，使改性均匀的胶浆液溶解再过滤，将上述溶液用80目筛网过滤得到合格的塑料胶，可以用于各种油漆。选取好色浆加入适当的溶剂，用球磨机研磨至一定的细度，然后用100～120目筛过滤即得色浆。把上述改性塑料10份，色浆2～4份以及树脂等配料加入反应釜中，高速搅拌1h，得到粗塑料浆，然后将送入球磨机中进行研磨，再用100～120目筛过滤即得合格的废塑漆。

三、由氧化残渣制备醇酸树脂漆

1. 性能及用途

用作制醇酸树脂漆。

2. 涂装工艺参考

本产品使用方便，施工时先将被涂装制品清洗干净，便可喷涂（需确保制品每个部位都能喷到），本漆适用材质为聚丙烯及其共聚物或共混物的制品，适用的面漆为聚氨酯、丙烯酸酯、环氧树脂等。

3. 产品配方（质量份）

氧化残渣	21～25	顺酐	0.5～1
植物油	21～25	催化剂	≥0.01
甘油或季戊四醇	≥3	溶剂	≥43.4

4. 生产工艺与流程

首先对氧化残渣进行处理按质量比 1∶3 加入氧化残渣和水，加热至 90～95℃，搅拌 1h，待静置沉淀后，吸去上层水液，重新加水、加热、搅拌、吸去水液，如此连续三次，然后过滤，烘干，对经处理后的干料氧化残渣，测其单元酸与双元酸的含量后，用顺酐调整双元酸含量，使单元酸和双元酸的含量比为 1∶2，然后按规定比例将植物油、甘油加入反应釜中，升温至 120℃，加入催化剂，再升温至 240～245℃，保温 1h，待充分醇解，降温至 200～210℃，加入 2.5% 回流用二甲苯和经处理的氧化残渣，缓慢（2～3h）升温至 250℃，搅拌，保温 4h 后。每隔 30min，测其酸值和黏度，当酸值达到 12 以下，开始降温，并冷却至 180℃ 以下，加入溶液剂并搅拌 0.5h，即可过滤出料。

四、由回收对二甲苯酯合成聚酯绝缘漆

1. 涂装工艺参考

本产品使用方便，施工时先将被涂装制品清洗干净，便可喷涂（需确保制品每个部位都能喷到），本漆适用材质为聚丙烯及其共聚物或共混物的制品，适用的面漆为聚氨酯、丙烯酸酯、环氧树脂等。

2. 产品配方/g

乙二醇	517.2	催化剂 PC	0.35
甘油	240	甲酚	117.08＋1058.4
复合催化剂	0.42	二甲苯	742
对苯二甲酸	700	正钛酸丁酯	14

3. 生产工艺与流程

在反应釜中加入乙二醇、甘油、复合催化剂升温至 100℃ 慢慢加入对苯二甲酸，搅拌升温并控制升温速度，使之发生酯化反应 6h，呈现透明溶液，酯化终点为 240℃。

加入缩聚催化剂 SO，保温时间如下：

真空度/MPa	0.04	0.053	0.067	0.08
反应时间/min	15	30	30	30

解除真空度保温 0.5h 时，加入催化剂 PC 和甲酚 117.08g，在 0.087MPa 压力

下，恒温聚合数分钟，解除真空，中止深聚反应，再依次加入甲酚1058.4g、二甲苯、正钛酸丁酯，充分搅拌，冷却至室温，得聚酯漆。

五、废聚酯代替苯酐生产醇酸树脂漆

1. 性能及用途

用废聚酯代替苯酐生产醇酸树脂漆。

2. 涂装工艺参考

本产品使用方便，施工时先将被涂装制品清洗干净，便可喷涂（需确保制品每个部位都能喷到），本漆适用材质为聚丙烯及其共聚物或共混物的制品，适用的面漆为聚氨酯、丙烯酸酯、环氧树脂等。

产品配方/g

片基	54	亚麻油	10.6
催化剂	3	颜料	0.4
甘油	1.0	有机溶剂	16
废聚酯	13.8	助剂	1.2

3. 生产工艺与流程

将配方中的多元醇（甘油或季戊四醇）和亚麻油加入反应釜中，开始搅拌，升温至120℃加入醇解催化剂。用2h升温到220℃，保温到醇解终点。达到醇解终点加入粉碎的废聚酯，然后加入适量的醇解用乙二醇，升温，随乙二醇的馏出，温度逐步升高，当达到一定温度时，保温到废聚酯溶解并完全降解，然后将温度降至200℃以下，逐渐降温并增加真空度，脱除乙二醇，当达到一定温度和真空度时，维持到黏度合格时为止，解除真空度，降温，加入溶剂，出料。

六、废涤纶料生产粉末漆

1. 性能及用途

用于制粉末漆。

2. 涂装工艺参考

本产品使用方便，施工时先将被涂装制品清洗干净，便可喷涂（需确保制品每个部位都能喷到），本漆适用材质为聚丙烯及其共聚物或共混物的制品，适用的面漆为聚氨酯、丙烯酸酯、环氧树脂等。

3. 产品配方（质量份）

树脂	100	流平剂	3.2
固化剂	30	填料	24

4. 生产工艺与流程

将聚酯、固化剂、颜料、填料和其他添加剂等组分预先粉碎成粉末，进行混合，然后加入挤出机中进行熔融混合，冷却后，经粉碎，分级得到要求的黏度，即成为成品。

七、废涤纶料研制聚氨酯聚酯地板漆

1. 性能及用途

广泛用于家具、地板装饰的聚氨酯漆。

2. 涂装工艺参考

该漆为单组分，施工方便，刺激性小。可采用刷涂、喷涂等施工方法。用聚氨酯漆稀释剂调节施工黏度。有效贮存期为1年。

3. 产品配方

（1）聚酯醇酸树脂配方（质量分数）/%

涤纶边角料	10～15	多元醇	3～6
混合植物油	3～20	多元酸	0～6
油酸	4～8	混合溶剂	45～50
改性能添加剂	8～15		

生产工艺与流程：聚酯醇酸树脂合成工艺采用油脂醇解、涤纶解聚、酯化、脱水缩聚的一步法生产工艺。

（2）聚氨酯聚酯地板漆的配制

① 乙组分（含羟基树脂）（质量分数）/%

聚酯醇酸树脂(固含量50%)	80～85	助剂	10～15
改性添加剂	5～10	混合溶剂	5～10

② 甲组分（异氰酸酯预聚物）

生产工艺与流程：将甲组分与乙组分按1∶2.5（质量比）混合配制聚氨酯聚酯地板漆。

八、废涤纶料生产1730聚酯绝缘漆

1. 性能及用途

广泛用于电机、电气、仪表及通信器材。

2. 涂装工艺参考

该漆为聚酯绝缘漆，可采用刷涂、喷涂等施工方法。用聚氨酯漆稀释剂调节施工黏度。有效贮存期为1年。

3. 产品配方/g

乙二醇	323.2	磷酸三丁酯	0.48
甘油	274	甲酚	1480
无水醋酸锌	0.48	二甲苯	844
涤纶废料	1024	正钛酸丁酯	16.4
三氧化二锑	0.399		

4. 生产工艺与流程

在反应釜中加入乙二醇、甘油、无水醋酸锌加热至215℃，分批加入边角料，醇解6h，加入三氧化二锑，升温至240℃，抽真空，保温1h，加入磷酸三丁酯、甲酚，聚合数分钟，停止加热，迅速加入甲酚搅拌，温度降至120℃以下加入二甲苯、正钛酸丁酯，充分搅拌即成。

第二节
废聚苯乙烯塑料制涂料

一、利用废聚苯乙烯泡沫塑料制涂料

1. 废聚苯乙烯泡沫塑料制聚苯乙烯涂料的工艺流程

用酚醛树脂改性废聚苯乙烯制成聚苯乙烯胶后，再加入各种色料和配料，经适当工艺可制成几种调合漆。

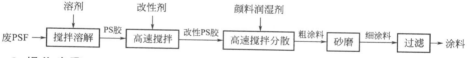

2. 操作步骤

（1）制PS胶　将PS去杂洗净，干燥，晾干，适当破碎后，投入反应釜中，加入适量有机溶剂，搅拌1h后，使其充分溶解，即得PS胶。

（2）改性PS胶（PS清漆）　取适量改性剂（酚醛树脂）加入反应釜中，高速搅拌2h以上，使用PS充分反应，用玻璃棒把胶液呈线形滴下，达到终点时，得到合格改性PS胶。

（3）制调合漆　取适量颜料、润湿剂等配料加入反应釜中，高速搅拌1h左右，使其与改性PS胶充分反应，得到PS涂料，然后将其送入砂磨机进行研磨，再经过滤，即得合格的PS涂料。

3. 性能

外观　　　　　　　　　　　　　　　红色、黄色、蓝色、白色

干燥时间/min　　　　　　　　　　　　　　　　20

黏度/s	104
细度/μm	45～52
固含量/%	34
附着力/级	2
pH 值	7
耐水试验（常温下水中浸泡 7d）	不起泡
耐酸试验（常温介质中，10％HCl 溶液浸泡 7d）	不起泡、白变黄色、蓝色褪色
耐碱试验（常温介质中浸泡 7d）	不起泡、蓝色褪色

4. 用途

制备几种调合漆。

二、废聚苯乙烯作为涂料的基料

1. 性能及用途

适用于防腐建筑、化工设备、电器、木器家具等的防护装饰。

2. 涂装工艺参考

本产品使用方便，施工时先将被涂装制品清洗干净，便可喷涂（需确保制品每个部位都能喷到），本漆适用材质为聚丙烯及其共聚物或共混物的制品，适用的面漆为聚氨酯、丙烯酸酯、环氧树脂等。

3. 产品配方/g

混合溶剂	70	二甲苯	10
废聚苯乙烯块料	30	引发剂（BPO）	少许
松香	7.5	增塑剂（DBP）	7
丙烯酸、丙烯酸丁酯溶液	3.6	醋酸丁酯	3.5

4. 生产工艺与流程

在装有温度计、搅拌器和冷凝器的 1000mL 反应釜中，先加入 70g 混合溶剂，再分五次加入 30g 烘干破碎聚苯乙烯块料，在搅拌下加热至 55～60℃，待聚苯乙烯完全溶解后，加入松香溶液（7.5g 松香在 80℃下溶解 25g 混合溶剂）继续搅拌至溶液清澈透明。称取 3.6g 活性单体丙烯酸、丙烯酸丁酯溶于 10g 二甲苯，在 70℃时用滴液漏斗滴加 0.5h 内加完，缓慢升温到 140℃，再维持一段时间，补加 BPO、二甲苯溶液少许，在回流温度下维持 2h，充分反应，然后加入 7g DBP、3.5g 醋酸丁酯，在 60～80℃下搅拌 2h，待清澈透明，降至室温出料。

三、废泡沫塑料制备防腐涂料

1. 性能及用途

用于家电，工业配件及其他易损物品的防震包装及快餐食品容器及一次性包装。

2. 涂装工艺参考

本产品使用方便，施工时先将被涂装制品清洗干净，便可喷涂（需确保制品每个部位都能喷到），本漆适用材质为聚丙烯及其共聚物或共混物的制品，适用的面漆为聚氨酯、丙烯酸酯、环氧树脂等。

3. 产品配方

（1）基料的组成（质量分数）/%

废聚苯乙烯泡沫塑料	30	混合溶剂	60
松香	9	甲苯二异氰酸酯	10

混合溶剂为二甲苯：乙酸乙酯：200溶剂汽油＝2：1：1

（2）防腐涂料的制备（质量分数）/%

基料	75	滑石粉	4
钛白粉	8	改性剂	7
立德粉	5	烷氧基聚氧乙烯醚	1

4. 生产工艺与流程

在装有搅拌器、温度计、冷凝器的反应釜中，加入混合溶剂和废聚苯乙烯泡沫塑料以及松香、二甲二异氰酸酯，在搅拌下加热至55～60℃，并在不断搅拌下保温反应3～4h，待聚苯乙烯完全溶解后，降温出料即得基料。

四、用废聚苯乙烯制底漆

1. 配方

（1）改性PS配方/g

废PS	4	丙酮	3
二甲苯	9	DBP	1
松香	1.5	其他树脂	1.2

（2）改性PS制防锈底漆配方/g

改性PS清漆	66	磷酸锌	6
三聚磷酸铝	6	滑石粉	11
氧化锌	3	钛白粉	8

（3）改性PS色漆配方/g

组分	永固橙红	钛白	滑石粉	云母粉	改性PS清漆
红色漆	5	1	4	4	82
白色漆	0	6	9	0	82

（4）改性PS乳化　白色乳液漆的配方/g

CMC	0.35	钛白粉	83
去离子水	10	树脂改性的废聚苯乙烯清漆	15.5

2. 操作步骤

（1）废 PS 改性制清漆　采用物理冷拼的改性方法，在 PS 中加入松香、邻苯二甲酸二丁酯以及其他树脂，溶剂则为二甲苯、丙酮混合均匀即成。

（2）改性 PS 制防锈底漆　采用无毒防锈性能好的三聚磷酸铝和磷酸锌作为防锈颜料，分散研磨后，可制成性能良好的防锈底漆。

（3）改性 PS 色漆　把以上物料加入反应釜中，混合研磨至细度为 $15 \sim 25 \mu m$，漆膜附着力达到 1 级，好的柔韧性（1mm）。

（4）改性 PS 乳化　先将纤维素溶于水中，用氢氧化铵调节 pH 值为 8.8，然后与颜料混合均匀制成颜料浆，再与改性 PS 清漆混合后研磨，研磨后所得乳液乳化效果好，几天后乳液仍稳定不分层。

3. 工艺流程

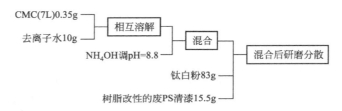

4. 性能

（1）改性 PS

附着力/级	1	冲击强度/(kgf/cm)	＞50

（2）底漆

单层漆膜耐盐雾(中性,144h)	无变化	耐盐水(3％,144h)	无变化

（3）清漆

细度/μm	15～25	柔韧性/mm	1
附着力/级	1	冲击强度/(kgf/cm)	＞50

5. 用途

生产成本低，设备投资少，施工方便的清漆，防锈底漆，色漆，适用于建筑行业的乳胶涂料。

五、废聚苯乙烯制涂料

将废聚苯乙烯泡沫塑料粉碎后加入适当的溶剂可制成漆。

1. 操作步骤

将原料加入反应釜进行混合，进入研磨机中进行研磨，过滤，再加入着色剂和填料再一次进行研磨，过滤，即为成品。

2. 工艺流程

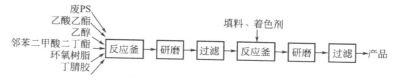

3. 用途

用于涂层和装饰。

六、废聚苯乙烯制水乳多彩涂料

1. 配方

（1）水乳白色涂料配方/kg

聚乙烯醇	20～40	滑石粉	100～500
CB 添加剂	8～10	PB 增黏剂	30～40
水玻璃	50～60	水	800～850
轻质碳酸钙	200～250	BC-01 苯丙乳液	250～300

（2）水包油色粒/kg

废聚苯乙烯	30～35	外加剂	15～20
混合溶剂	65～70		

2. 操作步骤

将废聚苯乙烯清洗、晾干、粉碎，分数次投入反应釜中，加入溶剂，搅拌溶液，最后加入外加剂搅拌均匀，静置反应 24h。

（1）色漆配方/kg

项目	红色	蓝色	黄色	绿色
基料	60～70	65～75	60～70	60～70
铁红	15～20			
铁蓝	5～10	3～5		
柠檬黄	5～10	8～10		
中铬黄	—	5～10		
填料	5	5	5	5
稀释剂	15～20	10～15	15～20	15～20

（2）方法　将颜料投入反应釜中，先加入稀释剂润湿搅拌，然后加入基料，充分研磨分散，待细度达到要求 $60\mu m$ 以下即可。

（3）色粒配比/kg

903 胶	20～30	色漆	45～55
水	20～30		

将 903 胶和水投入分散机中，搅拌均匀后，再慢慢加入色漆，搅拌分散至规定

粒度。

（4）水乳多彩涂料　水乳白色涂料配方/％

| 水乳白色涂料 | 75～80 | 水包油色粒 | 20～25 |

操作步骤：把以上两组分混合均匀即可。

3. 用途

用于建筑物的涂饰。

七、回收聚苯乙烯泡沫塑料制水包油多彩涂料

利用回收聚苯乙烯泡沫塑料可制备一种价格低廉，并具有优良的装饰效果和耐水性好的水包油型多彩涂料。国外多彩涂料的研制、生产始于 20 世纪 50 年代，我国 80 年代开始研制硝酸纤维素 O/W 型多彩涂料。90 年代在上海生产一种 O/W 型高档的内墙装饰材料，此种多彩涂料中分散相固含量低、有机溶剂含量大，在使用过程中气味大，造成环境污染，危害健康，成为白色污染，据调查我国每年约有 70 万吨废塑料，其中约占 1/3 是聚苯乙烯泡沫塑料，回收利用废聚苯乙烯是非常有必要的，因此，有必要研究水包油型多彩涂料。

1. 配方

（1）预备物的制备

① 将 MC 配成 2％的水溶液；

② 将稳定剂 A 配成 10％的水溶液；

③ 回收聚苯乙烯泡沫塑料溶于二甲苯中成为 40％聚苯乙烯-二甲苯溶液，经高压过滤；

④ 松香于 80℃下溶于二甲苯中配成 40％的溶液。

（2）色漆的配制（质量分数）/％

40％聚苯乙烯溶液	30～50	填料	10～20
40％的松香溶液	10～30	甲基硅油	适量
颜料	10～20		

按配比把各组分加入配料罐中，搅拌均匀，用砂磨机或三辊机分散至细度＜20um，用适量的二甲苯调整黏度。

（3）分散介质的制备（质量分数）/％

2％MC(350～400MPa)	50～60	1080 水性消泡剂	适量
2％MC(15～19MPa)	20～40	75 防霉剂	适量
10％稳定剂 A 水溶液	10～20		

2. 操作步骤

将 500g 分散介质加入到 1000mL 的烧杯中，加热至 45～50℃，在搅拌下慢慢加入色漆进行造粒，然后，将各色造粒液依色泽要求按比例混合，搅拌均匀，即成

多彩涂料。

3. 性能

在容器中状态	良好	表干时间/h	0.5
固含量/%	30	耐水性(7d)	正常
遮盖力/(g/cm²)	300	耐碱性(7d)	正常
贮存稳定性	6		

4. 用途

用于建筑内墙装饰。

八、废聚苯乙烯制特种涂料

1. 配方/质量份

废泡沫塑料	2～3	溶剂	适量
苯乙烯-丁二烯-苯乙烯(SBS)	2～3	偏硼酸钡	适量
荧光颜料(或云母珠光粉)	适量	红丹粉(或氧化铁红)	适量

2. 操作步骤

将净化后的废泡沫塑料切成小块，加入盛有溶剂的反应釜中，在搅拌下，使之全部溶解，配以适量的 SBS 树脂，继续搅拌使混合均匀，经过滤得无色透明黏稠状清漆，在清漆中加入各色荧光颜料，在搅拌下，使其均匀，过滤得广告和铭牌的一种涂料，若在清漆中加入一定比例的防锈颜料如偏硼酸钡等，经过滤可得到防锈特种涂料，若在清漆中加入一些改性剂、颜料、填料后，在充分搅拌下混匀，经高速分散得粗料，再经砂磨，过滤可得到既硬又耐磨的路面划线涂料。

3. 性能

颜色鲜艳，发出晶莹的珍珠光泽，更耐冲击，坚硬又耐磨，施工简便。

4. 用途

用于广告和铭牌的特种涂料，它适合代替荧光广告颜料，防锈特种涂料，适用于钢窗、设备、构件的防腐。

九、废聚苯乙烯改性路标涂料

1. 配方/%

废聚苯乙烯	25	C-12	13
甲苯	13	CA	1
二甲苯	5	PF-2	5
乙苯	2	甲苯二异氰酸酯(TDI)	1
丁酮	3	邻苯二甲酸二丁酯	0.5
乙酸乙酯	5	填料	5
C-7	12	钛白	10

2. 操作步骤

将废聚苯乙烯洗净、晾干后粉碎，加入混合溶剂中，同时加入改性剂，制备基料，然后加入填料、增塑剂、颜料后在分散设备中分散均匀，再用 BAS-1 塑料压滤机过滤得到涂料。

3. 性能

外观	白色	干燥时间/min	60
固含量/%	41	遮盖力/(g/cm²)	90
黏度/s	65	耐水性/d	11
细度/μm	25	附着力/%	100
pH 值	中性		

4. 用途

用于制造路标涂料。

十、改性聚苯乙烯路标涂料

用丙烯酸丁酯、丙烯酸和顺丁烯二甲酸酐对废聚苯乙烯进行改性，在掺入一定量的填料、助剂和颜料经充分搅拌混合，研磨制成的路标涂料。

1. 改性共聚原理

丙烯酸丁酯与丙烯酸在过氧化苯甲酰作用下进行共聚：

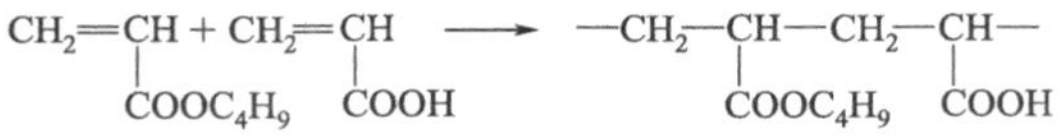

在过氧化苯甲酰引发下废聚苯乙烯与丙烯酸丁酯、丙烯酸和顺丁烯二甲酸酐进行共聚反应：

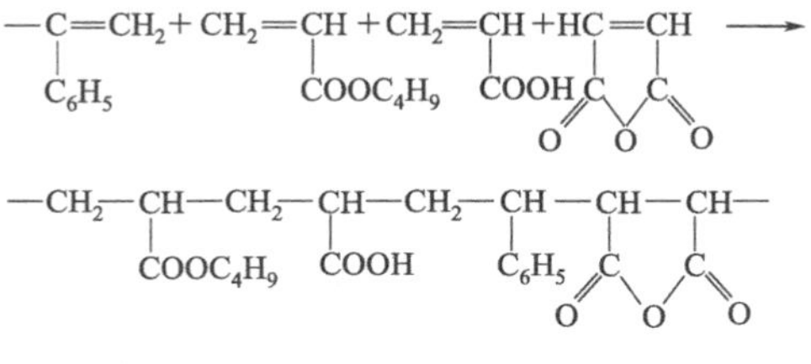

2. 配方

（1）改性聚苯乙烯配方

废聚苯乙烯	50～60g	顺丁烯二酸酐	1.5～2.5g
丙烯酸丁酯	90～100mL	丙烯酸乙酯、甲苯混合溶剂	190～200mL
丙烯酸	2.5～5mL	过氧化苯甲酰	0.3～0.5g

（2）改性废聚苯乙烯路标涂料配方（质量分数）/%

改性废聚苯乙烯共聚物	45	碳酸钙	12
醇酸树脂	5	重晶石粉	20
混合溶剂	7	复合催化剂	适量
氯化石蜡	1	复合防沉淀剂	适量
钛白粉	10		

3. 改性废聚苯乙烯路标涂料的工艺流程

4. 操作步骤

改性废聚苯乙烯共聚物的合成：在装有搅拌器、回流冷凝管、温度计的反应釜中，加入丙烯酸丁酯、部分溶剂和引发剂，通氮气，加入丙烯酸，在 75～85℃下回流 3～4h，然后加入废聚苯乙烯，补加剩余的混合溶剂，再加入顺丁烯二甲酸酐，在 85～95℃下回流 5～6h，得到改性的废聚苯乙烯共聚物，其浓度在 40% 左右。

5. 性能

外观	白色流动液体	附着力/%	100
固含量/%	≥70	遮盖力/(g/m²)	≤450
黏度(25℃)/(mPa·s)	11000	耐水性(浸水 10d)	无变化
干燥时间/h		耐碱性(10%NaOH,10d)	无变化
表干	0.3	磨耗量/mg	≤70
实干	5	硬度(HB)	15
		膜厚/mm	≥0.5

6. 用途

用于路标涂料。

十一、废聚苯乙烯 RC 道路标线涂料

1. 配方 （质量分数）/%

基料(废聚苯乙烯 15%～25% 和丙烯酸酯)	25～35
轻质碳酸钙	43～48
溶剂(烃类溶剂：酮类溶剂：酯类溶剂＝3：5：2)	20～30
助剂	1.6～2.0
填料(轻质碳酸钙、重质碳酸钙、滑石粉、沉淀硫酸钙)	适量
钛白粉(20%)	适量

2. 操作步骤

将废聚苯乙烯泡沫塑料洗净、晾干、切成适当小块备用，把溶剂置于反应釜

中，进行搅拌混合均匀，成为混合溶剂，再投入废聚苯乙烯泡沫塑料于反应釜中，进行搅拌溶解，再加入几种助剂和有机膨润土，搅拌均匀，依次加入钛白粉、轻质 $CaCO_3$、重质 $CaCO_3$、滑石粉、沉淀 $BaSO_4$ 和钛菁蓝等待用，向混合粉料中加入丙烯酸酯，并搅拌均匀，通过砂磨机将混合料磨至细度为 $30\mu m$，再加入适量消泡剂，得到 RC 道路标线涂料。

3. 用途

用于 RC 道路标线涂料，用于马路划线。

十二、废聚苯乙烯制备防水涂料

PSF 废料同熔融沥青混合即得一具有改进防水性和耐热性的混合料，该料可广泛用于铺路材料、防水材料及房顶材料。PSF 废料的分散液、添加增稠剂、防冻剂、消泡剂、耐寒增塑剂和颜料等助剂配成涂料，应用于房顶涂装，即有防水作用，又有隔热作用，是一种较为理想屋面防水隔热涂料，利用废 PSF 开发各种防水涂料是 PSF 废料综合利用又一新途径。

1. 配方（质量份）

废聚苯乙烯	18～34	增容剂	5～8
二甲苯	30～42	乳化剂	1～1.2
邻苯二甲酸二丁酯	3～5	改良剂乙二醇	1～3
自来水	80～100	增稠剂	0.4～0.7
十二烷基苯磺酸钠	1～2	硬脂酸铝	0.3

2. 操作步骤

将净化处理的聚苯乙烯泡沫塑料，粉碎成一定细度的碎片，然后加入改性剂、增容剂、乳化剂 E_1 和增塑剂的混合溶剂中，常温下搅拌改性，制成油相液；将分散剂、改良剂、乳化剂 E_2 增稠剂按比例配成水相液，在搅拌下加入油相液后，乳液在 $60℃$ 恒温 1～1.5h，恒温过程中加入少量乳化剂 E_2，然后慢慢加入冷却乳化液，即得产品；加入填料及色浆制成室内外装饰涂料。

3. 性能

涂料黏度低，使用方便，毒性小，有较好的耐水、耐酸碱和抗紫外线照射性，透明度高。

4. 用途

用于纸箱防水涂料。

十三、掺入废聚苯乙烯的低成本多彩涂料

1. 配方

（1）白色水乳液涂料组成配方/%

聚乙烯醇(PVA)	2~8	滑石粉	5~15
苯丙乳液	10~13	丙二醇	0.5~2
轻质碳酸钙	8~15	消泡剂	适量
水	40~50	邻苯二甲酸二丁酯	2~6
钛白	2~10		

(2) 废聚苯乙烯液的配方/%

| 废聚苯乙烯 | 25~40 | 混合溶剂 | 40~60 |

(3) 色漆配方/%

废聚苯乙烯	20~40	丁醇醚化三聚氰胺(BM)	1~2
其他油性成膜物(醇酸树脂)	30~35	稀释剂	30~40
邻苯二甲酸二丁酯	2.5~2		

(4) 保护胶溶液配方/%

| 保护胶 | 0.5~2 | 稳定剂 | 0.05~0.1 |
| 水 | 85~90 | | |

(5) 彩粒配方/%

| 保护胶溶液 | 20~50 | 色漆 | 50~80 |

(6) 多彩涂料配方/%

| 白色水乳液涂料 | 40~70 | 颜料 | 10~30 |
| 彩粒 | 30~60 | 水 | 适量 |

2. 工艺流程

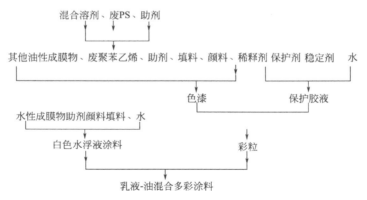

3. 操作步骤

① 白色水乳液涂料的制法：在带搅拌器的反应釜中，先加入洗净的干燥的废 PSF 泡沫塑料，然后加入甲苯、松香、乙酸乙酯、增溶剂 200g，加热升温至 40~60℃，在不断搅拌下，反应 2~3h，至废 PSF 全部溶解为止，冷却至室温。

② 在带搅拌的溶解罐中，加入 40~50 份水及 3~7 份 PVA，升温至 90℃左右，保持此温度使 PVA 全部溶解完，降温至 30~40℃然后加入苯丙乳液、乙二

醇、邻苯二甲酸二丁酯、轻质 $CaCO_3$、钛白粉、滑石粉、消泡剂充分搅拌均匀后制成白色水乳液涂料，出料备用。

③ 在拌浆机的料桶中加入 20～40 份废 PSF 液、1～2 份邻苯二甲酸二丁酯，然后加入羧甲基纤维素钠、醇酸树脂、醇醚化三聚氰胺甲醛树脂、颜料及溶剂油，开动搅拌机将物料制成均匀的浆，然后用胶体磨研磨或用三辊研磨此浆料进行研磨制成颗粒细度为 20μm 以下。

④ 保护胶液：取 80～90 份水加入带搅拌的反应釜中，再加入 0.5～1.5 份保护胶，升温至 60～75℃连续搅拌 30～60min，至全部溶解，再加入稳定剂制成均匀半透明的保护胶溶液后，搅拌至匀即可。

⑤ 彩粒：在 30～40℃温度下，把 20～50 份保护胶液加到搅拌容器中，开动搅拌，在一定搅拌速度下，把色漆以细流方式加入保护胶溶液中，搅拌 30min 时间，即成彩粒。

⑥ 多彩涂料：把 40～65 份白色水乳液涂料，再加入 35～65 份彩粒倒入容器中，慢慢搅拌均匀即可，搅拌速度为 120～150r/min，搅拌时间为 4～6min。

4. 性能

容器中状态	溶解后呈均匀状态	附着力/%	100
不挥发物含量/%	≥23.6	耐水性(96h)	不起泡、不掉粉
干燥时间		耐碱性(48h)	不起泡、不掉粉
表干/min	45	耐洗刷性/次	500
实干/h	≤18		

5. 用途

用于屋内装修。

十四、用废聚苯乙烯发泡塑料制备防水涂料

1. 配方/g

废聚苯乙烯泡沫塑料	100(25.45%)	邻苯二甲酸二丁酯	25(6.36%)
复合溶剂	145(36.90%)	水	110(27.98%)
乳化剂	13(3.31%)		

复合溶剂为乙醇-甲苯-120 号汽油-乙酸乙酯。

2. 性能

外观	白色乳状液	黏度(涂-4 杯)/s	30～35
pH 值	6.5～8.0	贮存稳定期/d	≥180
固含量/%	40	耐水性(4h)	无水渗透

3. 用途

能代替防潮油而广泛用于瓦楞箱和纤维板的防水。

十五、利用废旧聚苯乙烯泡沫塑料制备水乳型纸箱防水涂料

1. 配方

废聚苯乙烯泡沫塑料	100g	邻苯二甲酸二丁酯	30mL
混合溶剂	180g	水	110mL
乳化剂 OP-10	10mL		

2. 工艺流程

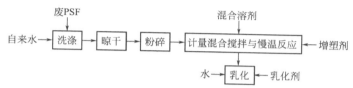

3. 操作步骤

先将废旧 PSF 用自来水洗净、晾干，然后将一定量粉碎成碎块的废旧 PSF 塑料加入到一定量混合溶剂（TTH）中，边加边搅拌，使 PSF 泡沫塑料完全溶解，待混合液成黏稠状时，在混合溶剂中加入一定量增塑剂邻苯二甲二丁酯充分搅拌制成油状液，将油液在一定温度条件下反应 1h，然后在一定量的乳化剂 OP-10 加入油相液中，快速搅拌均匀，然后在激烈搅拌将一定量的水慢慢加入油相中，最后得到乳白色 O/W 型乳状液。

4. 用途

用于纸箱的防水、防潮。

十六、废聚苯乙烯泡沫塑料制防潮增光剂

1. 配方/g

废聚苯乙烯泡沫塑料	100～110	十二烷基磺酸钠	2.5～4
甲	65～75	羧甲基纤维素（CMC）	2～3
汽油	40～45	邻苯二甲酸二丁酯	2.5～3
乙酸乙酯	30～40	水	150

2. 工艺流程

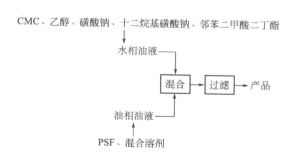

3. 操作步骤

（1）油相液　将回收废 PSF 洗净后，粉碎成 20～40cm 小块，然后与乙酸乙酯、甲苯、汽油一并加入反应釜，于常温常压下搅拌混合成均匀溶液。

（2）水相液　先将 CMC 用开水溶成浆状，与乙醇、邻苯二甲酸二丁酯、十二烷基磺酸钠、水一并加入反应釜中，常温常压下经充分混合搅拌后待用，再将油相与水相液按质量配比为 1：1 投入反应釜中于 60～65℃搅拌保温 50～60min，冷却、过滤即得产品。

4. 性能

涂布量/(g/cm²)	60～90	实干时间/min	40～60
表干时间/min	3～5		

5. 用途

微黄色黏稠液体，可代替防潮油用于瓦楞箱和普通纸箱防潮增光。

十七、废聚苯乙烯制备防潮涂料

利用废 PSF 泡沫生产包装纸箱的防潮涂料，具体方法是用废 PS 泡沫加入一些辅料、增塑剂、溶液剂、水、表面活性剂、消泡剂等制成一种水乳涂料。

1. 配方

（1）配方 1/g

废聚苯乙烯泡沫塑料	55	丙酮	10
四氯化碳	20	200 号汽油	60
甲苯	15	香蕉水	40

（2）配方 2/g

废聚苯乙烯泡沫塑料	40	复合乳化剂(纯十二醇硫酸钠)	1
柴油芳烃增塑剂	20	水	29
粗苯(加入少量乙醇)	10		

2. 工艺流程

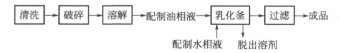

3. 操作步骤

先将四氯化碳、甲苯、丙酮加入反应釜中，在搅拌下使混合均匀，然后，把废聚苯乙烯泡沫塑料洗净、晾干，切成碎块后加入反应釜中，继续搅拌，最后将 200 号汽油和香蕉水加入，在充分搅拌下，使物料混合均匀，然后，加热回收溶剂，冷却后加入乳化剂和水，经过滤，除去杂质即成。

4. 性能

性能比目前使用的纸箱防潮涂料优越，用这种涂料不需要涂底层涂料，即可直接涂饰。

外观	呈微黄稠液体状	相对密度	0.95～0.98
黏度(涂-4 杯)/s	70～85	干燥时间/h	8
固含量/%	30	耐热性(80℃热水表面涂层)	不破坏

5. 用途

制备防潮涂料，涂在纸箱上进行防潮。

十八、废聚苯乙烯生产纸箱防潮专用涂料

1. 配方/g

废聚苯乙烯泡沫塑料	40	纯十二醇硫酸钠复合乳化剂	1
柴油芳烃增塑料剂	20	水	29
粗苯(加入少量乙醇)	10		

2. 操作步骤

将废聚苯乙烯泡沫塑料、柴油芳烃增塑剂、粗苯加入反应釜进行搅拌溶解，然后加热蒸发，回收余下溶剂，冷却后加入复合乳化剂和水，经过滤、除杂质即成。

3. 性能

颜色与外观	白色乳状液防潮又美观	耐候性	不受天气影响
pH 值	7～7.5	光泽度	好
固含量/%	45		

4. 用途

用于纸箱防潮。

十九、废聚苯乙烯泡沫塑料制上光清漆

1. 配方/%

废聚苯乙烯泡沫塑料	10～20	氨基树脂	0～3
松香改性酚醛树脂	3-10	甲苯	53～65
邻苯二甲酸二辛酯	5～15	醇酸树脂	0～5

2. 操作步骤

将废聚苯乙烯泡沫塑料、松香改性酚醛树脂、邻苯二甲酸二辛酯、氨基树脂、甲苯、醇酸树脂加入反应釜中进行搅拌混合均匀后，即可制成清漆。

3. 用途

用于家具、地板、墙壁及工艺晶的上光漆。

二十、废聚苯乙烯塑料制造油漆

1. 配方（质量分数）/%

废聚苯乙烯	30～35	油溶性染料	5～8
苯（或氯仿）	25～30	汽油（或煤油）	适量
松香（或沥青）	10～15	硬脂酸铝	0.3～0.5
二甲苯	30～35		

2. 操作步骤

① 首先将废塑料粉碎用清水把聚苯乙烯洗净并晒干；

② 把干净和干燥的废聚苯乙烯装入盛有苯的容器中，使其全部溶解。

在装有二甲苯的另一容器中，加入汽油或煤油，将 A 和 B 中得到的干燥产物混合均匀后，加入松香或沥青，使之溶解，再添加油溶性染料，并使搅拌溶解，随后再加入硬脂酸铝，搅拌混合均匀，进行过滤，得到产品。

3. 用途

用于制造油漆。

二十一、用废聚苯乙烯制备石油树脂调合漆

1. 配方

（1）石油树脂改性废聚苯乙烯树脂制备调合树脂/g

项目	(1)	(2)	(3)	(4)
石油树脂	100	100	100	100
聚苯乙烯泡沫塑料	75	30	75	50
增塑剂	2～5	2～5	5～10	5～10
外增韧剂	0	10～15	0	0

（2）废聚苯乙烯改性石油树脂调合漆配方/g

项目	白色	黑色	黄色	大红	铁红
调合树脂（50%）	100	100	100	100	100
颜料品种	钛白	炭黑	中铬黄	大红粉	氧化铁红
颜料加入量	83.3	5	25	73	
轻质 $CaCO_3$ 立德粉	30	20	15	13	10
颜基比（P/B）	1：1.25	1：2.0	1：1.25	1：1.25	1：1.25

2. 操作步骤

（1）回收废聚苯乙烯泡沫　将回收废聚苯乙烯泡沫塑料洗净，晾干，在室温搅拌下，溶于芳烃溶剂中，制成20%～40%的溶液。

（2）调合漆制备　将石油树脂100g溶于芳烃溶剂中，加热至110℃滴加25g

丙烯酸丁酯与 BPO 的混合溶剂，滴加完毕后保温 3h，按比例加入聚苯乙烯溶液、DOP 等，80℃再保温 0.5h，降温得到透明调合树脂。

3. 性能

（1）用石油树脂改性废聚苯乙烯性能

项目	（1）	（2）	（3）	（4）
固含量/%	45	50	45	50
黏度（涂-4 杯,25℃）/s	240	160	280	230
附着力/级	1	3	2～3	1
弯曲/mm	1	3	2～3	1
白漆光泽度(60°)/%	91	92	87	90
涂膜外观	平整光滑	平整光滑	有圆点式斑纹	

（2）调合漆性能

项目				
固含量/%	60	58	60	53
遮盖力/(g/m²)	160	30	170	138
光泽度(60°)/%	90	84	81	91
分散细度/μm	45	45	40	50

4. 用途

用石油树脂改性废聚苯乙烯调合漆。

二十二、废旧聚苯乙烯制造色漆

1. 配方/份

聚苯乙烯泡沫塑料	10～15	油溶性染料	5～8
苯或氯仿	20～30	汽油或煤油	适量
松香	10～15	硬脂酸铝（锌）	0.3～0.5
二甲苯	30～35		

2. 操作步骤

把废塑料聚苯乙烯洗净晾干，用二甲苯溶解后，再把松香溶解在苯或氯仿中，把硬脂酸铝溶于其中，两者混溶，搅拌，再把汽油或煤油加入后搅拌，再加入色料搅拌均匀即成。

3. 性能

涂膜	外观平整光滑	遮盖力/(g/cm²)	
细度/mm	40～90	黑色	≥40
黏度（涂-4 杯）/s	75～110	蓝色	≤100

4. 用途

用于内墙涂料。

二十三、废聚苯乙烯作为涂料的基料

1. 配方 /g

混合溶剂	70	二甲苯	10
废聚苯乙烯块料	30	增塑剂（DBP）	7
松香	7.5	引发剂（BPO）	少许
丙烯酸、丙烯酸丁酯溶液	3.6	醋酸丁酯	3.5

2. 操作步骤

在装有温度计、搅拌器和冷凝器的反应釜中，加入 70g 混合溶剂，再分五次加入 30g 烘干破碎的废聚苯乙烯块料，在搅拌下加热至 55～60℃ 待聚苯乙烯完全溶解后，加入松香溶液（7.5g 松香在 80℃ 下溶解 25g 混合溶剂），继续搅拌至溶液清澈透明，称取 3.68 活性单体丙烯酸、丙烯酸丁酯溶于 10g 二甲苯，在 70℃ 时用滴液漏斗滴加 0.5h 内加完，缓慢升温到 140℃，再维持一段时间，补加 BPO、二甲苯溶液少许，在回流温度下维持 2h，充分混合反应，然后加入 7g DBP、3.5g 醋酸丁酯，在 60～80℃ 下搅拌 2h，待彻底透明，降至室温出料。

3. 性能

漆膜外观	透明、平整、光滑	硬度	0.6
固含量/%	40	附着力/级	2
黏度(涂-4 杯)/s	120	冲击强度/(kgf/cm)	50
表干时间/min	30	柔韧性/mm	2
实干时间/h	2	光泽%	90

4. 用途

用于防腐建筑、化工设备、电器、木器厂家具等的防护装饰。

二十四、废聚苯乙烯制 GPS 涂料

为了使建筑物的外装修美观多样，延长使用年限，提高用工工效，可利用废 PSF 生产建筑物外装修涂料。该涂料主要成膜物质是废聚苯乙烯溶液或改性聚醋酸乙烯乳液，再配以无机胶黏剂、闭孔废 PSF 粒子，泡沫玻璃料和废尼龙纤维填料、矿物颜料调制而成的。

1. 配方

（1）配方 1/%

废聚苯乙烯泡沫塑料	30	甲苯	15
松香	10	200 号溶剂汽油	20
乙酸乙酯	15		

按上述配方量，把各组分加入反应釜中，于 30～50℃，搅拌 1～3h，充分混

合，共聚，制得 GPS 涂料。

（2）GPS 系列配方 2/%

项目	白色	红色	蓝色	绿色	黄色	黑色
基料	82	85.7	90	89.8	89.4	93.3
钛白粉	6	—	5			
立德粉	6					
滑石粉	6					
氧化铁红	—	14.3				
铁蓝	—		5	—	2.2	
柠檬黄	—	—	—	8	—	5.3
中铬黄	—	—	—		5.3	
炭黑	—	—	—		—	6.64
填料	5	5	5	5	5	5
交联剂	5	5	5	5	5	5
乳化剂	少量	少量	少量	少量	少量	少量

把以上各组分加入反应釜中，进行混合均匀即成。

2. 工艺流程

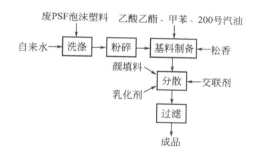

3. 操作步骤

先把废 PSF 进行洗涤，然后进行干燥、粉碎，再把废 PSF、乙酸乙酯、甲苯、200 号汽油、交联剂加入反应釜中进行溶解分散，采用松香改性废 PSF 以增强涂料的附着力，加入表面活性剂改善涂料的湿润性加入少量乳化剂使废 PSF 泡沫塑料在清洗过程中带入少量的水在涂料中分散乳化，避免出现分层现象。

4. 性能

颜色	白、红、黄、蓝、黑	遮盖力/(g/m²)	79.36
固体分/%	33.6	耐水性/d	11
黏度/s	126	附着力	100/100
细度/μm	25	pH 值	中性
干燥时间/min	10		

5. 用途

用于建筑物外墙装修。

二十五、用废聚苯乙烯改性水溶性带锈涂料

1. 配方

（1）涂料的配制

废聚苯乙烯/g	100	催化剂（BPO）（4％的BPO）	8～10
干性油	适量	/mL	
顺丁烯二甲酸酐/g	1.2～1.6	复合分散剂/％	0.8～1.2

（2）改性聚苯乙烯胶配方/％

废旧聚苯乙烯塑料	9～15	锌黄	2.5～3.5
混合溶剂	20～30	填料	7～15
氧化铁红	15～20	增塑剂	0.005～0.01
改性剂（共聚单体）	2.5～4.0	引发剂	0.05～0.1
分散添加剂	2.5～3.5	消泡剂	0.01～0.05
化锈处理剂	8～15	催化剂	0.005～0.008

2. 工艺流程

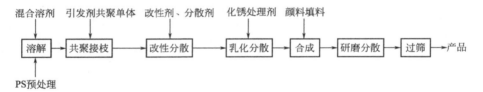

3. 操作步骤

改性胶的合成是将混合溶剂加入到反应釜中，随后加入废 PS 塑料，搅拌至完全溶解，然后加入一定量的干性油、顺酐、引发催化剂（BPO）加热升温至 120～180℃反应时间为 2～3.5h，待反应胶液有一定的水性后，加入化锈处理液、分散添加剂进行充分搅拌 15～25min，最后加入各种填料、防锈颜料及各种助剂经研磨分散过滤，得到除锈防锈的 PS 接枝共聚的带锈涂料。

4. 性能

制备带油、带水涂料，成本低，工艺无二次污染，产品综合性能好，具有一定的实用性。

5. 用途

制水溶性防锈涂料。

二十六、废聚苯乙烯制防腐蚀涂料

1. 配方

（1）配方1/%

甲苯、二甲苯	45～55	邻苯二甲酸二丁酯	3～5
乙酸乙酯、丙酮	10～15	固化剂	1～2
废旧聚苯乙烯泡沫塑料	30～40	流平剂、稳定剂	适量
改性树脂	3～5		

（2）金属防锈漆配方2/%

树脂漆	50～60	稀释剂(二甲苯)	14～20
氧化铁红	18～25	增黏剂(甲苯二异氰酸酯)	适量
填料	13～16	分散剂	适量

2. 工艺流程

废PSF泡沫塑料 --常温溶解过滤--> PS胶 --改性树脂·搅拌溶解--> 改性PS胶 --增塑剂、防老剂颜料·高速分散--> 粗涂料 --砂磨--> 均匀涂料 --> 成品

3. 操作步骤

将废 PSF 泡沫塑料经过净化处理，除去脏物、灰尘，在半封闭容器中，定量混合溶剂（甲苯、二甲苯各 25mL，丙酮、乙酸乙酯分别为 8mL 和 5mL）分批加入废聚苯乙烯泡沫塑料，搅拌使其溶解完全，同时伴有大量气泡放出，然后让其自然静置，可使部分机械杂质沉于底部，在一定时间，进行过滤，得到透明状黏稠状胶体，将此胶体加入 45～55g 的改性树脂和少量增塑剂、稳定剂和流平剂，在适当的温度下进行搅拌，使其接触聚合，经过 1～2h 后便可得到 PS 树脂胶。

4. 性能

具有优良的防腐性、防锈性、防火性能

涂膜外观	红色、平整光亮	实干时间/h	2～3
黏度(涂-4 杯)/s	110～120	附着力/级	2
干燥时间		遮盖力/(g/m²)	60
表干时间/min	25		

5. 用途

用于防腐蚀涂料。

二十七、耐酸碱防腐涂料

1. 配方/份

废聚苯乙烯泡沫塑料	30	VAE	10
乙酸乙酯	10	氯丁-240	1
120 号汽油	15	DOP	3
改性树脂	10.7	颜料	适量

2. 工艺流程

废旧PS泡沫 → 清洗 → 干燥 → 溶解 → 改性 → 研磨 → 过滤 → 成品

3. 操作步骤

该涂料在常温下刷涂，15min后基本干透，优于普通油漆和涂料。

4. 性能

耐水性（在水中浸泡 10d 以上）	不起泡，不脱落	耐老化性	优良
		贮存期	在 1 年以上
耐酸碱性（在浓酸浓碱液中浸泡 10d）	不起泡、不脱落		

5. 用途

用于耐酸碱防腐涂料。

二十八、可剥性涂料

1. 配方（质量分数）/%

苯	22.5	增塑剂	7.5
二甲苯	9.0	稳定剂	0.4
四氯化碳	13.5	废聚苯乙烯泡沫塑料	25.0

2. 操作步骤

废聚苯乙烯泡沫塑料与溶剂相混后，再加入增塑剂、稳定剂，搅拌均匀后，即成为可剥性涂料。

3. 用途

可用于防锈防腐。

二十九、废聚苯乙烯泡沫塑料制备防腐涂料

1. 配方/%

废聚苯乙烯泡沫塑料	30	混合溶剂	60
松香	9	甲苯二异氰酸酯（TDI）	1.0

混合溶剂为二甲苯：乙酸乙酯：200 号溶剂汽油＝2：1：1

在装有搅拌器、温度计和冷凝器的反应釜中，加入混合溶剂和废聚苯乙烯泡沫塑料以及松香、甲苯二异氰酸酯，在搅拌下加热至 55～60℃，并在搅拌下保温反应 3～4h，待聚苯乙烯完全溶解后，降温出料即得基料。

2. 防腐涂料的制备/%

基料	75	滑石粉	4
钛白粉	8	改性剂	7
立德粉	5	烷氧基聚氧乙烯醚	1

3. 操作步骤

将基料、钛白粉、滑石粉加入反应釜中，然后混合均匀，送砂磨机中进行研磨至细度为≤40μm出料，再用高速分散机搅拌分散至10～15min，经检验合格后，出料。

4. 性能

涂膜外观	白色黏稠状液体	实干时间/h	≤6
固含量/%	≤40	冲击强度/(N/cm)	400
黏度(涂-4 杯)/s	110～120	附着力/级	1～2
细度/μm	≤40	柔韧性/mm	2
表干时间/h	≤2	耐碱性(40%NaOH 溶液)	不起泡、不脱落

5. 用途

适用于家电、工业配件及其他易损坏物品的防震包装及快餐食品一次性包装，适用于建筑物墙围的装饰和钢铁件防腐蚀处理。

三十、废聚苯乙烯改性地板涂料

1. 配方/%

废聚苯乙烯	28	C-12	10
甲苯	12	PVCC	3
三氟乙烯	3	PF-2	2
乙酸乙酯	6	邻苯二甲酸二丁酯	0.2
乙酸丁酯	4	填料	8
C-7	15	氧化铁	12

2. 操作步骤

将废聚苯乙烯洗净晾干后粉碎，加入混合溶剂中，同时加入改性剂，制备基料，然后加入填料、增塑剂、颜料后在分散设备中分散均匀，再用BAS-1塑料压滤机过滤得到涂料。

3. 性能

外观	棕红色	干燥时间/min	55
固含量/%	50	遮盖力/(g/cm²)	78
黏度/s	80	耐水性/d	11
细度/μm	30	附着力/%	100
pH 值	中性		

4. 用途

用于制造地板涂料。

三十一、废聚苯乙烯泡沫塑料生产地板涂料

1. 配方

（1）基料配方/%

废聚苯乙烯泡沫塑料	23	二甲苯	38.5
871 树脂	38.5		

将二甲苯和 871 树脂加入反应釜中，搅拌溶解，待 871 树脂全部溶解完后，再加入废聚苯乙烯泡沫塑料溶解，并搅拌均匀后，过滤备用。

（2）地板涂料的制备配方

项目	配方（1）	配方（2）	配方（3）
颜色	铁红色	紫红色	铁黄色
基料	66.7	68.2	66.7
氧化铁红	11.7	3.5	—
氧化铁黄	—	—	11.7
甲苯胺红	—	4.7	—
填料	13.3	15.2	13.3
助剂	8.3	8.3	8.3
乳化剂	少量	少量	少量

2. 操作步骤

将所得基料、颜填料、助剂和乳化剂加入分散釜中，研磨分散，待细度达到 40μm 以下即可。

3. 工艺流程

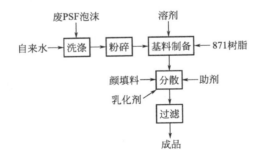

4. 性能

项目	铁红色	紫红色	铁黄色
涂膜外观		平整光亮	
黏度/s	70	65	70
细度/μm	35	35	35

干燥时间/h	1	1	1
硬度	0.4	0.38	0.4
柔韧性/mm	1	1	1
附着力/级	2	2	2
冲击强度/(kgf/cm)	50	50	50
光泽度/%	92	95	90

5. 用途

用于屋内地板的涂饰装修，美化环境。

三十二、改性聚苯乙烯涂料

根据各种涂料的使用要求，对基料进行改性，使附着力达到基本要求，所用的改性剂有乙酸纤维素、聚氯乙烯共聚物、酚醛树脂、甲苯二异氰酸酯等。

1. 配方/质量份

聚苯乙烯泡沫	30	VAE	98
甲苯	25	氯丁-240	1
乙酸乙酯	10	邻苯二甲酸二辛酯(DOP)	3
120 号汽油	15	颜料	适量
改性醇酸树脂	107		

2. 工艺流程

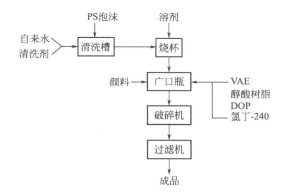

3. 操作步骤

将回收的废旧聚苯乙烯泡沫塑料在洗槽中用自来水洗涤、洗净、晾干，然后将晾干的废旧聚苯乙烯加入 120 号汽油及乙酸乙酯的溶解槽中，边溶解边搅拌，待全部溶解后需 24h，即为基料，将基料加入反应釜中，按基料 100 份比例分别加入 30 份的 EVA、35 份改性醇酸树脂、10 份 DOP，以 150～200r/min 搅拌速度，搅拌温度 30℃左右进行基料改性，反应 1h 后，然后加入少量的颜料及氯丁-240，继续搅拌至均匀，然后进行研磨，当细度为 60μm 以下，即为成品。

4. 用途

用于家具的涂饰。

三十三、废旧聚苯乙烯生产高分子快干漆

用废 PS 生产高分子合成快干漆，是把废 PS 和一些配料在反应釜中搅拌，使 PS 泡沫溶解，经研磨过滤，加入填料、颜料，在一定的温度下继续搅拌，最后经过滤即成为高分子快干漆。

1. 配方/%（质量份）

废聚苯乙烯泡沫回收料	13	（19~15）
松香	30.9	（28~35）
甘油	2.25	（1.5~2.5）
氧化锌	0.15	（0.1~0.3）
二甲苯	53.63	（48~56）
偶氮二异丁腈	0.07	

2. 工艺流程

3. 操作步骤

按配方把废旧聚苯乙烯泡沫塑料、松香、甘油、氧化锌和二甲苯加入反应釜中加热至 30~40℃下，反应时间为 2~3h，经砂磨机研磨制成各色快干漆。加入各种着色剂即为各色快干漆。表面干燥只需 30min，内部实干需 1h。

4. 性能

黏度（涂-4 杯）/s	150~170	实干时间/h	3
细度/μm	100	附着力/级	2
干燥时间（表干）/min	30	固含量/%	39.4

5. 用途

用于生产快干漆。

三十四、废旧聚苯乙烯泡沫塑料制水包油乳液

1. 配方 1

（1）配方/质量份

废聚苯乙烯	18~34	十二烷基苯磺酸钠	1~2
二甲苯	30~42	水	80~100
增溶剂	5~8	乙二醇	1~3
乳化剂 E₁	1~1.2	增稠剂（羧甲基纤维素 CMC）	0.4~0.7
邻苯二甲酸二丁酯	3~5	硬脂酸铝	0.3

（2）操作步骤　将净化处理的废聚苯乙烯泡沫塑料粉碎成一定碎块，然后加入含有溶剂、乳化剂 E_1、增溶剂的混合剂中，充分搅拌制成油相，将分散剂、改良剂、乳化剂 E_2 增稠剂按比例制水相液，在搅拌下慢慢将水相液加入油相液中。乳液在 $60\sim70℃$，恒温 $1.0\sim1.5h$，恒温过程中加入乳化剂 E_2，然后慢慢冷却乳化液，即成产品。

2. 配方 2/kg

废聚苯乙烯泡沫塑料	50	甲苯	36
邻苯二甲酸二丁酯	20	汽油	24

3. 工艺流程

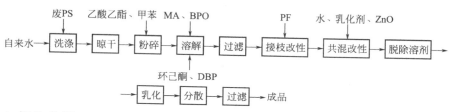

4. 操作步骤

将废聚苯乙烯泡沫塑料 50kg 粉碎成 $10\sim30cm^3$ 小块加入 20kg 邻苯二甲酸二丁酯、36kg 甲苯和 24kg 汽油混合溶剂中，常温、常压下搅拌使其溶解制成油相，以水：十二烷基苯磺酸钠：CMC：乙二醇：磷酸三丁酯＝100：2：2：2：0.02 的比例制成水相液，充分搅拌，把水相液慢慢加入油相液中，然后升温至 $50\sim60℃$，然后慢慢冷却至室温。

5. 用途

用于金属及木材表面的涂装。

三十五、废聚苯乙烯改性外墙涂料

1. 配方/质量份

废聚苯乙烯	28	C-7	8
甲苯	9	C-12	17
二甲苯	5	PVCC	3
乙苯	5	甲苯二异氰酯（TDI）	1
三氟乙烯	3	邻苯二甲酸二丁酯	0.5
乙酸乙酯	5	填料	5
乙酸丁酯	5	钛白	10

2. 操作步骤

将废聚苯乙烯洗净晾干后粉碎，加入混合溶剂中，同时加入改性剂，制备基料，然后加入填料、增塑剂、颜料后在分散设备中分散均匀，再用 BAS-1 塑料压滤机过滤得到涂料。

3. 性能

外观	白色	干燥时间/min	90
固含量/%	47	遮盖力/(g/cm²)	100
黏度/s	72	耐水性/d	11
细度/μm	25	附着力/%	100
pH 值	中性		

4. 用途

用于制造外墙涂料。

三十六、废聚苯乙烯建筑涂料

1. 配方/%

废聚苯乙烯泡沫塑料	16~30	二甲苯	11~20
丁苯橡胶	1~3	二氯苯烷	20~40
501 油	5~5	紫外线吸收剂(UV-9)	0.5~1.0
重质苯	9~20		

2. 操作步骤

① 二氯丙烷的处理：先除乳水，然后加入 0.5%~1%碳酸钙中和，加入 2%的活性白陶土脱色，充分搅拌至 pH 值 6~7，进行过滤，滤液贮存备用。

② 称量丁苯橡胶、UV-9 和重质苯置于容器中，静置 2h，搅拌溶解，过滤。

③ 称量废聚苯乙烯、二氯丙烷、二甲苯和 501 油置于容器中，静置 6~8h，搅拌溶解过滤。

④ 将②项溶液在搅拌下加入③项溶液，搅拌 20~30min，装罐后即为成品。

三十七、利用废聚苯乙烯泡沫制备建筑涂料

1. 工艺流程

自来水、洗涤剂→冲洗→干燥→粉碎→基料制备→分散→搅拌→成品

2. 操作步骤

废旧聚苯乙烯泡沫如带有油污，则需加入 20%的洗涤剂或 30%Na_2CO_3 水溶液清洗。将回收的废聚苯乙烯泡沫，在清洗槽中刷洗干净，然后加入到装有溶剂的反应釜中，边溶解边搅拌，至全部溶解完后为止，静放 0.5h 则为基料。把基料投入反应釜中，加入改性树脂、改性剂、增塑剂等，以 150~200r/min 的搅拌速度，在 60~70℃，搅拌 2~2.5h，完成基料改性后，加入填料及分散剂继续搅拌至均匀即可。

3. 性能

表干/min	25
胶黏性(24h)	难撕开
耐酸碱、盐性(浸泡于 10% H_2SO_4、10% NaOH 溶液中,2d)	无变化
耐热性(80℃,5h)	无开裂现象、无鼓泡

4. 用途

用于制备建筑涂料。

第三节
废聚苯乙烯制备胶黏剂

直接利用 PSF 制备的胶黏剂层硬而不脆、强而不稳、溶剂毒性大、成本高。如先把废聚苯乙烯（PSF）进行净化处理，溶于由甲苯、乙酸乙酯和丙酮组成的混合溶剂中，再加入异氰酸酯、ZnO 等，混合均匀即得到 PSF 胶黏剂；PSF 和松香和二甲苯待按一定比例投入反应釜中，在 30～50℃ 的条件下，搅拌反应 1～3h，经充分混合得到 PSF 胶黏剂；废 PSF 溶于有机溶剂中，加入顺丁烯二 酸酐和引发剂在一定温度下反应，然后加入聚乙烯醇溶液乳化即得 PS 胶；用 80g 废 PSF、医用二甲苯 100mL、聚乙烯醇胶水 15mL，通过溶解共混制得医用密封胶。

一、废聚苯乙烯泡沫塑料制备不干胶(1)

1. 配方/%

废聚苯乙烯	20～40	邻苯二甲酸二丁酯	25～35
有机溶剂(创新一号)	30～45	醋酸乙酯或香精	1～3

2. 操作步骤

将废聚苯乙烯洗净、晒干，再将废聚苯乙烯压进溶剂中，直到完全溶解为止，然后加入增塑剂，搅拌均匀，最后加入香精。

3. 性能

粘贴效果好，能重复粘贴，能耐酸、碱，耐冻。

4. 用途

适用于纸张一类物品的粘贴，同时也能粘贴玻璃、金属等物体表面。

二、废聚苯乙烯泡沫塑料制备不干胶(2)

1. 配方/g

废聚苯乙烯泡沫塑料	30	邻苯二甲酸二丁酯	25
二甲苯	43	香精	2

2. 操作步骤

先将废聚苯乙烯泡沫塑料洗净，晾干，切成碎块后，加入盛有二甲苯的反应釜中，在搅拌下，使废聚苯乙烯泡沫塑料全部溶解，之后加入邻苯二甲酸二丁酯，继续搅拌，使混合均匀，最后加入香精即成。

3. 性能

该胶黏剂为乳白色半透明黏液，粘贴效果好，能重复粘贴，如改变配方比例可用来调节不干胶的湿、快、慢程度。

4. 用途

适用于商标、标签以及纸制品的粘贴。

三、废聚苯乙烯用松香来改性胶黏剂

1. 配方/g

废聚苯乙烯	10～18 泡沫塑料 14～33	二甲苯	45～55
松香	18～33		

2. 操作步骤

将各组分加入反应釜中，加热升温至 30～35℃，充分搅拌反应 1～3h，混合均匀后，冷却至室温即成。

3. 性能

颜色为黄色半透明黏稠液体；耐酸、碱。抗冻；粘接强度≥0.29MPa。

4. 用途

适用于粘贴塑料地板、人造大理石、马赛克、陶瓷等材料。

四、废聚苯乙烯泡沫塑料改性酚醛树脂胶

1. 配方/g

废聚苯乙烯泡沫塑料	30	填料 MgO-ZnO	1.0～0.5
改性酚醛树脂	14	防老剂 D	适量
混合溶剂	3		

2. 操作步骤

将废聚苯乙烯泡沫塑料洗净，干燥，粉碎后加入反应釜中的溶剂中进行溶解，

再经过滤加入反应釜中，加入松香改性酚醛树脂，在室温搅拌 1~1.5h，再加入填料及防老剂，在搅拌 40min，即得胶黏剂。

3. 用途

用于回收改性酚醛树脂胶。

五、废聚苯乙烯泡沫塑料

制备改性工业用建筑胶黏剂作为包装材料的聚苯乙烯均是一次性使用，用后废聚苯乙烯不仅造成环境污染，而且造成很大经济浪费，有效而合理地利用废聚苯乙烯显得日益重要，利用废 PSF 制改性 PSF 系列涂料和胶黏剂，其工艺简单，通过不同的改性方法和工艺可满足不同需要的产品。

1. 配方/质量份

	(1)	(2)
废聚苯乙烯泡沫塑料	100	100
乙酸乙酯-三氯乙烯-120 号汽油体系	360	360
酚醛树脂或丁苯橡胶	10~30	40~60
松香树脂	45~65	40~60
甲苯二异氰酸酯（TDI）	0.5~1	1
中高沸点溶剂	50~100	50~120
硅酸钙	40~120	50~120

2. 工艺流程

原料→净化→粉碎→溶解→搅拌→改性剂→共聚反应→胶黏剂

3. 操作步骤

混合溶剂为乙酸乙酯-三氯乙烯-120 号汽油体系；（改性）酚醛树脂或丁苯橡胶-甲苯二异氰酸酯为交联剂；乙酸乙酯，环己酮为中高沸点溶剂。

将一定量的废聚苯乙烯净化处理粉碎后，加入反应釜中用乙酸乙酯和 120 号汽油溶解，并不断搅拌，然后分别加入三氯乙烯、交联剂（甲苯二异氰酸酯）和环己酮，待基料完全充分溶解后，加入酚醛树脂或丁苯橡胶及松香，继续搅拌，同时加入适量硅酸钙填料及防老剂，在 50℃ 下进行反应，进行 4h 左右，即得到所需胶黏剂。

4. 性能

项目	(1)	(2)
外观		乳白色黏稠液体
固含量/%	36	30
黏度（室温）/Pa•s	3.15	0.03
剪切强度（木材-木材）/MPa	≥4.12	3.62

5. 用途

适用于木材、瓷砖、马赛克和水泥块等材料的粘接。

六、用废聚苯乙烯制备建筑用胶黏剂

目前聚苯乙烯塑料包装材料、餐盒等易造成环境污染，它涉及衣、食、住、行等各方面，由于产生大量的废弃物，其中，塑料快餐盒用量与家电产品的包装所占比例最大，通常把废聚苯乙烯进行共聚改性，可制成建筑用胶黏剂。

1. 配方/g

废聚苯乙烯泡沫塑料	10.0	甲苯二异氰酸酯	2.1
有机溶剂	36.0	中高沸点溶剂	6.0
酚醛树脂	2.0	碳酸钙	500
松香树脂	5.5		

2. 工艺流程

废聚苯乙烯泡沫塑料→水洗后晾干→粉碎→加入反应釜中→加入有机溶剂→搅拌→加入增稠剂→交联剂、填料→搅拌→过滤检验

3. 操作步骤

按配方量称取已洗净、晾干并粉碎的废聚苯乙烯加入反应釜中，再加入配方量的有机溶剂，搅拌至全部溶解，再加入甲苯二异氰酸酯、酚醛树脂、松香树脂和碳酸钙，加完后升温搅拌至瓶内温度为50℃，继续加热溶解4h后，停止加热，待瓶内温度变冷后，进行过滤，除去杂质后，检验，即得胶黏剂产品。

4. 性能

有很好的黏结强度，并有很好的耐水性。

5. 用途

用于木材、瓷砖、马赛克和水泥块等材料。

七、废聚苯乙烯回收制备抗冻胶黏剂

以废聚苯乙烯为主要原料，聚乙烯醇缩丁醛为增黏剂，再加入交联剂（甲苯二异氰酸酯）、乳化剂等，制造性能优良、低毒性、低成本、性能好的抗冻性胶黏剂。

1. 配方

废聚苯乙烯泡沫塑料∶聚乙烯醇缩丁醛∶甲苯∶70号汽油∶十二烷基苯磺酸钠∶水＝8∶2∶3∶3∶1∶1

（1）配方1/g

甲苯	30	聚乙烯醇缩甲醛	20
70 号汽油	30	十二烷基苯磺酸钠	10
废聚苯乙烯泡沫塑料	80	水	10
混合溶剂	60		

（2）配方 2/g

废聚苯乙烯泡沫塑料	40	抗冻剂	29
聚乙烯醇缩甲醛	25	十二烷基苯磺酸钠	1.0
改性剂酚醛树脂	1	交联剂（甲苯二异氰酸酯）	适量

混合溶剂［丙酮∶乙酸乙酯∶120 号汽油（体积比）＝1∶1.5∶0.5］

2. 操作步骤

（1）操作 1 将废 PSF 泡沫塑料洗净进行处理，然后除去脏物、灰尘，将粉碎的废 PSF 投入半闭密的反应釜中，搅拌使之溶解，然后，再按配方加入 7％聚乙烯醇缩甲醛、35％十二烷基苯磺酸钠和水加入反应釜中，充分搅拌混合均匀，使之得到黏稠状胶黏剂。

（2）操作 2

① 聚乙烯醇缩甲醛的制备。在带有搅拌器、温度计、回流冷凝器的反应釜中，加入 18g 聚乙烯醇、180mL 水，在搅拌下加热至 90℃，使聚乙烯醇完全溶解，然后停止加热，待温度降至 70℃时，用 1.35mL 浓盐酸调节 pH 值为 1～2，加入 5.5mL 甲醛，在搅拌下，恒温反应，加入 NaOH 溶液调节 pH 值为 6～7，得透明黏稠状聚乙烯醇缩甲醛。

② 改性抗冻胶黏剂的制备。把混合溶剂加入反应釜中，在搅拌下加入经洗涤、干燥，粉碎的废 PSF 泡沫塑料，使之完全溶解，然后加入改性剂、交联剂（聚乙烯醇缩甲醛胶）、混合表面活性剂（OP、十二烷基苯磺酸钠）、消泡剂、增塑剂于 40℃下，反应 3h，制得乳白色的改性抗冻 PSF 胶黏剂。

3. 性能

外观	黏稠状白色胶体	黏度/Pa·s	70～120
固含量/％	65±2	使用温度/℃	-40～40
pH 值	8.0～9.0	粘接木材强度/MPa	8.7
固化时间（20℃）/h	25		

4. 用途

适用于木材的黏结效果良好，用于木材、瓷砖和水泥等材料的粘接。

八、废聚苯乙烯泡沫塑料制备建筑用密封胶

目前，按照房、门、窗的基本要求采用铝合金框架结构，但铝合金与水泥墙之间有微小的空隙，所以密封剂是不可能缺少的。

1. 配方/质量份

废聚苯乙烯泡沫塑料	50	甲苯	50
聚乙烯醇（PVA）	13	邻苯二甲酸二丁酯	1
500 号溶剂油	40	水	80

2. 操作步骤

将废 PSF 泡沫塑料洗净、晾干，粉碎加到反应釜中，然后再加入混合溶剂，搅拌使其溶解，静置过滤，透明黏性液体，然后用分离机进行分离出机械杂质，将聚乙烯醇加入水中，加热到 80~90℃溶解，冷却到 50℃以下，加入增塑剂（邻苯二甲酸二丁酯）、表面活性剂（辛基酚）、聚氧化乙烯醚，搅拌，加入膨润剂、填料，继续搅拌，然后，将聚苯乙烯胶黏液慢慢加入到聚乙烯醇混合液中，再搅拌，得到一乳白色均匀膏状物。

3. 性能

外观	乳白色膏状物	固化后剪切强度/MPa	0.16
密度/(g/cm³)	1.25	指干时间(25℃)/h	1
固化后伸长率/%	100~300	贮存期/d	≥180

4. 用途

可用于铝合金的门窗缝隙的密封，还可用于钢门窗、木门窗缝隙的密封。

九、废聚苯乙烯制备密封胶

过去常用石蜡封口，石蜡脆且与玻璃、塑料黏结性不佳，有时达不到黏结效果。一般密封胶价格较贵。

1. 配方/g

废聚苯乙烯泡沫塑料	100	松香水	10
200 号溶剂油	100	甲苯二异氰酸酯	适量
氧化石蜡	20mL		

2. 操作步骤

将 100g 废 PS 洗净，干燥，溶解在 200 号溶剂油 100mL 中，除去杂质，消泡，加入氧化石蜡 20mL、松香水 10g，搅拌均匀，最后加入甲苯二异氰酸酯，继续搅拌均匀即成。

3. 性能

该胶密封性能好，黏结力适中，价格便宜，防水，耐酸等。

4. 用途

适用于玻璃、塑料的黏结。

十、废聚苯乙烯塑料制备密封胶

1. 配方

废聚苯乙烯泡沫塑料	350g	邻苯二甲酸二丁酯	120mL
甲苯	1000mL		

2. 操作步骤

将总量70%甲苯加入反应釜中，加热至80℃，然后，加入邻苯二甲酸二丁酯和废聚苯乙烯泡沫塑料（PSF），搅拌均匀后，加入20%甲苯，搅拌到废PSF全部溶解为止，停止加热，溶液内有大量的气泡，继续搅拌直至气泡消失，再加入剩余的10%甲苯，再继续搅拌直至混合均匀，然后，冷却至室温即为密封胶。

3. 用途

制造密封胶。

十一、废聚苯乙烯制备浅色密封胶

1. 配方/%

废聚苯乙烯	10～18	二甲苯	45～55
甲苯	28～35		

2. 操作步骤

将废聚苯乙烯泡沫塑料、松香、二甲苯加入反应釜中混合在一起直至溶解为止，可制成浅色密封胶。

3. 用途

用于黏结陶瓷、马赛克和塑料地板等。

十二、废聚苯乙烯塑料生产胶黏剂

1. 配方

废聚苯乙烯：溶剂：增塑剂：填料＝（30～40）：（50～60）：（3～4）：（1～2）

2. 工艺流程

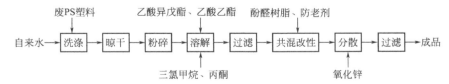

3. 操作步骤

用自来水洗涤废PS塑料带来的油污，可先用碱洗，洗净后晾干，然后再进行粉碎，并将其投入反应釜中，同时加入乙酸乙酯、乙酸异戊酯、三氯甲烷、丙酮的混合溶剂中进行溶解，搅拌将其全部溶解，进行过滤，将过滤液加入防老剂和酚醛树脂，对其进行改性，而后加入填料氧化锌搅拌均匀，过滤后即得胶黏剂。

废 PS 洗涤与脱泡：将废 PS 用碱水浸入一定时间，然后搅拌 5～8min，使之相互有效撞击和摩擦以达到去污的目的，取出放入清水池中搅拌清洗 5min，然后在放入清水池中清洗 5min，最后将其晾干或烘干，将发泡 PS 塑料加热至 110℃并保持 8min 脱泡，这时体积减小一半，若减压至 2～2.66kPa，再恢复常压，体积可减少至原来的 9%左右。

4. 性能

外观	乳白色黏稠液体，略带黄色	表干时间(25℃)/h	1
pH 值	7.3	实干时间(25℃)/h	8
固含量/%	40	贮存期/月	6

5. 用途

适用于黏结信封、书籍等。

十三、由废聚苯乙烯泡沫塑料制备无毒胶黏剂

1. 配方

（1）配方 1

废聚苯乙烯	25g	乙酸异戊酯	15mL
环己烷	40mL	邻苯二甲酸二丁酯	5mL
乙酸乙酯	15mL	酚醛树脂	2g

（2）配方 2

废聚苯乙烯	25	酚醛树脂	2g
乙酸异戊酯	40mL	丙酮	30mL
邻苯二甲酸二丁酯	5mL		

（3）配方 3

废聚苯乙烯	25g	萜烯树脂	2g
乙酸乙酯	20mL	甲基丙烯酸甲酯	10mL
丙酮	40mL		

（4）配方 4

废聚苯乙烯	25g	丙酮	40mL
乙酸乙酯	30mL	萜烯树脂	2g
邻苯二甲酸二丁酯	5mL		

2. 操作步骤

先将废 PS 塑料破碎，洗净，晾干，置于烧杯内，在常温下边搅拌，边慢慢加

入各种溶剂混合液，待废 PS 塑料完全溶解后，再加入增塑剂（邻苯二甲酸二丁酯）及酚醛树脂或萜烯树脂，充分搅拌，放置一段时间后即可成为所需要的产品。产品需遮盖密封。

3. 用途

可用于瓷砖、木材等建筑材料的黏结及日用器皿的修补黏结，也可用于图书馆的塑料封皮上贴标签纸等的黏结。

十四、废聚苯乙烯制医用胶黏剂

1. 配方

废聚苯乙烯泡沫塑料	80g	聚乙烯醇胶水	15mL
二甲苯（医用品）	100mL		

2. 操作步骤

先将废 PSF 泡沫塑料洗净，干燥切成小块，加入盛有医用二甲苯的反应釜中，在搅拌下完全溶解，然后，加入聚乙烯醇胶水，继续搅拌，使物料混合均匀即成。

3. 性能

本品为乳白色黏液，与甲醛液不发生反应，耐热、耐寒、不漏水、抗拉力高，比常用的黄蜡加松香密封胶黏结效果好。

4. 用途

用于医用胶。

十五、废聚苯乙烯泡沫塑料制改性胶黏剂

1. 配方/g

废聚苯乙烯泡沫塑料	30	氯仿	3
酚醛树脂	10	MgO-ZnO 填料	0.5~1.0

2. 操作步骤

将废 PS 泡沫塑料洗涤、净化、粉碎、干燥后和混合溶剂（甲苯-丙酮-乙酸乙酯-氯仿）混合溶解，经过滤加入反应釜中，加入松香改性酚醛树脂，在室温下搅拌 1~1.5h，再加入填料和防老剂 D，搅拌 40min，即得胶黏剂。

3. 用途

用于制改性胶黏剂。

十六、废聚苯乙烯泡沫塑料制耐水胶黏剂

1. 操作步骤

将废聚苯乙烯泡沫塑料溶于溶剂中，制成均相溶液，加入活化剂（氯化亚铜）、

引发剂（过氧化苯甲酰）加热到 90～120℃，再加入单体（丙烯腈、丙烯醇）反应 2h，使废聚苯乙烯接枝上新的官能团从而改变性质，然后加入添加剂石棉或硅酸钙，形成一种耐水好、初始黏度高、黏结强度上升快的乳白色黏稠状胶体。

2. 性能

该胶的耐水是乳白色胶的 10 倍，剪切强度是乳白胶的 3 倍以上。

3. 用途

用于木制家具和日常生活用胶，也可用于建筑胶黏剂，黏结水泥制品、地板、壁纸及各种织物等。

十七、废聚苯乙烯代替白乳胶类

1. 配方/kg

废聚苯乙烯	35	表面活性剂	0.6
重芳烃	65	增塑剂	0.45
聚乙烯醇液	50	防老剂	0.1

2. 操作步骤

在反应釜中加入重芳烃用为溶剂，然后再加入废聚苯乙烯塑料进行溶解，制成固含量为 30%～40% 的黏胶液，在另一反应釜中加水为溶剂，再将聚乙烯醇加入其中进行溶解，制成 12%～13% 的水溶液，然后将其冷却至 50℃ 以下，加入增塑剂、防老剂、表面活性剂和填料，搅拌均匀，将上述制备的废聚苯乙烯黏胶液缓慢加入到聚乙烯醇水溶液中，并不停地搅拌，使其乳化，在活性剂的作用下，溶液越搅越白，约 40min 后，观察其乳化状态，若无油滴状物存在，取样静置 12h，无离析和分层现象则认为乳化合格。

3. 性能

外观	白色黏胶液	pH	7～8
黏度/Pa·s	3.8～7.0	黏结木材强度/MPa	≥3

4. 用途

用以代替乳白胶作胶黏剂。

十八、废聚苯乙烯白乳胶替代胶

1. 配方/份

废聚苯乙烯	35	增塑剂	0.45
重芳烃	65	表面活性剂	0.6
聚乙烯醇液	50	防老剂	0.1

2. 操作步骤

在耐有机溶剂的容器中，用重芳烃作溶剂，将废聚苯乙烯溶解，制成固含量为30%～40%的黏胶液；在另一容器中，用水作溶剂，将聚乙烯醇加热溶解，制成12%～13%的水溶液，然后将其冷却至50℃以下，加入增塑剂、防老剂、表面活性剂和填料，搅拌均匀，将上述生产的废聚苯乙烯黏胶液缓慢加入到聚乙烯醇水溶液中，继续不停地搅拌，使其乳化等乳化均匀后即为合格。

3. 性能

外观	乳液型胶	耐老化性	良好
干燥速度	快	耐酸碱性	良好

4. 用途

用于木器家具上，替代白乳胶，也适用于重芳烃不溶解的塑料、陶瓷等制品的装修黏结。

十九、废聚苯乙烯塑料制压敏胶

1. 配方/kg

废聚苯乙烯(含苯乙烯	2.0～4.0	有机溶剂	3.0～4.5
20%～40%)		乙酸乙酯	0.1～0.3
邻苯二甲酸二丁酯	2.5～3.5		

2. 操作步骤

将废聚苯乙烯洗净、粉碎，溶解在有机溶剂和乙酸乙酯混合液中，待废PS塑料全部溶解后，再加入增塑剂邻苯二甲酸二丁酯，搅拌混合均匀，即成为胶黏剂。

3. 性能

效果良好，能重复使用，耐酸、耐碱、耐冻。

4. 用途

使用方法与一般的胶黏剂相同，也可施于塑料膜上制成胶带，该产品适用于黏结纸张等织物，将商标、标签等粘贴在玻璃、金属墙壁的表面。

二十、改性废聚苯乙烯胶黏剂

1. 配方/%

废聚苯乙烯泡沫塑料	20～30	增黏剂(合成树脂类如酚醛树脂)	3～5
混合溶剂(甲苯、二甲苯等)	65～70	填料(氧化锌)	适量
交联剂(NCO—R—NCO)	5～8	固化剂	适量

2. 操作步骤

将废聚苯乙烯泡沫塑料溶于混合溶剂中［质量比为二甲苯：丙酮：氯仿：乙酸

乙酯＝7.5：1：1：0.5]，搅拌溶解，静置分离机械杂质，加入交联剂（异氰酸酯）、增黏剂（酚醛树脂）及填料等，充分搅拌 1～2h，使之均匀聚合得到黏稠状黄色液体或膏状体。

3. 性能

产品为单组分，淡黄色黏稠状液体或膏状体，耐水、耐候性好，易溶于酮、酯、苯类。

剪切强度(25℃)/MPa	3.42	不均匀扯断强度/(kN/m)	14.90

4. 用途

对木材有较好的黏结力，对塑性塑料及多孔性日常用品黏结效果也好。

二十一、废聚苯乙烯制异氰酸酯胶黏剂

1. 配方/g

废聚苯乙烯塑料	1.0～1.2	丙酮	1
甲苯	2	甲苯二异氰酸酯（TDI、MDI	适量
乙酸乙酯	3	等）改性剂	

混合溶剂配方/mol

甲苯	2	丙酮	1
乙酸乙酯	4	氯仿	少量

2. 操作步骤

将废 PSF 泡沫塑料经净化处理后，切成碎块加入反应釜中，然后再加入甲苯、乙酸乙酯、丙酮、氯仿于反应釜中，在室温下搅拌，使其溶解，然后加入异氰酸酯，继续搅拌使其混合均匀，即成为产品。

3. 性能

外观	乳白色黏稠液体	黏结木材剪切强度/MPa	3.5
固含量/%	20±2	不均匀扯离强度/MPa	1.25

4. 用途

适用于木材、家具、纸制品、日用塑料和地毯背衬的黏结。

二十二、废聚苯乙烯泡沫塑料制胶黏剂

1. 配方

废聚苯乙烯：溶剂：增塑剂：填料＝(30～40)：(50～60)：(3～4)：(1～2)

2. 废塑料的清洗与脱泡

将废聚苯乙烯泡沫塑料在热碱中浸泡一定时间后，然后在搅拌 5～8min，取出放入清水池中，搅拌 5min，然后再加入清水池中清洗涤 5min，最后烘干或晾干，

将泡沫 PS 塑料加热至 110℃并保持 8min，脱泡，这时体积减小一半，若加压 2.10～2.87kPa，再恢复常压，体积可减少原来的 9%左右。

3. 性能

外观	乳白色黏稠液体,略带黄色	表干时间(25℃)/h	1
pH 值	7.3±0.3	实干时间(25℃)/h	8
固含量/%	40 以上	贮存期限/月	6

4. 用途

用于黏结信封、书籍等。

二十三、乙酸乙酯改性废聚苯乙烯塑料制胶黏剂

乙酸乙酯是聚苯乙烯的溶剂，又是改性剂，而且改性效果良好，优于其他溶剂。

1. 配方/质量份

废聚苯乙烯塑料	300	碳酸钙	400
乙酸乙酯	80	稳定剂	少量
丙酮	120～140		

2. 操作步骤

把废聚苯乙烯塑料 300 份、乙酸乙酯 80 份、丙酮 120～140 份加入反应釜中，进行混合溶解均匀，再加入碳酸钙 400 份及少量稳定剂，得到所需要的胶黏剂。

3. 用途

制胶黏剂用于建筑业装饰等行业。

二十四、邻苯二甲酸酯改性废聚苯乙烯塑料胶黏剂

邻苯二甲酸二丁酯是塑料的增塑剂，可以改善胶黏剂的柔性和韧性，以废聚苯乙烯为主要基料的不干胶多采用这种方法，有时也和其他改性剂一同使用，如松香树脂等。

1. 配方/kg

废聚苯乙烯	2.0～4.0	有机溶剂	3.0～4.0
邻苯二甲酸二丁酯	2.5～3.5	乙酸乙酯	1.0～3.0

2. 操作步骤

把废聚苯乙烯、邻苯二甲酸二丁酯、有机溶剂、乙酸乙酯加入反应釜中进行改性共聚，得到不干胶。

3. 用途

可用来黏结玻璃、金属、墙壁等物体的表面，而且能重复使用。

二十五、废聚苯乙烯泡沫塑料改性制聚苯乙烯胶黏剂

1. 配方/g

30%废聚苯乙烯胶液	100	过氧化苯甲酰(BPO)	0.2
松香改性酚醛树脂	0.5~1.0	邻苯二甲酸二丁酯	20
石油树脂	0.5~1.2		

2. 操作步骤

① 废泡沫塑料的处理：将废泡沫塑料用稀的洗衣粉水溶液刷洗，再用自来水冲洗干净，晾干后人工粉碎，粉碎后的废 PSF 用溶剂溶解，配制成 30% 的 PSF 胶液。

② 制得的 PSF 胶液 100g 加入反应釜中，然后加入过氧化苯甲酰（BPO）、邻苯二甲酸二丁酯（DBP）及适量的改性剂，在回流下，搅拌慢慢升温至 70℃，然后在此温度下，保持反应 3h，再加入 MgO、钛白粉、滑石粉及适量的防老剂，继续搅拌 0.5h，冷却后出料，得胶黏剂。

3. 性能

黏度/Pa·s	5.5	固含量/%	38.5
外观	米黄色、细腻	pH 值	6.0
剥离强度/(kN/m)	5.5	防水性能	不起泡、不脱落

4. 用途

用于木材、纸张、纤维等制品的黏结。

二十六、利用废聚苯乙烯改性胶黏剂

1. 配方

（1）混合溶剂　甲苯∶乙酸乙酯∶丙酮∶氯仿＝19∶20∶8∶4

（2）松香或酚醛树脂∶废聚苯乙烯∶溶剂＝1∶30∶60（质量比）

2. 制备

首先将混合溶剂加入反应釜中，在搅拌下加入经洗涤、干燥、粉碎的废 PS，使之完全溶解，然后加入改性剂和填料，于 30℃搅拌 2h，即制得改性 PS 胶黏剂。

3. 性能

项目	松香改性 PS 胶黏剂	酚醛树脂改性胶黏剂	月亮神牌万能胶
改性剂/g	松香		酚醛树脂
密度/(g/cm³)	0.875	0.955	0.870
pH 值	6	6	6
固含量/%	35	36.4	32.4

黏度/(MPa·s)	3400	5300	2900
剪切强度/MPa	1.4	1.5	0.83
外观	乳白色黏稠液体	流动性好	浅褐色黏稠液体

4. 用途

用于木材、纸制品、玻璃制品、日用塑料制品等的黏结。

二十七、用废聚苯乙烯制备改性乳液型胶黏剂

1. 配方

混合溶剂(乙酸乙酯:甲苯:丙酮		MA 改性剂/%	1
=3:2:0.5)		聚乙烯醇/%	2.0
废 PS	100		

PF 阴离子型乳化剂十二烷基苯磺酸钠＋非离子型乳化剂 TX-100 （比例为 2:1）3.0

2. 工艺流程

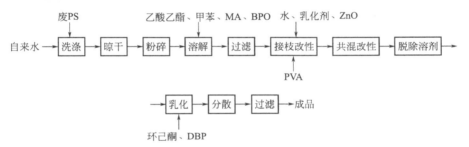

3. 操作步骤

① 将 PVA 和水按8%的比例加入反应釜中，开动搅拌，升温90℃恒温1h，使其充分溶解；

② 将废旧 PS 泡沫塑料用自来水洗涤、晾干、粉碎备用；

③ 将乙酸乙酯、甲苯、环己酮溶剂及增塑剂加入带搅拌、冷凝器、温度计的反应釜中，加入废 PS 泡沫塑料使其充分溶解，再加入 MA 和 BPO 于80℃±2℃恒温反应3～4h，冷却到70℃左右，加入 PF 树脂，恒温反应0.5～1h，然后在剪切乳化剂中加入 PVA、填料、水及乳化剂（70℃±2℃）恒温乳化1～2h，边乳化边脱溶剂，搅拌速度为2000r/min冷却后得一略带浅黄色的白色乳液。

4. 性能

外观	略带浅黄色的乳化黏稠液体	表干时间(25℃)/h	1
黏度(涂-4 杯)/s	60～70	实干时间(25℃)/h	6
固含量/%	35	贮存期/年	≥1
pH 值	7		

5. 用途

用于木材、纸张、塑料等的涂饰。

二十八、用废聚苯乙烯生产胶黏剂

1. 配方/质量份

废聚苯乙烯(干净)	14	二甲苯	53
松香水	3		

2. 操作步骤

将废聚苯乙烯洗净、干燥、粉碎直径约 2cm，把松香加热溶解，降温为60～70℃，将粉碎的废聚苯乙烯加入二甲苯溶液中，搅拌使之溶解，将溶解好的聚苯乙烯和二甲苯混合在一起，然后加入到松香溶液中，并搅拌均匀后即为胶黏剂。

3. 用途

生产胶黏剂。

参 考 文 献

[1] 张淑谦. 废弃物再循环利用技术与实例 [M]. 北京：化学工业出版社，2011.

[2] 励逸年. 废旧塑料的热裂解技术 [J]. 上海化工，1998，23（24）：33-36.

[3] 童忠良，张淑谦. 新能源材料与应用 [M]. 北京：国防工业出版社，2008.

[4] 齐贵亮. 废旧塑料回收利用实用技术 [M]. 北京：机械工业出版社，2011.

[5] 刘均科. 塑料废弃物的回收与利用技术 [M]. 北京：石化工业出版社，2000.

[6] 席国喜. 废塑料裂解新进展 [J]. 化工进展，1999（1）：31-33.

[7] 杨震. 废聚苯乙烯塑料热降解回收苯乙烯单体的研究 [J]. 1997，18（2）：23-24.

[8] 王嘉. 废旧电器外壳用 ABS 塑料的回收利用. 中北大学学报，2015（3）：68-70.

[9] Jan H Schut. 塑料回收处理新技术. 现代塑料，2009（10）.

[10] 叶佳佳，杨青芳，张爱军，梁建锋. 聚合物合金相容性的预测和表征 [J]. 工程塑料应用，2007（12）：12-13.

[11] 袁兴中. 一种新的废塑料油化生产工艺的研究 [J]. 环境工程，2002，20（4）：9-10，12.

[12] 刘光宇，栾健，马晓波，陈德珍，周恭明. 垃圾废塑料裂解工艺和反应器 [J]. 环境工程，2009（S1）.

[13] 王雷，罗国华，李强. 废塑料裂解技术进展 [J]. 化工进展，2003，22（2）：58-60.

[14] 许祥静，刘军. 煤炭气化工艺 [M]. 北京：化学工业出版社，2005.

[15] 杨子江. 在高炉中废塑料的燃烧和气化反应情况 [J]. 炼铁技术通讯，1998（04）：6-9.

[16] 解立平. 城市固体有机废弃物综合利用新工艺 [J]. 环境工程，2002，20（12）：4-6.

[17] 马沛生，樊丽华. 超临界水降解聚苯乙烯及其混合塑料 [J]. 高分子材料科学与工程，2005（01）：35-38.

[18] 唐赛珍. 加强塑料回收利用，促进绿色包装产业发展//中国轻工业信息中心期刊/会议/论文汇编. 2008.

[19] 超临界技术在废塑料回收利用中的进展//福建新世纪与塑料暨塑料改性加工学术研讨会 [C]. 2000.

[20] 张小勇，郑明东，吴记星. 煤和废塑料与焦化残油共液化的研究 [J]. 安徽工业大学学报，2012，8（10）：62-65.

[21] 缪春凤，梅来宝，张东明. 废塑料与煤共催化液化的研究进展 [J]. 精细石油化工进展，2005（02）：3-5.

[22] 侯益民，郭利兵，张海洋. 废旧聚苯乙烯塑料裂解制备苯乙烯的方法研究 [J]. 河南化工，2006（10）：6-8.

[23] 李春生. 废 PS 泡沫塑料作为热融黏合剂的研究 [J]. 中国塑料，2002，16（12）6-9：11.

[24] 张现刚. 超/亚临界水中聚碳酸酯/聚对苯二甲酸乙二醇酯催化解聚研究 [J]. 浙江工业大学学报，2009，5（7）.

[25] 詹茂盛，王凯. 国外废旧家电塑料回收与利用技术的发展 [J]. 塑料，2007，36（01）：37-38.

[26] 张淑谦，童忠良. 化工与新能源材料及应用 [M]. 北京：化学工业出版社，2010.

[27] 王月春，张淑谦. 能源矿产原料 [M]. 北京：化学工业出版社，2013.

[28] 袁兴中，曾光明，李彩亭，黄国和. 废塑料裂解制取液体燃料新技术 [M]. 北京：科学出版社，2004.

[29] 陈烈强，王保玉，梁超，周文贤. 808 废旧家电塑料 ABS 的热解动力学分析 [J]. 广州化工，2008（02）：10-14.

[30] 刘世纯，崔秀丽，谭志勇. 大分子环氧扩链剂与 PET 的反应共混研究 [J]. 工程塑料应用，2013

(11).

[31] 王华, 胡建杭, 王海瑞. 城市生活垃圾-直接气化熔融焚烧技术 [M]. 北京: 冶金出版社, 2004.

[32] 邱祖民, 刘钟薇. 国内 ABS 塑料电镀件回收工艺研究进展 [J]. 南昌大学学报, 2015 (8).

[33] 杨基和, 姚致远. 废塑料制备燃料油热裂解与催化裂解工艺研究比较 [J]. 江苏石油化工学院学报, 2002, 14 (13).

[34] 李梅. 从废弃塑料中提炼汽油、柴油技术的应用 [J]. 塑料科技, 1994 (6): 69.

[35] 李稳宏, 等. 废塑料降解工艺过程催化剂的应用研究 [J]. 石油化工, 2000, 29 (5).

[36] 刘公召. 废塑料催化裂解生成汽油柴油中试工艺的研究 [J]. 环境科学与技术, 2001, 98 (6): 102-103.

[37] Kirosi T. The MSW Incineration System with Gasification and Ash Melting In Fluid Bed [J]. Journal of Japanese Energy, 1997, 76 (12): 1184-1188.

[38] Yoshi Y. High Efficiency Waste to Energy Plant [J]. Mitsubishi Juko Giho, 1997, 34 (3).

[39] Ashok Mhaske, Purushottam Dhadke. Liquid-liquid extrac-tion and separation of rhodium (Ⅲ) from other platinum group metals with Cyanex 925 [J]. Separ Sci Technol, 2001, 36 (14).

[40] Kolkar S S, Anuse M A. Solvent extraction separation of i- ridium (Ⅲ) from rhodium (Ⅲ) by N-n-octy-aniline [J]. J Anal Chem, 2002, 57 (12).

[41] M A Barakat, M H H Mahmoud. Recovery of platinum from spent catalyst [J]. Hydrometallurgy, 2004, 72.

[42] YOSHIO UEMICHI etc. Conversion of polyethylene into gasoline-range fuels by two stage catalytic deg-radation using silica-alumina and H-ZSM-5 zeolite [J]. Ind Eng Chem Rec, 1999, 38.

[43] N Ikeo. Development and Operation Report of Ash Melting Furnace with OilBurner for MSW Incineration Residue [J]. Mitsubishi Juko Giho, 1999, 36 (1).

[44] AmTest Air Quality, LLC, Preston, WA, July 26..

[45] 林尚安, 陆耘, 梁兆熙. 高分子化学 [M]. 北京: 科学出版社, 1982.

[46] 钱知勉. 塑料性能应用手册. 修订版 [M]. 上海: 上海科学技术文献出版社, 1985.

[47] Ehrig R J. Plastics Recycling-Products and Processes. New York: Hanser Publishers, 1992.

[48] 张卓. J55 型聚乙烯废膜回收造粒机的研制 [J]. 塑料工业, 1990, 2: 36-40.

[49] 王兰. 废塑料热裂解的研究 [J]. 中国塑料, 1995, 9 (3): 67-72.

[50] [日] 蝎田吉英, 等. 塑料废弃物的有效利用 [M]. 陈桂富, 赵作玺, 译. 北京: 烃加工出版社, 1987.

[51] Leidner Jacob. Plastics Waste, Recovery of Economic Value [M]. Newyork: Marcel Dekker Inc, 1981.

[52] 姜治云. 努力提高我国废轮胎胶粉应用技术水平, 促进废轮胎循环利用事业的发展//全国废轮胎胶粉应用技术研讨会会议论文 [C]. 2005.

[53] 姜治云. 我国废旧轮胎资源循环利用的现状及其发展前景 [J]. 中国轮胎资源综合利用, 2005, 6 (6): 6-8.

[54] 李晓明. 废旧轮胎: 黑色金矿 [J]. 中国投资, 2003 (12): 46-48.

[55] 李如林. 树立科学发展观促进行业健康发展//全国废轮胎胶粉应用技术研讨会会议论文 [C]. 2005.

[56] 李岩, 张勇, 张隐西. 废橡胶的国内外利用研究现状 [J]. 合成橡胶工业, 2003, 26 (1): 59-61.

[57] 程源. 上下延伸左右拓展开拓轮胎循环利用新局面//全国废轮胎胶粉应用技术研讨会会议论文 [C]. 2005.

[58] 陆永其. 我国废橡胶资源利用行业的现状与发展 [J]. 中国橡胶, 2004, 20 (12): 4-7.

[59] 陆永其. 国外废橡胶资源的利用概况 [J]. 再生资源研究, 2005 (1): 16-19.